公共基础课系列

高等数学

（修订版）

主　编◎周　玮　刘玉菡　张彭飞
副主编◎于秀萍　陈允峰　王　栋

GAODENG SHUXUE

北京师范大学出版集团
BEIJING NORMAL UNIVERSITY PUBLISHING GROUP
北京师范大学出版社

考试大纲　课程标准

图书在版编目(CIP)数据

高等数学/周玮，刘玉菡，张彭飞主编. —修订本. —北京：北京师范大学出版社，2025.7

ISBN 978-7-303-29289-9

Ⅰ. ①高… Ⅱ. ①周… ②刘… ③张… Ⅲ. ①高等数学—高等职业教育—教材 Ⅳ. ①O13

中国国家版本馆 CIP 数据核字(2023)第 126010 号

出版发行：北京师范大学出版社 https://www.bnupg.com
北京市西城区新街口外大街 12-3 号
邮政编码：100088

印　　刷：北京溢漾印刷有限公司
经　　销：全国新华书店
开　　本：787 mm×1092 mm　1/16
印　　张：18.5
字　　数：410 千字
版 印 次：2025 年 7 月第 1 版第 4 次印刷
定　　价：46.00 元

策划编辑：周光明　　　　责任编辑：周光明
美术编辑：焦　丽　　　　装帧设计：焦　丽
责任校对：陈　民　　　　责任印制：赵　龙

修订前言

“高等数学”是高等职业教育各专业尤其是理工类专业必修的一门公共基础课程. 根据高等职业教育的培养目标，高职阶段的数学学习主要为学生学习后继专业课程和解决实际问题提供必不可少的数学基础知识及常用的数学思想方法，并能正确运用数学思想方法和数学工具解决实际问题. 本书以习近平新时代中国特色社会主义思想为指导，全面贯彻党的二十大精神，以职业岗位能力培养为主线，针对建筑、机电等工科类专业特点，深入挖掘专业中的数学知识，将数学实验、数学建模融入数学教学中，充分体现了“联系实际、深化概念、面向专业、加强应用”的高职数学教育特色. 本书的编写主要有以下特点.

1. 教材编写形式新颖. 每章都包括案例引出、概念分析、应用举例、数学实验和数学建模案例等内容. 生动活泼的编写方式改变了传统数学教材“枯燥呆板的面孔”，给人以亲切实用的感觉.

2. 数学基础理论、数学实验和数学建模有机结合. 数学软件 MATLAB 的引入改变了传统数学教学模式，使数学教学由传统的理论证明和繁杂的计算转向借助数学工具进行应用. 丰富的建模案例使学生充分体会到了数学的应用性.

3. 通过“案例”教学凸显工科类专业特色. 本书从内容的选择、例题的确立以及数学模型的建立，都力求体现专业特色，在内容编排上，以“面向专业，为专业服务”为原则，精选工科类专业中必需的数学基础知识，减少繁杂的理论证明和计算，通过案例使学生了解数学在专业中的应用，突出高等数学的实用性和工具性.

4. 注重创新性研究的训练. 本书在每一章都编入了大作业，大作业是学生运用所学数学知识解决实际问题的一种作业形式，有利于培养学生的研究能力和创新精神.

5. 融入数学文化实施课程思政. 为贯彻落实习近平新时代中国特色社会主义思想进教材，本书融入了数学文化内容，将数学与课程思政相结合，增强了数学的思想性和趣味性. 通过生动有趣的数学故事、数学发展史以及数学家的成长历程进行课程思政教育，充分发挥高职数学的文化育人功能.

6．创新“互联网+”教学资源建设．依托精品资源共享课程资源，将多媒体课件、微课视频、习题库、试题库、数学文化等以二维码形式嵌入教材，学生用手机扫码关注公众号后，再次扫码就可以获取学习资源，丰富的信息化资源有利于满足学生的多层次需求．

与本教材配套的有超星“学银在线”开放课程《高等数学》和智慧职教的“MOOC学院”在线开放课程《高等数学》，本教材还配套出版了《高等数学学习指导与能力训练(修订版)》，以供教学使用．

本教材由济南工程职业技术学院富有经验的教师编写，其中第1～4章由周玮、刘玉菡、张彭飞、于秀萍编写，第5、6章由王栋、陈允峰编写；全书框架结构安排、统稿、定稿由周玮教授承担．

教材在编写过程中得到了多位专家的指导，出版社的相关编辑为本书的编写出版倾注了大量心血，对此，一并致以最诚挚的感谢．尽管我们做出了很大努力，但由于水平有限，不当之处，恳请专家及读者批评指正．

编　者

目录

专业应用模块

绪 论

数学是科学的大门和钥匙。

——Rogen Bacon

数学，如果正确地看，不但拥有真理，而且也具有至高的美。

——罗素

这就是数学：它赋予自己的发现以生命，它令思维活跃，精神升华，它烛照我们的内心，消除了我们与生俱有的蒙昧与无知。

——Proclus

一、数学的内容

数学是研究现实世界中数量关系与空间形式的一门学科。由于实际的需要，数学在古代就产生了，现在已发展成为一个分支众多的庞大系统。数学和其他学科一样，反映了客观世界的规律，并成为理解自然、改造自然的有力工具。

大致说来，数学分为初等数学和高等数学两部分。

初等数学主要包含两部分：几何学与代数学。初等数学基本上是研究常量的数学。高等数学含有丰富的内容，主要包含：微积分、线性代数、概率论与数理统计等。高等数学主要是研究变量的数学。

高等数学作为高职高专建工、机电等工科专业必修的一门重要的基础课，主要包括一元函数微积分、多元函数微积分、微分方程、级数、数学软件 MATLAB 的应用等内容，其核心内容是微积分。

二、数学的特点

数学在人们心目中的印象是抽象的，具有高度逻辑性、精确性的一门学科。从中学数学的学习过程中，大家都深深地体会到了这一点。目前在初中、高中教育中，数学教学过于偏重于演绎论证的训练，把学生的注意力都吸引到逻辑推理的严密性上，课堂上讲的基本上是逻辑、论证及定理的证明，而不是发现发明定理的方法。学生们学的多是习题的计算和证明，公式多，思想少，只见树木不见森林，割断了数学与哲学、数学与艺术、数学与自然科学的联系，使学生见不到数学整体结构的和谐与一致，致使“枯燥乏味”成了数学的代名词，使学生丧失了对理性追求的兴趣。

著名数学家柯朗(R. Courant，1888—1972)曾尖锐地批评数学教育。他说：“两千年来，掌握一定的数学知识已被视为每个受教育者必须具备的智力。数学在教育中的这种特殊地位，今天正在出现严重危机。数学的教学逐渐流于无意义的单纯演算习题的训练。固然这可以发展形式演算能力，但却无助于对数学的真正理解，无助于提高独立思考能力。”面对象牙塔内苦涩的语言、冷峻的定义与公式，法国大数学家帕斯卡敏锐地指出：“数学这一学科是如此的严肃，我们应当千方百计地把它趣味化。”

第二次世界大战之后数学与社会的关系发生了根本性的变化，数学已深入自然科学和社会科学中的各个领域。著名数学家 A. Kaplan 说：“由于最近 20 年的进步，社会科学的许多领域已经发展到不懂数学的人望尘莫及的阶段。”A. N. Rao 指出：“一个国家的科学的进步可以用它消耗的数学来度量。”20 世纪 70 年代末，美国国家研究委员会正式提出，美国的扫盲任务已转变为扫数学盲。正是由于数学太重要了，所以必须义无反顾地向广大公众传播，使数学走近大众，走近生活。同样对刚刚经历过高考、升入高职院校的大学生来说，数学无疑是学好专业的一门工具。为了使大家更好地学习数学，在这本教材中，数学将以“数学是简单的，数学是美的，数学是有用的!”这样一张崭新的面孔与你见面，使你在学习数学中体会数学带给你的乐趣!

1. 数学是简单的

现代社会离不开数学，数学以其简洁的形式解决了生活中大量的难题。应用数学更是如此，不仅在形式上简单，数学的思想方法更是简洁明快。

正如螺丝刀、锤子这样的工具，它们能装配出许多精密复杂的仪器零件，但这种工具本身并不复杂，关键是如何去用，数学正是这样的一种工具。在这本高职教材中，我们未涉及一道难题，我们的目的就是希望大家在掌握简单的数学基本思想方法之后能灵活地应用它。我们做简单数学，就像大数学家把复杂问题以简单的形式给出答案一样——其实数学就是这样简单。下面我们以“哥尼斯堡七桥问题”为例来体会数学简洁性的独特魅力。

布勒格尔河流经哥尼斯堡市区，河中有两个河心岛，它们彼此以及它们与河岸共有七座桥连接(如下图所示)。当地居民曾对一个问题百思不得其解，这个问题就是：

“你能否无遗漏又不重复地走遍七座桥而回到出发地?”

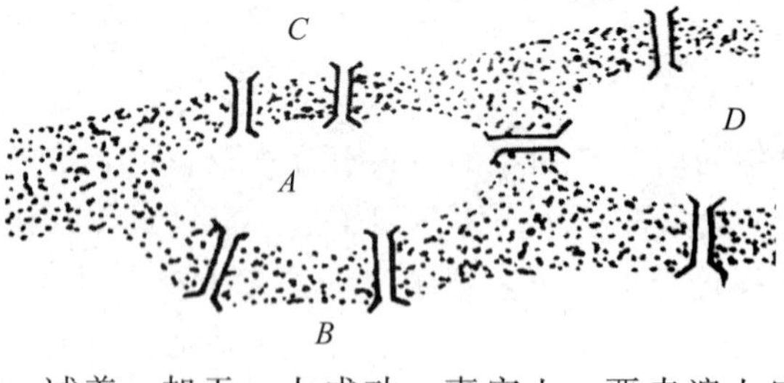

人们不停地走着、试着，却无一人成功。事实上，要走遍七座桥的所有走法共有 $A_7^7=7!=5040$ 种，要想一一试验谈何容易！是否在这 5040 种走法中存在着一条能走遍七座桥而又不重复的路线呢？1735 年有几名大学生写信给当时正在俄国彼得堡科学院任职的天才数学家欧拉，请他帮助解决。欧拉并未轻视生活小题，他似乎看到其中隐藏着某种新的数学方法。经过一年的研究，29 岁的欧拉于 1736 年向彼得堡科学院递交了一份题为《哥尼斯堡的七座桥》的论文，圆满地解决了这一问题，同时开创了数学的一个新分支——图论。

他是这样做的，首先他将问题抽象成图形，用点代表河岸和小岛，用线代表桥(注意图中 A，B，C，D 的对应)，于是得到这个简单的图形(如右图所示)，同时问题相应地改为："能否一笔画出这个图形?"

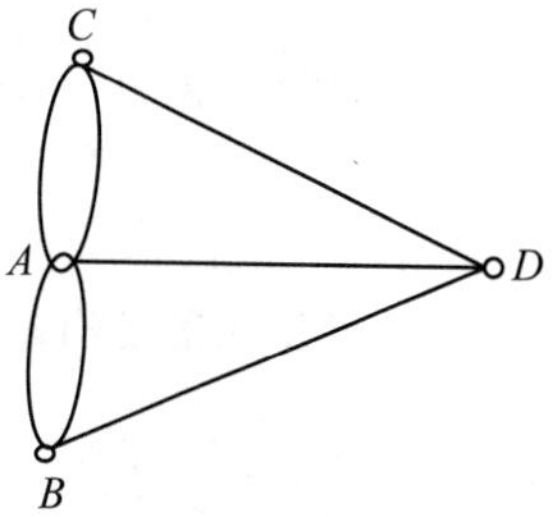

欧拉的结论是：能够一笔画出的图形奇点(经过该点的线段条数为奇数的点)个数只能是 0 或 2. 奇点数为 0 的可以回到出发点，奇点数为 2 的只能从一个奇点出发在另一奇点处结束。"七桥问题"中的 4 个点全都是奇点，可知此图不能"一笔画出"，也就是不可能不重复地通过所有的七座桥。

当欧拉将这一结果发表时，震惊了当时的数学界，人们在赞叹这位数学天才的创造力的同时，更体会到了数学是如此的简洁，这样一个难以解决的问题，答案竟是这样的简单。

2. 数学是美的

数学作为自然科学的基础，本身就具有许多美的特性，它是形象、生动而具体的。数学的简洁美、和谐美、奇异美一旦让人觉知，一旦被人认识，将会改变人们对数学固有的偏见：枯燥、干瘪和乏味。在高等数学中蕴含着大量的数学美，在此仅以数学的符号美为例进行探讨，同学们在今后的学习中可慢慢体会。

几千年来，数学的发展在某种程度上也归功于数学符号的运用，没有符号去表示数及其运算，数学的发展是不可想象的。欧拉就是一位符号大师，1737 年欧拉倡导用希腊文 π 表示圆周率，且通用于全世界；后来欧拉又用 e 表示特殊的无理常数——欧拉常数：$\lim\limits_{n\to\infty}\left(1+\dfrac{1}{n}\right)^n=2.718\,281\,828\,459\,045\cdots=\mathrm{e}$。

我们知道要具体写出圆周率或欧拉常数根本不可能，然而应用数学符号却可以精确地表示它们。同样，虚数单位 $\sqrt{-1}$ 用符号 i 表示，也是出自欧拉之手。更奇妙的是在欧拉公式 $\mathrm{e}^{\mathrm{i}\pi}+1=0$ 这个极其简单的式子中，竟奇迹般地把数海里的五颗看上去毫无联系的明珠巧妙而简单地联系在了一起。其中 1 和 0 来自算术，1 是实数单位，0 被誉为具有比一切数丰富的内容，i 来自代数，π 来自几何，e 来自微分，π 和 e 既是无理数又是超越数，这个式子将几个数学分支巧妙地融合在一起，这是何等神奇的结合！这种凝练的简洁美、这种不期而遇出乎意料的奇异美是何等的令人赞叹不已！更让人震撼的是，如果完全用数字写出这个式子，即 $(2.718\,28\cdots)^{3.141\,59\cdots\times\sqrt{-1}}+1=0$，此式左端显示的是怎样的一种运算呢？从运算的原始意义上讲，它是一个永无休止的无穷过程，然而其结果却奇迹般地归结为 0！特别是当人们注意到这 5 个常数的身影不仅频繁地出现在数学中，而且还经常出现在其他科学领域，它们在宇宙中的重要地位和丰富的内涵可能至今未被完全认识清楚。我们难道不为它们之间的关系所表现出的高度神秘性所倾倒，从而获得一种强烈的美的感受吗?

数学中还有许多符号，这些符号均有其独特的含义，使用它们不仅方便而且简洁，比如"!"表示阶乘，那么

$$n! = n\times(n-1)\times(n-2)\times\cdots\times 3\times 2\times 1。$$

这种符号的进一步延伸推广便是“Π”：

$$\prod_{i=1}^{n} a_i = a_1 a_2 a_3 \cdots a_{n-1} a_n。$$

与之相应的还有求和号“Σ”，含义是

$$\sum_{i=1}^{n} a_i = a_1 + a_2 + a_3 + \cdots + a_n。$$

有趣的是求和概念的推广——积分学中的积分符号“$\int$”正是“$\sum$”号或 sum(和)词头 S 符号的拉伸演变而来，这一符号是莱布尼茨创始的。

莱布尼茨也是数学史上最伟大的符号学家之一，他在创造微积分的过程中花了很多时间去选择精巧的符号，他认识到好的符号可以精确、深刻地表达概念、方法和逻辑关系。他曾说：“要发明就要挑选恰当的符号，要做到这一点，就要用含义简明的少量符号来表达或比较忠实地描绘事物的内在本质，从而最大限度地减少人的思维劳动。”积分符号正是鲜明地表达了积分即是求和的基本思想。

在今后的学习中希望大家能喜欢这些数学符号，并领悟符号中的美，在美丽的数学符号中领悟数学的博大与神奇！

3. 数学是有用的

应用的极其广泛性也是数学的特点之一。著名数学家华罗庚曾指出：宇宙之大，粒子之微，火箭之速，化工之巧，地球之变，生物之谜，日用之繁，数学无处不在。凡是出现“量”的地方就少不了用数学，研究量的关系、量的变化都少不了数学。数学的应用贯穿到一切科学部门的深处，并成为它们的得力助手与工具。缺少了它就不能准确地刻画出客观事物的变化，更不能由已知数据推出其他数据，因而就减少了科学预见的精确度。

人类历史上和自然科学中的每一个重大事件的背后都有数学的身影：日月星辰的运行规律、无线电波的发现、牛顿的万有引力定律、爱因斯坦的相对论、孟德尔的遗传学、巴贝奇的计算机、马尔萨斯的人口论、达尔文的进化论、达·芬奇的绘画，巴赫音乐中的 12 平均率等都与数学思想有密切联系。

近代科学起源于定量化，可能除了牛顿以外，伽利略算是近代科学的最伟大的奠基者之一了。一种关于科学的哲学是由他开创的。与亚里士多德不同，伽利略认为，科学必须寻求数学描述，而不是物理解释。这一方法开创了科学的新纪元，扭转了科学研究的方向，加深与加强了数学的作用。他的工作成为牛顿伟大工作的开端。他确定了落体运动定律，并指出，所有落体都遵循同一公式

$$s=\frac{1}{2}gt^2。$$

由此可见，同高度的两个不同质量的物体将同时落地。为了让大众信服，他做了著名的比萨斜塔的实验，彻底推翻了延续两千多年的亚里士多德的错误观念。他还研究了抛物体的运动，得到抛物体运动的轨迹是抛物线。2 000 年前希腊人关于圆锥曲线

的发现到他和开普勒手里才得到第一次应用。

到 1650 年，在科学家头脑中占据最主要地位的问题是，能否在伽利略的地上物体运动定律和开普勒的天体运动定律之间建立一种联系？在可见的复杂现象后面，应该有不可见的简单规律。这种想法可能过于自信和不凡，但在 17 世纪的科学家的头脑中确实产生了。

牛顿在伽利略和开普勒的基础上，发现了万有引力定律。大家都知道牛顿和苹果的故事。那是一个动人的故事，但并不真实。万有引力定律是牛顿和他同时代科学家共同奋斗的结果。牛顿熟悉伽利略的运动定律，知道行星受一个被吸往太阳的力。如果没有这个力，按照运动第一定律，行星将做直线运动。这个想法许多人都有过。哥白尼、开普勒、胡克、哈雷及其他一些人在牛顿之前就开始了探索工作。并且有人猜想，太阳对较远的行星的引力一定比较小，而且随着距离的增大，力成反比地减小。但他们的工作仅限于观察和猜测。

牛顿在他们猜想的基础上借助微积分的帮助，给出了万有引力公式，即

$$F=k\frac{m_1m_2}{r^2}。$$

其中，k 是常数，m_1，m_2 分别表示两个物体的质量，r 是两物体间的距离。从运动三定律和万有引力公式很容易推出地球上的物体运动定律。对天体运动来说，牛顿的真正成就在于，他从万有引力定律出发证明了开普勒的三定律。这为万有引力定律的正确性提供了强有力的证据。牛顿的功绩还在于，他为宇宙奠定了新秩序，以最确凿的证据证明了自然界是以数学为重要基础的。

傅里叶是另一位数学奇才，长笛、单簧管、小提琴、钢琴发出的声音各不相同，怎样从数学上给以说明呢？从毕达哥拉斯时代起，音乐在本质上就被认为是数学性的，这种研究两千年来没有间断，从数学上看，其最高成就属于法国数学家傅里叶。他证明了所有的声音，不管是复杂的还是简单的，都可以用数学公式进行全面描述，即美妙的音乐乐句也能表示成数学形式，傅里叶得到了这样一个定理。

定理 任何一个周期函数 $f(t)$ 都可以表示为形如 $A\sin(\omega t+\varphi)$ 的正弦函数之和，而且正弦函数的各项的圆频率是其中圆频率最低一项的圆频率的倍数。如果最低一项的圆频率是 ω，那么其他项的圆频率是 2ω，3ω，…，写成数学公式是

$$f(t)=\frac{a}{2}+\sum_{n=1}^{\infty}A_n\sin(n\omega t+\varphi_n)，$$

其中，a 是常数，这个级数叫傅里叶级数。

小提琴奏出的乐声如下图所示。

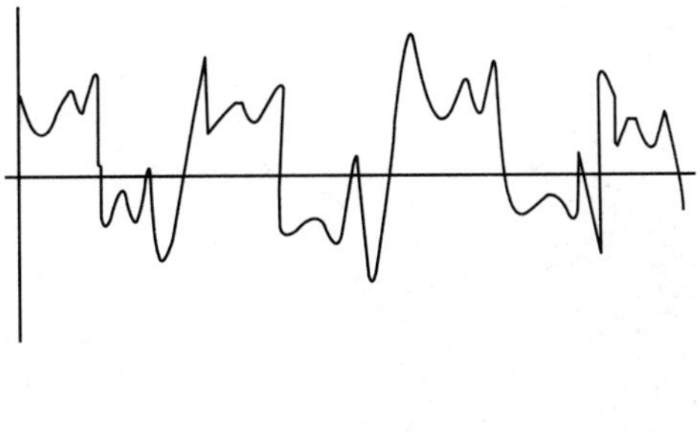

它的公式基本上是

$$f(t)\approx 0.06\sin 1\,000\pi t+0.02\sin 2\,000\pi t+0.01\sin 3\,000\pi t。$$

音乐声音的数学分析具有重大的实际意义，在再现声音的仪器中，如电话、无线电收音机、电影、扬声器系统的设计方面，起决定性作用的是数学。

自从有了傅里叶定理，世界上的声音一下子变得简单了，不管是雷鸣、鸟啼、人语还是钢琴的奏鸣，都可以归结为简单声音的组合。这些简单声音用数学表示就是正弦函数，人们终于认识到，世界上的声音是如此丰富，却又如此简单！

高职阶段的数学学习当然不是让你去发明、去创造，它只是一个工具，一个认识大自然、学习专业的工具。你只有了解它，才能更好地应用它！

公共基础模块

在一切理论成就中，未必再有什么像17世纪下半叶微积分的发现那样被看作人类精神的最高胜利了。如果在某个地方我们看到人类精神的纯粹的和唯一的功绩，那就正是在这里。

——恩格斯

恩格斯(1820—1895，德国)

第 1 章　函数、极限与连续

函数、极限与连续

在自然界和工程技术中，存在着各种各样不停变化的量，并且这些量相互依赖、相互联系。函数是变量变化关系中的最基本的数学描述，是高等数学中最重要的基本概念之一。极限是在研究变量在某一过程中的变化趋势时引出的，它揭示了函数的变化趋势，也是高等数学的重要基本概念，高等数学中的其他几个重要概念，如连续、导数、定积分等都是用极限来表述的。

高等数学的主要内容是微积分，微积分就是以函数为研究对象，以极限为研究工具，研究变量的最基础的数学理论和数学方法。本章将在复习并进一步加深理解函数概念的基础上，引入函数极限的概念，建立函数极限的运算法则，并讨论函数的连续性等有关内容。

函数

1.1　函数

【案例】　喷水池的设计

1. 问题提出

如图 1-1 所示，公园要建造圆形的喷水池。在水池中央垂直于水面安装一根柱子 OA，柱底 O 恰好在水池中央，$OA=1.25$ m，由柱子顶端 A 处的喷头向外喷水，为了使水流形状美观，设计要求水流在离 OA 距离为 1 m 处达到距水面最大高度，最大高度是 2.25 m。为了让喷出的水全部流进水池，那么水池的半径至少要多少米，才能达到设计要求呢？

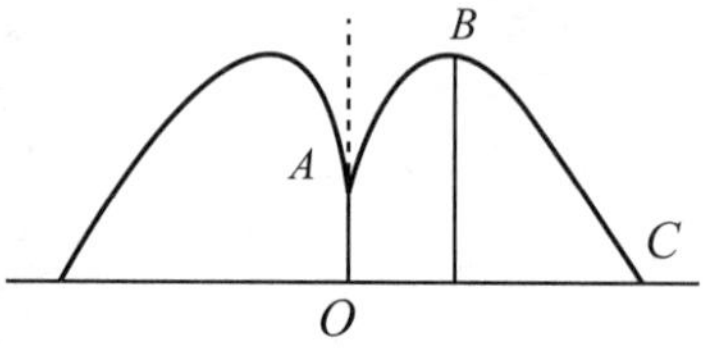

图 1-1

2. 合理假设

(1)水流在各个方向沿形状相同的抛物线落下，故可设通过柱子水流线为二次函数；

(2)不考虑圆柱形水池的高度；

(3)水流只要落到水池的边上，即可视为流入水池内；

(4)水池半径为 $x(x>0)$m。

3. 问题分析

建立适当的直角坐标系，如图 1-2 所示，记抛物线的顶点为 B，水流下落接触水池内壁上端为 C 点。那么本题中要求水池的最小半径就是求 OC 的长，即 C 点的横坐标。根据问题的条件和建立的坐标系，可以确定 A，B 点的坐标分别是 $A(0,\ 1.25)$和 $B(1,\ 2.25)$。这

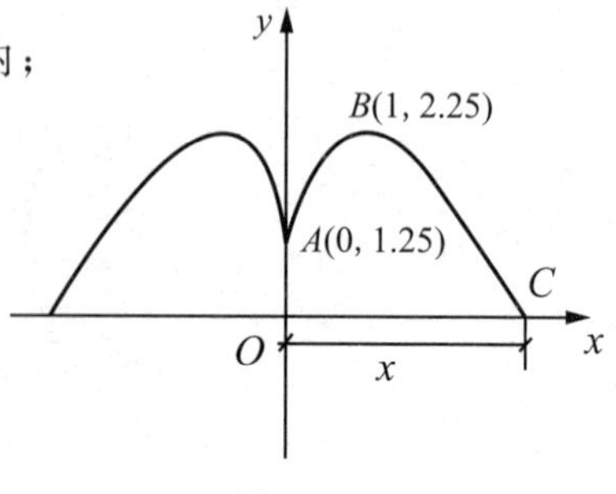

图 1-2

样问题就转化为"已知抛物线顶点 B 和另外一点 A 的坐标，求抛物线的解析式"。

4. 建立数学模型

设 C 点坐标为 $(x, 0)$，抛物线的解析式为 $y=a(x-1)^2+2.25$，将 A 点坐标代入，得 $a=-1$，所以抛物线的解析式为

$$y=-(x-1)^2+2.25 \text{ 或 } y=-x^2+2x+1.25 \quad (x>0)。$$

5. 模型求解

为求 C 点横坐标，令 $y=0$，得 $x=2.5$ 或 $x=-0.5$(舍去)。

$x=-0.5$ 不合题意，故取 $x=2.5$. 这就是说水池的半径至少要 2.5 m 才能达到设计要求。

本案例建立的数学模型就是函数关系，函数是描述客观世界变化规律的重要的数学工具，在现实生活和社会实际中有广泛的应用，那么什么是函数呢?

1.1.1 函数的概念

1. 函数的定义

定义 1 设 x 和 y 是两个变量，D 是实数集 $\mathbf{R}$ 的非空子集，若对于任意的 $x\in D$，按照某个对应关系 f，变量 y 都有唯一确定的实数与之对应，则称 y 为 x 的**函数**，记作 $y=f(x)$。其中 x 称为**自变量**，y 称为**因变量**，D 称为函数的**定义域**，即 $f(x)$ 是定义在 D 上的函数，函数值 $f(x)$ 的全体所构成的集合称为函数 $f(x)$ 的**值域**，记作 M。

由函数的定义可知，函数的定义域与对应关系是确定函数的两个要素，函数与自变量、因变量选用的字母无关。两个函数只有在定义域相同、对应关系也相同时，才是同一个函数。

研究任何函数都要首先考虑其定义域，函数的定义域是使其有意义的一切实数所组成的集合。求函数定义域时，一般需要考虑以下几个方面：

(1)分式函数，分母不能为零；

(2)根式函数，偶次方根的被开方函数为非负；

(3)对数函数，真数大于零；

(4)含反三角函数 $\arcsin x$ 或 $\arccos x$ 的，要满足 $|x|\leqslant 1$；

(5)在复杂函数关系式中，应取各部分定义域的交集。

例 1 求函数 $f(x)=\dfrac{1}{1-x}+\sqrt{9-x^2}$ 的定义域。

解 要使函数有意义，必须

$$\begin{cases}1-x\neq 0,\\ 9-x^2\geqslant 0,\end{cases} \text{即} \begin{cases}x\neq 1,\\ -3\leqslant x\leqslant 3.\end{cases}$$

所以函数的定义域为 $\{x\mid -3\leqslant x\leqslant 3 \text{ 且 } x\neq 1\}$ 或 $[-3, 1)\cup(1, 3]$。

例 2 说明函数 $y=\ln x^2$ 与 $y=2\ln x$ 是否相同?

解 因为函数 $y=\ln x^2$ 的定义域是 $(-\infty, 0)\cup(0, +\infty)$，而函数 $y=2\ln x$ 的定义域是 $(0, +\infty)$，因此两个函数不相同。

2. 函数的表示法

函数的表示法通常有三种：解析法、表格法和图像法。

有些函数在其定义域的不同部分用不同的式子表达，这类函数通常称为**分段函数**。

例 3 某出租车公司规定收费标准如下：路程不足 3 km，车费 5 元，超过 3 km 的部分每千米加收 1.5 元，出租车车费与路程的函数关系如图 1-3 所示。

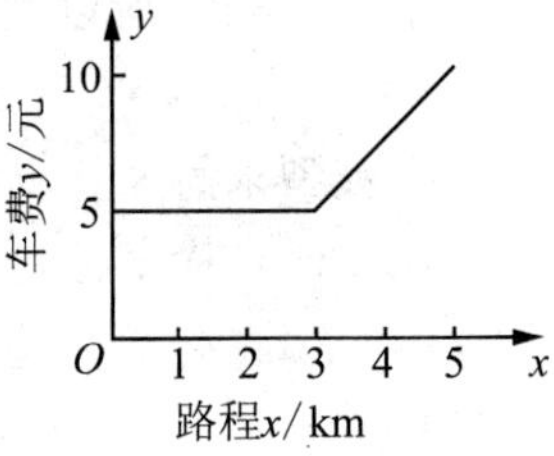

图 1-3

路程 x 与费用 y 的关系可以表示为

$$y=\begin{cases}5, & 0<x\leqslant 3,\\ 5+1.5(x-3), & x>3。\end{cases}$$

例 4 绝对值函数可以表示为 $y=|x|=\begin{cases}x, & x\geqslant 0,\\ -x, & x<0.\end{cases}$ 如图 1-4 所示。

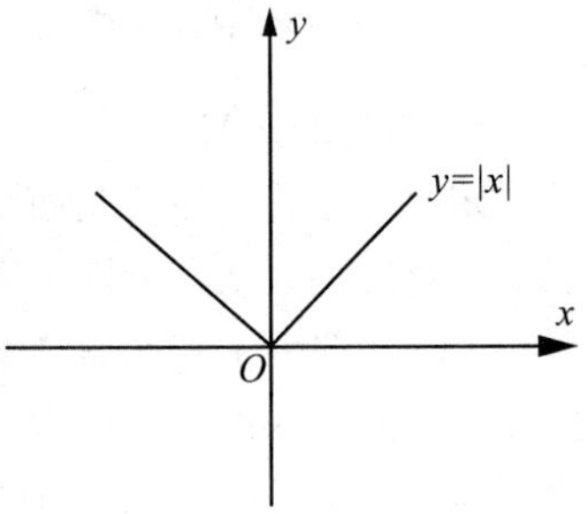

图 1-4

分段函数是微积分中常见的一种函数。需要注意的是，分段函数是由几个关系式合起来表示一个函数，而不是几个函数。对于自变量 x 在定义域内的某个值，函数 y 只能有唯一的值与之对应。分段函数的定义域是各段自变量取值集合的并集。

3. 邻域

我们在高中已学过数集及区间的概念，下面给出高等数学中常用的邻域的概念。

给定实数 a，以点 a 为中心的任何开区间称为**点 a 的邻域**，记作 $U(a)$。

设 δ 为给定的正数，则称开区间 $(a-\delta, a+\delta)$ 为点 a 的 δ **邻域**，记作 $U(a;\delta)$，即

$$U(a;\delta)=\{x\,|\,a-\delta<x<a+\delta\}。$$

点 a 称为**邻域的中心**，δ 称为**邻域的半径**。如图 1-5 所示。

由于 $\{x\,|\,a-\delta<x<a+\delta\}=\{x\,\big|\,|x-a|<\delta\}$，所以

$$U(a;\delta)=\{x\,\big|\,|x-a|<\delta\}$$

表示与点 a 距离小于 δ 的一切点 x 的全体。

有时在用到点 a 的 δ 邻域时需要把 a 去掉，如图 1-6 所示，此时称为**点 a 的去心 δ 邻域**，记作 $\mathring{U}(a;\delta)$，即 $\mathring{U}(a;\delta)=\{x\,|\,0<|x-a|<\delta\}$，其中 $0<|x-a|$ 表示 $x\neq a$。

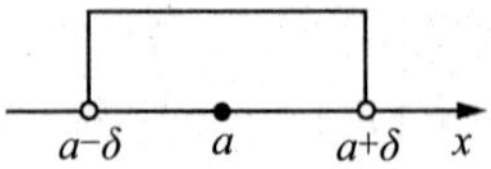

图 1-5

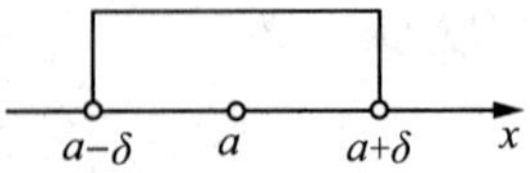

图 1-6

4. 函数的特性

(1)有界性。

设函数 $f(x)$ 在某区间 I 上有定义，若存在正数 M，使得对于任意的 $x\in I$，都有

$|f(x)| \leqslant M$，则称 $f(x)$ 在区间 I 上**有界**。

例如，函数 $f(x)=\cos x$ 在 $(-\infty,+\infty)$ 上都有 $|\cos x| \leqslant 1$，所以 $f(x)=\cos x$ 在 $(-\infty,+\infty)$ 上有界；而函数 $\varphi(x)=\frac{1}{x}$ 在开区间 $(0,1)$ 内是无界的，因为不存在这样的正数 M，使 $\left|\frac{1}{x}\right| \leqslant M$ 对于 $(0,1)$ 内的一切 x 都成立。

(2)单调性。

若对于区间 I 内任意两点 x_1，x_2，当 $x_1<x_2$ 时，有 $f(x_1)<f(x_2)$，则称 $f(x)$ 在区间 I 上**单调增加**，区间 I 称为**单调增区间**；当 $x_1<x_2$ 时，有 $f(x_1)>f(x_2)$，则称 $f(x)$ 在区间 I 上**单调减少**，区间 I 称为**单调减区间**，单调增区间和单调减区间统称为**函数的单调区间**。我们将在后面的章节中专门介绍函数单调性的判别方法。

(3)奇偶性。

设函数 $f(x)$ 的定义域 D 关于原点对称，如果对于任意 $x \in D$，都有 $f(-x)=f(x)$，则称 $f(x)$ 为**偶函数**；若 $f(-x)=-f(x)$，则称 $f(x)$ 为**奇函数**。例如，$f(x)=2^x+2^{-x}$ 是偶函数，$f(x)=\ln(x+\sqrt{1+x^2})$ 是奇函数，$f(x)=x+\cos x$ 是非奇非偶函数。偶函数图像关于 y 轴对称，奇函数图像关于坐标原点对称。

(4)周期性。

设函数 $f(x)$ 的定义域为 D，如果存在正数 T，使得对于任意 $x \in D$，都有 $f(x+T)=f(x)$，则称其为**周期函数**，T 为函数的**周期**。

显然，若 T 为 $f(x)$ 的一个周期，则 nT(n 为正整数)也是 $f(x)$ 的周期。如果所有正周期中有一个是最小的，则称它为函数 $f(x)$ 的**最小正周期**。我们通常说的周期指的是最小正周期。例如，$y=\sin x$ 和 $y=\cos x$ 周期都是 2π，$y=\tan x$ 的周期是 π。周期函数的图像特点：在函数的定义域内，每个长度为 T 的区间上，函数的图形有相同的形状。

1.1.2 初等函数

1. 基本初等函数

我们学过的常函数、幂函数、指数函数、对数函数、三角函数和反三角函数，统称为基本初等函数，它是今后学习的基础，为了便于应用，将它们的定义域、值域、图像和主要特性列于表 1-1 中。

表 1-1

名称	解析式	定义域和值域	图像	主要特性
常函数	$y=c$	$x \in (-\infty,+\infty)$，$y \in \{c\}$	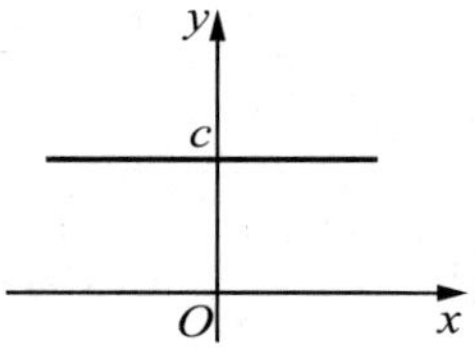	偶函数，有界

续表

名称	解析式	定义域和值域	图　像	主要特性
幂函数	$y=x^{\mu}$ $(\mu\neq 0)$	定义域和值域随 μ 的不同而不同，但无论 μ 取何值，函数在 $(0,+\infty)$ 内都有定义	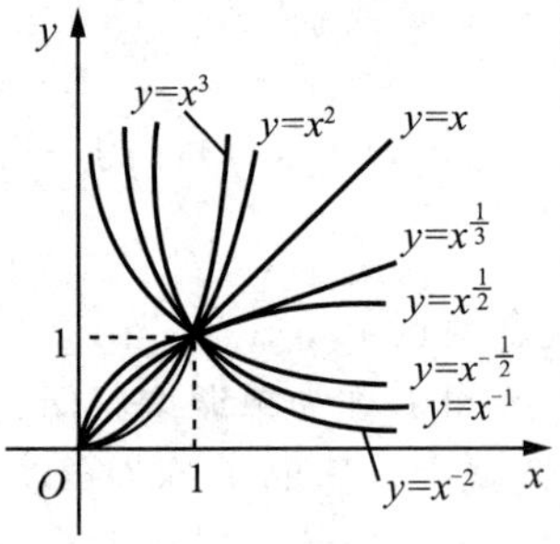	经过(1，1)点，在第一象限内当 $\mu>0$ 时为增函数，当 $\mu<0$ 时为减函数
指数函数	$y=a^{x}$ $(a>0,\ a\neq 1)$	$x\in(-\infty,+\infty)$， $y\in(0,+\infty)$	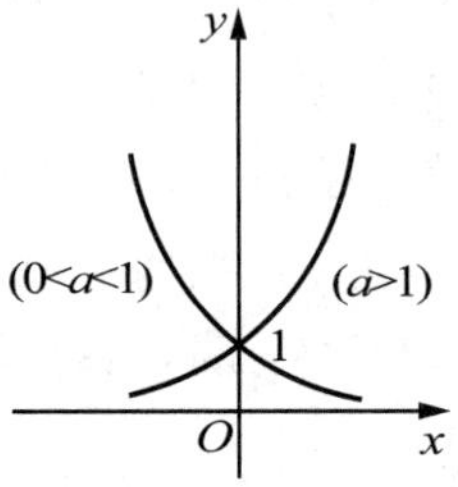	当 $0<a<1$ 时，a^{x} 是减函数，当 $a>1$ 时，a^{x} 是增函数
对数函数	$y=\log_{a}x$ $(a>0,\ a\neq 1)$	$x\in(0,+\infty)$， $y\in(-\infty,+\infty)$	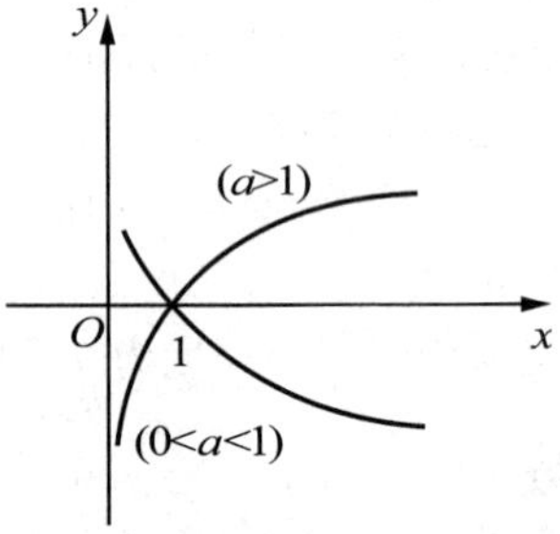	当 $0<a<1$ 时，$\log_{a}x$ 是减函数，当 $a>1$ 时，$\log_{a}x$ 是增函数
三角函数　正弦函数	$y=\sin x$	$x\in(-\infty,+\infty)$， $y\in[-1,1]$	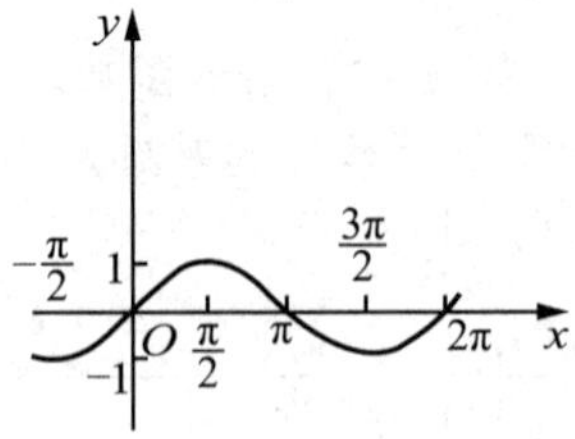	以 2π 为周期的奇函数，图形在两直线 $y=1$ 和 $y=-1$ 之间，即 $\lvert\sin x\rvert\leqslant 1$
三角函数　余弦函数	$y=\cos x$	$x\in(-\infty,+\infty)$， $y\in[-1,1]$	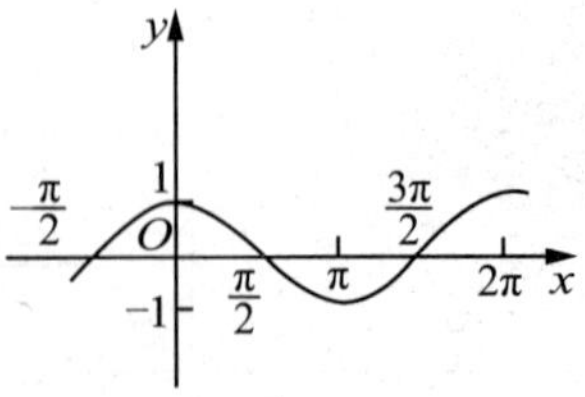	以 2π 为周期的偶函数，图形在两直线 $y=1$ 和 $y=-1$ 之间，即 $\lvert\cos x\rvert\leqslant 1$

续表

名称		解析式	定义域和值域	图　像	主要特性
三角函数	正切函数	$y=\tan x$	$x\neq k\pi+\dfrac{\pi}{2}$ $(k\in\mathbf{Z})$， $y\in(-\infty,+\infty)$	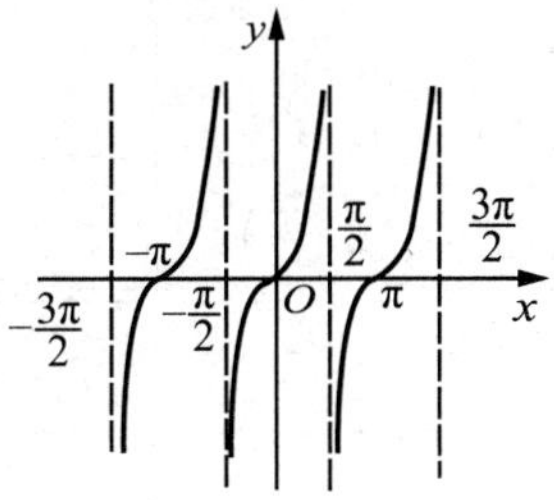	奇函数，周期为 π，$\left(k\pi-\dfrac{\pi}{2},k\pi+\dfrac{\pi}{2}\right)$内单调增加$(k\in\mathbf{Z})$
	余切函数	$y=\cot x$	$x\neq k\pi$ $(k\in\mathbf{Z})$， $y\in(-\infty,+\infty)$	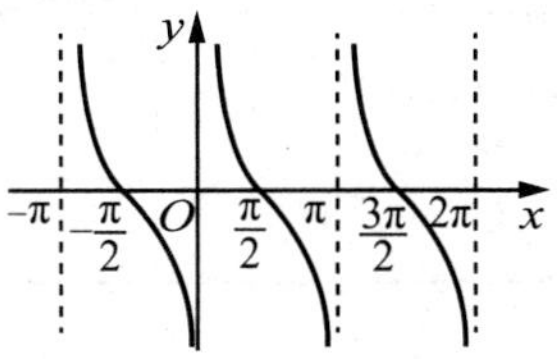	奇函数，周期为 π，在$(k\pi,k\pi+\pi)$内单调减少$(k\in\mathbf{Z})$
	正割函数	$y=\sec x=\dfrac{1}{\cos x}$	$x\neq k\pi+\dfrac{\pi}{2}$ $(k\in\mathbf{Z})$， $y\in(-\infty,-1]\cup[1,+\infty)$	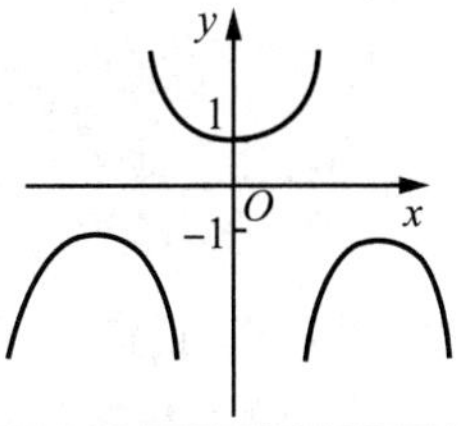	偶函数，周期为 2π，无界
	余割函数	$y=\csc x=\dfrac{1}{\sin x}$	$x\neq k\pi$ $(k\in\mathbf{Z})$， $y\in(-\infty,-1]\cup[1,+\infty)$	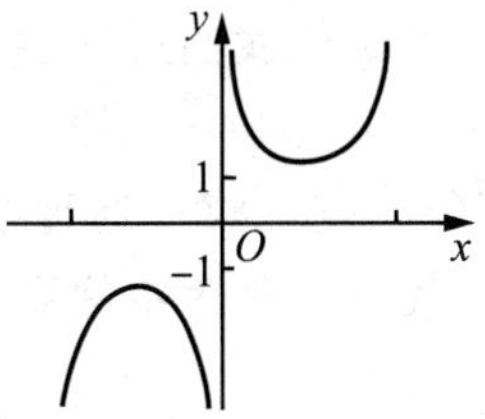	奇函数，周期为 2π，无界
反三角函数	反正弦函数	$y=\arcsin x$	$x\in[-1,1]$， $y\in\left[-\dfrac{\pi}{2},\dfrac{\pi}{2}\right]$	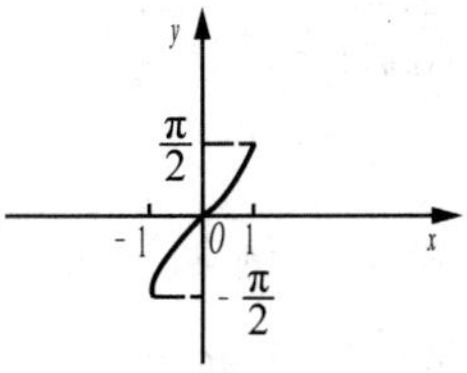	奇函数，单调增加，有界
	反余弦函数	$y=\arccos x$	$x\in[-1,1]$， $y\in[0,\pi]$	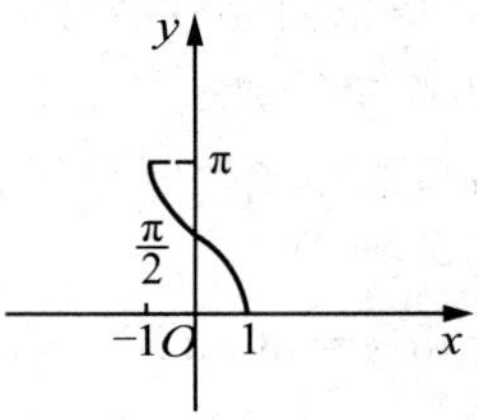	单调减少，有界

续表

名称		解析式	定义域和值域	图　像	主要特性
反三角函数	反正切函数	$y=\arctan x$	$x\in(-\infty, +\infty)$， $y\in\left(-\frac{\pi}{2}, \frac{\pi}{2}\right)$	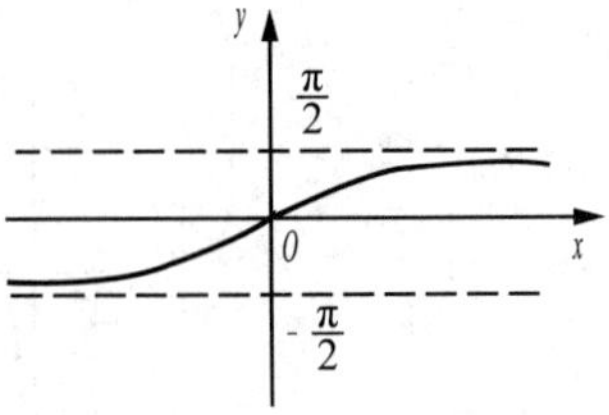	奇函数，单调增加，有界
	反余切函数	$y=\text{arccot}\, x$	$x\in(-\infty, +\infty)$， $y\in(0, \pi)$	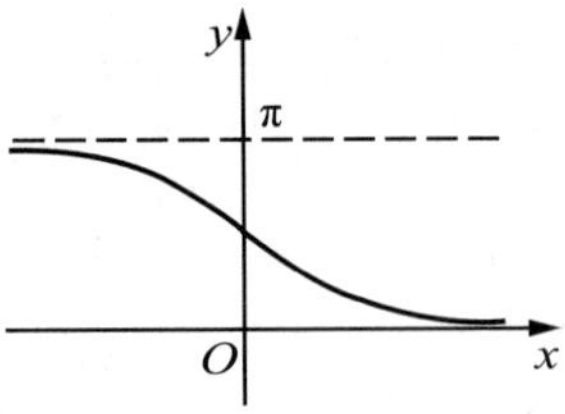	单调减少，有界

有时我们也把基本初等函数或由基本初等函数经过有限次的四则运算而成的函数称为**简单函数**，例如，$y=1-\sin x$，$y=2x$，$y=\frac{x^2-1}{2x+1}$，多项式函数 $y=a_0x^n+a_1x^{n-1}+\cdots+a_{n-1}x+a_n$(其中 a_0，a_1，…，a_n 是不全为 0 的常数)等都可看作简单函数。

2. 复合函数

在实际应用中，我们常见的除了简单函数外，还有一类由基本初等函数组合而成的函数，如 $y=\sin x^2$，它是由两个基本初等函数 $y=\sin u$，$u=x^2$ 通过中间变量 u 复合而成的一个函数。这样的函数我们通常称为复合函数。

定义 2　如果 y 是 u 的函数 $y=f(u)$，而 u 又是 x 的函数 $u=\varphi(x)$，且 $\varphi(x)$的值域与 $f(u)$的定义域的交集非空，则 y 通过中间变量 u 成为 x 的函数，称为 x 的**复合函数**，记作 $y=f[\varphi(x)]$，其中 u 称为**中间变量**。

由复合函数的定义可知：

(1)只有满足定义中所述条件的两个函数才可以复合，例如，$y=\arcsin u$，$u=x^2+2$，由于 $u=x^2+2$ 的值域为$[2, +\infty)$与 $y=\arcsin u$ 的定义域$[-1, 1]$的交集为空集，故不能复合；

(2)中间变量可以是多个，例如，$y=\sqrt{u}$，$u=v^2+1$，$v=\cos x$，则 $y=\sqrt{\cos^2 x+1}$，这里 u，v 都是中间变量。

注意　复合函数的分解是我们今后经常遇到的问题，分解的原则是：由外向内逐层分解，每一步都要分解为简单函数，分解后回代能还原。

例 5　下列函数是由哪些简单函数复合而成的？

(1)$y=\ln \sin x$；(2)$y=e^{\cos\sqrt{\ln x+1}}$。

解　(1)$y=\ln \sin x$ 是由 $y=\ln u$，$u=\sin x$ 复合而成的；

(2)$y=e^{\cos\sqrt{\ln x+1}}$是由 $y=e^u$，$u=\cos v$，$v=\sqrt{t}$，$t=\ln x+1$ 复合而成的。

3. 初等函数

定义 3 由基本初等函数经过有限次四则运算和复合且能用一个解析式表示的函数，叫作**初等函数**。

显然，分段函数不是初等函数。

例如：$y=x^x$，$y=\sqrt[3]{\ln x^2}$，$y=1+\arctan\dfrac{1}{x}$等都是初等函数；而分段函数

$$f(x)=\begin{cases}1-x, & x\leqslant-2,\\ \sin x, & -2<x<2,\\ 1+x, & x\geqslant 2,\end{cases}$$

就不是初等函数。

1.1.3 函数模型及其建立

数学是从现实世界中发现问题、研究问题和解决问题过程中发展起来的．马克思曾说过："一门科学只有成功地运用数学时，才算达到了完善的地步。"函数模型是数学模型的一种，是一种涉及变量较少、关系较为简单的数学模型。我们下面要讨论的函数模型一般只涉及两个变量。

在解决实际问题时，通常要先建立问题的函数模型，然后进行分析和计算。下面举一些简单的实际问题，说明建立函数模型的方法与过程。

例 6 当干燥的空气上升时会膨胀、冷却。在地面温度是 20 ℃，而 1 km 高度的气温是 10 ℃，并假设温度随高度的变化满足线性关系的条件下：

(1)将气温 T(单位：℃)表示为高度 h(单位：km)的函数；

(2)画出(1)中函数的图像，并说明斜率的含义；

(3)2.5 km 高度的气温是多少？

解 (1)因为假设 T 是 h 的一次函数，所以设

$$T=kh+b,$$

已知当 $h=0$ 时，$T=20$；$h=1$ 时，$T=10$，故有

$$\begin{cases}20=0\cdot k+b,\\ 10=1\cdot k+b.\end{cases}$$

解得 $k=-10$，$b=20$。

(2)图像见图 1-7，斜率 $k=-10$ ℃/km，表示温度关于高度的变化速度。

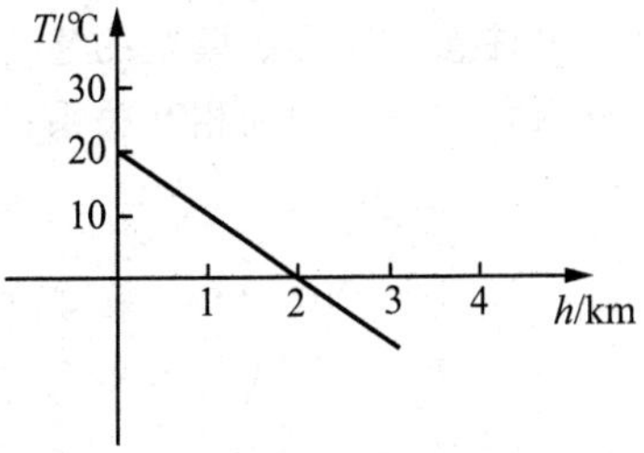

图 1-7

(3)在 $h=2.5$ km 的高度时，气温为

$$T=-10\times 2.5+20=-5(℃)。$$

例 7 电路上某一点的电压等速下降。开始时刻电压为 12 V，5 s 后下降到 9 V，试建立该点电压 U 与时间 t 的函数关系式。

解 由题设条件知，电路上某一点在时刻 t 的电压 $U=U_0+at$，则有

$t=0$ 时，$U=12$，得 $U_0=12$；

$t=5$ 时，$U=9$，得 $a=-0.6$。

于是电压 U 与时间 t 的函数关系式为：

$$U=12-0.6t \quad (0\leqslant t\leqslant 20)。$$

例 8 在图 1-8 所示的曲柄滑块机构中，曲柄 OA 绕点 O 以等角速度 ω 做连续转动。通过连杆 AB 带动滑块 B 在水平方向做往复直线移动。已知曲柄长 $OA=r$，连杆长 $AB=l$。曲柄转角 φ 正比于时间 t，$\varphi=\omega t$。试确定滑块 B 的运动方程，并求当 $\omega=2\pi/\mathrm{s}$，$t=0$，0.5 s，1 s 时滑块的位置（点在参考系上的几何位置随时间变化的关系式称为点的运动方程，即以 O 点为原点，求位置 x 与时间 t 的函数关系）。

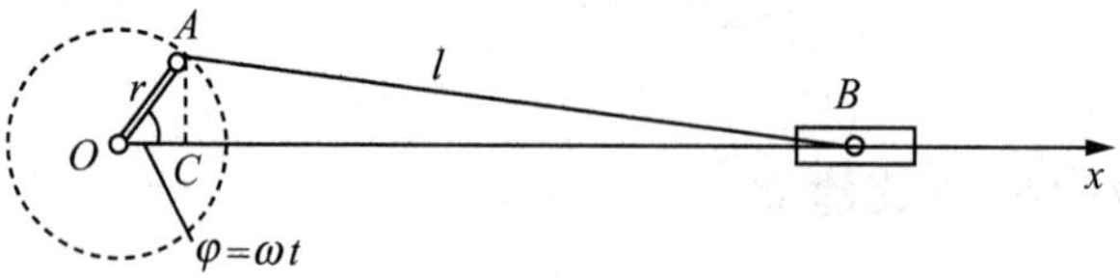

图 1-8

解 如图 1-8 所示，点 A 到 Ox 上的垂足为 C，则 $OC=r\cos\omega t$，$AC=r\sin\omega t$，$BC=\sqrt{l^2-AC^2}=l\sqrt{1-\left(\frac{r}{l}\right)^2\sin^2(\omega t)}$。

所以点 B 到点 O 的距离为

$$x=r\cos\omega t+l\sqrt{1-\left(\frac{r}{l}\right)^2\sin^2(\omega t)}。$$

当 $\omega=2\pi$ 时，$x=r\cos 2\pi t+l\sqrt{1-\left(\frac{r}{l}\right)^2\sin^2(2\pi t)}$；

当 $t=0$ 时，$x=r+l$；

当 $t=0.5$ 时，$x=r\cos\pi+l\sqrt{1-\left(\frac{r}{l}\right)^2\sin^2\pi}=l-r$；

当 $t=1$ 时，$x=r\cos 2\pi+l\sqrt{1-\left(\frac{r}{l}\right)^2\sin^2(2\pi)}=r+l$。

注意 在函数模型的建立过程中，一要分析清楚模型所涉及的常量和变量；二要分析各种量之间的相互关系；三要找出等量或不等量关系式。

习　题　1.1

1. 下列函数 $f(x)$ 与 $g(x)$ 是否相同？

(1) $f(x)=\lg x^2$，$g(x)=2\lg x$；

(2) $f(x)=\sin x$，$g(x)=\sqrt{\sin^2 x}$；

(3) $f(x)=\ln[x(x-1)]$，$g(x)=\ln x+\ln(x-1)$；

(4) $f(x)=1$，$g(x)=\sin^2 x+\cos^2 x$。

2. 求下列函数的定义域。

(1) $y=\sqrt{3-x}+\sin\sqrt{x}$；　　(2) $f(x)=\dfrac{1}{\lg(x-5)}$；

(3) $y=\dfrac{\sqrt{9-x^2}}{\ln(x+2)}$；　　(4) $y=\arcsin\dfrac{x-1}{2}$。

3. 已知 $f(x)=\dfrac{x-1}{x+1}$，求 $f(-2)$，$f(a)$，$f\left(\dfrac{1}{a}\right)$，$f(a+h)$。

4. 判断下列函数的奇偶性。

(1) $f(x)=x^2\cos x$；

(2) $f(x)=\sin x-\cos x+x$；

(3) $f(x)=\log_a(x+\sqrt{1+x^2})$。

5. 指出下列函数的复合过程。

(1) $y=(2x-1)^3$；　　(2) $y=2^{\sin^3 x}$；

(3) $y=\lg\cos(x^2-1)$；　　(4) $y=\sqrt{\ln(\ln\sqrt{x})}$。

6. 已知 $f(x)=3x+5$，　求 $f[f(x)-2]$。

7. 若 $f(x)=\begin{cases}x+2, & x<0,\\ -1, & x=0,\\ (x-1)^2, & x>0,\end{cases}$ 求 $f[f(-1)]$。

8. 有一个窗框，其形状是长方形上加一个半圆形(图 1-9)，如果窗子的采光面积 A 为定值，试写出窗子的周长 l 与底宽 x 的函数关系。

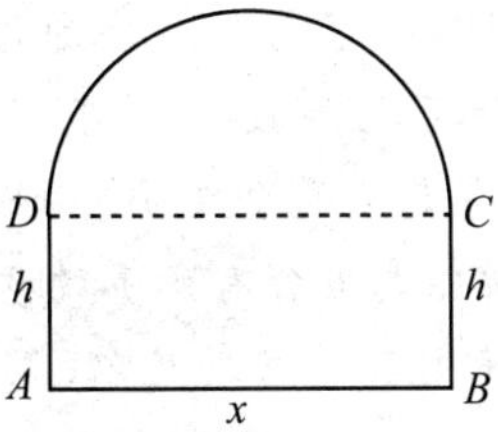

图 1-9

9. 在图 1-10 所示的正切机构中，导杆 OA 以等角速度 ω 绕 O 点转动，导杆转角 $\varphi=\omega t$，导杆转动时通过滑块带动滑杆 BC 在铅垂方向移动。试建立滑杆上 B 点的运动方程。(可建立如图所示的坐标系)

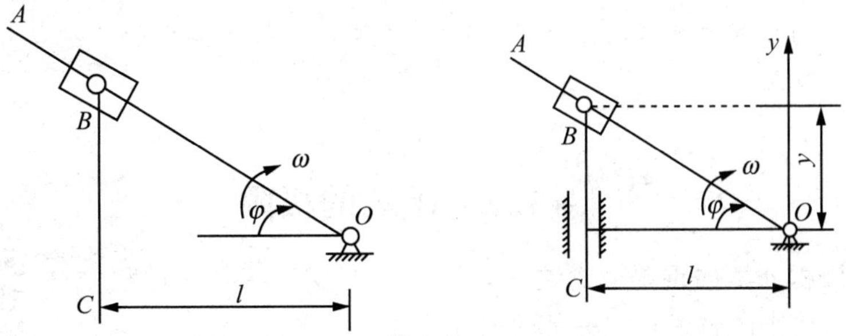

图 1-10

【数学文化赏析】

函数的由来

这个世界的一切量，都随着时间的变化而变化。时间是最原始的自行变化的量，其他量则是因变量。一般来说，如果在某一变化过程中有两个变量 x，y，对于变量 x 在研究范围内的每一个确定的值，变量 y 都有唯一确定的值和它对应，那么变量 x 就称为自变量，而变量 y 则称为因变量，或变量的函数，记为：$y=f(x)$。

“函数”(function)一词最初是由德国数学家莱布尼茨(G. W. Leibniz，1646—1716)在 1692 年开始使用的。

1734 年，瑞士数学家欧拉(L. Euler，1707—1783)引入了函数符号“$f(x)$”，字母取自 function(函数)的第一个字母。欧拉认为函数是由一个公式确定的数量关系，并称变量的函数是一个解析表达式，但是欧拉关于函数的定义并没有真正揭示出函数概念的实质。

直到 1837 年，德国数学家狄利克雷(J. P. G. L. Dirichlet，1805—1859)提出：“如果对于的每一个值，总有一个完全确定的值与之对应，则 y 是 x 的函数。”这个定义才较清楚地说明了函数的内涵，即不管其对应法则是公式、图像、表格，还是其他形式，函数 $f(x)$ 是 x 与 y 之间的一种对应关系。

1859 年，清代数学家李善兰(1811—1882)在翻译《代数学》一书时，第一次将“function”译成“函数”。中国古代“函”字与“含”字通用，都有着“包含”的意思。李善兰给出的定义是：“凡式中含天，为天之函数”。中国古代用天、地、人、物 4 个字来表示 4 个不同的未知数或变量，这个定义的含义是：“凡是公式中含有变量，则该式子叫作变量的函数”，所以“函数”是指公式里含有变量的意思。

19 世纪 70 年代以后，随着德国数学家康托尔(G. Cantor，1845—1918)创立的集合论被大家接受后，函数概念又得以用更加严谨的集合对应关系来表达。

函数是数学中最重要的概念之一，函数概念的出现是人类思维从“静”飞跃到“动”的必然，是从常量数学到变量数学的转折，近代数学本质上可以说是变量数学。莱布尼茨首次提出“函数”这个词时，它所表示的还仅仅是“幂”“坐标”等与曲线上的点有关的几何量，而到 18 世纪，这一概念已扩展到由变量和常量所组成的解析表达式，到 19 世纪，解析式的限制被取消，并为对应关系所替代。函数概念的几度扩张，反映了近代数学的迅速发展。

1.2 函数的极限

极限是微积分学的重要概念之一，用于研究变量在某一过程中的变化趋势，极限的思想和方法是微积分的基本思想和方法。

函数的极限

【庄子的极限思想】 战国时期哲学家庄周所著的《庄子 · 天下篇》中有这样一句话：“一尺之棰，日取其半，万世不竭。”就是说，一根一尺长的木棒，每天截去一半，这样的过程可以无限地进行下去。把每天截后剩下部分的长度记录下来(旧制长度单位为尺)，第一天剩下$\frac{1}{2}$，第二天剩下$\frac{1}{2^2}$，第三天剩下$\frac{1}{2^3}$……第n天剩下$\frac{1}{2^n}$，当n无限增大时，$\frac{1}{2^n}$就无限接近于0。

庄子认识到这是一个走向极限"0"的过程。虽然"一尺之棰"被越切越短，但是"万世不竭"，剩下的木棒的长度永远不为0，而又无限逼近0，即极限为0。

【刘徽的割圆术】3世纪，我国魏晋时代的数学家刘徽(约225—295)创立了"割圆术"。割圆术就是用圆内接正多边形来近似代替圆，当圆内接正多边形边数无限增加时，其周长的极限即为圆周长，面积的极限即为圆面积。刘徽在注释《九章算术》时，将极限思想创造性地应用到了数学领域，利用"割圆术"给出了计算圆周率π的方法。他以1为半径作圆，将圆周六等分，作圆内接正六边形，显然用圆内接正六边形的面积作为圆的面积误差太大，他继续分割，作圆内接正十二边形，正二十四边形……如此一直下去，内接正多边形与圆周的差异越来越小，无限接近于圆周，当分割到圆内接正多边形的边数无限多时，正多边形面积的极限就是圆的面积。刘徽在"割圆术"中提到："割之弥细，所失弥少，割之又割，以至于不可割，则与圆周合体而无所失矣"。通过这种分割方法，刘徽算出了正一百九十二边形的面积，求得$\pi\approx3.14$，称为"徽率"，这个数值是当时世界上最早也是最准确的圆周率。

上例说明，在现实生活中存在这样一类变量，它们在无限变化的过程中，逐渐趋于一个稳定的状态，即趋近于某一常量，变量变化的这种过程，称为极限过程，相应的常量称为变量的极限。现在我们把这种思想推广到一般函数。

函数的极限根据自变量的变化过程，分两种情况来讨论。

1. 当$x\to\infty$时，函数$f(x)$的极限

$x\to\infty$，即自变量x的绝对值无限变大，如果x只取正值无限增大，那么记为$x\to+\infty$；如果x只取负值且其绝对值无限增大，那么记为$x\to-\infty$，如图1-11所示。

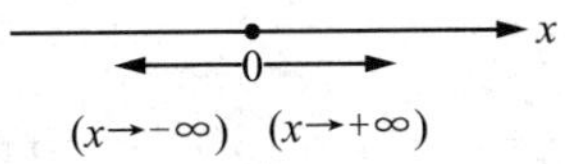

图1-11

例1 函数$f(x)=1+\frac{1}{x^2}$的图形如图1-12所示，观察当$x\to\infty$时，函数$f(x)$的变化趋势。

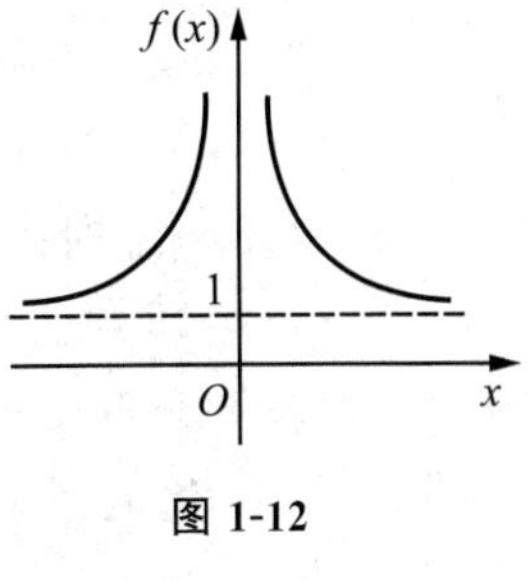

图1-12

从图1-12中可以看出，当$x\to\infty$时，对应的函数值$f(x)$无限趋于1，这时我们称1为函数$f(x)=1+\frac{1}{x^2}$当$x\to\infty$时的极限。

一般地，有如下定义。

定义1 如果当x的绝对值无限增大时，函数$f(x)$趋于

一个常数 A，则称**当 $x\to\infty$ 时函数 $f(x)$ 以 A 为极限**，记作

$$\lim_{x\to\infty}f(x)=A \quad 或 \quad f(x)\to A(x\to\infty)。$$

上例可表示为$\lim\limits_{x\to\infty}\left(1+\dfrac{1}{x^2}\right)=1$。

如果从某一点起，x 只能取正值或负值趋于无穷，则有如下定义。

定义 2 如果当 $x>0$ 且无限增大时，函数 $f(x)$ 趋于一个常数 A，则称**当 $x\to+\infty$ 时函数 $f(x)$ 以 A 为极限**，记作

$$\lim_{x\to+\infty}f(x)=A \quad 或 \quad f(x)\to A(x\to+\infty)。$$

定义 3 如果当 $x<0$ 且绝对值无限增大时，函数 $f(x)$ 趋于一个常数 A，则称**当 $x\to-\infty$ 时函数 $f(x)$ 以 A 为极限**，记作

$$\lim_{x\to-\infty}f(x)=A \quad 或 \quad f(x)\to A(x\to-\infty)。$$

例 2 求 $\lim\limits_{x\to+\infty}\left(\dfrac{1}{2}\right)^x$ 和 $\lim\limits_{x\to-\infty}2^x$。

解 由函数图像图 1-13 可知，

$$\lim_{x\to+\infty}\left(\frac{1}{2}\right)^x=0，\lim_{x\to-\infty}2^x=0。$$

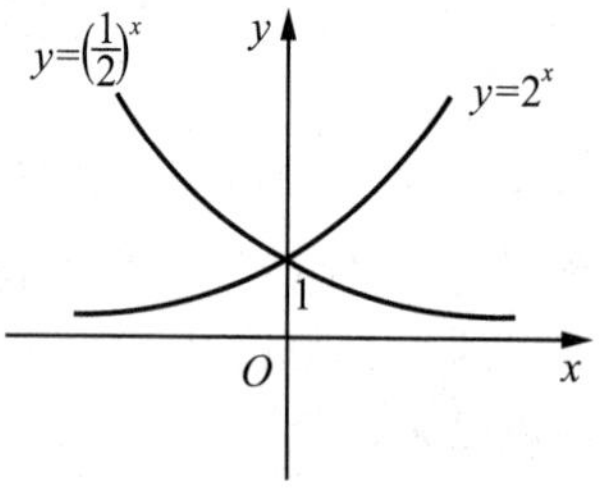

图 1-13

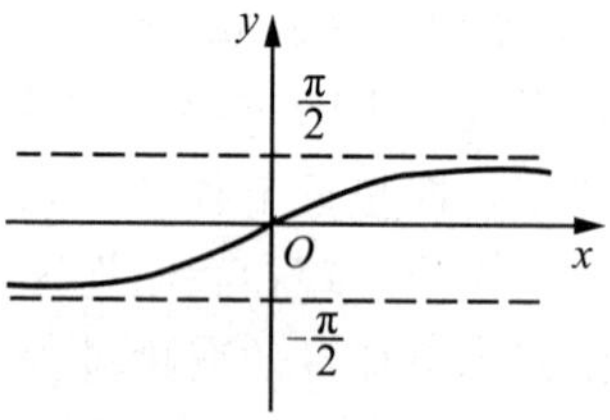

图 1-14

例 3 讨论 $f(x)=\arctan x$ 当 $x\to\infty$ 时的极限。

解 由图 1-14 可知，$\lim\limits_{x\to+\infty}\arctan x=\dfrac{\pi}{2}$，$\lim\limits_{x\to-\infty}\arctan x=-\dfrac{\pi}{2}$。

由于当 $x\to+\infty$ 时和当 $x\to-\infty$ 时，$f(x)=\arctan x$ 不能无限趋近于同一个确定的常数，所以$\lim\limits_{x\to\infty}\arctan x$ 不存在。

定理 1 当 $x\to\infty$ 时，函数 $f(x)$ 的极限存在的充分必要条件是当 $x\to+\infty$ 时和当 $x\to-\infty$ 时函数的极限都存在而且相等，即

$$\lim_{x\to\infty}f(x)=A\Leftrightarrow\lim_{x\to-\infty}f(x)=\lim_{x\to+\infty}f(x)=A。$$

2. 当 $x\to x_0$ 时，函数 $f(x)$ 的极限

$x\to x_0$，即自变量 x 无限趋近于定值 x_0（但不等于 x_0）。如果 x 只取比 x_0 大的值趋于 x_0，那么记为 $x\to x_0^+$；如果 x 只取比 x_0 小的值趋于 x_0，那么记为 $x\to x_0^-$，如图 1-15 所示。

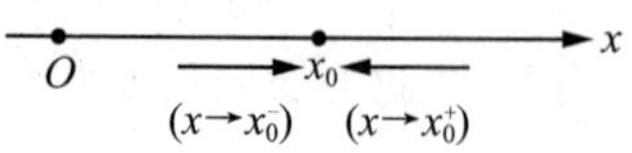

图 1-15

例 4 观察表1-2，考察函数 $f(x)=\dfrac{x^2-4}{x-2}$ 当 x 的值趋于2时的变化情况。

表 1-2

x	1.5	1.8	1.9	1.95	1.99	…	2.001	2.01	2.05	2.1	2.2
$f(x)=\dfrac{x^2-4}{x-2}$	3.5	3.8	3.9	3.95	3.99	…	4.001	4.01	4.05	4.1	4.2

函数 $f(x)$ 在 $x=2$ 时没有意义，但由表1-2不难看出，当 $x\to 2$ 时，函数 $f(x)$ 无限地趋于常数4，我们称当 $x\to 2$ 时，$f(x)$ 的极限是4。由此可以看到，当自变量 x 趋于某个值 x_0 时，**函数的极限是否存在与函数在该点有无定义无关**。

定义 4 设函数 $f(x)$ 在点 x_0 的某邻域(x_0 点可以除外)内有定义。如果当 x 以任意方式无限接近于 x_0(但 $x\neq x_0$)时，函数 $f(x)$ 无限趋于一个常数 A，则称**当 x 趋于 x_0 时，函数 $f(x)$ 以 A 为极限**，记作

$$\lim_{x\to x_0} f(x)=A \quad 或 \quad f(x)\to A(x\to x_0)。$$

上例可表示为 $\lim\limits_{x\to 2}\dfrac{x^2-4}{x-2}=4$，或 $\dfrac{x^2-4}{x-2}\to 4(x\to 2)$。

例 5 求 $\lim\limits_{x\to 2}x^3$。

解 当自变量 $x\to 2$ 时，函数 $x^3\to 8$，根据极限定义知 $\lim\limits_{x\to 2}x^3=8$。

显然，由极限的定义容易得知：

(1) $\lim\limits_{x\to x_0}x=x_0$；　(2) $\lim\limits_{x\to x_0}C=C$。

在讨论 $x\to x_0$ 时函数 $f(x)$ 的极限问题中，对 $x\to x_0$ 的过程，若限制 $x<x_0$ 或 $x>x_0$，便引出了单侧极限的概念。

定义 5 设函数 $f(x)$ 在 x_0 的左侧附近(x_0 点本身可以除外)有定义，如果当 x 从 x_0 的左侧(即 $x<x_0$)趋于 x_0 时，函数 $f(x)$ 无限趋于常数 A，则称常数 A 为 $f(x)$ 在 x_0 处的**左极限**。记作

$$\lim_{x\to x_0^-} f(x)=A \quad 或 \quad f(x_0-0)=A。$$

定义 6 设函数 $f(x)$ 在 x_0 的右侧附近(x_0 点本身可以除外)有定义，如果当 x 从 x_0 的右侧(即 $x>x_0$)趋于 x_0 时，函数 $f(x)$ 无限趋于常数 A，则称常数 A 为 $f(x)$ 在 x_0 处的**右极限**。记作

$$\lim_{x\to x_0^+} f(x)=A \quad 或 \quad f(x_0+0)=A。$$

前面考察的函数 $f(x)=\dfrac{x^2-4}{x-2}$，当 x 从小于2的一侧趋于2时，函数 $f(x)$ 的左极限为4，即 $\lim\limits_{x\to 2^-}\dfrac{x^2-4}{x-2}=4$；当 x 从大于2的一侧趋于2时，函数 $f(x)$ 的右极限为4，即 $\lim\limits_{x\to 2^+}\dfrac{x^2-4}{x-2}=4$，于是得出函数 $f(x)=\dfrac{x^2-4}{x-2}$ 当 $x\to 2$ 时的极限为4，即 $\lim\limits_{x\to 2}\dfrac{x^2-4}{x-2}=4$。

由左、右极限的定义可以得到下面的定理.

定理 2 当 $x\to x_0$ 时，函数 $f(x)$ 的极限存在的充分必要条件是函数 $f(x)$ 在 x_0 处的左、右极限都存在并且相等，即

$$\lim_{x\to x_0}f(x)=A\Leftrightarrow\lim_{x\to x_0^-}f(x)=\lim_{x\to x_0^+}f(x)=A.$$

例 6 设函数 $f(x)=\begin{cases}x+1, x<0,\\ 3x, \quad x\geqslant 0.\end{cases}$ 试判断 $\lim\limits_{x\to 0}f(x)$ 是否存在.

解 因为 $\lim\limits_{x\to 0^-}f(x)=\lim\limits_{x\to 0^-}(x+1)=1$；$\lim\limits_{x\to 0^+}f(x)=\lim\limits_{x\to 0^+}3x=0$，左、右极限都存在但不相等，所以 $\lim\limits_{x\to 0}f(x)$ 不存在(图 1-16).

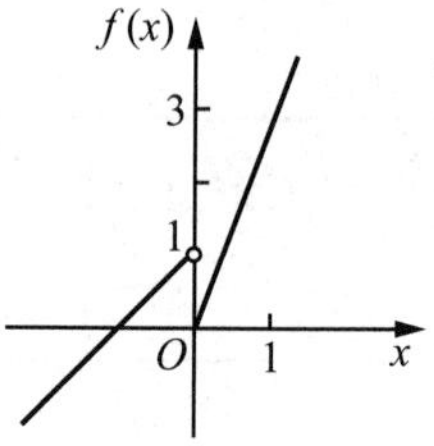

图 1-16

习 题 1.2

1. 利用函数图形求下列函数的极限.

(1) $\lim\limits_{x\to\infty}\dfrac{1}{x-1}$；　(2) $\lim\limits_{x\to 0^+}\ln x$；

(3) $\lim\limits_{x\to+\infty}e^{-x}$；　(4) $\lim\limits_{x\to\infty}\sin\dfrac{1}{x}$.

2. 观察并写出下列函数的极限值.

(1) $\lim\limits_{x\to 1}\dfrac{x^2-1}{x+1}$；　(2) $\lim\limits_{x\to 1}\ln x$；

(3) $\lim\limits_{x\to\frac{\pi}{4}}\tan x$；　(4) $\lim\limits_{x\to 3}(x^2-5x+8)$.

3. 设 $f(x)=\begin{cases}1-x, & 0\leqslant x<1,\\ 1, & x=1,\\ 3-x, & 1<x\leqslant 2.\end{cases}$ 判断极限 $\lim\limits_{x\to 1^-}f(x)$，$\lim\limits_{x\to 1^+}f(x)$，极限 $\lim\limits_{x\to 1}f(x)$ 是否存在.

【数学文化赏析】

芝诺悖论——阿基里斯追龟问题

数学靠的是严密的逻辑推理，可是有时会发生这种怪事：振振有词的一通推理，却得到了似乎荒谬绝伦的结论，这结论或者有悖于大家的常识，或者自相矛盾，使人左右为难，这就叫“悖论”.

古希腊哲学家芝诺(Zeno，前 490—前 425)曾提出过许多著名的悖论，其中流传最广的就是“阿基里斯永远追不上乌龟”.

阿基里斯(achilles)是古希腊神话中善跑的英雄，但芝诺却断言：阿基里斯永远追不上乌龟. 芝诺假设的条件是：阿基里斯的行走速度 $v_1=10$ m/s，乌龟爬行速度 $v_2=1$ m/s，且让阿基里斯处在乌龟后面 $s_0=100$ m，然后同时运动.

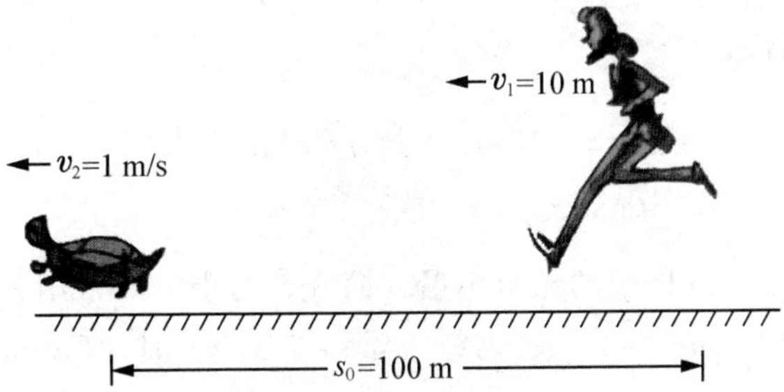

很显然，阿基里斯的速度是乌龟的 10 倍，应该很快就能追上乌龟，但芝诺却认为不可能追上，其分析如下：

当阿基里斯走完 $s_0=100$ m 时，乌龟向前爬了 $s_1=10$ m；

当阿基里斯走完 $s_1=10$ m 时，乌龟又向前爬了 $s_2=1$ m；

当阿基里斯走完 $s_2=1$ m 时，乌龟又向前爬了 $s_3=0.1$ m；

当阿基里斯走完 $s_3=0.1$ m 时，乌龟又向前爬了 $s_4=0.01$ m；

……

因此，乌龟总是在阿基里斯之前，也就是阿基里斯“永远追不上乌龟”。

这个悖论的问题究竟出在哪里呢？问题的中心是“追上”还是“追不上”，那就应该先说清楚，什么叫“追上”，什么叫“追不上”？显然，只要有一个确定的时刻或地点，阿基里斯在这个时刻或地点跑到了乌龟前面，或与乌龟并驾齐驱就叫作“追上”。

设阿基里斯追上乌龟的时间为 t s，于是

$100+v_2t=v_1t$，则 $t=\dfrac{100}{v_1-v_2}=\dfrac{100}{9}=11\dfrac{1}{9}=11.111\cdots(\text{s})$。

阿基里斯追龟所走的路程为

$$s=v_1t=10\times 11\frac{1}{9}=111\frac{1}{9}=111.111\cdots(\text{m})。$$

因此，阿基里斯追上乌龟的时间为 $11\dfrac{1}{9}$ s，路程为 $111\dfrac{1}{9}$ m，它们都是有限的。为什么芝诺断言阿基里斯永远追不上乌龟呢？原来，芝诺把阿基里斯追赶的有限路程 s“人为地分解”成了无限段，即

$$s=s_0+s_1+s_2+s_3+\cdots=100+10+1+0.1+0.01+\cdots=111.11\cdots$$

芝诺悖论的症结就在于“有限”与“无限”的矛盾，芝诺巧妙地把有限的路程分割成无限段，让人产生一种错觉。实际上，这无限段路程之和可以是有限量，这个“和”正是极限，跨越了这个极限，阿基里斯就追上乌龟了。

1.3 无穷小与无穷大

有些函数在某个变化过程中，其绝对值无限减小，而另一些函数的绝对值却无限增大。下面我们来讨论这两种情况。

无穷小与无穷大

1.3.1 无穷小量

定义 1 若当 $x\to x_0$（或 $x\to\infty$）时，函数 $f(x)$ 以零为极限，即

$$\lim_{x\to x_0}f(x)=0 \quad 或 \quad \lim_{x\to\infty}f(x)=0,$$

则称函数 $f(x)$ 为该变化过程中的**无穷小量**，简称**无穷小**，通常用 α，β，γ 等表示。

例如：当 $x\to 0$ 时，$\sin x$，x^2 是无穷小量；当 $x\to 1$ 时，$(x-1)^2$ 是无穷小量；当 $x\to\infty$ 时，$\frac{1}{x}$ 是无穷小量。

理解无穷小量的概念应注意，无穷小量表达的是变量的变化状态，而不是一个确定的量，无穷小量必须结合具体变化过程才有意义。

例如，当 $x\to\infty$ 时，$\frac{1}{x}$ 是无穷小，而当 $x\to 0$ 时，$\frac{1}{x}$ 就不是无穷小。

根据无穷小的概念，我们可以得到极限与无穷小如下的关系。

定理 1 当 $x\to x_0$（或 $x\to\infty$）时，函数 $f(x)$ 以 A 为极限的充分必要条件是 $f(x)$ 可以表示为 A 与一个无穷小量 α 的和。即 $\lim f(x)=A\Leftrightarrow f(x)=A+\alpha$，其中 α 为无穷小量。

1.3.2 无穷小的性质

性质 1 有限个无穷小的代数和仍为无穷小。

性质 2 有界函数和常数与无穷小的乘积为无穷小。

性质 3 有限个无穷小的乘积是无穷小。

例 1 求 $\lim\limits_{x\to 0}\left(x\sin\frac{1}{x}\right)$。

解 因为 $\left|\sin\frac{1}{x}\right|\leqslant 1$，即 $\sin\frac{1}{x}$ 是有界函数，当 $x\to 0$ 时，x 是无穷小，由性质 2 知，当 $x\to 0$ 时，乘积 $x\sin\frac{1}{x}$ 是无穷小，即 $\lim\limits_{x\to 0}\left(x\sin\frac{1}{x}\right)=0$。

由性质可知，无穷小与有界函数、有限个无穷小量的乘积仍为无穷小，但不能认为无穷小与任何量的乘积都是无穷小。无穷小与无穷大的乘积就不一定是无穷小。

1.3.3 无穷小的比较

由无穷小的性质可知，两个无穷小的和、差与乘积仍然是无穷小，而两个无穷小的商的情况就不同了。例如 $x\to 0$ 时，x，$2x$ 和 x^2 都是无穷小。但是，我们知道 $\lim\limits_{x\to 0}\frac{x^2}{x}=\lim\limits_{x\to 0}x=0$，$\lim\limits_{x\to 0}\frac{x}{2x}=\frac{1}{2}$，$\lim\limits_{x\to 0}\frac{2x}{x^2}=\lim\limits_{x\to 0}\frac{2}{x}=\infty$，可见无穷小的商可以是无穷小，可以是常数，也可以是无穷大，这是因为无穷小趋于零的速度是不同的，由此得出下列定义。

定义 2 设 α 和 β 是同一变化过程中的无穷小，且设 $\beta\neq 0$，

(1)若 $\lim \frac{\alpha}{\beta}=0$，则称 α 是 β 的**高阶无穷小**，记作 $\alpha=o(\beta)$。

(2)若 $\lim \frac{\alpha}{\beta}=\infty$，则称 α 是 β 的**低阶无穷小**。

(3)若 $\lim \frac{\alpha}{\beta}=C$($C$ 是不等于零的常数)，则称 α 与 β 是**同阶无穷小**；若 $C=1$，则称 α 与 β 是**等价无穷小**，记作 $\alpha \sim \beta$。

由定义知，当 $x\to 0$ 时，x^2 是 x 和 $2x$ 的高阶无穷小，而 x 和 $2x$ 是同阶无穷小。

两个无穷小阶的高低描述了两个无穷小趋于零的速度的快慢，阶高的趋于零的速度快，阶低的趋于零的速度慢，若两个无穷小是等价无穷小，则在求极限的过程中可以相互代替。当 $x\to 0$ 时，常见的等价无穷小如下：

$$\sin x \sim x; \quad \tan x \sim x; \quad 1-\cos x \sim \frac{1}{2}x^2;$$

$$\ln(1+x) \sim x; \quad (1+x)^n-1 \sim nx; \quad e^x-1 \sim x。$$

例 2 求 $\lim\limits_{x\to 0}\frac{\tan 2x}{\sin 3x}$。

解 当 $x\to 0$ 时，$\tan 2x \sim 2x$，$\sin 3x \sim 3x$，

所以
$$\lim_{x\to 0}\frac{\tan 2x}{\sin 3x}=\lim_{x\to 0}\frac{2x}{3x}=\frac{2}{3}。$$

1.3.4 无穷大量

定义 3 若当 $x\to x_0$(或 $x\to\infty$)时，在自变量某一变化过程中，函数 $f(x)$ 的绝对值无限增大，则称函数 $f(x)$ 为该变化过程中的**无穷大量**，简称**无穷大**，记作 $\lim f(x)=\infty$。

例如，当 $x\to 0$ 时，$\frac{1}{x^2}$ 是无穷大量；当 $x\to\infty$ 时，$x+1$，x^2 是无穷大量。

注意 无穷大量是一个变量，这里我们用了极限符号 $\lim f(x)=\infty$，并不表示 $f(x)$ 的极限存在，事实上，若 $\lim f(x)=\infty$，则 $f(x)$ 在该变化过程中不存在极限。

由上面的例子可知，当 $x\to 0$ 时，$\frac{1}{x^2}$ 是无穷大量，而 x^2 是无穷小量；当 $x\to\infty$ 时，$x+1$ 就是无穷大量，而 $\frac{1}{x+1}$ 是无穷小量，这说明无穷小量和无穷大量存在倒数关系。

定理 2 在同一变化过程中，若 $f(x)$ 是无穷大，则 $\frac{1}{f(x)}$ 是无穷小；反之，若 $f(x)$ 是无穷小，且 $f(x)\neq 0$，则 $\frac{1}{f(x)}$ 是无穷大。

习 题 1.3

1. 下列各式在自变量如何变化时是无穷小？如何变化时是无穷大？

(1) $\sin \frac{1}{x}$；　(2) $\frac{x+1}{x-1}$；　(3) e^{-x}；　(4) $\ln x$；

(5) $x\sin\frac{1}{x}$；　(6) $\arccos x$；　(7) $\left(\frac{1}{2}\right)^x$；　(8) $(x^2+x)\sin\frac{1}{x}$。

2. 利用无穷小性质求解。

(1) $\lim\limits_{x\to\infty}\frac{\arctan x}{x}$；　(2) $\lim\limits_{x\to 0}\left(x^2\cos\frac{1}{x^2}\right)$。

3. 利用等价无穷小代换计算下列极限。

(1) $\lim\limits_{x\to 0}\frac{1-\cos x}{x\sin x}$；　(2) $\lim\limits_{x\to 0}\frac{\sin 3x}{\tan 5x}$。

4. 当 $x\to\infty$ 时，函数 $f(x)$ 与 $\frac{1}{x}$ 是等价无穷小，求 $\lim\limits_{x\to\infty}[2xf(x)]$。

【数学文化赏析】

大数与希尔伯特的旅馆

你知道什么样的数才算大数吗？你能说出的最大的数是什么？古希腊著名学者阿基米德(前 287—前 212)是历史上最早提出大数的人，他在《论数沙》一书中说道："有人认为，无论是在叙拉古城，还是在整个西西里岛，或者在全世界所有有人烟和无人迹的地方，沙子的数目是无穷的；也有人认为沙子数目不是无穷的，但是想表示沙子的数目是办不到的。但是我的计算表明，如果把所有的海洋和洞穴都填满了沙子，这些沙子的总数不会超过 1 后面有 100 个零。"这个数用科学计数法表示就是 10^{100}。

1940 年爱德华·卡斯纳和詹姆斯·纽曼把 10^{100} 叫作"古戈"(googol)。

有没有比 1 古戈更大的数呢？当然有，数学上有个著名的斐波那契数列，它是由 12 世纪意大利的列昂纳多·斐波那契(1175—1250)首先提出来的，他说："有一对小兔，若第二个月成年，第三个月生下一对小兔，以后每月生下一对小兔，假设每生下一对小兔都是一雌一雄，并且没有死亡，一年后，共有几对兔子？"

从第一个月开始，兔子对数依次为 1，1，2，3，5，8，13，21，…这个数列就是斐波那契数列。如果记第 n 个月的兔子数为 a_n，则 $a_n=a_{n-1}+a_{n-2}$。可以得到 $a_{12}=144$，也就是一年后，共有 144 对兔子。这串数增大得非常快，到第 571 个月(第 48 年)时，$a_{571}>9.6\times10^{118}$，已经大于 1 古戈了，斐波那契的兔子在地球上早已放不下了。

现在为了能表示更大的数，数学家又规定了"古戈布莱克斯(googolplex)"，1 古戈布莱克斯 $=10^{10^{100}}$。

那么 1 古戈布莱克斯是不是最大的数呢？当然不是，在现实中确实存在着一些无穷大的数，它们比我们所能写出的无论多大的数都要大，比如"所有整数的个数""一条线段上所有几何点的个数"，显然都是无穷大。

意大利科学家伽利略(1564—1642)是第一个有意识触及"无限"实质的，他提出这样的问题：全体自然数多还是全体完全平方数多？他把全体自然数与它们的平方一一对应起来：

$$\begin{array}{ccccccc} 1 & 2 & 3 & 4 & 5 & 6 & \cdots \\ \updownarrow & \updownarrow & \updownarrow & \updownarrow & \updownarrow & \updownarrow & \\ 1^2 & 2^2 & 3^2 & 4^2 & 5^2 & 6^2 & \cdots \end{array}$$

它们谁也不多，谁也不少，一样多，然而，后者很明显只是前者的一部分，部分怎么能等于整体呢？伽利略迷惑了，这个问题使数学家们困惑了 200 多年。真正从本质上认识“无限”的是德国数学家康托尔，1874 年康托尔教授得出一个重要结论：如果一个量等于它的一部分量，那么这个量必是无限量；反之，无限量必可以等于它的某一部分量。也就是说，在无穷大的世界里，部分可能等于全部！

德国著名数学家希尔伯特(1862—1943)曾经用一个有趣的比喻来阐明有穷集和无穷集的不同。人间的旅馆，无论多么大，无论有多少房间，一旦客满，再来的客人只能改投另一家住宿。现在试想一下，有一家拥有无穷多房间的旅馆。房间的号码用尽了所有的自然数：1 号，2 号，3 号，……，至于无穷。现在客满了，又来了一位旅客，怎么办？服务员说：不要紧，1 号房间的客人移到 2 号，2 号客人移到 3 号，……，于是，1 号房空出来了，原来的客人仍然各得其所。

更严重的事态出现了，来了无穷多的一行旅客！服务员却仍然指挥若定，妥善安排。老住户都安排到双号房间，1 号到 2 号，2 号到 4 号，3 号到 6 号，……，所有的单号房都空出来了。新来的客人尽管和自然数一样多，仍能住得下。

无穷个房间和有穷个房间就是这样的不同。通过这个故事，大家是否明白了：无穷大数的性质与我们在普通算术中所遇到的一般数字真的大不一样。

无穷大与希尔伯特的旅馆　　古今大数谈

1.4 极限的运算

1.4.1 极限的运算法则

极限的运算

设在同一变化过程中，$\lim f(x)=A$，$\lim g(x)=B$，则：

法则 1 $\lim[f(x)\pm g(x)]=\lim f(x)\pm\lim g(x)=A\pm B$；

法则 2 $\lim[f(x)\cdot g(x)]=\lim f(x)\cdot\lim g(x)=A\cdot B$，

特别有，$\lim[Cf(x)]=C\lim f(x)=CA$ （C 为常数），

$\lim[f(x)]^k=[\lim f(x)]^k=A^k$ （k 为正整数）；

法则 3 若 $B\neq 0$，则 $\lim\dfrac{f(x)}{g(x)}=\dfrac{\lim f(x)}{\lim g(x)}=\dfrac{A}{B}$。

注意 法则 1、法则 2 可以推广到有限个函数的情形。

例 1 求$\lim\limits_{x\to 1}(3x^2-5x+1)$。

解
$$\begin{aligned}\lim_{x\to 1}(3x^2-5x+1)&=\lim_{x\to 1}3x^2-\lim_{x\to 1}5x+\lim_{x\to 1}1\\&=3\lim_{x\to 1}x^2-5\lim_{x\to 1}x+1=3(\lim_{x\to 1}x)^2-5+1\\&=3-5+1=-1。\end{aligned}$$

例 2 求$\lim\limits_{x\to 2}\dfrac{x^2-3x+1}{2x-1}$。

解
$$\begin{aligned}\lim_{x\to 2}\frac{x^2-3x+1}{2x-1}&=\frac{\lim\limits_{x\to 2}(x^2-3x+1)}{\lim\limits_{x\to 2}(2x-1)}\\&=\frac{(\lim\limits_{x\to 2}x)^2-3\lim\limits_{x\to 2}x+\lim\limits_{x\to 2}1}{(\lim\limits_{x\to 2}2x)-\lim\limits_{x\to 2}1}=\frac{4-6+1}{4-1}=-\frac{1}{3}。\end{aligned}$$

从上面两例可以得到如下结论：

(1)如果函数 $f(x)$为多项式，则$\lim\limits_{x\to x_0}f(x)=f(x_0)$；

(2)如果 $P(x)$，$Q(x)$为多项式，且$\lim\limits_{x\to x_0}Q(x)=Q(x_0)\neq 0$，则
$$\lim_{x\to x_0}\frac{P(x)}{Q(x)}=\frac{\lim\limits_{x\to x_0}P(x)}{\lim\limits_{x\to x_0}Q(x)}=\frac{P(x_0)}{Q(x_0)}。$$

对于有理式$\dfrac{P(x)}{Q(x)}$，如果$\lim\limits_{x\to x_0}Q(x)=Q(x_0)=0$，则不能应用法则 3 求解，而需进行特别处理。

1.4.2 未定式

在同一变化过程中，如果 $f(x)$，$g(x)$两个函数都是无穷小或无穷大，则对于极限 $\lim\dfrac{f(x)}{g(x)}$，显然不能用极限的运算法则来计算。通常称这种极限为未定式，分别记为$\dfrac{0}{0}$型或$\dfrac{\infty}{\infty}$型。未定式除了这两种基本类型外，还有 $0\cdot\infty$，$\infty-\infty$，1^{∞}，0^0，∞^0 等情形。

下面主要介绍$\dfrac{0}{0}$型和$\dfrac{\infty}{\infty}$型两种未定式的求法。

例 3 求$\lim\limits_{x\to 4}\dfrac{x^2-5x+4}{x-4}$。

分析 当 $x\to 4$ 时，分子与分母的极限都是 0，是$\dfrac{0}{0}$型，不能应用法则 3，又因为分子、分母有公因子$(x-4)$，而当 x 趋向于 4 时，$x-4$ 不等于 0，故可以约去极限为 0 的分母，通过化简求解。

解
$$\lim_{x\to 4}\frac{x^2-5x+4}{x-4}=\lim_{x\to 4}\frac{(x-1)(x-4)}{x-4}=\lim_{x\to 4}(x-1)=3。$$

例4 求$\lim\limits_{x\to 4}\dfrac{\sqrt{x}-2}{x-4}$。

解 这是$\dfrac{0}{0}$型未定式，将分子有理化，得

$$\lim_{x\to 4}\frac{\sqrt{x}-2}{x-4}=\lim_{x\to 4}\frac{(\sqrt{x}-2)(\sqrt{x}+2)}{(x-4)(\sqrt{x}+2)}=\lim_{x\to 4}\frac{x-4}{(x-4)(\sqrt{x}+2)}=\lim_{x\to 4}\frac{1}{\sqrt{x}+2}=\frac{1}{4}。$$

例5 求$\lim\limits_{x\to 1}\left(\dfrac{1}{x-1}-\dfrac{2}{x^2-1}\right)$。

解 这是$\infty-\infty$型未定式，需通分化简，得

$$\lim_{x\to 1}\left(\frac{1}{x-1}-\frac{2}{x^2-1}\right)=\lim_{x\to 1}\frac{x+1-2}{(x-1)(x+1)}=\lim_{x\to 1}\frac{1}{x+1}=\frac{1}{2}。$$

例6 求$\lim\limits_{x\to\infty}\dfrac{3x^2-x+1}{x^2+2x+2}$。

解 当$x\to\infty$时，此极限是$\dfrac{\infty}{\infty}$，分子和分母同除以最高次幂x^2，则

$$\lim_{x\to\infty}\frac{3x^2-x+1}{x^2+2x+2}=\lim_{x\to\infty}\frac{3-\frac{1}{x}+\frac{1}{x^2}}{1+\frac{2}{x}+\frac{2}{x^2}}=\frac{3}{1}=3。$$

例7 求$\lim\limits_{x\to\infty}\dfrac{x^2+2x+2}{3x^3-x+1}$。

解 当$x\to\infty$时，此极限是$\dfrac{\infty}{\infty}$型，分子、分母同除以x^3，然后求极限，得

$$\lim_{x\to\infty}\frac{x^2+2x+2}{3x^3-x+1}=\lim_{x\to\infty}\frac{\frac{1}{x}+\frac{2}{x^2}+\frac{2}{x^3}}{3-\frac{1}{x^2}+\frac{1}{x^3}}=\frac{0}{3}=0。$$

例8 求$\lim\limits_{x\to\infty}\dfrac{3x^3-x+1}{x^2+2x+2}$。

解 因为
$$\lim_{x\to\infty}\frac{3x^3-x+1}{x^2+2x+2}=\lim_{x\to\infty}\frac{1}{\frac{x^2+2x+2}{3x^3-x+1}},$$

由上例结果知$\lim\limits_{x\to\infty}\dfrac{x^2+2x+2}{3x^3-x+1}=0$，所以根据无穷小与无穷大的关系得

$$\lim_{x\to\infty}\frac{3x^3-x+1}{x^2+2x+2}=\infty。$$

综合例 6、例 7、例 8 的结果，可以得到下面的结论：当 $a_0\neq0$，$b_0\neq0$，m，$n\in\mathbf{N}_+$时，

$$\lim_{x\to\infty}\frac{a_0x^m+a_1x^{m-1}+\cdots+a_m}{b_0x^n+b_1x^{n-1}+\cdots+b_n}=\begin{cases}\dfrac{a_0}{b_0}, & m=n,\\ 0, & m<n,\\ \infty, & m>n。\end{cases}$$

习 题 1.4

1. 求下列极限。

(1)$\lim\limits_{x\to2}(x^2-5x+1)$；

(2)$\lim\limits_{x\to\infty}(\sqrt{x^2+1}-\sqrt{x^2-1})$；

(3)$\lim\limits_{x\to\infty}\left(2+\dfrac{1}{x}+\dfrac{3}{x^2}\right)$；

(4)$\lim\limits_{x\to-1}\left(\dfrac{1}{x+1}+\dfrac{2}{x^2-1}\right)$；

(5)$\lim\limits_{x\to\infty}\dfrac{2x^2+x-1}{4x^3+x^2+1}$；

(6)$\lim\limits_{x\to\infty}\dfrac{3x^3+x^2+1}{5x^3-x^2}$；

(7)$\lim\limits_{x\to0}\dfrac{x^2}{1-\sqrt{1+x^2}}$；

(8)$\lim\limits_{x\to1}\dfrac{x^3-1}{x-1}$。

2. 已知 a 为常数，且$\lim\limits_{x\to\infty}\dfrac{ax+2}{2x-1}=3$，求 a。

【数学文化赏析】

祖冲之——让中国领先世界一千年

祖冲之(429—500)，字文远，出生于建康(今南京)，祖籍范阳郡遒县(今河北涞水县)，中国南北朝时期杰出的数学家、天文学家。祖冲之自幼学习刻苦勤奋，尤其对天文、数学有着浓厚的兴趣。他一生钻研自然科学，在数学、天文、历法和机械设计等方面均有杰出的学术成就。他撰写的《大明历》是当时最科学最先进的历法，对后世的天文研究提供了正确的方法。在机械设计方面，他仿制了指南车，创制了水碓磨、千里船等。

祖冲之在数学上的主要贡献是圆周率的计算，他在刘徽开创的探索圆周率的精确方法的基础上，首次将圆周率精算到小数点后第七位：$3.1415926<\pi<3.1415927$。祖冲之计算圆周率使用的是一种叫“缀术”的方法，可惜这种方法早已失传，无从查考，如果像某些专家推测的“缀术”就是“割圆术”，那么祖冲之要算出圆内接正 24576 边形的周长，才能得出小数点后第七位的数字，计算这样一个圆内接正多边形的周长是相当复杂的，除去加、减、乘、除，还要乘方和开方，开方尤其麻烦，估计他计算的时候需要保留 16 位小数。当时还没有算盘，只能用一种叫

做“算筹”的小竹棍摆来摆去进行计算，可见花费劳动之大！

祖冲之是世界上第一个把圆周率算到小数点后第七位的数学家，差不多过了一千年，西方才有人把圆周率计算得更为精确，祖冲之使中华民族在这一领域领先世界一千年！人们为了纪念祖冲之的伟大功绩，把 3.1415926 叫作“祖率”。

祖冲之不仅以小数形式表示了圆周率，他还以分数形式来表示圆周率，提出“约率”$\frac{22}{7}$和“密率”$\frac{355}{113}$。“约率”的意思是精确度比较低，$\frac{22}{7}\approx 3.142$，相当于“徽率”。“密率”的意思是精确度比较高，$\frac{355}{113}\approx 3.1415929$，小数点后有六位准确数字，这已经相当精确了，用分数表示圆周率给运算带来了方便。

人类对 π 的认识过程反映了数学理论和计算技术发展的一个侧面。π 的研究在一定程度上反映了某个地区或时代的数学水平。德国数学史家康托尔（M. B. Cantor，1829—1920）这样评价道：“历史上一个国家所算得的圆周率的准确程度可以作为衡量这个国家当时数学发展水平的指标。”

说不尽的 π

1.5 两个重要极限

1.5.1 极限 $\lim\limits_{x\to 0}\frac{\sin x}{x}=1$

两个重要极限

函数$\frac{\sin x}{x}$在 $x=0$ 处没有定义，下面我们列表观察$\frac{\sin x}{x}$的变化趋势。

表 1-3

x/弧度	± 0.5	± 0.1	± 0.05	± 0.03	± 0.01	…	$\to 0$
$\frac{\sin x}{x}$	0.958 85	0.998 33	0.999 58	0.999 85	0.999 98	…	$\to 1$

从表 1-3 可以看出，当$|x|\to 0$ 时，$\frac{\sin x}{x}\to 1$。可以证明的确有

$$\lim_{x\to 0}\frac{\sin x}{x}=1。$$

我们称之为**第一重要极限**。当 $x\to 0$ 时，$\sin x$ 和 x 是等价无穷小。

利用这个重要极限，可以求出与之相关的一类极限。

当 $\lim\limits_{x\to x_0}\varphi(x)=0$，$\lim\limits_{x\to x_0}\sin[\varphi(x)]=0$ 时，有

$$\lim_{x\to x_0}\frac{\sin[\varphi(x)]}{\varphi(x)}=1。$$

其特点是，在自变量的变化趋势下，分子和分母中一个是无穷小，一个是无穷小的正弦值，它们是等价无穷小，即 $\varphi(x)\sim\sin[\varphi(x)]$。

例 1 (口答)下列各式是否成立?

(1) $\lim\limits_{x\to 0}\dfrac{\sin 3x}{3x}=1$; (2) $\lim\limits_{x\to 0}\dfrac{2x}{\sin 2x}=1$;

(3) $\lim\limits_{x\to \infty}\dfrac{\sin x}{x}=1$; (4) $\lim\limits_{x\to 0}\dfrac{\sin (x-5)}{x-5}=1.$

解答 (1)成立;(2)成立;(3)不成立;(4)不成立。

例 2 求$\lim\limits_{x\to 0}\dfrac{\sin 3x}{2x}$。

解
$$\lim_{x\to 0}\frac{\sin 3x}{2x}=\frac{3}{2}\lim_{x\to 0}\frac{\sin 3x}{3x}=\frac{3}{2}。$$

例 3 求$\lim\limits_{x\to 0}\dfrac{\tan x}{x}$。

解 $\lim\limits_{x\to 0}\dfrac{\tan x}{x}=\lim\limits_{x\to 0}\left(\dfrac{\sin x}{x}\cdot\dfrac{1}{\cos x}\right)=\lim\limits_{x\to 0}\dfrac{\sin x}{x}\cdot\lim\limits_{x\to 0}\dfrac{1}{\cos x}=1$。

例 4 求$\lim\limits_{x\to 0}\dfrac{\sin 5x}{\sin 3x}$。

解 $\lim\limits_{x\to 0}\dfrac{\sin 5x}{\sin 3x}=\lim\limits_{x\to 0}\left(\dfrac{\sin 5x}{\sin 3x}\cdot\dfrac{3x}{5x}\cdot\dfrac{5}{3}\right)=\dfrac{5}{3}\lim\limits_{x\to 0}\dfrac{\sin 5x}{5x}\cdot\lim\limits_{x\to 0}\dfrac{3x}{\sin 3x}=\dfrac{5}{3}$。

例 5 求$\lim\limits_{x\to 0}\dfrac{1-\cos x}{x^2}$。

解法一 $\lim\limits_{x\to 0}\dfrac{1-\cos x}{x^2}=\lim\limits_{x\to 0}\dfrac{2\sin^2\dfrac{x}{2}}{x^2}=\dfrac{1}{2}\lim\limits_{x\to 0}\dfrac{\sin^2\left(\dfrac{x}{2}\right)}{\left(\dfrac{x}{2}\right)^2}=\dfrac{1}{2}\lim\limits_{x\to 0}\left(\dfrac{\sin\dfrac{x}{2}}{\dfrac{x}{2}}\right)^2=\dfrac{1}{2}$。

解法二 (无穷小代换法)因为当 $x\to 0$ 时,$1-\cos x\sim\dfrac{1}{2}x^2$,

所以
$$\lim_{x\to 0}\frac{1-\cos x}{x^2}=\lim_{x\to 0}\frac{\frac{1}{2}x^2}{x^2}=\frac{1}{2}。$$

第一重要极限结合无穷小代换法进行计算更简便。

1.5.2 极限 $\lim\limits_{x\to\infty}\left(1+\dfrac{1}{x}\right)^x=\mathrm{e}$

我们通过表 1-4 观察当 $x\to+\infty$ 和 $x\to-\infty$ 时,函数 $\left(1+\dfrac{1}{x}\right)^x$ 的值的变化趋势。

表 1-4

x	…	−100 000	−1 000	−10	10	1 000	100 000	…
$\left(1+\frac{1}{x}\right)^x$	…	2.718 30	2.719 64	2.867 97	2.593 74	2.716 92	2.718 27	…

事实上，可以证明：$\left(1+\frac{1}{x}\right)^{x}<3$，且当 $x\to+\infty$ 和 $x\to-\infty$ 时，函数 $\left(1+\frac{1}{x}\right)^{x}$ 的值都无限趋于一个确定的数 2.718 281 828 459…，它是无理数 e，即

$$\lim_{x\to\infty}\left(1+\frac{1}{x}\right)^{x}=\mathrm{e}。$$

若令 $x=\frac{1}{t}$，则当 $x\to\infty$ 时，$t\to0$，上式可等价地表示为

$$\lim_{x\to\infty}\left(1+\frac{1}{x}\right)^{x}=\lim_{t\to0}(1+t)^{\frac{1}{t}}=\mathrm{e}。$$

我们称之为**第二重要极限**。

利用这个极限，我们可以求出与之相关的一类极限。当 $\lim\limits_{x\to x_0}\varphi(x)=\infty$ 时，

$$\lim_{x\to x_0}\left[1+\frac{1}{\varphi(x)}\right]^{\varphi(x)}=\mathrm{e}。$$

上式的特点是，在自变量的变化趋势下，幂指数的底数是 1 与一个无穷小的和，指数是同一无穷小的倒数，即 $(1+\text{无穷小})^{\text{无穷大}}$，这里无穷小与无穷大恰为倒数，则其极限为 e。利用它可以求出很多“1^{∞}”型的极限。

例 6 （口答）下列各式是否成立？

(1) $\lim\limits_{x\to\infty}\left(1+\frac{3}{x}\right)^{x}=\mathrm{e}$； (2) $\lim\limits_{x\to\infty}\left(1-\frac{1}{x}\right)^{x}=\mathrm{e}$；

(3) $\lim\limits_{x\to0}\left(1+\frac{1}{x}\right)^{x}=\mathrm{e}$； (4) $\lim\limits_{x\to0}(1+\sin x)^{\csc x}=\mathrm{e}$。

解答 (1)不成立；(2)不成立；(3)不成立；(4)成立。

例 7 求 $\lim\limits_{x\to\infty}\left(1-\frac{2}{x}\right)^{x}$。

解 令 $-\frac{2}{x}=t$，则 $x=-\frac{2}{t}$，当 $x\to\infty$ 时，$t\to0$，所以

$$\lim_{x\to\infty}\left(1-\frac{2}{x}\right)^{x}=\lim_{t\to0}(1+t)^{-\frac{2}{t}}=[\lim_{t\to0}(1+t)^{\frac{1}{t}}]^{-2}=\mathrm{e}^{-2}。$$

当运算熟练后，也可不作变换，直接变形为公式形式求解，即。

$$\lim\left(1-\frac{2}{x}\right)^{x}=\lim\left[1+\left(-\frac{2}{x}\right)\right]^{x}=\lim\left[1+\left(-\frac{2}{x}\right)\right]^{-\frac{x}{2}(-2)}=-\mathrm{e}^{-2}$$

例 8 求 $\lim\limits_{x\to\infty}\left(1+\frac{4}{x}\right)^{x}$。

解
$$\lim_{x\to\infty}\left(1+\frac{4}{x}\right)^{x}=\lim_{x\to\infty}\left[\left(1+\frac{4}{x}\right)^{\frac{x}{4}}\right]^{4}=\mathrm{e}^{4}。$$

例 9 求 $\lim\limits_{x\to\infty}\left(\frac{x+3}{x-1}\right)^{x}$。

解 因为 $\frac{x+3}{x-1}=\frac{x-1+4}{x-1}=1+\frac{4}{x-1}$，所以

$$\lim_{x\to\infty}\left(\frac{x+3}{x-1}\right)^{x}=\lim_{x\to\infty}\left(1+\frac{4}{x-1}\right)^{\frac{x-1}{4}\cdot4+1}=\left[\lim_{x\to\infty}\left(1+\frac{4}{x-1}\right)^{\frac{x-1}{4}}\right]^{4}\lim_{x\to\infty}\left(1+\frac{4}{x-1}\right)=\mathrm{e}^{4}\cdot1=\mathrm{e}^{4}。$$

【案例】 连续复利问题

住房按揭贷款与复利

现有本金 A_0，以年利率 r 贷出，若以复利计息，t 年末将增值到 A_t，试计算 A_t。

所谓复利计息，就是将每期利息于每期末加上该期本金，并以此为新本金再计算下期利息。说得通俗些，就是“利滚利”。

若以一年为 1 期计算利息，则一年终的本利和为

$$A_1=A_0(1+r);$$

两年终的本利和为

$$A_2=A_1(1+r)=A_0(1+r)(1+r)=A_0(1+r)^2;$$

类推，t 年终的本利和为

$$A_t=A_0(1+r)^t。$$

这是一年计息 1 期，t 年末本利和 A_t 的复利公式。

若仍以年利率为 r，一年不是计息 1 期，而是一年计息 n 期，且以 $\frac{r}{n}$ 为每期的利息来计算。在这种情况下，易推得，t 年终的本利和为

$$A_t=A_0\left(1+\frac{r}{n}\right)^{nt}。$$

上述计息的“期”是确定的时间间隔，因而一年计息次数为有限次，若计息的“期”的时间间隔无限缩短，从而计息次数 $n\to\infty$。这种情况称为连续复利。由于

$$\lim_{n\to\infty}A_0\left(1+\frac{r}{n}\right)^{nt}=A_0\lim_{n\to\infty}\left[\left(1+\frac{r}{n}\right)^{\frac{n}{r}}\right]^{rt}=A_0e^{rt},$$

所以，若以连续复利计算利息，其复利公式为

$$A_t=A_0e^{rt}。$$

习　题　1.5

1. 求下列各极限值。

(1) $\lim\limits_{x\to 0}\dfrac{\sin 6x}{\sin 2x}$；　(2) $\lim\limits_{x\to\infty}x\tan\dfrac{1}{x}$；　(3) $\lim\limits_{x\to+\infty}3^x\sin\dfrac{1}{3^x}$；

(4) $\lim\limits_{x\to 2}\dfrac{\sin(x-2)}{x-2}$；　(5) $\lim\limits_{x\to 0}(1-2x)^{\frac{1}{x}}$；　(6) $\lim\limits_{x\to\infty}\left(1+\dfrac{3}{x}\right)^{x+2}$；

(7) $\lim\limits_{x\to\infty}\left(\dfrac{x-1}{x}\right)^{2x}$；　(8) $\lim\limits_{x\to 0}(1+\sin x)^{\frac{1}{x}}$。

2. 已知 $\lim\limits_{x\to 0}\dfrac{\sin 2x}{kx}=1$，求 k。

3. 已知 $\lim\limits_{x\to+\infty}\left(1-\dfrac{k}{x}\right)^{x}=e^2$，求 k。

4. 现有本金 100 元，年利率 $r=8\%$，$t=1$ 年，若按连续复利计算，一年终的本利和为多少？

【数学文化赏析】

疯狂的银行与自然对数的底 e

我们都知道把钱存到银行里是能赚利息的。有一次瑞士银行简直是疯了，为了拉拢存款，银行竟然宣布：你存1元钱一年后给你2元，也就是年利率为100%，而且是活期，可以随时存，随时取。有个聪明人就想，我存1元，半年后取出，再连本带利一起存，再过半年后取出来利息岂不更多？因为一年利息是100%，半年利息就是50%，即存1元，到半年时取出来就是1.5元，再把1.5元作为本金存进去，再过半年，到年底又收利息1.5×50%=0.75，这样1年连本带利就是2.25元，比一年结息1次多了一些。

用算式表示，半年结算一次，1元钱到年底就是$\left(1+\frac{1}{2}\right)^2=2.25$(元)。

这个聪明人马上又想，要是一年结息3次、4次、10次、365次，甚至随时结算，岂不发大财了？

结算三次，年底本利和为$\left(1+\frac{1}{3}\right)^3=2.37037\cdots$（元）

结算四次，年底本利和为$\left(1+\frac{1}{4}\right)^4=2.4414\cdots$(元)

结算十次，年底本利和为$\left(1+\frac{1}{10}\right)^{10}=2.59374\cdots$(元)

结算百次，年底本利和为$\left(1+\frac{1}{100}\right)^{100}=2.70481\cdots$(元)

结算千次，年底本利和为$\left(1+\frac{1}{1000}\right)^{1000}=2.71692\cdots$(元)

结算万次，年底本利和为$\left(1+\frac{1}{10000}\right)^{10000}=2.7181\cdots$(元)

结果令人大失所望，尽管结算次数越多，利息也越多，但是增长得并不快，而且无论结算多少次，连本带利的增长总不能突破一个上限，这个上限就是这个无穷数列的极限。

$$\lim_{n\to\infty}\left(1+\frac{1}{n}\right)^n=\mathrm{e}=2.71828\cdots$$

e是自然对数的底数，作为数学符号，最先是由欧拉在1727年使用的，人们为了纪念欧拉，就用欧拉名字的第一个字母e来表示，因此这个数也叫欧拉数。

这种计算利息的方法叫做连续复利，1683年瑞士数学家雅各布·伯努利发现了银行利息的这个秘密，他在研究连续复利时发现这个问题必须以极限来解决，但他没有得出这个极限，只是估计这个极限在2和3之间．后来欧拉利用无穷级数，首次算出e的小数点后18位近似值，并证明了e是一个无理数．1873年，法国著名数学家埃尔米特证明了e是一个超越数。

欧拉利用无穷级数计算 $e=1+\frac{1}{1!}+\frac{1}{2!}+\frac{1}{3!}+\frac{1}{4!}+\frac{1}{5!}+\frac{1}{6!}+\cdots+\frac{1}{n!}$，用这个式子，只需算到 $n=6$，就可得到 $e\approx 2.718$，而利用 $\left(1+\frac{1}{n}\right)^n$ 计算，要算到 $n=500$ 才能得到这个数值。

在自然界中，大到宇宙运转，小到蜘蛛结网，随处可见 e 的身影。比如，对数螺线又叫等角螺线、黄金螺线，在极坐标下这个螺线的方程是 $r=ae^{b\theta}$。因为 e 在自然界处处可见，所以也叫自然常数。

不可思议的 e

1.6 函数的连续性

1.6.1 函数连续性的概念

函数的连续性

自然界中的许多现象，如空气和水的流动，气温的变化等，都是随时间不断变化的。这些现象的特点是，当时间变化很小时，相关量的变化也很小。反映在数学上，就是函数的连续性。本节讨论函数连续性的有关问题。

1. 函数在点 x_0 处连续

当函数 $y=f(x)$ 的自变量在其定义域内由初值 x_0 变到终值 x 时，称 $x-x_0$ 为**自变量的增量**(或**改变量**)，记为 $\Delta x=x-x_0$；相应地，当函数值由初值 $f(x_0)$ 变到终值 $f(x)$ 时，称 $f(x)-f(x_0)$ 为**函数的增量**(或**改变量**)，记作 $\Delta y=f(x)-f(x_0)$ 或 $\Delta y=f(x_0+\Delta x)-f(x_0)$。

我们从函数图像来考察在给定点 x_0 处函数的变化情况。如果一个函数是连续变化的，它的图像应该是一条没有间断的曲线，如图 1-17 所示；如果函数是不连续的，其图像就是在该点处间断了，如图 1-18 所示。

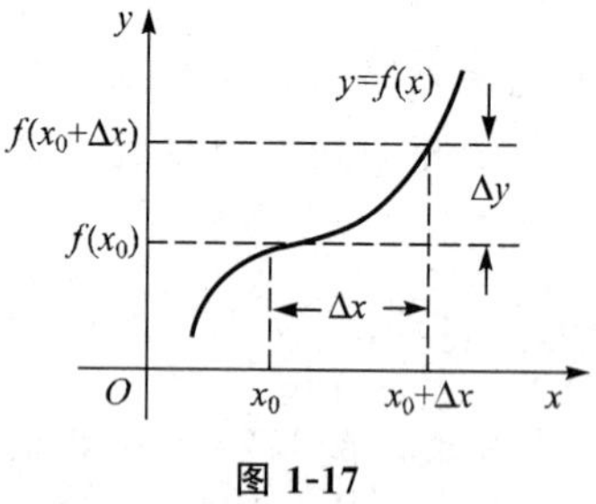

图 1-17

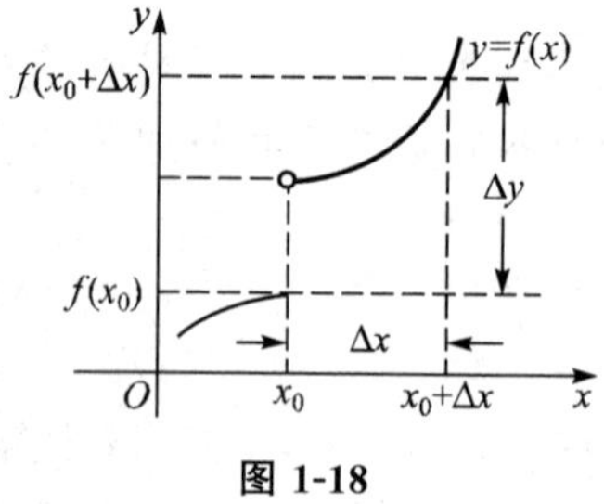

图 1-18

从图 1-17 可以看出，函数 $y=f(x)$ 的图像在该点处没有间断，当 x 在该点处的改变量 Δx 很小时，函数值在该点处相应的改变量 Δy 也很小，于是就有定义 1。

定义 1 设函数 $y=f(x)$ 在点 x_0 的某邻域内有定义，如果当自变量在 x_0 处的改变量 Δx 趋于零时，函数值的改变量 Δy 也趋于零，即 $\lim\limits_{\Delta x\to 0}\Delta y=0$，则称**函数 $f(x)$ 在点 x_0 处连续**，点 x_0 叫作 $f(x)$ 的**连续点**。

在定义 1 中，记 $x=x_0+\Delta x$，则当 $\Delta x\to 0$ 时，$x\to x_0$，此时

$$\Delta y=f(x_0+\Delta x)-f(x_0)=f(x)-f(x_0),$$

于是
$$\lim_{\Delta x\to 0}\Delta y=\lim_{x\to x_0}[f(x)-f(x_0)]=\lim_{x\to x_0}f(x)-f(x_0)=0,$$

即
$$\lim_{x\to x_0}f(x)=f(x_0)。$$

定义 1′ 设函数 $y=f(x)$ 在点 x_0 的某邻域内有定义，如果当 $x\to x_0$ 时，函数的极限存在，且等于它在该点的函数值 $f(x_0)$，即 $\lim\limits_{x\to x_0}f(x)=f(x_0)$，则称**函数 $f(x)$ 在点 x_0 处连续**。

定义 1 在证明题中应用较多，定义 1′在讨论是否连续时常用。

根据定义 1′，函数 $f(x)$ 在点 x_0 处连续，必须满足三个条件：

(1) 函数 $f(x)$ 在点 x_0 处有定义；

(2) $\lim\limits_{x\to x_0}f(x)$ 存在；

(3) $\lim\limits_{x\to x_0}f(x)=f(x_0)$。

上述三条中有一条不满足，函数 $f(x)$ 在 x_0 处就不连续。

例 1 证明函数 $f(x)=x^3-x^2+1$ 在 $x=1$ 处连续。

证 函数 $f(x)$ 在 $x=1$ 处有定义，且 $f(1)=1$，

又因为 $\lim\limits_{x\to 1}f(x)=\lim\limits_{x\to 1}(x^3-x^2+1)=1$。

故 $\lim\limits_{x\to 1}f(x)=f(1)=1$，由定义 1′知，函数 $f(x)=x^3-x^2+1$ 在 $x=1$ 处连续。

例 2 判断下列函数在 $x=0$ 处是否连续。

(1) $y=\dfrac{1}{x}$；

(2) $f(x)=\begin{cases}1, & x\geqslant 0,\\ -1, & x<0;\end{cases}$

(3) $g(x)=\begin{cases}x+1, & x\neq 0,\\ 0, & x=0;\end{cases}$

(4) $h(x)=\begin{cases}\dfrac{\sin x}{x}, & x\neq 0,\\ 1, & x=0。\end{cases}$

解 (1) $y=\dfrac{1}{x}$ 在 $x=0$ 时没有定义，则 $y=\dfrac{1}{x}$ 在 $x=0$ 处不连续。

(2) 因为 $\lim\limits_{x\to 0^+}f(x)=\lim\limits_{x\to 0^+}1=1$，$\lim\limits_{x\to 0^-}f(x)=\lim\limits_{x\to 0^-}(-1)=-1$，$\lim\limits_{x\to 0}f(x)$ 不存在，故函数 $f(x)$ 在 $x=0$ 处不连续。

(3) 因为 $\lim\limits_{x\to 0}g(x)=\lim\limits_{x\to 0}(x+1)=1$，$g(0)=0$，$\lim\limits_{x\to 0}g(x)\neq g(0)$，故函数 $g(x)$ 在 $x=0$ 处不连续。

(4) 因为 $\lim\limits_{x\to 0}h(x)=\lim\limits_{x\to 0}\dfrac{\sin x}{x}=1$，$h(0)=1$，$\lim\limits_{x\to 0}h(x)=h(0)$，故函数 $h(x)$ 在 $x=0$ 处连续。

2. 函数 $y=f(x)$ 在点 x_0 处左、右连续

定义 2 若函数 $y=f(x)$ 在点 x_0 处有

$$\lim_{x\to x_0^+}f(x)=f(x_0)\quad 或\quad \lim_{x\to x_0^-}f(x)=f(x_0),$$

则分别称函数 $y=f(x)$ 在 x_0 处**右连续或左连续**。

显然，$f(x)$ 在点 x_0 连续的充分必要条件是 $f(x)$ 在点 x_0 左连续且右连续。

如果函数 $f(x)$ 在区间 (a, b) 内每一点都连续，那么称函数 $f(x)$ 在 (a, b) **内连续**；如果 $f(x)$ 在区间 (a, b) 内连续，且在点 a 右连续、点 b 左连续，那么称函数 $f(x)$ 在 $[a, b]$ 上连续。

连续函数的图像是一条连续不断的曲线。

1.6.2　间断点及其分类

定义 3　如果函数 $y=f(x)$ 在点 x_0 不连续，则称点 x_0 为函数的一个**间断点**。

由函数在某点连续的定义可知，如果函数 $f(x)$ 在点 x_0 处有下列三种情况之一，则点 x_0 是函数 $f(x)$ 的一个间断点。

(1)在点 x_0 处没有定义；

(2)虽然在点 x_0 处有定义，但是 $\lim\limits_{x \to x_0} f(x)$ 不存在；

(3)虽然在点 x_0 处有定义，且 $\lim\limits_{x \to x_0} f(x)$ 存在，但是 $\lim\limits_{x \to x_0} f(x) \neq f(x_0)$。

通常情况下我们把 $\lim\limits_{x \to x_0^+} f(x)$ 和 $\lim\limits_{x \to x_0^-} f(x)$ 都存在的间断点称为**第一类间断点**；而把 $\lim\limits_{x \to x_0^+} f(x)$ 和 $\lim\limits_{x \to x_0^-} f(x)$ 中至少有一个不存在的间断点称为**第二类间断点**。

对于第一类间断点有以下两种情形：

(1)**跳跃间断点**　当 $\lim\limits_{x \to x_0^+} f(x)$ 和 $\lim\limits_{x \to x_0^-} f(x)$ 都存在，但不相等时，称 x_0 为 $f(x)$ 的跳跃间断点；

(2)**可去间断点**　当 $\lim\limits_{x \to x_0^+} f(x)$ 和 $\lim\limits_{x \to x_0^-} f(x)$ 都存在，且相等时，称 x_0 为 $f(x)$ 的可去间断点。此时 $\lim\limits_{x \to x_0} f(x)$ 的极限存在，但不等于 $f(x_0)$ 或 $f(x)$ 在 x_0 处无定义，补充或修改 $f(x)$ 在 x_0 处的定义，可使 $f(x)$ 在 x_0 处连续。

例 3　求下列函数的间断点，并判断其类型。

(1) $f(x)=\begin{cases} x-2, & x \leqslant 0, \\ x+2, & x>0; \end{cases}$　　(2) $f(x)=\begin{cases} \dfrac{x^2-1}{x-1}, & x \neq 1, \\ 1, & x=1; \end{cases}$

(3) $f(x)=\dfrac{1}{x-1}$；　　(4) $f(x)=\sin \dfrac{1}{x}$。

解　(1)当 $x=0$ 时，$f(0)=-2$，且 $\lim\limits_{x \to 0^-} f(x)=\lim\limits_{x \to 0^-}(x-2)=-2$，$\lim\limits_{x \to 0^+} f(x)=\lim\limits_{x \to 0^+}(x+2)=2$。由于 $\lim\limits_{x \to 0^-} f(x) \neq \lim\limits_{x \to 0^+} f(x)$，故 $\lim\limits_{x \to 0} f(x)$ 不存在，所以 $x=0$ 是第一类间断点中的跳跃间断点。

(2)虽然函数 $f(x)$ 在点 $x=1$ 处有定义且 $f(1)=1$，又 $f(x)$ 在 $x=1$ 处函数的极限存在，即 $\lim\limits_{x \to 1} f(x)=\lim\limits_{x \to 1} \dfrac{x^2-1}{x-1}=\lim\limits_{x \to 1}(x+1)=2$，但是 $\lim\limits_{x \to 1} f(x) \neq f(1)$，所以 $x=1$ 是

函数 $f(x)$ 的一个间断点。如图 1-19 所示，从图中可以看出，只要在 $x=1$ 处改变定义(或者补充定义)，即令 $f(1)=2$，就可以使函数 $f(x)$ 在点 $x=1$ 处连续，所以 $x=1$ 是第一类间断点中的可去间断点。

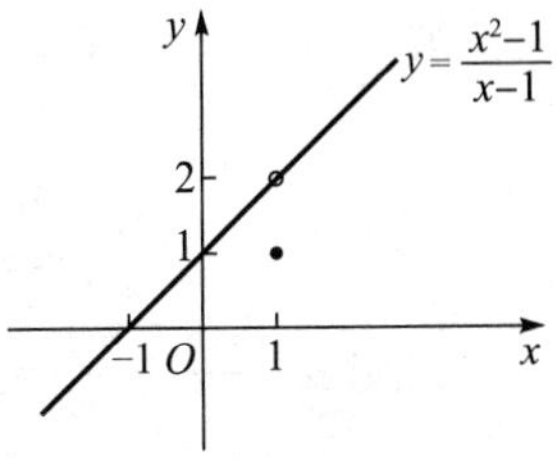

图 1-19

(3) 当 $x=1$ 时，函数 $f(x)=\dfrac{1}{x-1}$ 无定义，且 $\lim\limits_{x\to 1}\dfrac{1}{x-1}=\infty$，所以 $x=1$ 是第二类间断点。

(4) 当 $x=0$ 时，函数 $f(x)=\sin\dfrac{1}{x}$ 无定义，且 $x\to 0$ 时，函数 $f(x)$ 振荡，无极限，所以 $x=0$ 是第二类间断点。

1.6.3　初等函数的连续性

1. 初等函数的连续性

定理 1　基本初等函数在其定义域内是连续的，一切初等函数在其定义区间内是连续的。

注意　"定义域"与"定义区间"是不同的，所谓定义区间，是指包含在定义域内的区间，有的初等函数，它的定义域是由一系列孤立的点构成的，不能构成区间，当然也就不能连续了。例如，$y=\sqrt{\sin x-1}$ 是初等函数，其定义域 $D=\left\{x \,\middle|\, x=2k\pi+\dfrac{\pi}{2},\ k\in\mathbf{Z}\right\}$ 是一些孤立的点，根本不能构成区间，所以不可能连续。

定理 1 表明，初等函数的连续区间就是函数的定义区间，如函数 $f(x)=\dfrac{\ln(2+x)}{x}$ 的定义区间是 $(-2,0)\cup(0,+\infty)$，且 $\dfrac{\ln(2+x)}{x}$ 是初等函数，所以其连续区间就是 $(-2,0)\cup(0,+\infty)$。

2. 利用函数的连续性求极限

若 $f(x)$ 在 x_0 处连续，则有

$$\lim_{x\to x_0} f(x)=f(x_0),$$

即求连续函数在 x_0 处的极限，可归结为计算函数值 $f(x_0)$。

3. 复合函数的极限

定理 2　如果函数 $u=\varphi(x)$ 在点 x_0 处连续，且 $\varphi(x_0)=u_0$，而函数 $y=f(u)$ 在点 u_0 处连续，则复合函数 $y=f[\varphi(x)]$ 在点 x_0 处也连续，即 $\lim\limits_{x\to x_0} f[\varphi(x)]=f\left[\lim\limits_{x\to x_0}\varphi(x)\right]=f(u_0)$。

由定理 2 可知，在满足定理 2 条件的情况下，"极限符号与函数符号可以互换"。

例 4　求下列极限。

(1) $\lim\limits_{x\to\frac{\pi}{4}}\ln(\sin 2x)$；　　(2) $\lim\limits_{x\to 0}\dfrac{\ln(1+x)}{x}$。

解 (1)由于函数 $f(x)=\ln(\sin 2x)$ 在 $x=\frac{\pi}{4}$ 处连续，故

$$\lim_{x\to\frac{\pi}{4}}\ln(\sin 2x)=\ln\left[\sin\left(2\cdot\frac{\pi}{4}\right)\right]=\ln 1=0。$$

(2) $\lim\limits_{x\to 0}\frac{\ln(1+x)}{x}=\lim\limits_{x\to 0}\ln(1+x)^{\frac{1}{x}}=\ln\lim\limits_{x\to 0}(1+x)^{\frac{1}{x}}=\ln e=1$。

1.6.4 闭区间上连续函数的性质

定理 3(最值定理) 闭区间上的连续函数一定有最大值和最小值。

如图 1-20 所示，$f(x)$在闭区间$[a, b]$上连续，在点 x_1 处取得最小值 m，在点 x_2 处取得最大值 M。

定理 4(介值定理) 设 $f(x)$在闭区间$[a, b]$上连续，且 $f(a)\neq f(b)$，μ 为介于 $f(a)$与 $f(b)$之间的任一实数，则至少存在一点 $\xi\in(a, b)$，使 $f(\xi)=\mu$。如图 1-21 所示。

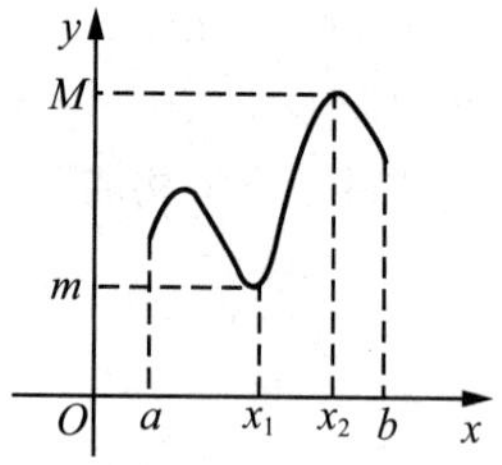

图 1-20

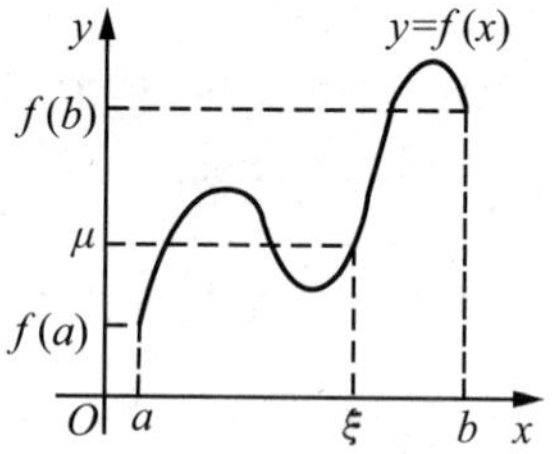

图 1-21

推论(零点定理) 若函数 $f(x)$在闭区间$[a, b]$上连续，且 $f(a)\cdot f(b)<0$，则至少存在一点 $\xi\in(a, b)$，使得 $f(\xi)=0$，如图 1-22 所示。

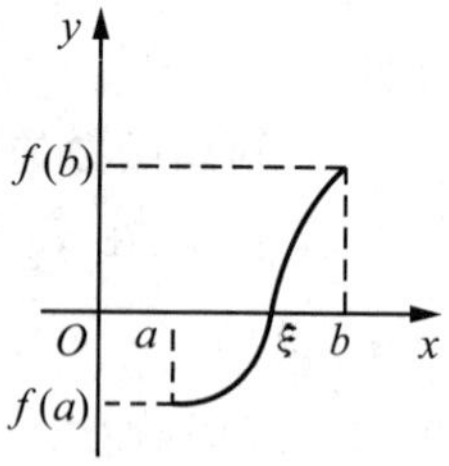

图 1-22

例 5 证明三次方程 $x^3-x+1=0$ 在$(-2, 1)$内至少有一个实根。

证 设函数 $f(x)=x^3-x+1$，则函数 $f(x)$的定义域为$(-\infty, +\infty)$。因为 $f(x)=x^3-x+1$ 是初等函数，所以 $f(x)$在$[-2, 1]$上连续。又因为

$$f(-2)=-5<0，f(1)=1>0，$$

则由零点定理，至少存在一点 $\xi\in(-2, 1)$，使得

$$f(\xi)=\xi^3-\xi+1=0。$$

所以，三次方程 $x^3-x+1=0$ 在$(-2, 1)$内至少有一个实根。

习 题 1.6

1. 指出下列函数的间断点，并说明其类型。

(1) $f(x)=\dfrac{1}{(1+x)^2}$；

(2) $f(x)=\begin{cases}x-1, & x<0,\\ 0, & x=0,\\ x+1, & x>0;\end{cases}$

(3) $f(x)=\dfrac{\sqrt[3]{x}-1}{x-1}$；

(4) $f(x)=x\sin\dfrac{1}{x}$。

2. 设 $f(x)=\begin{cases}2e^x, & x<0,\\ 3x+a, & x\geqslant 0\end{cases}$ 在 $x=0$ 处连续，则 a 应为何值？

3. 求下列函数的极限。

(1) $\lim\limits_{x\to 0}\sqrt{x^2-x+6}$；

(2) $\lim\limits_{x\to 0}\ln\dfrac{x}{\sin x}$；

(3) $\lim\limits_{x\to 0}\arctan\left(\dfrac{\sin x}{x}\right)$；

(4) $\lim\limits_{x\to+\infty}\sin(\sqrt{x+2}-\sqrt{x})$。

4. 证明三次方程 $x^3-x+3=0$ 在 $(-2, 1)$ 内至少有一个实根。

【数学文化赏析】

你为什么认识你的朋友——函数的连续性

在街上遇到朋友，你们会打招呼。这里就有个值得思考的问题，你为什么能认出你的朋友？要知道，你们已经三天没见面了。现在的他和三天前的他，样子是不同的。不同了，为什么还能认得出？回答是：变化不大。如果没有意外事故，三天内，人的容貌常常不会有大的变化。时间长了，可就不一样了。贺知章在《回乡偶书》中写道：“少小离家老大回，乡音无改鬓毛衰，儿童相见不相识，笑问客从何处来。”也就是说尽管人的容貌随时间而变，但是在短时间内改变不大。虽然时间长了会有很大变化，但是这种变化是逐渐的、不间断的、连续的，这就是事物的连续性。

从数学角度来解释，把时间看作自变量 x，人的模样看作时间的函数 $y=f(x)$，当自变量作微小改变时，函数的改变也很微小，用极限表示就是 $\lim\limits_{\Delta x\to 0}\Delta y=0$，这样的函数就是连续函数。或者说当 x 无限接近 x_0 时，$f(x)$ 也无限接近 $f(x_0)$，即 $\lim\limits_{x\to x_0}f(x)=f(x_0)$，我们就说函数 $f(x)$ 在 x_0 这一点是连续的。人随时间而变化，通常是连续变化的，而在发生灾难性事故的一刹那，连续性就被破坏了，在那一时刻就是不连续的。

自然界中这样的现象还有很多，如气温的变化，河水的流动，植物的生长等都是连续变化的。这些现象的特点都是当时间做微小变化时，相关量也做微小变化，将它看作函数，就是当自变量改变很微小时，因变量改变也很微小，这个特性就称为函数的连续性。

连续性的概念还可以帮助我们理清哲学上的一些模糊认识。比如，古希腊哲学家赫拉克利特认为，我们生活的世界一刻不停地变化着。他说：“人不能两次踏入同一条河流，因为河水是流动的，当人第二次踏进同一条河流时，已经不是第一次踏进时的河水了。”

赫拉克利特用这个生动的比喻说明万物是在不断变化的，但是从数学上来看，在概念上是不清楚的。同一条河流是什么意思呢？昨天的黄河和今天的黄河是不是同一条河流呢？如果是同一条河流，赫拉克利特那句话就错了，如果不是同一条河流，那黄河就成了无数多条河流了，因为它的每个瞬间都与前面的河流不同，同样的道理，赫拉克利特也不是一个人，而是无穷多个不同的人了。

我们可以从连续性的角度来认识事物。所谓事物，可以看作以时间为自变量，状态为因变量的函数，时间可以取任意值，事物就是与时间对应的无数状态的总和。河流每时每刻都在变化，每个时刻都对应着一个状态，当时间做微小变化时，状态也做微小变化，因此同一条河流是同一事物，而且是连续变化的同一个事物。第二次踏进的河水虽然和第一次的不同了，但仍然是同一条河流。正因为有了连续的概念，才使人们能认识大自然，否则，像赫拉克利特所说的那样，恐怕连我们自己都不认识自己了。

对于赫拉克利特这一极端的观点，有人专门写了剧本讽刺赫拉克利特，说一个人欠债不还，还对债主声称：“我已经不是原来借钱的那个人了。”债主大怒，打了他。在法庭上，债主不承认打了人，说：“刚才打人的我，已经不是现在的我了。”

幸亏世界上的千变万化绝大多数都是以连续函数的形式相互制约的，否则我们很难认识这个世界，甚至我们本身也不成为稳定的认识主体了。

1.7 数学实验：MATLAB 软件简介及极限运算

1.7.1 MATLAB 软件简介

数学实验：MATLAB 软件简介及极限运算

MATLAB 是美国 MathWorks 公司开发的科学与工程计算软件。经过几十年的扩充和完善，MATLAB 已经发展成为集科学计算、可视化和编程于一体的高性能的科学计算语言和软件开发环境。MATLAB 在工程计算、自动控制、信号处理、图像处理、信号检测、神经网络、小波分析、金融建模设计与分析等领域有着广泛的应用。

MATLAB 由基本部分和功能各异的工具箱“toolbox”组成。基本部分是 MATLAB 的核心，工具箱是用 MATLAB 的基本语句编成的各种子程序集，用于解决某一方面的专门问题或实现某一类的新算法，是扩展部分，可以任意增减。

这里以 MATLAB 7.0 版本为例进行介绍．安装 MATLAB 7.0 成功后，启动 MATLAB，就进入默认的操作界面，如图 1-23 所示。

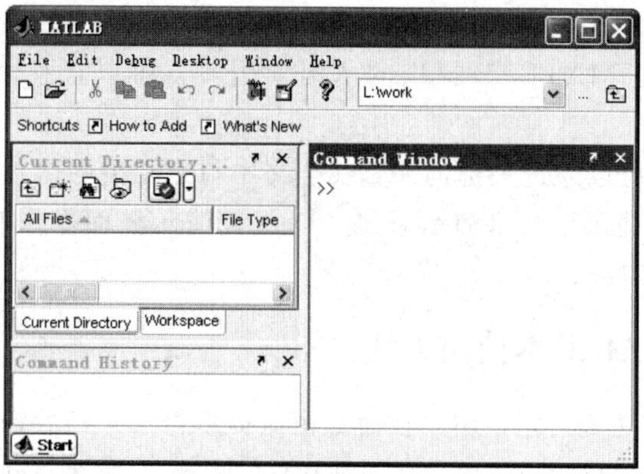

图 1-23

第一行是菜单栏，第二行是工具栏，第三行是快捷工具栏(Shortcut Toolbar)，下面是三个最常用的窗口。右边是命令窗口(Command Window)，用于输入命令、运行命令并显示运行结果。左上方前台为当前路径(Current Directory)，显示当前用户工作所在的路径，后台为工作空间(Workspace)，显示内存中 MATLAB 所有变量的名称、数学结构、字节数及类型。左下方为历史命令窗口(Command History)，用于保存用户输入过的所有的命令，为用户下一次使用同一个命令提供方便，用户可以复制或者运行历史命令窗口中的单行或多行命令。这三个窗口可以单独显示，例如，如果使命令窗口单独显示，可以单击命令窗口右上角的按钮 ，或者选择菜单“Desktop”→“Undock Command Window ”；单独的命令窗口返回 MATLAB 界面，可以单击命令窗口右上角的按钮 ，或者选择命令窗口的菜单“Desktop”→“Dock Command Window”命令。

MATLAB 提供了强大而完善的帮助系统，用户可以通过快捷方便的帮助系统来迅速掌握 MATLAB 的强大功能。

单击工具栏的 按钮；或选择菜单“Desktop”→“Help”；或选择菜单“Help”→“MATLAB Help”都能进入帮助窗口，还可以在命令窗口直接执行 helpwin，helpdesk 或 doc 命令进入帮助窗口，帮助窗口如图 1-24 所示。

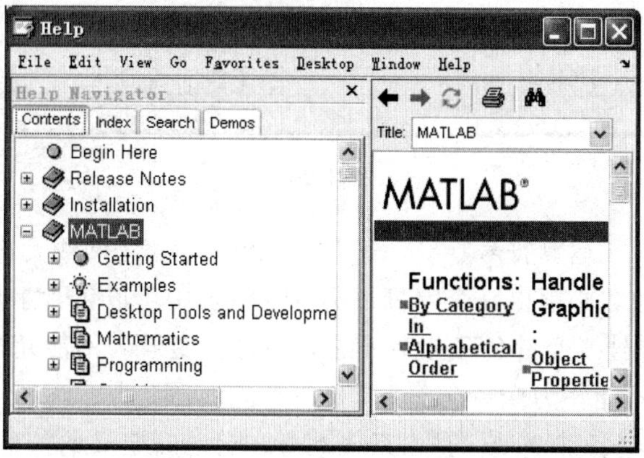

图 1-24

Contents 选项窗口显示 MATLAB 的帮助内容。

Index 选项窗口是 MATLAB 提供的术语索引表，可以查找命令、函数和专用术语等。

Search 选项窗口可以通过关键词来查找全文中与之相关的信息。

Demos 选项窗口提供了联机演示系统，Demos 演示界面操作非常方便，为用户提供了图文并茂的演示实例。

1.7.2 MATLAB 基本使用方法

MATLAB 采用表达式语句，用户在命令窗口提示符“>>”后输入语句，按 Enter 键确认，即可得到结果。MATLAB 语句有两种常见的形式：(1)表达式；(2)变量＝表达式。

说明：

1. 表达式由算符、函数、变量名和数字构成。

2. 在第一种形式中，表达式被执行后产生的结果将被自动赋给名为“ans”的变量。举例如图 1-25 所示。

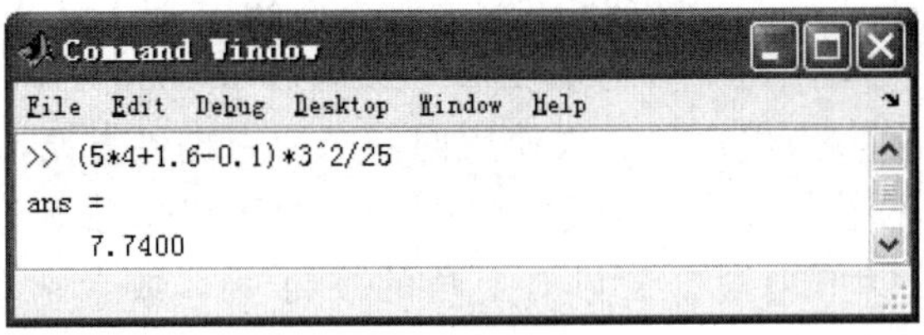

图 1-25

若不想让 MATLAB 每次都显示运算结果，只需在运算式最后加上分号“;”即可。用 **Shift＋Enter** 还可以实现命令换行且不运行命令。

3. 在第二种形式中，等号右边的表达式被赋给等号左边的变量存入内存，并显示在屏幕上。举例如图 1-26 所示。

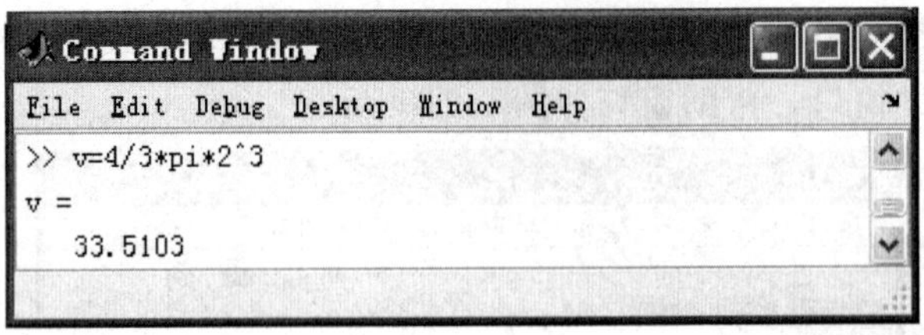

图 1-26

4. 书写表达式时，运算符号“＝”“ ＋ ”“－”以及“ * ”等两侧允许有空格。

5. 变量名、函数名必须以一个字母开头，变量名中可以包含字母、数字或下划线，但不允许出现标点符号。变量名区分字母的大小写。变量名不能超过 31 个字符。关键字(如 if、while 等)不能作为变量名。

MATLAB 有一些特殊变量，是由系统本身在启动时定义的，称为“预定义变量”。

表 1-5　MATLAB 中预定义的变量

ans	预设的计算结果的变量名	i 或 j	虚数单位
eps	计算机的最小数	realmax	最大的正实数
pi	圆周率 π	realmin	最小的正实数
inf 或 Inf	无穷大	flops	浮点运算次数
NaN	不定量		

MATLAB 的数学计算包括数值计算和符号计算，数值运算中必须先对变量赋值，然后才能进行运算，否则会提示出错。符号运算不需要事先对变量赋值，但是符号变量必须先经过定义，才能进行运算和处理。

定义符号变量和符号表达式可以使用 sym 和 syms 命令。

sym 用来定义单个符号或符号表达式，其调用格式为：sym(‘符号字符串’)，符号字符串可以是常量、变量、函数或表达式。

syms 用来创建多个符号变量，其一般调用格式为：syms　var1 var2…var*n*，即 syms 命令定义了符号变量 var1，var2，…，var*n*。用这种格式定义符号变量时，变量间用空格而不要用逗号分隔。

如图 1-27 中，用 syms 定义了符号变量 a，b，c，x，然后又使用已经定义的符号变量 a，b，c，x 建立了符号表达式。除了用 sym 函数和用已经定义的符号变量两种方法建立符号表达式外，还可以利用单引号来生成符号表达式。

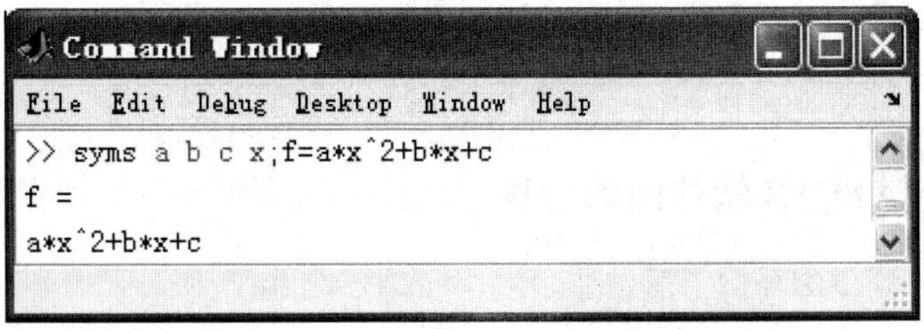

图 1-27

MATLAB 常用命令、基本符号和常用函数如表 1-6～表 1-8 所示。

表 1-6　MATLAB 工作窗中的常用命令

命令	功　能	命令	功　能
quit	关闭和退出 MATLAB	disp	显示变量和文字内容
clc	清除工作窗中的显示内容	type	显示文件内容
clf	清除图形窗中的图形	who	列出内存中驻留的变量名清单
clear	清除内存中的变量和函数	hold	控制当前图形窗对象是否被刷新

表 1-7 MATLAB 基本符号

符号(英文状态)	功　　能
空格	变量分隔符；数组元素分隔符
逗号，	命令分隔符；变量分隔符；数组元素分隔符
点号。	数值中的小数点
分号；	取消运行显示；数组元素行之间的分隔符
百分号 %	注释，在它后面的命令不需要执行
单引号‘ ’	字符串标记符
圆括号()	引用数组元素；变量列表；确定算术运算的先后次序
方括号[ ]	构成向量和矩阵；函数输出列表
下划线 _	变量、函数或文件名的连字符
续行号…	长表达式续行，后面的行与该行连接构成一个命令

表 1-8 MATLAB 常用数学函数

函数	意　义	函数	意　义	函数	意　义
sin	正弦	atan	反正切	max	最大值
cos	余弦	acot	反余切	min	最小值
tan	正切	sqrt	开方	abs	绝对值(模)
cot	余切	lcm	最小公倍数	exp	以 e 为底的指数
sec	正割	gcd	最大公因数	log	自然对数
csc	余割	sign	符号函数	log10	以 10 为底的对数
asin	反正弦	sum	求和	round	四舍五入
acos	反余弦	floor	取整函数		

1.7.3 MATLAB 软件函数运算

基本函数运算命令有：

plot(x, y)	绘制 x-y 二维曲线，可以加线型和颜色参数
fplot('f', [a, b])	在区间$[a, b]$描绘 f 的图形，可以加线型和颜色参数
ezplot(f)	在默认区间$[-2\pi, 2\pi]$描绘 f 的图形
ezplot(f, [a, b])	在区间$[a, b]$内描绘 f 的图形
finverse(f)	求 f 的反函数
finverse(f, v)	求 f 对指定自变量 v 的反函数
compose(f, g)	求 $f=f(x)$，$g=g(y)$的复合函数 $f[g(y)]$
compose(f, g, z)	求 $f=f(x)$，$g=g(y)$，$y=z$ 的复合函数 $f[g(z)]$
compose(f, g, x, z)	求 $f=f(x)$，$g=g(z)$的复合函数 $f[g(z)]$
limit(f)	$\lim\limits_{x\to 0}f(x)$，求 x 趋近于 0 时 $f(x)$的极限
limit(f, x, a)	$\lim\limits_{x\to a}f(x)$，求 x 趋近于 a 时 $f(x)$的极限

limit(f, x, a, 'left')　$\lim\limits_{x \to a^-} f(x)$，求 x 从 a 的左侧趋近于 a 时 $f(x)$ 的极限

limit(f, x, a, 'right')　$\lim\limits_{x \to a^+} f(x)$，求 x 从 a 的右侧趋近于 a 时 $f(x)$ 的极限

例 1　绘制 $y=\arctan x$ 的图形。

解　输入命令如图 1-28 所示。

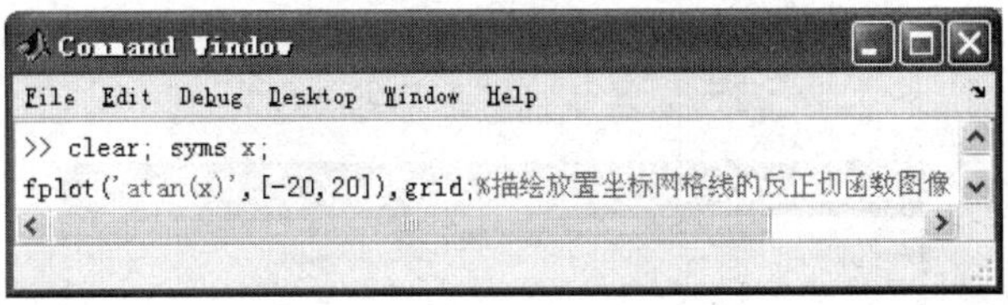

图 1-28

运行得到图 1-29 的图形。

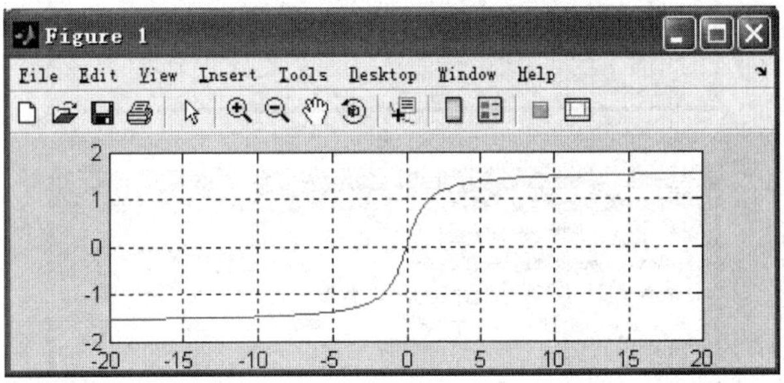

图 1-29

例 2　描绘函数 $f(x)=x^2\cos x$ 的图形，并根据图形判断奇偶性。

解　输入命令如图 1-30 所示。

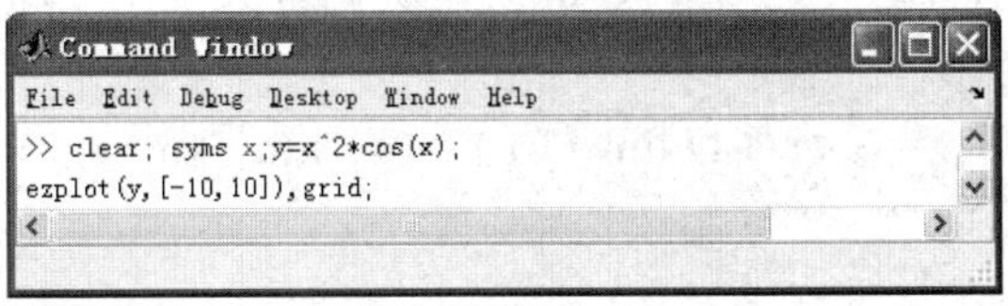

图 1-30

运行得到图 1-31 的图形，由图形可以判断 $f(x)=x^2\cos x$ 是偶函数。

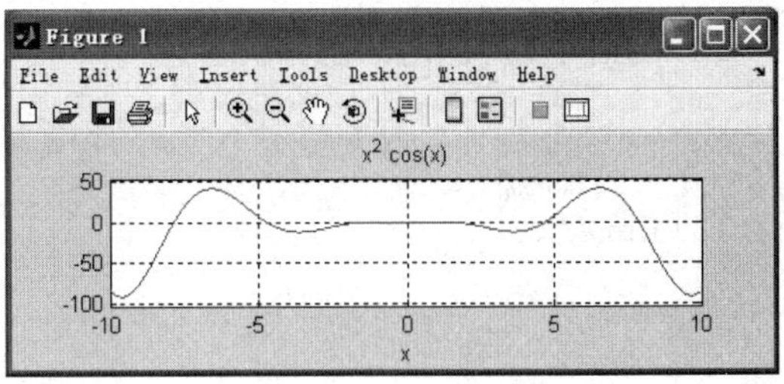

图 1-31

例 3 求下列函数的极限：

(1) $\lim\limits_{x\to0^+}\ln x$；　(2) $\lim\limits_{x\to0}\dfrac{x}{\sqrt{x+2}-\sqrt{2-x}}$；　(3) $\lim\limits_{x\to+\infty}\left(\dfrac{x-1}{x}\right)^{3x}$；

(4) 设 $f(x)=\begin{cases}1-x, & 0\leqslant x<1,\\ 1, & x=1,\\ 3-x, & 1<x\leqslant2。\end{cases}$ 求极限 $\lim\limits_{x\to1^-}f(x)$，$\lim\limits_{x\to1^+}f(x)$，极限 $\lim\limits_{x\to1}f(x)$ 是否存在？

解

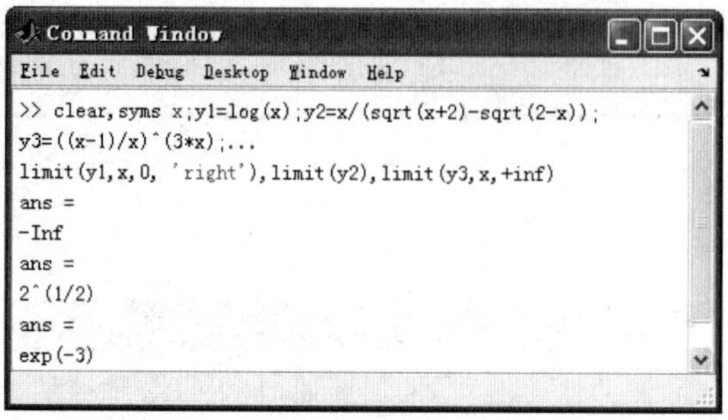

(1)

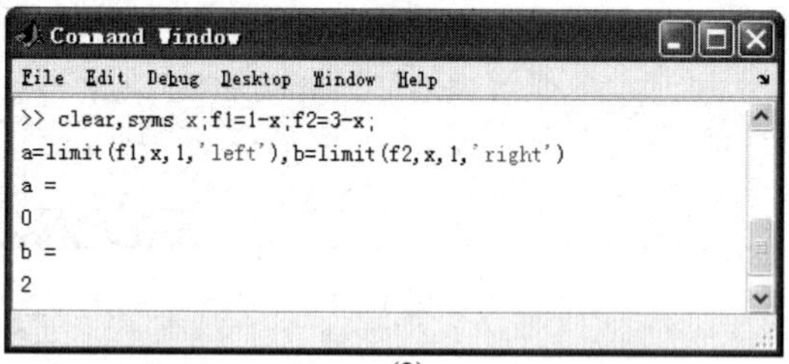

(2)

图 1-32

由上述运行结果知，(1) $x\to0^+$ 时，$\ln x$ 是负无穷大量；(2) $\lim\limits_{x\to0}\dfrac{x}{\sqrt{x+2}-\sqrt{2-x}}=\sqrt{2}$；(3) $\lim\limits_{x\to+\infty}\left(\dfrac{x-1}{x}\right)^{3x}=\mathrm{e}^{-3}$；(4) $\lim\limits_{x\to1^-}f(x)=0$，$\lim\limits_{x\to1^+}f(x)=2$，所以极限 $\lim\limits_{x\to1}f(x)$ 不存在。

【实验训练 1】

1. 数值运算：$7\sqrt[3]{5}+2\sin\dfrac{\pi}{3}-\dfrac{\sqrt{24}}{3}+\mathrm{e}^2$。

2. 作图：绘制 $y=\sin\dfrac{1}{x}$ 在 $[-1, 1]$ 内的图像。

3. 求下列极限。

(1) $\lim\limits_{x\to\infty}\dfrac{-3x^3+1}{x^3+2x}$；(2) $\lim\limits_{x\to0^-}\mathrm{e}^{\frac{1}{x}}$。

实验训练 1

1.8 数学建模简介

1.8.1 什么是数学建模

通俗地讲，数学建模就是先把实际问题归结为数学问题，再用数学方法进行求解．把实际问题归结为数学问题，叫作建立数学模型。数学建模就是利用数学模型解决实际问题的全过程。

一般地说，数学模型可以描述为，对于现实世界的一个特定对象，为了一个特定目的，根据特有的内在规律，做出一些必要的简化假设，运用适当的数学工具，得到的一个数学结构。对于数学模型，我们并不陌生，前面介绍的各种公式与方法都可以看作数学模型。

1.8.2 数学建模的过程

数学建模的全过程分为表述、求解、解释、验证几个阶段，并且通过这些阶段完成从现实对象到数学模型，再从数学模型回到现实对象的循环，如图 1-33 所示。

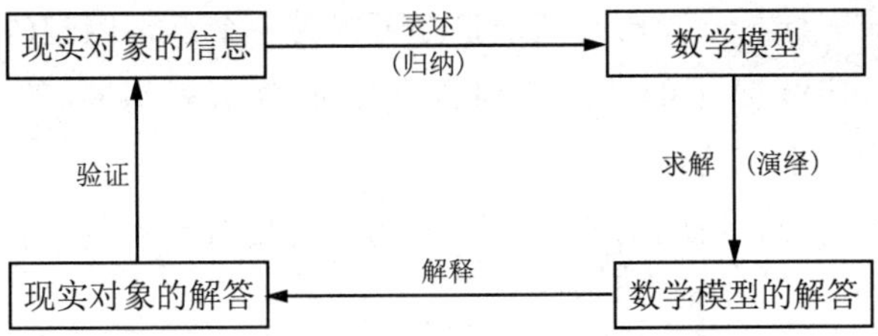

图 1-33

1.8.3 数学建模的步骤

建模要经过哪些步骤并没有一定的模式，通常与问题的性质、建模目的等有关，下面介绍数学建模的一般步骤，流程如图 1-34 所示。

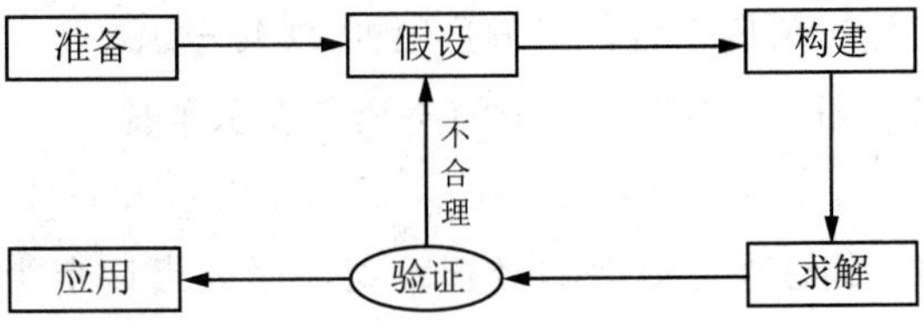

图 1-34

建模准备　提出实际问题后，要先对问题的背景、数据来源、模型使用的场合等作全面的调查研究。

模型假设 现实问题非常复杂，涉及面很广，建模时应抓住主要矛盾，忽略某些次要矛盾，进行一些理想化假设。

模型构建 根据问题的假设，利用与问题有关的自然科学、社会科学以及数学的规律和定理，建立起解决实际问题的框架——数学模型。

模型求解 通过人工或计算机求出模型的解析解或数值解。

模型验证 把模型本身的解进行实际检验，如果结果与实际不符，问题常常出在模型假设上，应该修改、补充假设，重新建模。

模型应用 把所得模型上升为理论，再指导实际应用。

1.8.4 数学建模案例：椅子问题(连续函数的介值定理模型)

1. 问题提出

把椅子往不平的地面上一放，通常只有三只脚着地，放不稳，然而只需稍挪动几次，就可以使四只脚同时着地，放稳了。试用数学语言给以表述，并用数学工具来证实。

2. 模型假设

(1)椅子四条腿一样长，椅脚与地面接处可视为一个点，四脚的连线呈正方形；

(2)地面高度是连续变化的，沿任何方向都不会出现间断(没有像台阶那样的情况)，即地面可视为数学上的连续曲面；

(3)对于椅脚的间距、椅腿的长度而言，地面是相对平坦的，使椅子在任何位置至少有三只脚同时着地。

3. 建立模型

首先要用变量表示椅子的位置。注意到椅脚连线呈正方形，以中心为对称点，正方形绕中心的旋转正好代表了椅子位置的改变，于是可以用旋转角度这一变量表示椅子的位置(如图 1-35 所示)。

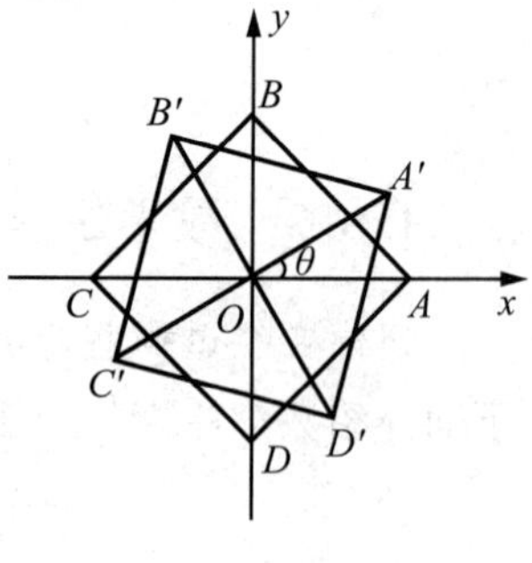

图 1-35

椅子四脚连接为正方形 $ABCD$，对角线 AC 与 x 轴重合，椅子绕中心点 O 旋转角度 θ 后，正方形 $ABCD$ 转至 $A'B'C'D'$ 的位置，所以对角线 $A'C'$ 与 x 轴的夹角 θ 表示了椅子的位置。

如果用某个变量表示椅脚与地面的竖直距离，那么当这个距离为零时就是椅脚着地了，椅子在不同的位置时椅脚与地面的距离不同，所以这个距离是椅子位置变量 θ 的函数。

由对称性，设 A，C 两脚与地面的距离之和为 $f(\theta)$，B，D 两角与地面的距离之

和为 $g(\theta)$，$f(\theta)\geqslant 0$，$g(\theta)\geqslant 0$。由假设(2)，f 和 g 都是连续函数；由假设(3)，椅子在任何位置至少有三只脚着地，所以对于任意的 θ，$f(\theta)$ 和 $g(\theta)$ 中至少有一个为 0。当 $\theta=0$ 时，不妨设 $g(\theta)=0$，$f(\theta)>0$。这样，改变椅子的位置使四只脚同时着地，就归结为证明如下的数学命题：

已知 $f(\theta)$ 和 $g(\theta)$ 是 θ 的连续函数，对任意 θ，$f(\theta)\cdot g(\theta)=0$，且 $g(0)=0$，$f(0)>0$，则存在 θ_0，使 $f(\theta_0)=g(\theta_0)=0$。

4. 模型求解

将椅子旋转 $90°\left(\theta=\frac{\pi}{2}\right)$，对角线 AC 与 BD 互换，由 $g(0)=0$ 和 $f(0)>0$，知

$$g\left(\frac{\pi}{2}\right)>0,\ f\left(\frac{\pi}{2}\right)=0。$$

令 $h(\theta)=f(\theta)-g(\theta)$，则 $h(0)>0$，$h\left(\frac{\pi}{2}\right)<0$。

由 f 和 g 的连续性知 h 也是连续函数。由连续函数的介值定理知，至少存在一个 $\theta_0\left(0<\theta_0<\frac{\pi}{2}\right)$，使 $h(\theta_0)=0$，即 $f(\theta_0)=g(\theta_0)$。

因为 $f(\theta_0)\cdot g(\theta_0)=0$，所以 $f(\theta_0)=g(\theta_0)=0$。

5. 模型评价及应用

模型中假设“四脚连线呈正方形”与现实不太相符，现实中凳子大都呈长方形，椅子呈等腰梯形，通过进一步讨论，可以证明，当四脚连线为长方形或等腰梯形，甚至是一般四顶点共圆的四边形，也可以通过转动放平稳。

1.8.5 数学论文的撰写格式

数学研究成果往往以数学论文的形式呈现，不论是数学建模论文还是数学应用论文都属于科技论文．一篇好的科技论文不仅要主题突出、论点鲜明、富有逻辑性，还应该结构严谨、层次分明、格式标准。完备的科技论文应包括标题、作者、作者单位、摘要、关键词、正文、参考文献等，具体要求如下。

1. 文章标题

题名应简洁、具体、明确，能高度概括论文的核心内容和基本思想，一般不超过20个汉字，必要时可加副标题。

2. 作者

署名置于文章标题之下，多名作者用空格分开，作者单位置于作者名下。

3. 摘要

摘要是对论文内容的简短陈述，以第三人称简明、扼要地阐明论文的主要观点，客观反映文章的主要内容梗概，不得以“本文”“我”“笔者”之类的语气叙述。摘要字数

在 100～300 之间，独立成文，使读者不阅读全文即能从中获得必要信息。

4. 关键词

关键词是指出现在论文题目、摘要或正文中的反映论文主题概念的词或词组，一般为 3～6 个，中间用分号隔开。

5. 正文

正文应具有学术性、时代性、创新性，主题突出、数据可靠、论据充分、论证严密、层次清楚、图表清晰．按照电子版排版规范，正文一般用五号宋体字通排，一级标题为五号黑体字，行距为 1，正文层次一律采用“一”“(一)”“1.”“(1)”等，层次一般不超过 4 层。

6. 参考文献

参考文献是论文所参考的他人的研究成果或者文献书目，是论文作者所注的引文出处，或虽未引用别人的话，但参考了别人的著作或文章的意思。参考文献体现了作者撰写论文时参考已有研究成果的广度和深度，反映了论文研究领域的近期研究成果，应尽可能新颖．引用文献必须按专著、期刊、研究报告等相应格式规范书写。参考文献采用文末注，前后对应，用“[1][2][3]……”标记，在正文中以右上角标注标记，如“引文段[1]”，同一参考文献只用同一序号。

文献类型标识码：[M]—专著，[J]—期刊文章，[N]—报纸文章，[D]—学位论文，[C]—论文集，[R]—研究报告，[S]—标准。

电子文献载体类型标识码：[EB/OL]—网上公告，[DB/OL]—网上数据库，[J/OL]—网上期刊，[M/CD]—光盘图书。

具体格式如下(注意各项顺序和标点符号)。

专著：[1]作者或主编者。文献名[M]。出版地：出版社，出版年。

期刊文章：[2]作者。文献题名[J]。期刊名，年，卷(期)：起止页码。

报纸文章：[3]作者。文献题名[N]。报纸名，出版日期(版次)。

电子文献：[4]主要责任者。电子文献题名[电子文献载体类型标记]。电子文献的出处或可获得地址(网址)，发表或更新日期/引用日期(任选)。

本章小结

【知识框图】

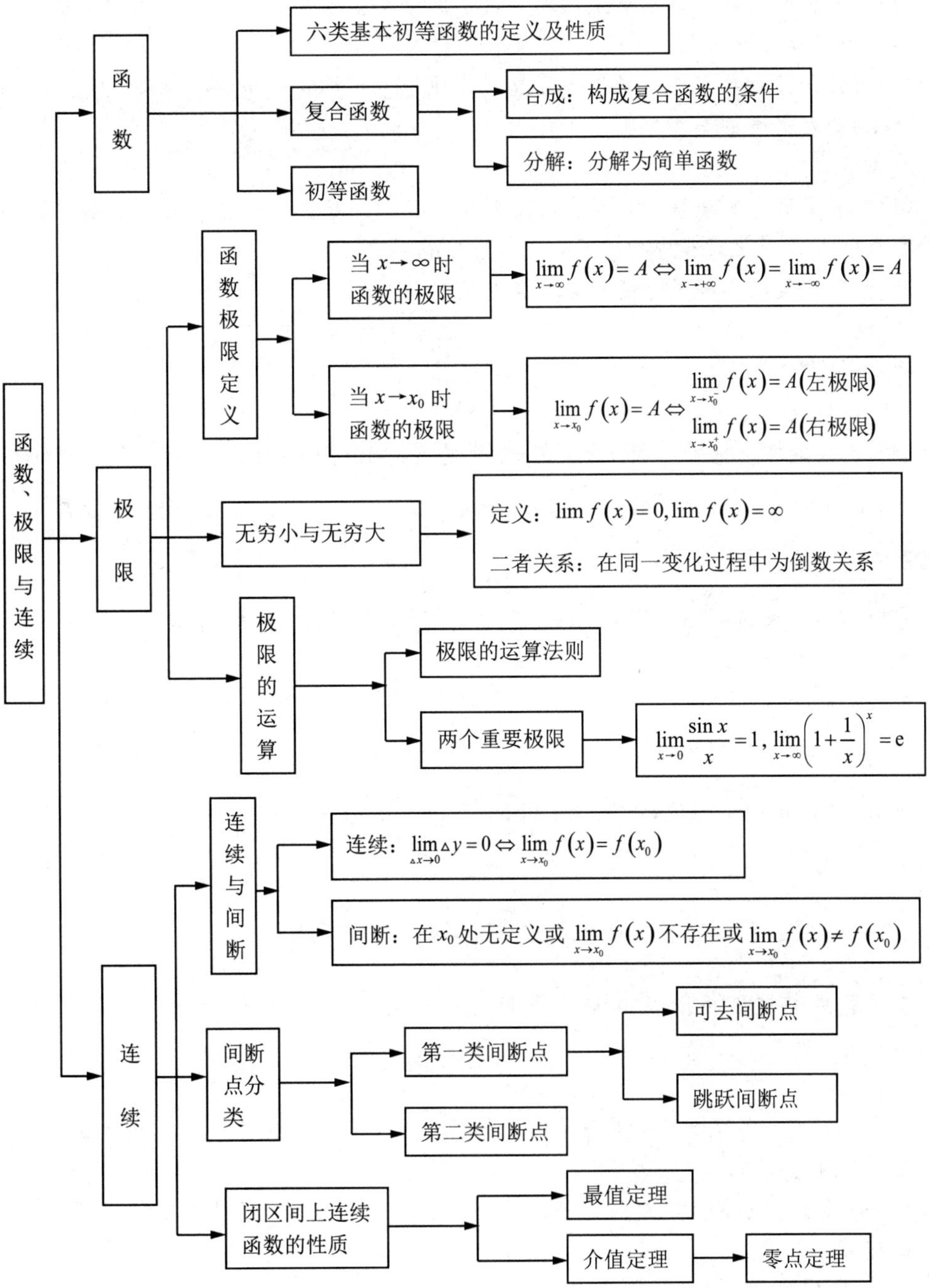
函数、极限与连续
函数
六类基本初等函数的定义及性质
复合函数
合成：构成复合函数的条件
分解：分解为简单函数
初等函数
极限
函数极限定义
当 $x\to\infty$ 时函数的极限
$\lim\limits_{x\to\infty}f(x)=A\Leftrightarrow\lim\limits_{x\to+\infty}f(x)=\lim\limits_{x\to-\infty}f(x)=A$
当 $x\to x_0$ 时函数的极限
$\lim\limits_{x\to x_0}f(x)=A\Leftrightarrow$ $\lim\limits_{x\to x_0^-}f(x)=A$(左极限) $\lim\limits_{x\to x_0^+}f(x)=A$(右极限)
无穷小与无穷大
定义：$\lim f(x)=0,\lim f(x)=\infty$
二者关系：在同一变化过程中为倒数关系
极限的运算
极限的运算法则
两个重要极限
$\lim\limits_{x\to 0}\frac{\sin x}{x}=1,\ \lim\limits_{x\to\infty}\left(1+\frac{1}{x}\right)^x=\mathrm{e}$
连续
连续与间断
连续：$\lim\limits_{\Delta x\to 0}\Delta y=0\Leftrightarrow\lim\limits_{x\to x_0}f(x)=f(x_0)$
间断：在 x_0 处无定义或 $\lim\limits_{x\to x_0}f(x)$ 不存在或 $\lim\limits_{x\to x_0}f(x)\neq f(x_0)$
间断点分类
第一类间断点
可去间断点
跳跃间断点
第二类间断点
闭区间上连续函数的性质
最值定理
介值定理
零点定理

【重点难点解析】

1. 函数

(1)理解函数的概念，掌握函数概念的两要素，会求函数的定义域。

(2)在理解函数概念的基础上，进一步掌握六类基本初等函数的性质和图像，复合函数和初等函数的概念。

(3)不是任何函数都能构成复合函数，条件是 $y=f(u)$，$u=\varphi(x)$，且 $\varphi(x)$的值域与 $f(u)$的定义域的交集非空。

2. 极限

(1)对极限概念的理解：如果在某个变化过程中，变量 y 无限接近于常数 A，则称 A 是变量 y 在此变化过程中的极限，记为：$\lim y=A$。

(2)函数在某点的极限与函数在该点有无定义无关。

(3)极限不存在的情况：趋于∞，振荡，左、右极限不存在。

(4)求极限的方法。

①利用极限的运算法则。

②利用连续性求极限，若 $f(x)$在 x_0 处连续，$\lim\limits_{x\to x_0}f(x)=f(x_0)$；

若 $g(x)$在 x_0 处连续，$\lim\limits_{x\to x_0}f[g(x)]=f[\lim\limits_{x\to x_0}g(x)]=f[g(x_0)]$，函数符号可以与极限符号互换。

③“$\dfrac{0}{0}$”型，通过恒等变形或有理化消去分子和分母的公因式(零因子)。

④“$\dfrac{\infty}{\infty}$”型，分子、分母同除以适当无穷大，当 $x\to\infty$时，有下面的结论。

当 $a_0\neq0$，$b_0\neq0$，m，$n\in\mathbf{N}_+$时，$\lim\limits_{x\to\infty}\dfrac{a_0x^m+a_1x^{m-1}+\cdots+a_m}{b_0x^n+b_1x^{n-1}+\cdots+b_n}=\begin{cases}\dfrac{a_0}{b_0}, & m=n,\\ 0, & m<n,\\ \infty, & m>n。\end{cases}$

⑤“$\infty-\infty$”型，可有理化或通分化为“$\dfrac{0}{0}$”型或“$\dfrac{\infty}{\infty}$”型。

⑥利用两个重要极限及其推论求极限，即 $\lim\limits_{x\to0}\dfrac{\sin x}{x}=1$，$\lim\limits_{x\to\infty}\left(1+\dfrac{1}{x}\right)^x=\mathrm{e}$ 或 $\lim\limits_{t\to0}(1+t)^{\frac{1}{t}}=\mathrm{e}$。

⑦无穷小法：无穷小与有界变量的乘积仍是无穷小；无穷小与无穷大为倒数关系；等价无穷小的代换。

⑧分段函数在分界点的极限：分别求左、右极限，判断极限是否存在。

3. 连续

(1)函数在某一点处连续的三要素是有定义、有极限、极限值和函数值相等。

(2)判断函数间断点的类型时，主要讨论函数在该点的左、右极限是否存在。

复习题1

部分习题讲解视频

1. 求下列函数的定义域。

(1) $y=\dfrac{1}{x^{2}-1}+\arccos x+\sqrt{x}$；

(2) $y=\ln\cos x$；

(3) $y=\sqrt{5-x}+\lg(x-1)$；

(4) $y=\arcsin\dfrac{2x-1}{3}$。

2. 已知 $f(x)$ 的定义域为 $[0,\ 1]$，求 $f(\sin x)$ 的定义域。

3. 判断下列函数的奇偶性。

(1) $f(x)=x^{3}-\dfrac{\arctan x}{x}\ (x\neq 0)$；

(2) $f(x)=x^{2}\sin x$。

4. 求下列函数的表达式。

(1)设 $f(1+x)=x^{2}+3x+5$，求 $f(x)$；

(2)若 $f(x)=10^{x}$，$g(x)=\lg x$，求 $f[g(100)]$，$g[f(3)]$。

5. 下列函数是由哪些简单函数复合而成的？

(1) $y=\cos\dfrac{1}{x+1}$；

(2) $y=2^{\sin x^{3}}$；

(3) $y=\lg^{2}\arccos x^{5}$；

(4) $y=\sqrt{\ln\tan x^{2}}$。

6. 讨论当自变量 x 如何变化时，函数 $f(x)$ 为无穷大或无穷小。

(1) $f(x)=\dfrac{x^{2}-5x+6}{x^{2}-4}$；

(2) $f(x)=e^{\frac{1}{x}}$。

7. 计算下列极限。

(1) $\lim\limits_{x\to 1}(x^{2}-3x+4)$；

(2) $\lim\limits_{n\to\infty}(\sqrt{n+1}-\sqrt{n})$；

(3) $\lim\limits_{x\to 0}\dfrac{x}{\sqrt{x+2}-\sqrt{2-x}}$；

(4) $\lim\limits_{x\to\infty}\dfrac{-3x^{3}+1}{x^{3}+3x^{2}-2}$；

(5) $\lim\limits_{x\to\infty}\left(1-\dfrac{3}{x}\right)^{-x}$；

(6) $\lim\limits_{x\to 0}(1+2x)^{\frac{1}{x}-3}$；

(7) $\lim\limits_{x\to\infty}\left(1+\dfrac{4}{x}\right)^{x+4}$；

(8) $\lim\limits_{x\to 0}(1+\sin x)^{2\csc x}$；

(9) $\lim\limits_{x\to+\infty}\left(\dfrac{x-1}{x}\right)^{3x}$；

(10) $\lim\limits_{x\to 0}\dfrac{1-\cos x}{3x^{2}}$。

8. 已知 $\lim\limits_{x\to 2}\dfrac{x^{2}-x+a}{x-2}=3$，求 a 的值。

9. 设 $f(x)=\begin{cases}e^{\frac{1}{x}}, & x<0,\\ x, & x>0,\end{cases}$ 求 $\lim\limits_{x\to 0}f(x)$。

10. 设 $f(x)=\frac{|1-x|}{1-x}$，讨论$\lim\limits_{x\to1}f(x)$是否存在。

11. 讨论下列函数在指定点处的连续性。

(1)$f(x)=\begin{cases}x, & x<0,\\ e^x-1, & x\geqslant0\end{cases}$ 在 $x=0$ 处；(2)$f(x)=\begin{cases}\frac{x}{\sin x}, & x<0,\\ 1, & x=0,\\ e^{-x}, & x>0\end{cases}$ 在 $x=0$ 处。

12. 讨论当 k 取何值时，函数 $f(x)$在其定义域内连续。

(1)$f(x)=\begin{cases}\frac{\sin 2x}{x}, & x<0,\\ 3x^2-2x+k, & x\geqslant0;\end{cases}$ (2)$f(x)=\begin{cases}x-1, & x<0,\\ x^2+k, & x\geqslant0。\end{cases}$

13. 讨论函数 $f(x)=\begin{cases}x-1, & x<0,\\ x^2, & x\geqslant0\end{cases}$ 的连续区间。

14. 求下列函数的间断点，并确定其类型。

(1)$y=\frac{\tan x}{x}$； (2)$f(x)=\frac{2^{\frac{1}{x}}-1}{2^{\frac{1}{x}}+1}$； (3)$y=\frac{x^2-4}{x^2-3x+2}$。

15. 证明方程 $x-3\cos x=1$ 至少有一个小于 4 的正根。

16. 已知 $f(x)=\begin{cases}\frac{\sin x}{x}, & x<0,\\ k-1, & x=0,\\ x^2+a, & x>0\end{cases}$ 在 $x=0$ 处连续，求 k，a 的值。

17. 某市自来水公司对居民用水实行以下计费办法：每月每户用水量在 10 m^3 以下(含 10 m^3)按 2.30 元/m^3 计费，超过 10 m^3 部分按 2.70 元/m^3 计费，每月每户用水量不得超过 60 m^3。请你建立水费 y 与用水量 x 之间关系的数学模型，使居民可以方便地计算水费并能做到明明白白消费，并计算某户用水量为 30 m^3 时应付的水费。

大作业：

1. 了解专业知识，在专业知识中找出相关的函数关系，并利用数学建模的思想建立数学模型。

2. 由实验知，某种细菌繁殖的速度在培养基充足等条件满足时，与当时已有数量 A_0 成正比，即 $v=kA_0$($k>0$，为比例系数)，试建立细菌繁殖的数学模型(即 t 时刻时细菌的总数)。

第 2 章　导数及其应用

导数及其应用

现代社会非常注重高效，在生产、工程技术中我们经常会遇到诸如如何以最低的材料消耗获得最大的效果，如何使容积最大及路程最短等问题，这些问题都可以利用导数解决。导数概念最初是从寻找曲线的切线以及确定变速直线运动的瞬时速度而产生的。更一般地说，导数是描述变化率的概念，它在理论和实践中有着广泛的应用。

导数和微分是一元函数微分学的两个基本概念。本章将从实际问题引入导数和微分的概念及运算法则，并利用导数研究函数的某些性态，从而解决一些工程实际问题。

2.1　导数的概念

导数的概念

2.1.1　两个案例

【案例 1】　变速直线运动的瞬时速度

当物体做直线运动时，求平均速度的问题很容易解决，就是所经过的路程与时间的比值：

$$速度=\frac{路程}{时间}。$$

但在很多实际问题中，人们常常需要知道物体在某个时刻的速度的大小，即瞬时速度。

设物体做变速直线运动，其运动方程(路程 s 与 t 之间的函数关系)为 $s=s(t)$，现在欲求物体在时刻 t_0 的瞬时速度。

解　当时间由 t_0 变到 $t_0+\Delta t$ 时，物体经过的路程为

$$\Delta s=s(t_0+\Delta t)-s(t_0),$$

于是比值

$$\frac{\Delta s}{\Delta t}=\frac{s(t_0+\Delta t)-s(t_0)}{\Delta t}$$

就是物体在 Δt 这段时间内的平均速度，记作 $\bar{v}$，即

$$\bar{v}=\frac{\Delta s}{\Delta t}=\frac{s(t_0+\Delta t)-s(t_0)}{\Delta t}。$$

显然，如果时间 Δt 很小，则物体在这段时间的速度变化也很小，这时物体在这一小段时间 Δt 内运动的平均速度与物体在 t_0 时刻的瞬时速度 $v(t_0)$就很接近。当 $\Delta t\to 0$ 时，平均速度的极限就是物体在 t_0 时刻的瞬时速度，即

$$v(t_0)=\lim_{\Delta t\to 0}\bar{v}=\lim_{\Delta t\to 0}\frac{\Delta s}{\Delta t}=\lim_{\Delta t\to 0}\frac{s(t_0+\Delta t)-s(t_0)}{\Delta t}。$$

这就是说，变速直线运动物体的瞬时速度是路程的增量与时间增量之比，当时间增量趋向于零时的极限。变速直线运动的瞬时速度反映了路程 s 对时间 t 变化快慢的程度，因此，瞬时速度 $v(t_0)$ 又称为路程 $s=s(t_0)$ 在 t_0 时刻的变化率。

【案例 2】 平面曲线的切线斜率

在平面几何里，圆的切线被定义为“与圆只相交于一点的直线”，对一般曲线来说，用直线与曲线的交点个数来定义曲线的切线是不适用的。

如图 2-1 所示，与 y 轴平行的直线均和曲线 $y=x^2$ 只相交于一点，显然这些直线均不是曲线 $y=x^2$ 的切线，一般而言，曲线的切线定义为曲线的割线的极限位置。

设函数 $y=f(x)$ 的图像为曲线 L（图 2-2），M 为 L 上一点，L 在 M 点存在切线 MT，试求切线 MT 的斜率。

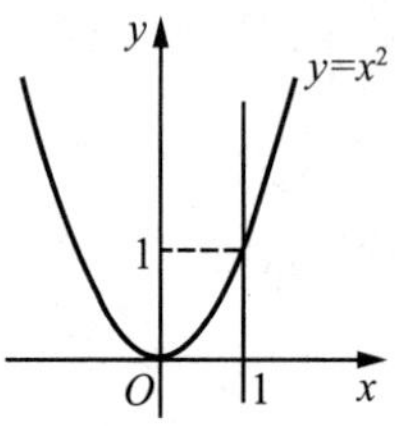

图 2-1

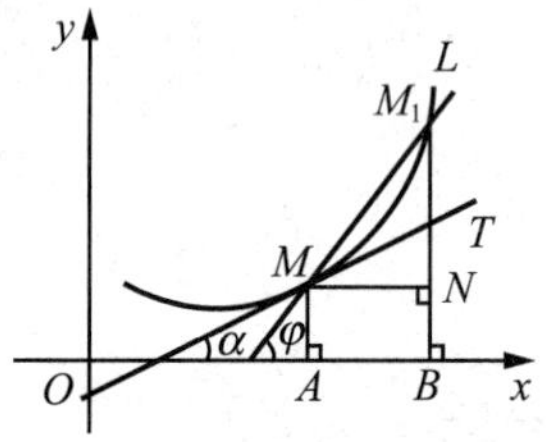

图 2-2

解 设点 M 坐标为$[x_0,\ f(x_0)]$，$M_1[x_1,\ f(x_1)]$为曲线 L 上另一点。M 与 M_1 到 x 轴的垂足分别为 A 和 B，作 MN 垂直于 BM_1 并交 BM_1 于 N，则

$$MN=\Delta x=x_1-x_0,$$

$$NM_1=\Delta y=f(x_1)-f(x_0)。$$

而比值

$$\frac{\Delta y}{\Delta x}=\frac{f(x_1)-f(x_0)}{x_1-x_0}=\frac{f(x_0+\Delta x)-f(x_0)}{\Delta x}$$

便是割线 MM_1 的斜率 $\tan\varphi$（φ 为割线 MM_1 的倾斜角），当 $\Delta x\to 0$ 时，M_1 沿曲线 L 趋于 M，割线 MM_1 将绕着 M 点转动而趋于极限位置成为切线 MT，$\varphi\to\alpha$（α 为切线 MT 的倾斜角），从而得到切线的斜率

$$\tan\alpha=\lim_{\varphi\to\alpha}\tan\varphi=\lim_{\Delta x\to 0}\frac{\Delta y}{\Delta x}=\lim_{\Delta x\to 0}\frac{f(x_0+\Delta x)-f(x_0)}{\Delta x}。$$

如果这个极限是无穷大，则表示曲线在该点有垂直于 x 轴的切线。

从这一案例可以看出，曲线的切线是函数的增量与自变量的增量之比，当自变量的增量趋于零时的极限。曲线 $y=f(x)$ 在点 M 处的切线的斜率反映了曲线在点 M 处函数相对于自变量变化的快慢程度，所以切线的斜率又称为曲线 $y=f(x)$ 在点 $x=x_0$ 处的变化率。

总结以上两个案例，其一是运动的瞬时速度，其二是曲线的切线斜率，虽然它们的具体意义各不相同（一个是物理问题，一个是几何问题），但从数学结构上看，却具

有完全相同的形式，即函数的增量与自变量增量之比当自变量增量趋于零时的极限。我们把这种形式的极限定义为函数的导数。在实际中，凡是考察一个变量随着另一个变量变化的变化率问题，都可以归结为计算上述类型的极限，我们把这种共性抽象出来引出函数的导数的概念。

2.1.2 导数的概念

1. 导数的定义

定义 1 设函数 $y=f(x)$在点 x_0 的某一邻域内有定义，当自变量 x 在 x_0 处有增量 $\Delta x(\Delta x\neq 0)$时，相应地，函数有增量 $\Delta y=f(x_0+\Delta x)-f(x_0)$，如果极限

$$\lim_{\Delta x\to 0}\frac{\Delta y}{\Delta x}=\lim_{\Delta x\to 0}\frac{f(x_0+\Delta x)-f(x_0)}{\Delta x}$$

存在，则称函数 $y=f(x)$在点 x_0 处**可导**，该极限值称为函数 $y=f(x)$在点 x_0 处的**导数**，记作 $f'(x_0)$或$y'\big|_{x=x_0}$，$\left.\dfrac{\mathrm{d}y}{\mathrm{d}x}\right|_{x=x_0}$，$\left.\dfrac{\mathrm{d}f(x)}{\mathrm{d}x}\right|_{x=x_0}$，即

$$f'(x_0)=\lim_{\Delta x\to 0}\frac{\Delta y}{\Delta x}=\lim_{\Delta x\to 0}\frac{f(x_0+\Delta x)-f(x_0)}{\Delta x}。$$

如果极限$\lim\limits_{\Delta x\to 0}\dfrac{\Delta y}{\Delta x}$不存在，我们说函数 $y=f(x)$在点 x_0 处不可导。

若令 $x_0+\Delta x=x$，则当 $\Delta x\to 0$ 时，有 $x\to x_0$，故函数在 x_0 处的导数 $f'(x_0)$也可表示为

$$f'(x_0)=\lim_{x\to x_0}\frac{f(x)-f(x_0)}{x-x_0}。$$

有了导数概念，前面两个引例中的问题可以重述为：

(1)变速直线运动在时刻 t_0 的瞬时速度，就是路程 s 在 t_0 处对时间 t 的导数，即

$$v(t_0)=\left.\frac{\mathrm{d}s}{\mathrm{d}t}\right|_{t=t_0};$$

(2)平面曲线的切线的斜率是曲线纵坐标 y 在该点对横坐标 x 的导数，即

$$k=\tan\alpha=f'(x_0)=\left.\frac{\mathrm{d}y}{\mathrm{d}x}\right|_{x=x_0}。$$

2. 函数变化率模型

对于函数 $y=f(x)$，差商$\dfrac{\Delta y}{\Delta x}$可以解释为 y 对于 x 的平均变化率，导数$\dfrac{\mathrm{d}y}{\mathrm{d}x}$解释为 y 对于 x 的变化率，这一概念可归结成研究变化率的一种数学模型，并广泛应用于物理学、化学、生物学、经济学等众多领域，下面我们举几个与变化率有关的例子，以加深对导数概念的理解。

例 1 非恒定电流的电流强度问题。

由物理学知，对于恒定电流，单位时间内通过导线横截面的电量叫作电流强度，即 $i=\dfrac{q}{t}$，其中 q 为通过的电量，t 为时间。如果是非恒定电流，比如交流电，设在时

间段$[0, t]$内通过导线横截面的电量为$q=q(t)$，则Δq就是在Δt时间间隔中通过导线横截面的电量，在$[0, t]$内的平均电流强度为$\frac{\Delta q}{\Delta t}$，当时间间隔$\Delta t\to 0$时，平均电流强度$\frac{\Delta q}{\Delta t}$的极限就是时刻$t$的电流强度$i$，即$i(t)=\lim\limits_{\Delta t\to 0}\frac{\Delta q}{\Delta t}=\frac{\mathrm{d}q}{\mathrm{d}t}$。

也就是说，非恒定电流强度是电量$q(t)$关于时间t的变化率，即导数$\frac{\mathrm{d}q(t)}{\mathrm{d}t}$。

例 2 物体的比热。

物体的比热也是物理中一个很重要的变化率，是单位质量物体改变单位温度时吸收或释放的热量。设单位质量的物体从 0 ℃加热到T ℃所吸收的热量Q是温度T的函数：$Q=Q(T)$。求在温度T ℃时物体的比热。

解 给温度T以增量ΔT，于是可求得物体在ΔT这段温度内的平均比热为

$$\frac{\Delta Q}{\Delta T}=\frac{Q(T+\Delta T)-Q(T)}{\Delta T}。$$

如果当$\Delta T\to 0$时，这个平均比热的极限存在，则这个极限就是物体在T ℃时的比热，用c表示，就是

$$c=\lim_{\Delta T\to 0}\frac{\Delta Q}{\Delta T}=\lim_{\Delta T\to 0}\frac{Q(T+\Delta T)-Q(T)}{\Delta T}=Q'(T)。$$

2.1.3 导函数

极限$\lim\limits_{\Delta x\to 0}\frac{\Delta y}{\Delta x}=\lim\limits_{\Delta x\to 0}\frac{f(x_0+\Delta x)-f(x_0)}{\Delta x}$存在，则意味着其左、右极限都存在且相等。

定义 2 若函数$f(x)$在点x_0处可导，则左极限$\lim\limits_{\Delta x\to 0^-}\frac{\Delta y}{\Delta x}$称为$f(x)$在点$x_0$处的**左导数**，右极限$\lim\limits_{\Delta x\to 0^+}\frac{\Delta y}{\Delta x}$称为$f(x)$在点$x_0$处的**右导数**，分别记为$f'_-(x_0)$和$f'_+(x_0)$，即

$$f'_-(x_0)=\lim_{\Delta x\to 0^-}\frac{\Delta y}{\Delta x}=\lim_{\Delta x\to 0^-}\frac{f(x_0+\Delta x)-f(x_0)}{\Delta x},$$

$$f'_+(x_0)=\lim_{\Delta x\to 0^+}\frac{\Delta y}{\Delta x}=\lim_{\Delta x\to 0^+}\frac{f(x_0+\Delta x)-f(x_0)}{\Delta x}。$$

显然，函数$f(x)$在点x_0处可导的**充分必要条件**是函数在该点的左、右导数都存在且相等。

如果函数$y=f(x)$在区间(a, b)内每一点都可导，则称$y=f(x)$在区间(a, b)内可导，相应地，称$y=f(x)$是区间(a, b)上的**可导函数**。

如果$f(x)$在(a, b)内可导，则对任意$x\in(a, b)$，都有一个确定的导数值$f'(x)$与之对应，这样就确定了一个新的函数，此函数称为函数$y=f(x)$的**导函数**，记作

$$f'(x), \ y', \ \frac{dy}{dx}, \ \frac{df(x)}{dx}。$$

在不致发生混淆的情况下，导函数也简称为导数。

显然，函数 $y=f(x)$在点 x_0 处的导数 $f'(x_0)$，就是导函数 $f'(x)$在点 $x=x_0$ 处的函数值，即

$$f'(x_0)=f'(x)\big|_{x=x_0}。$$

例 3 设 $y=f(x)$在 x_0 处可导，判断下列各式是否成立。

(1) $\lim\limits_{\Delta x\to 0}\dfrac{f(x_0-2\Delta x)-f(x_0)}{\Delta x}=2f'(x_0)$； (2) $\lim\limits_{\Delta x\to 0}\dfrac{f(x_0)-f(x_0-\Delta x)}{\Delta x}=f'(x_0)$；

(3) $\lim\limits_{x\to 1}\dfrac{f(x)-f(1)}{x-1}=f'(1)$； (4) $\lim\limits_{h\to 0}\dfrac{f(x+h)-f(x)}{h}=f'(x)$。

解 (1) $\lim\limits_{\Delta x\to 0}\dfrac{f(x_0-2\Delta x)-f(x_0)}{\Delta x}$

$$=-2\lim_{\Delta x\to 0}\frac{f[x_0+(-2\Delta x)]-f(x_0)}{(-2\Delta x)},$$

当 $\Delta x\to 0$ 时，有 $-2\Delta x\to 0$，所以由导数定义，有

$$原式=-2f'(x_0)。$$

所以(1)式不成立。

(2) $\lim\limits_{\Delta x\to 0}\dfrac{f(x_0)-f(x_0-\Delta x)}{\Delta x}$

$$=\lim_{\Delta x\to 0}\frac{f[x_0+(-\Delta x)]-f(x_0)}{(-\Delta x)}$$

$$=f'(x_0)（当 \Delta x\to 0 时，-\Delta x\to 0）。$$

所以(2)式成立。

(3)令 $x-1=\Delta x$。当 $x\to 1$ 时，有 $\Delta x\to 0$，故

$$\lim_{x\to 1}\frac{f(x)-f(1)}{x-1}=\lim_{\Delta x\to 0}\frac{f(1+\Delta x)-f(1)}{\Delta x}=f'(1)。$$

所以(3)式成立。

(4)令 $h=\Delta x$，则由导数定义，(4)式成立。

例 4 讨论函数 $f(x)=\begin{cases}\tan x, & x\leqslant 0,\\ \sin x, & x>0\end{cases}$ 在 $x=0$ 处的可导性。

解

$$f'_-(0)=\lim_{x\to 0^-}\frac{f(x)-f(0)}{x-0}=\lim_{x\to 0^-}\frac{\tan x-0}{x}=1;$$

$$f'_+(0)=\lim_{x\to 0^+}\frac{f(x)-f(0)}{x-0}=\lim_{x\to 0^+}\frac{\sin x-0}{x}=1。$$

因为 $f'_-(0)=f'_+(0)=1$，所以 $f(x)$在 $x=0$ 处可导，且 $f'(0)=1$。

2.1.4 求导举例

由导数定义可知，求函数 $y=f(x)$的导数 y'可以分为以下三个步骤。

(1)求增量：$\Delta y=f(x+\Delta x)-f(x)$；

(2)算比值：$\dfrac{\Delta y}{\Delta x}=\dfrac{f(x+\Delta x)-f(x)}{\Delta x}$；

(3)取极限：$y'=\lim\limits_{\Delta x\to 0}\dfrac{\Delta y}{\Delta x}$。

例 5 求函数 $y=C$(C 是常数)的导数。

解 (1)$\Delta y=f(x+\Delta x)-f(x)=C-C=0$；

(2)$\dfrac{\Delta y}{\Delta x}=0$；

(3)$y'=\lim\limits_{\Delta x\to 0}\dfrac{\Delta y}{\Delta x}=\lim\limits_{\Delta x\to 0}0=0$。

这就是说，常数函数的导数等于零，即$(C)'=0$。

例 6 求函数 $y=x^2$ 的导数。

解 (1)$\Delta y=(x+\Delta x)^2-x^2=2x\Delta x+(\Delta x)^2$；

(2)$\dfrac{\Delta y}{\Delta x}=\dfrac{2x\Delta x+(\Delta x)^2}{\Delta x}=2x+\Delta x$；

(3)$y'=\lim\limits_{\Delta x\to 0}\dfrac{\Delta y}{\Delta x}=\lim\limits_{\Delta x\to 0}(2x+\Delta x)=2x$，即

$$(x^2)'=2x。$$

若 n 是正整数，对于函数 $y=x^n$，类似地推导，有

$$(x^n)'=nx^{n-1}。$$

特别地，当 $n=1$ 时，有

$$(x)'=1。$$

更一般地，对任意实数 α，我们还可以得到幂函数 $y=x^\alpha$ 的导数公式

$$(x^\alpha)'=\alpha x^{\alpha-1}。$$

例如，当 $\alpha=-1$ 时，$y=x^{-1}=\dfrac{1}{x}$的导数为

$$y'=\left(\frac{1}{x}\right)'=(x^{-1})'=-1\cdot x^{-1-1}=-\frac{1}{x^2}；$$

当 $\alpha=\dfrac{1}{2}$时，$y=x^{\frac{1}{2}}=\sqrt{x}$ 的导数为

$$y'=(\sqrt{x})'=(x^{\frac{1}{2}})'=\frac{1}{2}x^{\frac{1}{2}-1}=\frac{1}{2\sqrt{x}}。$$

同理，按照求导的三个步骤，还可以求得如下公式：

$$(\sin x)'=\cos x，\qquad (\cos x)'=-\sin x，$$

$$(a^x)'=a^x\ln a\,(a>0，a\neq 1)，\qquad (e^x)'=e^x，$$

$$(\log_a x)'=\frac{1}{x\ln a}(a>0，a\neq 1)，(\ln x)'=\frac{1}{x}。$$

2.1.5 导数的几何意义

由案例 2 可知，函数 $y=f(x)$在点 x_0 处的导数 $f'(x_0)$，就是曲线 $y=f(x)$在点 $M(x_0, y_0)$处的切线 MT 的斜率(如图 2-2 所示)，这就是导数的几何意义。

$$f'(x_0)=\tan\alpha=k_{切}(其中\ \alpha\ 为切线的倾斜角)。$$

如果 $y=f(x)$在点 x_0 处的导数为无穷大，这时曲线 $f(x)$在点 $M(x_0, y_0)$处具有垂直于 x 轴的切线 $x=x_0$。

由导数的几何意义及直线的点斜式方程，可知曲线 $y=f(x)$在点 $M(x_0, y_0)$处的切线方程为

$$y-y_0=f'(x_0)(x-x_0)。$$

法线方程为

$$y-y_0=-\frac{1}{f'(x_0)}(x-x_0)\quad [其中\ f'(x_0)\neq 0]。$$

例 7 求曲线 $y=x^2$ 在点(2, 4)处的切线方程和法线方程。

解 由于 $f'(x)=2x$，由导数的几何意义，切线的斜率为 $k=f'(2)=4$，故所求的切线方程为

$$y-4=4(x-2),$$

即

$$4x-y-4=0。$$

法线方程为

$$y-4=-\frac{1}{4}(x-2),$$

即

$$x+4y-18=0。$$

2.1.6 可导与连续的关系

可导与连续是函数的两个重要概念，虽然在导数的定义中未明确要求函数在 x_0 处连续，却蕴含着可导必然连续这一关系。若函数 $y=f(x)$在点 x_0 处可导，由导数定义式：$f'(x_0)=\lim\limits_{\Delta x\to 0}\dfrac{\Delta y}{\Delta x}$，可知在上述极限存在的条件下，由于分母有 $\Delta x\to 0$，必然有 $\Delta y\to 0$，所以函数在点 x_0 处必然连续。

定理 若函数 $y=f(x)$在点 x_0 处可导，则函数 $y=f(x)$在点 x_0 处一定连续。

注意 连续是可导的必要条件但非充分条件，也就是说：**可导一定连续，连续不一定可导。**

例如，函数 $y=x^{\frac{1}{3}}$ 在区间$(-\infty, +\infty)$上是连续的，当然在点 $x=0$ 处也连续，但它在 $x=0$ 处是不可导的，如图 2-3 所示。因为在 $x=0$ 处，

$$f'(0)=\lim_{\Delta x\to 0}\frac{f(0+\Delta x)-f(0)}{\Delta x}=\lim_{\Delta x\to 0}(\Delta x)^{-\frac{2}{3}}=\infty,$$

导数不存在，故不可导。从图像上看，曲线 $y=x^{\frac{1}{3}}$ 在点 $x=0$ 处有垂直于 x 轴的切线 $x=0$。

例 8 讨论函数 $f(x)=|x|=\begin{cases}x, & x\geqslant 0,\\ -x, & x<0,\end{cases}$ 在点 $x=0$ 处的连续性与可导性。

解 因为 $\lim\limits_{x\to 0^+}|x|=\lim\limits_{x\to 0^+}x=0$，$\lim\limits_{x\to 0^-}|x|=\lim\limits_{x\to 0^-}(-x)=0$，所以

$$\lim_{x\to 0}|x|=f(0)=0,$$

即函数在 $x=0$ 处是连续的。但是

$$f'_+(0)=\lim_{x\to 0^+}\frac{f(x)-f(0)}{x-0}=\lim_{x\to 0^+}\frac{x-0}{x-0}=1,$$

$$f'_-(0)=\lim_{x\to 0^-}\frac{f(x)-f(0)}{x-0}=\lim_{x\to 0^-}\frac{-x-0}{x-0}=-1,$$

即

$$f'_+(0)\neq f'_-(0),$$

所以 $f'(0)$ 不存在，如图 2-4 所示。

从图像上看，$x=0$ 是一尖点，经过这一点与图像相交的线可以有无数条，没有特定的唯一的切线，故不可导。

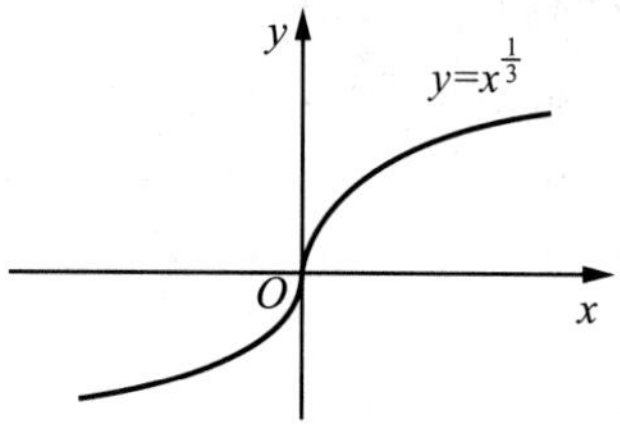

图 2-3

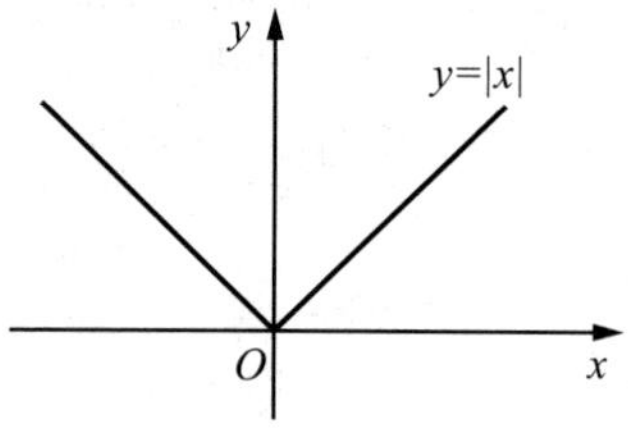

图 2-4

习 题 2.1

1. 利用导数的定义解答下列各题。

(1) $f(x)=\sqrt{x}$，求 $f'(x)$；

(2) $f(x)=\cos x$，求 $f'\left(\frac{\pi}{2}\right)$。

2. 求曲线 $y=x^3$ 在点 $(1,1)$ 处的切线方程和法线方程。

3. 求下列函数的导数。

(1) $y=x^5$； (2) $y=x^{\frac{1}{3}}$； (3) $y=\frac{1}{\sqrt[3]{x}}$。

4. 质量非均匀分布的细杆，在 $[0,x]$ 上的质量 m 是长度 x 的函数：$m=m(x)$，则在 x_0 到 $x_0+\Delta x$ 段的平均线密度（单位长度的密度）为 $\bar{\rho}=\frac{m(x_0+\Delta x)-m(x_0)}{\Delta x}$，求在 x_0 处的线密度 $\rho(x_0)$。

【数学文化赏析】

贝克莱悖论与第二次数学危机

微积分的一个来源，是求运动物体在某一时刻的瞬时速度。在牛顿之前，人们只能求运动物体在某一段时间内的平均速度，无法求某一时刻的瞬时速度。由于机器大工业的发展，求运动物体在某一时刻的瞬时速度成为必要。在牛顿提出的“流数术”(即导数)的重要概念中，“瞬”这个概念虽被定义为刚刚产生的无限小的量，但是，其概念仍然是十分含糊和自相矛盾的。

如速度问题，自由落体运动下落 1 s 时，它的速度应当是 9.8 m/s，这个速度不是某段时间的平均速度，而是 1 s 末的速度，是瞬时速度。怎样定义瞬时速度呢？牛顿设想，平均速度 $\Delta v=\frac{\Delta s}{\Delta t}=\frac{s(t_2)-s(t_1)}{t_2-t_1}$，当 $\Delta t=t_2-t_1$ 很小时，就可以近似地表示瞬时速度。Δt 越小，这个平均速度就越接近物体的瞬时速度。牛顿说，当 Δt 变成无穷小时，就是“将要成为 0 但还不是 0”时，比值$\frac{\Delta s}{\Delta t}$作为两个无穷小之比(微商)便是所要求的瞬时速度。这样，他给出了瞬时速度的定义，并给出了有效的计算方法。例如，自由落体下落的距离与时间的关系是 $s(t)=\frac{1}{2}gt^2$，在 t_0 时刻的瞬时速度，牛顿是这样计算的：

$$v=\frac{\Delta s}{\Delta t}=\frac{s(t_0+\Delta t)-s(t_0)}{\Delta t}=\frac{1}{2}g\ \frac{(t_0+\Delta t)^2-t_0^2}{\Delta t}=gt_0+\frac{g}{2}\Delta t=gt_0$$

当 Δt 变成小得不能再小的无穷小时，上式右端就可以认为是 gt_0，这就是在时刻 t_0 的瞬时速度 $v=gt_0$，牛顿称为“流数”(导数)。

这一新生的数学方法，受到数学家和物理学家的热烈欢迎，解决了大量过去无法解决的科技问题。但是，什么是无穷小，牛顿却说不清楚，这是微积分刚刚诞生时的情形。因为概念不清，逻辑混乱，曾招来了哲学上的非难，甚至嘲讽与攻击。

对新生的微积分攻击得最厉害的是英国的主观唯心主义经验论哲学家贝克莱(George Berkeley，1685—1753)大主教。1734 年他在《分析学者——致一位不信神的数学家》中写道：“无穷小究竟是不是 0？如果是 0，上式的左端当 Δt 和 Δs 都变成无穷小就没有意义了；如果不是 0，上式右端的 Δt 就不能任意去掉。在从上式的左端推出右端时，假定 $\Delta t\neq 0$ 而作除法，那么为什么又可以让 $\Delta t=0$ 而求得瞬时速度 gt_0 呢?”贝克莱还讽刺挖苦道：“既然 Δs 和 Δt 都变成‘无穷小’了，而无穷小既不是 0 也不是非 0 的数量，那它岂不成了量的‘鬼魂’了吗？相信量的‘鬼魂’的数学家们，又有什么理由不相信上帝的存在呢?”这就是著名的“贝克莱悖论”。应当承认，贝克莱的攻击还是切中要害的，牛顿和当时的数学家们确实在逻辑上无法严格解释这个新生的方法。其实，在牛顿把瞬时速度说成“物体所走的无穷小距离与所用的无穷小时间之比”的时候，这种说法本身就是不明确的。当然，牛顿也曾在他的著作中说明，所谓“最终的比”，就是分子、分母将要成为 0 但还不是 0 时的比，它不是“最终的量的比”，而是“比所趋近的极限”。牛顿在这里虽然提出和使用了“极限”，但并没有在严格意义下说清楚“极限”的含意。牛顿和其后 100 年间的数学家都不能有力地回答贝克莱的这种攻击，从而导致了数学史上的第二次数学危机。

直到19世纪初，柯西、魏尔斯特拉斯等一批数学家致力于微积分理论的严格化，才彻底消除了贝克莱悖论。柯西创立了极限理论，后来经魏尔斯特拉斯进一步严格化，使得这一问题的解决意外地平凡。物体在 t_0 时刻的瞬时速度 $v=\lim\limits_{\Delta t\to 0}\dfrac{\Delta s}{\Delta t}=\lim\limits_{\Delta t\to 0}\left(gt_0+\dfrac{1}{2}g\cdot\Delta t\right)=gt_0$。

第二次数学危机

2.2 导数的基本公式和运算法则

求导数是微分学中最基本的运算，上一小节给出了按定义求导数的方法，但对于较复杂的函数，用这种方法求导数比较困难。本小节将利用基本初等函数的导数公式和导数的四则运算法则来计算初等函数的导数。

导数的基本公式和运算法则

2.2.1 导数的四则运算法则

设 $u=u(x)$ 与 $v=v(x)$ 在点 x 处可导，那么函数 $y=u+v$，$y=uv$，$y=\dfrac{u}{v}$ $(v\neq 0)$ 在点 x 处也可导，且有如下法则。

法则1 $(u\pm v)'=u'\pm v'$。

法则1可以推广到有限多个函数代数和的求导。

法则2 $(uv)'=u'v+uv'$。

特别地，有 $(Cu)'=Cu'$（C 为常数）。

乘法法则可推广到有限个函数的情形，例如，对三个函数的乘积，有

$$(uvw)'=u'vw+uv'w+uvw'。$$

法则3 $\left(\dfrac{u}{v}\right)'=\dfrac{u'v-uv'}{v^2}(v\neq 0)$。

特别地，当 $u=C$（C 为常数）时，有

$$\left(\frac{C}{v}\right)'=-\frac{Cv'}{v^2}。$$

例1 求 $y=\ln x+x^2$ 的导数。

解 $y'=(\ln x)'+(x^2)'=\dfrac{1}{x}+2x$。

例2 求 $y=\cos x+\dfrac{1}{x}+\sin\dfrac{\pi}{7}$ 的导数。

解 $y'=(\cos x)'+\left(\dfrac{1}{x}\right)'+\left(\sin\dfrac{\pi}{7}\right)'=-\sin x-\dfrac{1}{x^2}+0=-\sin x-\dfrac{1}{x^2}$。

例3 求 $y=x^2\sin x$ 的导数。

解 $y'=(x^2)'\sin x+x^2(\sin x)'=2x\sin x+x^2\cos x$。

例 4 已知 $f(x)=x\ln x+9\sqrt[3]{x^2}$，求 $f'(x)$和 $f'(27)$。

解 $f'(x)=(x\ln x)'+9(\sqrt[3]{x^2})'=\ln x+1+\dfrac{6}{\sqrt[3]{x}}$，

$$f'(27)=\ln 27+1+\frac{6}{\sqrt[3]{27}}=3(\ln 3+1)。$$

例 5 求下列函数的导数 y'。

(1)$y=\tan x$；　　(2)$y=\sec x$。

解 (1) $y'=(\tan x)'=\left(\dfrac{\sin x}{\cos x}\right)'=\dfrac{(\sin x)'\cos x-\sin x(\cos x)'}{\cos^2 x}$

$$=\frac{\cos^2 x+\sin^2 x}{\cos^2 x}=\frac{1}{\cos^2 x}=\sec^2 x,$$

即 $$(\tan x)'=\sec^2 x。$$

(2)$y'=(\sec x)'=\left(\dfrac{1}{\cos x}\right)'=-\dfrac{(\cos x)'}{\cos^2 x}=\dfrac{\sin x}{\cos x}\cdot\dfrac{1}{\cos x}=\sec x\cdot\tan x$，

即 $$(\sec x)'=\sec x\tan x。$$

同理可得 $(\cot x)'=-\csc^2 x$，　$(\csc x)'=-\csc x\cot x$。

2.2.2 导数的基本公式

基本初等函数的导数公式在初等函数的求导计算中起着重要作用，必须熟练掌握，为了便于记忆与查阅，现将导数的基本公式归纳如下。

(1)$(C)'=0$(C 为常数)；　(2)$(x^\alpha)'=\alpha x^{\alpha-1}$；

(3)$(a^x)'=a^x\ln a(a>0，a\neq1)$；　(4)$(e^x)'=e^x$；

(5)$(\log_a x)'=\dfrac{1}{x\ln a}(a>0，a\neq1)$；　(6)$(\ln x)'=\dfrac{1}{x}$；

(7)$(\sin x)'=\cos x$；　(8)$(\cos x)'=-\sin x$；

(9)$(\tan x)'=\sec^2 x=\dfrac{1}{\cos^2 x}$；　(10)$(\cot x)'=-\csc^2 x=-\dfrac{1}{\sin^2 x}$；

(11)$(\sec x)'=\sec x\cdot\tan x$；　(12)$(\csc x)'=-\csc x\cdot\cot x$；

(13)$(\arcsin x)'=\dfrac{1}{\sqrt{1-x^2}}$；　(14)$(\arccos x)'=-\dfrac{1}{\sqrt{1-x^2}}$；

(15)$(\arctan x)'=\dfrac{1}{1+x^2}$；　(16)$(\text{arccot}\, x)'=-\dfrac{1}{1+x^2}$。

2.2.3 高阶导数的运算

【引例】 从上一小节中我们知道，变速直线运动的瞬时速度 $v(t)$是路程函数 $s=s(t)$对时间 t 的导数，即

$$v(t)=\frac{\mathrm{d}s}{\mathrm{d}t}。$$

由物理学知，速度函数 $v(t)$ 对时间 t 的变化率就是加速度 $a(t)$，即

$$a(t)=\frac{\mathrm{d}v}{\mathrm{d}t}=\frac{\mathrm{d}}{\mathrm{d}t}\left(\frac{\mathrm{d}s}{\mathrm{d}t}\right)。$$

于是，加速度 $a(t)$ 是路程函数 $s(t)$ 对时间 t 的导数的导数，称为 $s(t)$ 对 t 的二阶导数，记作 $s''(t)$ 或 $\frac{\mathrm{d}^2 s}{\mathrm{d}t^2}$。这也是二阶导数的力学意义。

一般地，函数 $y=f(x)$ 在点 x 处的导数 $f'(x)$ 仍是 x 的函数，如果 $f'(x)$ 在点 x 处对 x 的导数 $[f'(x)]'$ 存在，则称 $[f'(x)]'$ 为函数 $y=f(x)$ 在点 x 处的**二阶导数**，记作

$$y''，f''(x) 或 \frac{\mathrm{d}^2 y}{\mathrm{d}x^2}=\frac{\mathrm{d}}{\mathrm{d}x}\left(\frac{\mathrm{d}y}{\mathrm{d}x}\right)。$$

类似地，二阶导数 $f''(x)$ 的导数称为 $f(x)$ 的**三阶导数**，记作 $f'''(x)$，三阶导数 $f'''(x)$ 的导数称为 $f(x)$ 的**四阶导数**，记作 $f^{(4)}(x)$……一般地，$f(x)$ 的 $(n-1)$ 阶导数 $f^{(n-1)}(x)$ 的导数称为 $f(x)$ 的 ***n* 阶导数**，记作

$$y^{(n)}，f^{(n)}(x)，或 \frac{\mathrm{d}^n y}{\mathrm{d}x^n}。$$

二阶及二阶以上的导数统称为**高阶导数**。显然，求高阶导数就是对函数连续求导，不需要新的公式和法则。

例 6 求函数 $y=\mathrm{e}^x\cos x$ 的二阶导数。

解

$$y'=\mathrm{e}^x\cos x+\mathrm{e}^x(-\sin x)=\mathrm{e}^x(\cos x-\sin x),$$

$$y''=\mathrm{e}^x(\cos x-\sin x)+\mathrm{e}^x(-\sin x-\cos x)=-2\mathrm{e}^x\sin x。$$

例 7 求函数 $y=\mathrm{e}^x$ 的 n 阶导数。

解 $y'=\mathrm{e}^x$，$y''=\mathrm{e}^x$，显然对任意正整数 n，有

$$y^{(n)}=\mathrm{e}^x。$$

例 8 求 $y=5^x$ 的 n 阶导数。

解 $y'=5^x\ln 5$，$y''=(5^x\ln 5)'=5^x(\ln 5)^2$，

$$y'''=5^x(\ln 5)^3，\cdots，y^{(n)}=5^x(\ln 5)^n。$$

习　题　2.2

1. 求下列函数的导数。

(1) $y=3x+\frac{1}{x}+1$；　　(2) $y=3^x+\log_2 x+\sin\frac{\pi}{4}$；

(3) $y=x^3\cos x$；　　(4) $y=\mathrm{e}^x\ln x$；

(5) $y=\frac{x-1}{x+1}$；　　(6) $y=\frac{\tan x}{1+x^2}$。

2. 求下列函数在指定点的导数。

(1) $f(x)=x^2-3\ln x$，求 $f'(1)$；

(2) $f(x)=\dfrac{x-\sin x}{x+\sin x}$，求 $f'\left(\dfrac{\pi}{2}\right)$。

3. 求下列函数的二阶导数。

(1) $y=x\ln x$；　　(2) $y=(1+x^2)\arctan x$；

(3) $y=2x^2+e^x$，求 $y''(-1)$；　　(4) $f(x)=x^2\ln x$，求 $f''(2)$。

4. 已知物体的运动规律为 $s=t^3+2t+3$(m)，求物体在 $t=2$(s)时的速度和加速度。

【数学文化赏析】

微积分的创立

17 世纪是一个过渡的时期，资本主义开始发展并兴盛起来，家庭手工业作坊被工场手工业所替代，并进而发展为机器大工业。因此，对数学提出了新的要求。这时，对运动的研究变成了自然科学的中心问题，实践的需要和各门科学本身的发展，使自然科学转向对运动的研究，对各种变化过程和各种变化的量之间的依赖关系的研究。由此产生了变量和函数的概念，变量数学的时期开始了。

变量数学建立的第一个里程碑是 1637 年笛卡儿(René Descartes，1596—1650)的著作《几何学》。这本书引进了“坐标”的概念，并借助于此把平面上的点与有序实数对 (x, y) 建立了一一对应的关系，从而奠定了解析几何的基础。“坐标”一出现，变量就进入了数学，于是运动也进入了数学。恩格斯指出：“数学中的转折点是笛卡儿的变数。有了变数，运动进入了数学；有了变数，辩证法进入了数学；有了变数，微分和积分也就立刻成为必要的了……”以前数学中占统治地位的是常量，而这之后，数学转向研究变量了。

变量数学发展的第二个里程碑是牛顿和莱布尼茨在 17 世纪后半叶分别独立创立的微积分。当然，在此之前，许多数学家开展了大量的准备工作，特别是费马求极值的方法，巴罗的“微分三角形”，沃利斯的“无穷算术”，已经在某种程度上敲开了微积分的大门，牛顿和莱布尼茨正是在这样的时刻出场，完成了微积分创立中最后也是最关键的步骤。

那么，促使微积分产生的主要因素是什么呢？当时科学面临的主要问题是什么呢？微积分的创立首先是为了处理下列四类问题。

(1)运动中速度与距离的互求问题。这是力学中的新问题，已知路程对时间的关系求速度和加速度，以及已知速度对时间的关系求路程。困难在于，17 世纪所涉及的速度和加速度每时每刻都在变化。计算平均速度可用运动的时间去除运动的距离，但对瞬时速度，运动的距离和时间都是 0，这就碰到了 0/0 的问题，这是人类第一次碰到这样的问题。

(2)求曲线的切线问题。这是一个纯几何的问题，但对于科学应用具有重大意义。例如，在光学中，透镜的设计就用到曲线的切线和法线的知识，在运动中也遇到曲线的切线问题。运动物体在它的轨迹上任一点处的运动方向，是轨迹的切线方向。实际上，“切线”本身的意义也是没有解决的问题。对于圆锥曲线，把切线定义为和曲线只接触一点而且位于曲线一边的直线就足够了。这个定义古希腊人已经知道，但是对于17世纪所用的比较复杂的曲线，它就不适用了。

(3)求函数的最大值和最小值问题。在弹道学中这涉及炮弹的射程问题，在天文学中这涉及行星和太阳的最近和最远距离问题。

(4)求积问题。求曲线的弧长，曲线所围区域的面积、体积、物体的重心等。这些问题在古希腊已开始研究，但他们的方法缺乏一般性。

这些问题自古以来就被各国数学家广泛研究，在17世纪初期，开普勒、卡瓦列里和其他数学家也研究过，但是解决这些问题的一般方法的形成，要归功于牛顿和莱布尼茨。

微积分的发现是科学史上划时代的事件，但初期的微积分在逻辑上缺乏牢靠的基础，后来形成的极限理论及实数理论，才真正奠定了微积分和数学分析的逻辑基础。

微积分除了大量应用于实践并起到了重大的作用外，还在应用中推动了许多新的数学分支的发展。例如，常微分方程、偏微分方程、级数理论、变分法、微分几何等，做出贡献的有欧拉、拉普拉斯、勒让德、蒙日、柯西、高斯等一大批数学家，所有这些理论都是由于力学、物理学、天文学和各种生产技术问题的需要而产生和发展的。

微积分发展简史

2.3 复合函数的求导法则

定理 若函数 $u=\varphi(x)$ 在点 x 处可导，函数 $y=f(u)$ 在对应点 u 处可导，则复合函数 $y=f[\varphi(x)]$ 也在点 x 处可导，且

$$\frac{\mathrm{d}y}{\mathrm{d}x}=\frac{\mathrm{d}y}{\mathrm{d}u}\cdot\frac{\mathrm{d}u}{\mathrm{d}x} \text{ 或 } y'_x=y'_u\cdot u'_x。$$

复合函数的求导法则

上述定理表明，复合函数的导数等于函数对中间变量的导数乘中间变量对自变量的导数，此定理称为复合函数求导的**链式法则**。

此法则可以推广到多个中间变量的情况。比如，函数 $y=f(u)$，$u=\varphi(v)$，$v=\psi(x)$，都是可导函数，则复合函数 $y=f\{\varphi[\psi(x)]\}$ 也可导，且

$$\frac{\mathrm{d}y}{\mathrm{d}x}=\frac{\mathrm{d}y}{\mathrm{d}u}\cdot\frac{\mathrm{d}u}{\mathrm{d}v}\cdot\frac{\mathrm{d}v}{\mathrm{d}x} \text{或 } y'_x=y'_u\cdot u'_v\cdot v'_x。$$

例 1 设 $y=\sin 4x$，求 y'。

解 设 $y=f(u)=\sin u$，$u=\varphi(x)=4x$，由链式法则，

$$y'_x=y'_u\cdot u'_x=(\sin u)'(4x)'=\cos u\cdot 4=4\cos 4x。$$

例 2 设 $y=\cos x^2$，求 y'。

解 设 $y=\cos u$，$u=x^2$，由链式法则，

$$y'_x=y'_u\cdot u'_x=(\cos u)'(x^2)'=-\sin u\cdot 2x=-2x\sin x^2。$$

求复合函数的导数，其关键是分析清楚复合函数的构造。做题较熟练时，可不写

中间变量，按复合函数的构成层次，由外层向内层逐层求导，要求到底。“逐层求导”指的是每次只对一个中间变量进行求导；“要求到底”是指最后一层一定是基本初等函数的导数。

例 3 求函数 $y=\ln(x^3+1)$ 的导数。

解 不设中间变量，由外层向内层逐层求导，

$$y'=\frac{1}{x^3+1}(x^3+1)'=\frac{1}{x^3+1}\cdot 3x^2=\frac{3x^2}{x^3+1}。$$

例 4 设 $y=\cos\frac{5}{x}$，求 y'。

解 一步就写出复合函数的导数，

$$y'=\left(\cos\frac{5}{x}\right)'=-\sin\frac{5}{x}\left(-\frac{5}{x^2}\right)=\frac{5}{x^2}\sin\frac{5}{x}。$$

例 5 设 $y=\tan(4x+1)^2$，求 y'。

解 设 $y=\tan u$，$u=v^2$，$v=4x+1$，则

$$y'_x=y'_u\cdot u'_v\cdot v'_x=\sec^2 u\cdot 2v\cdot 4=8(4x+1)\sec^2(4x+1)^2。$$

例 6 求函数 $f(x)=\arcsin\ln\sqrt{1-2x}$ 的导数。

解 $$f'(x)=(\arcsin\ln\sqrt{1-2x})'=\frac{1}{\sqrt{1-(\ln\sqrt{1-2x})^2}}\cdot\frac{1}{\sqrt{1-2x}}\cdot\frac{-2}{2\sqrt{1-2x}}$$

$$=-\frac{1}{(1-2x)\sqrt{1-(\ln\sqrt{1-2x})^2}}。$$

例 7 若肥皂泡以 4 $\mathrm{cm^3/s}$ 的速度膨胀，当肥皂泡半径为 2 cm 时，它的表面积增加有多快？

解 肥皂泡可以看作球体，设球体的体积为 $V=\frac{4}{3}\pi R^3$，球体的表面积为 $S=4\pi R^2$。

因为 $\frac{\mathrm{d}V}{\mathrm{d}t}=4\pi R^2\frac{\mathrm{d}R}{\mathrm{d}t}$，由 $\frac{\mathrm{d}V}{\mathrm{d}t}=4$，$R=2$，得 $\frac{\mathrm{d}R}{\mathrm{d}t}=\frac{4}{4\pi\cdot 2^2}=\frac{1}{4\pi}$。又

$$\frac{\mathrm{d}S}{\mathrm{d}t}=8\pi R\cdot\frac{\mathrm{d}R}{\mathrm{d}t}=8\pi\cdot 2\cdot\frac{1}{4\pi}=4(\mathrm{cm^2/s})。$$

故它的表面积以 4 $\mathrm{cm^2/s}$ 的速率增加。

习　题　2.3

1. 求下列函数的导数。

(1) $y=(2x+1)^2$；　　(2) $y=\ln^3 x$；

(3) $y=\sqrt{1-x^2}$；　　(4) $y=\mathrm{e}^{\sin^2 x}$；

(5) $y=(\arcsin x)^2$；　　(6) $y=\mathrm{e}^{x^2+x+1}$；

(7) $y=\arccos 2x$；　　(8) $y=\log_2(\sin x)$。

2. 假设某钢棒的长度 L（单位：cm）取决于气温 H（单位：℃），而气温又取决于时

间(单位：h)，如果气温每升高1 ℃，钢棒长度增加2 cm，而每隔1 h，气温上升3 ℃，问钢棒长度关于时间的增加有多快？

【数学文化赏析】

科学巨人——牛顿

艾萨克·牛顿(Isaac Newton，1643—1727)是英国伟大的物理学家、数学家、天文学家。1643年1月4日牛顿诞生于英格兰东部小镇乌尔斯索普一个自耕农家庭，在牛顿诞生前不久他的父亲就离开了人世。牛顿自小瘦弱，孤僻而倔强。3岁时母亲改嫁，牛顿由外祖母抚养。在不幸的家庭生活中，牛顿小学时成绩较差，对功课也不感兴趣。12岁时，他由农村小学转到格朗达姆镇学校，在班上被同学瞧不起，而且常常受欺负，有一次班上的一个大个子又欺负他，牛顿终于忍无可忍，奋起反抗，竟然把对方打败了，从此，他发奋读书，成绩逐渐上升到全班第一。14岁那年，他继父病故，母亲把他接回家，想把他培养成一个农民，但事实表明，牛顿并不适合做这方面的事情。他宁愿读书或做一些木制模型，他曾经自己做过一个以老鼠为动力的磨面粉的磨和一个用水推动的木钟，就是不愿意干农活，幸运的是他母亲最终放弃了这种尝试，并让他回到中学去学习。

1661年6月，18岁的牛顿考进了剑桥大学的三一学院。在最初的一段时间里，他的成绩并不突出，但在导师巴罗的影响下，他的学业开始突飞猛进。巴罗这位优秀的数学家、古典学家、天文学家和光学研究领域的权威，是第一个发现牛顿是个天才的人。1664年，牛顿被选为巴罗的助手，1665年获得剑桥大学学士学位，毕业后留校做研究工作。在此期间，牛顿开始把注意力放在数学上，他钻研了笛卡儿的《几何学》和沃利斯的《无穷算术》，奠定了坚实的数学基础，他从读数学到研究数学，23岁时就发现了二项式定理的推广形式，并且创造了流数术，也就是我们现在所说的求导数的方法。

1666年6月，由于凶猛的鼠疫横行，剑桥大学被迫停课，牛顿回到了家乡乌尔斯索普，住了将近两年，这短暂的时光成为牛顿科学生涯中的黄金岁月，他的三大成就：微积分、万有引力、光学分析的思想就是在这时孕育成形的。可以说，此时的牛顿已经开始着手描绘他一生大多数科学创造的蓝图。

1667年，牛顿回到剑桥，有两年的工夫主要从事光学研究。1669年，巴罗把自己“卢卡斯教授”的席位让给了牛顿，“巴罗让贤”也被传为一段佳话。

牛顿的《流数术》写于1671年。在这部影响深远的著作中，牛顿阐述了他的微积分的一些基本概念，还有对代数方程或超越方程都适用的实根近似值求法，这种方法后来被称为牛顿法。

1687年，牛顿发表了划时代的科学巨著《自然哲学的数学原理》。这部不朽的名著，把他所创造的方法与自然科学的研究，紧紧地结合在一起，从而使微积分学在实践的土壤中深深地扎下了根，《自然哲学的数学原理》一书，也因此成为人类科学史上一个光彩夺目的里程碑。

牛顿的伟大成就与他的刻苦和勤奋是分不开的。他的助手说过，“他很少在两三点前睡觉，有时一直工作到五六点。春天和秋天经常五六个星期住在实验室，直到完成实验。”他有一种长期坚持不懈、集中精力、透彻解决某一问题的习惯。当人们问他洞察事物有何诀窍时，他的回答是“不断地沉思”，这正是他的主要特点。对此有许多故事流传：他年幼时，曾一面牵牛上山，一面看书，到家后才发觉手里只有一根绳；看书时定时煮鸡蛋，结果将表和鸡蛋一齐煮在锅里；有一次，他请朋友到家中吃饭，自己却在实验室废寝忘食地工作，再三催促仍不出来。当朋友把一只鸡吃完，留下一堆骨头在盘中走了以后，牛顿才想起这事，可他看到盘中的骨头后又恍然大悟地说：“我还以为没有吃饭，原来我早已吃过了。”

艾萨克·牛顿

牛顿是人类历史上最伟大的数学家之一。像莱布尼茨这样做出了杰出贡献的人也评价道：“在从世界开始到牛顿生活的年代的全部数学中，牛顿的工作超过了一半。”拉格朗日称他是历史上最有才能的人，也是最幸运的人，因为宇宙体系只能被发现一次。英国著名诗人波普(Pope)是这样来描述这位伟大的科学家的：“自然和自然的规律，沉浸在一片混沌之中，上帝说，生出牛顿，一切都变得明朗。”但是，牛顿本人却很谦虚，他说：“我不知道在别人看来我是什么样的人，但在我自己看来，我不过就像是一个在海边玩耍的小孩，为不时发现比寻常更为光滑的一块卵石，或比寻常更为美丽的一片贝壳而沾沾自喜，而对于展现在我面前的浩瀚的真理的海洋，却全然没有发现。”他很尊重别人的成果，他说：“如果我比别人(笛卡儿)看得更远些，那是因为我站在巨人的肩膀上。”

2.4 隐函数及由参数方程确定的函数的导数

隐函数及由参数方程确定的函数的导数

2.4.1 隐函数的导数

用解析法表示函数时，一般采用两种形式，一种是把因变量 y 表示成自变量 x 的表达式的形式，即 $y=f(x)$ 的形式，称为**显函数**。例如，$y=2x^2+3x+1$，$y=5\sin^2 x$ 等是显函数。另一种是函数 y 与自变量 x 的关系隐含在方程 $F(x, y)=0$ 中，这种函数称为**隐函数**。例如，$y-x^3+4x^2-5=0$，$x^2+y^2=r^2$，$xy-x+e^y=0$ 等是隐函数。

对于隐函数，有的能化成显函数，如函数 $x^3-y+1=0$ 可化为 $y=x^3+1$，而有的化起来是很困难的，甚至是不可能的，如 $e^x+e^y-xy=0$ 就不能化为显函数。在实际问题中，有时需要求隐函数的导数。

求隐函数的导数的方法是：方程两边同时对 x 求导，遇到含有 y 的项，把它看成

是以 y 为中间变量的复合函数，然后从所得的关系式中解出 y' 即可。

例 1 求由方程 $x^2+y^2=9$ 确定的隐函数 y 对 x 的导数 y'。

解 将方程两边同时对 x 求导，得

$$(x^2)'+(y^2)'=9',$$

即
$$2x+2yy'=0。$$

解出 y'，得
$$y'=-\frac{x}{y}。$$

例 2 求由方程 $e^y=xy$ 确定的隐函数 y 对 x 的导数。

解 将方程两边同时对 x 求导，得

$$e^y\cdot y'=x'y+xy',$$

即
$$e^y\cdot y'=y+xy',$$

解得
$$y'=\frac{y}{e^y-x}。$$

例 3 求曲线 $x^2+xy+y^2=4$ 在点(2，−2)处的切线方程。

解 将方程两边同时对 x 求导，得

$$2x+y+xy'+2yy'=0,$$

解得
$$y'=-\frac{2x+y}{x+2y}。$$

切线的斜率 $k=y'\big|_{\substack{x=2\\y=-2}}=1$，所求切线方程为

$$y-(-2)=1\cdot(x-2),$$

即
$$x-y-4=0。$$

2.4.2 对数求导法

有些函数虽然是显函数，但直接求导比较麻烦，若利用取对数将其变为隐函数后，求导就简单了，这种方法通常称为**对数求导法**。

例 4 求下列函数的导数。

(1) $y=x^x$；　　(2) $y=\sqrt[3]{\dfrac{x(4x-1)}{(2x-1)(2-x)}}$。

解 (1)对 $y=x^x$ 两边同时取对数，有

$$\ln y=x\ln x,$$

两边同时对 x 求导，有

$$\frac{1}{y}y'=\ln x+x\cdot\frac{1}{x},$$

所以
$$y'=y(1+\ln x)=x^x(1+\ln x)。$$

(2)等式两边同时取对数，得

$$\ln y=\frac{1}{3}[\ln x+\ln(4x-1)-\ln(2x-1)-\ln(2-x)],$$

两边对 x 求导，得

$$\frac{1}{y}y'=\frac{1}{3}\left(\frac{1}{x}+\frac{4}{4x-1}-\frac{2}{2x-1}+\frac{1}{2-x}\right),$$

所以
$$y'=\frac{1}{3}\sqrt[3]{\frac{x(4x-1)}{(2x-1)(2-x)}}\left(\frac{1}{x}+\frac{4}{4x-1}-\frac{2}{2x-1}+\frac{1}{2-x}\right)。$$

2.4.3 由参数方程所确定的函数的导数

在实际问题中，有时会遇到由参数方程所确定的函数求导数问题。

一般地，如果由参数方程

$$\begin{cases}x=\varphi(t),\\ y=\psi(t),\end{cases}\quad (t\text{ 为参数})\qquad (*)$$

确定 y 与 x 之间的函数关系，则称此函数为由参数方程所确定的函数。这时，求 y 对 x 的导数 $\frac{\mathrm{d}y}{\mathrm{d}x}$，就是求由参数方程确定的函数的导数。

理论上，可以从参数方程(*)式中消去参数 t，可得 y 和 x 的直接函数表达式，再求 $\frac{\mathrm{d}y}{\mathrm{d}x}$，但从参数方程中消去参数 t 有时会很困难，因此需要寻找一种能直接由参数方程求导的方法。

$$\frac{\mathrm{d}y}{\mathrm{d}x}=\frac{\mathrm{d}y}{\mathrm{d}t}\frac{\mathrm{d}t}{\mathrm{d}x}=\frac{\frac{\mathrm{d}y}{\mathrm{d}t}}{\frac{\mathrm{d}x}{\mathrm{d}t}}=\frac{\psi'(t)}{\varphi'(t)},$$

因此，对由(*)式确定的函数，$\frac{\mathrm{d}y}{\mathrm{d}x}=\frac{\psi'(t)}{\varphi'(t)}$。

例 5 已知摆线的参数方程为 $\begin{cases}x=a(t-\sin t),\\ y=a(1-\cos t),\end{cases}$ $t\in\left(0,\ \frac{\pi}{2}\right)$，求由该方程所确定的函数 $y=f(x)$ 的导数。

解 因为 $\frac{\mathrm{d}y}{\mathrm{d}t}=a\sin t$，$\frac{\mathrm{d}x}{\mathrm{d}t}=a(1-\cos t)$，

所以
$$\frac{\mathrm{d}y}{\mathrm{d}x}=\frac{a\sin t}{a(1-\cos t)}=\frac{\sin t}{1-\cos t}=\cot\frac{t}{2}。$$

例 6 已知椭圆的参数方程为 $\begin{cases}x=a\cos t,\\ y=b\sin t,\end{cases}$ 求其在 $t=\frac{\pi}{3}$ 处的切线方程。

解 将 $t=\frac{\pi}{3}$ 代入参数方程，得曲线上相应的点 $\left(\frac{a}{2},\ \frac{\sqrt{3}b}{2}\right)$。由于

$$\frac{\mathrm{d}y}{\mathrm{d}x}=\frac{(b\sin t)'}{(a\cos t)'}=\frac{b\cos t}{-a\sin t}=-\frac{b}{a}\cot t,$$

当 $t=\frac{\pi}{3}$ 时，曲线在该点的切线的斜率为 $\left.\frac{\mathrm{d}y}{\mathrm{d}x}\right|_{t=\frac{\pi}{3}}=-\frac{b}{a}\cot\frac{\pi}{3}=-\frac{\sqrt{3}b}{3a}$，所求切线方

程为

$$y-\frac{\sqrt{3}b}{2}=-\frac{\sqrt{3}b}{3a}\left(x-\frac{a}{2}\right),$$

即

$$bx+\sqrt{3}ay-2ab=0。$$

习　题　2.4

1. 求隐函数的导数。

(1) $x^3+y^3-3xy=0$；　　(2) $xy+y+e^y=2$；

(3) $\sqrt{x}+\sqrt{y}=\sqrt{a}$；　　(4) $y=1+xe^y$。

2. 用对数求导法求下列函数的导数。

(1) $y=x^{\sin x}$；　　(2) $y=\frac{(2x+3)\sqrt[4]{x-6}}{\sqrt[3]{x+1}}$。

3. 求下列参数方程所确定的函数的导数 $\frac{dy}{dx}$。

(1) $\begin{cases}x=\cos t,\\ y=\sin t;\end{cases}$　　(2) $\begin{cases}x=t^2-1,\\ y=t-t^3.\end{cases}$

4. 求曲线 $\begin{cases}x=\cos t,\\ y=\sin 2t,\end{cases}$ 在 $t=\frac{\pi}{6}$ 处的切线方程。

【数学文化赏析】

百科全书式的人物——莱布尼茨

莱布尼茨(Gottfried Wilhelm Leibniz，1646－1716)是德国数学家、哲学家，和牛顿同为微积分学的创建人。1646年7月1日，莱布尼茨生于莱比锡，出身书香门第，父亲是莱比锡大学的哲学教授，耳濡目染，使莱布尼茨从小就十分好学。莱布尼茨6岁时，父亲便去世了，留给他的是十分丰厚的藏书，为他早年的博学多识创造了良好的条件。

1661年15岁的莱布尼茨进入莱比锡大学学习哲学、法律等，在答辩了关于逻辑的论文之后，得到了哲学学士学位。1666年他写了论文《论组合的艺术》，这就完成了他在阿尔特道夫大学的博士论文，并使他获得教授席位。1672年，莱布尼茨作为外交官出使巴黎结识了许多科学家，包括从荷兰去的惠更斯。在惠更斯等人的影响下，他对自然科学，特别是数学产生了浓厚的兴趣，真正开始了他的学术生涯。1673年年初，他又出使伦敦，结识了胡克、波义耳等著名学者，3月回到巴黎，4月即被推荐为英国皇家学会的外籍会员。

莱布尼茨滞留巴黎的4年时间，是他在数学方面发明创造的黄金时代。在这期间，他研究了费尔马、帕斯卡、笛卡儿和巴罗等人的数学著作，写了大约100页的数学笔记。这些笔记虽不系统，且没有公开发表，但其中却包含着莱布尼茨的微积分思想、方法和符号，是他发明微积分的标志。

莱布尼茨终生奋斗的主要目标是寻求一种可以获得知识和创造发明的普遍方法，这种努力促成许多数学的发现，最突出的就是微积分学。牛顿建立微积分，主要是从运动学的观点出发，而莱布尼茨则从几何学的角度去考虑，他的第一篇微分学文章《一种求极大极小和切线的新方法，……》于 1684 年在《博学学报》杂志上发表，这是世界上最早的微积分文献，比牛顿的《自然哲学的数学原理》早 3 年。这篇论文虽仅有 6 页纸，内容并不丰富，说理也颇含混，但却有着划时代的意义，它包含有现代微分符号和基本微分法则。莱布尼茨是历史上最伟大的符号学者之一，他所创设的微积分符号远远优于牛顿的符号，这对微积分的发展有极大的影响。1686 年，他又在同一刊物上发表了他的第一篇积分学论文，文中的积分号 $\int$ 是在出版物中首次出现。

在创立微积分方面，莱布尼茨与牛顿功绩相当，若将这两位数学家在微积分学领域中的卓越贡献概括起来，其主要贡献应该是：总结出处理各种关系问题的一般方法，认识到求积问题与切线问题是互逆的，揭示出微分学与积分学之间的本质联系，从而提出微积分学的基本定理。有充分证据判明，这两位数学家的工作是相互独立的，他们两人在微积分领域的工作，可称得上是相辅相成，珠联璧合。他们两人的工作各有特色：牛顿注重物理方面，而莱布尼茨则侧重于几何方面；牛顿的工作方式是经验的、具体的和谨慎的，在符号方面不甚用心，而莱布尼茨则是富于想象的和大胆的，力图运用符号建立一般的法则，善于把具体结果加以推广和普遍化。

除了数学外，莱布尼茨的研究还涉及逻辑学、力学、地质学、法学、物理学、生物学、历史学、哲学、语言学、神学等诸多领域，并做出了卓越贡献，因而，他被誉为“百科全书式”的人物。

莱布尼茨对中国的科学文化和哲学思想十分重视。1696 年他编辑出版了《中国新事萃编》一书，在该书的序言中，他说：“中国和欧洲各居世界大陆的东西两端，是人类伟大的教化和灿烂文明的集中点。”他主张东西方应在文化、科学方面互相学习，平等交流。他曾写了一封长达 4 万字的信，专门讨论中国的哲学，信的最后谈到伏羲的符号，《易经》中的 64 个图形与他的二进制，他说：“中国许多伟大的哲学家都曾在这 64 个图形中寻找过哲学的秘密……这恰恰是二进制算术，这种算术是这位伟大的创造者伏羲所掌握而几千年之后由我发现的。”他还送过一台他制作的“计算机”的复制品给康熙皇帝。

戈特弗里德·威廉·莱布尼茨

2.5 函数的微分

2.5.1 微分的概念

函数的微分

在许多实际问题中，需要计算当自变量有微小变化时函数的增量 Δy。当函数较为复杂时，Δy 的精确计算会相当麻烦，这就需要寻求函数增量近似值的有效而简便的算法。为此，我们引入微分学中另一重要概念——微分。

1. 微分的定义

【引例】 一块正方形金属薄片，当受冷热影响时，其边长由 x_0 变到 $x_0+\Delta x$(图 2-5)，问：此薄片的面积改变了多少？

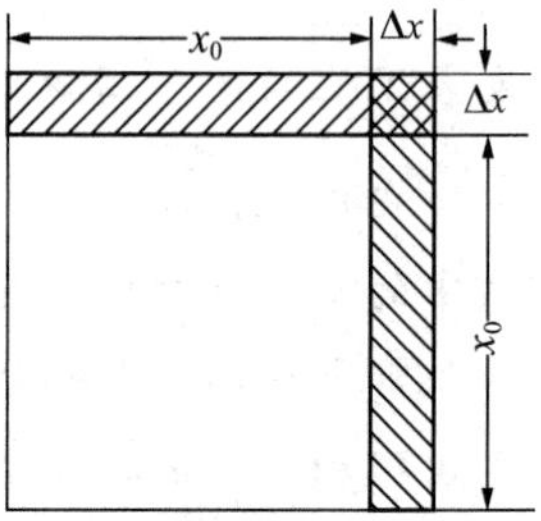

图 2-5

解 正方形金属薄片的面积为 $y=x_0^2$，当边长增加 Δx 时，相应的面积的改变量

$$\Delta y=(x_0+\Delta x)^2-x_0^2,$$

即

$$\Delta y=2x_0\cdot\Delta x+(\Delta x)^2. \tag{2.1}$$

如图 2-5 所示，Δy 由两部分组成：一部分是 Δy 的主要部分 $2x_0\Delta x$(图中单线的阴影部分)，另一部分为$(\Delta x)^2$(图中双线的阴影部分)。很明显，如果 $|\Delta x|$ 很小时，$(\Delta x)^2$ 比 $2x_0\Delta x$ 小得多，因此，$\Delta y\approx 2x_0\Delta x$，我们称 $2x_0\Delta x$ 为 $y=x^2$ 在 x_0 处的微分。注意到 $f'(x_0)=2x_0$，所以(2.1)式也可以写成 $\Delta y\approx f'(x_0)\Delta x$，这是一个比较精确又便于计算函数增量的近似表达式。

这种近似代替具有一般性。

一般地，对于函数 $y=f(x)$，若自变量 x 在 x_0 处取得增量 Δx 时，相应的函数的增量 Δy 可以分解成两部分，一部分是 Δx 的线性部分 $A\cdot\Delta x$，且 $A=f'(x)$，另一部分是关于 Δx 的高阶无穷小 $o(\Delta x)$。当 $|\Delta x|$ 很小时，$o(\Delta x)$ 就更小，计算 Δy 时就可以用 Δx 的线性部分 $A\cdot\Delta x$ 来近似代替简化计算，由此引出微分的概念。

定义 设函数 $y=f(x)$在 x_0 处有导数 $f'(x_0)$，则称 $f'(x_0)\Delta x$ 为 $y=f(x)$在 x_0 处的**微分**，记作 $\mathrm{d}y$，即

$$\mathrm{d}y=f'(x_0)\Delta x。$$

此时，称函数 $y=f(x)$在 x_0 处是**可微的**。

例如，函数 $y=x^3$ 在点 $x=2$ 处的微分为

$$\mathrm{d}y=(x^3)'\big|_{x=2}\Delta x=3x^2\big|_{x=2}\Delta x=12\Delta x。$$

函数 $y=f(x)$在任意点 x 处的微分，叫作函数的**微分**，记作

$$\mathrm{d}y=f'(x)\Delta x。$$

当 $y=x$ 时，$\mathrm{d}x=\mathrm{d}y=(x)'\Delta x=\Delta x$，即 $\Delta x=\mathrm{d}x$，说明自变量的微分 $\mathrm{d}x$ 就等于它的改变量 Δx，于是函数的微分可以写成

$$dy=f'(x)dx,$$

即
$$f'(x)=\frac{dy}{dx},$$

也就是说，函数的微分 dy 与自变量微分 dx 之商等于该函数的导数，因此，导数也叫**微商**。

例 1 求函数 $y=x^2$ 在 $x=1$，$\Delta x=0.01$ 时的改变量及微分。

解
$$\Delta y=(1+0.01)^2-1^2=1.020\,1-1=0.020\,1;$$
$$dy=y'(1)\cdot\Delta x=2\times1\times0.01=0.02。$$

可见
$$dy\approx\Delta y。$$

2. 微分的几何意义

设函数 $y=f(x)$ 的图像是一条曲线，如图 2-6 所示。在曲线上取一定点 $M_0(x_0,\ y_0)$，过 M_0 作曲线 $y=f(x)$ 的切线 M_0T，它与 Ox 轴的夹角为 α，则该切线的斜率为 $\tan\alpha=f'(x_0)$。

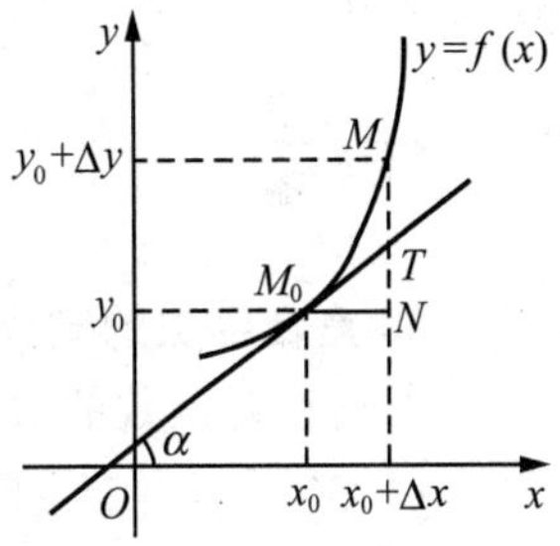

图 2-6

当自变量在 x_0 处取得改变量 Δx 时，就得到曲线上另一点 $M(x_0+\Delta x,\ y_0+\Delta y)$。过 M 点作平行于 y 轴的直线，它与切线交于 T 点，与过 M_0 点平行于 x 轴的直线交于 N 点，于是曲线纵坐标得到相应的改变量

$$\Delta y=f(x_0+\Delta x)-f(x_0)=NM,$$

同时，点 M_0 处的切线的纵坐标也得到相应的改变量 NT。$Rt\triangle M_0NT$ 中，有

$$NT=\tan\alpha\cdot M_0N=f'(x_0)\Delta x=dy\big|_{x=x_0}。$$

函数微分的几何意义是在曲线上某一点处，当自变量取得改变量 Δx 时，曲线在该点处切线纵坐标的改变量。从几何图形上看，当 $|\Delta x|\to0$ 时，$|\Delta y-dy|$ 是比 Δx 高阶的无穷小，因此，可以用 dy 来近似代替 Δy，在点 M_0 的邻近用切线段 M_0T 近似代替曲线段 $\overset{\frown}{M_0M}$，即“以直代曲”。

2.5.2 微分的计算

根据定义 $dy=f'(x)dx$ 可知，求函数的微分就是先求函数的导数 $f'(x)$，然后再乘 dx 即可。结合求导公式和法则，可得微分公式与法则。

1. 基本初等函数的微分公式

(1) $dC=0$（C 为常数）（C 为任意实数）；　(2) $d(x^\alpha)=\alpha x^{\alpha-1}dx$；

(3) $d(a^x)=a^x\ln a\,dx\ (a>0,\ a\neq1)$；　(4) $d(e^x)=e^x dx$；

(5) $d(\log_a x)=\dfrac{1}{x\ln a}dx\ (a>0,\ a\neq1)$；　(6) $d(\ln x)=\dfrac{1}{x}dx$；

(7) $d(\sin x)=\cos x\,dx$；　(8) $d(\cos x)=-\sin x\,dx$；

(9) $d(\tan x)=\sec^2x\,dx=\dfrac{dx}{\cos^2x}$；　(10) $d(\cot x)=-\csc^2x\,dx=-\dfrac{dx}{\sin^2x}$；

(11) $d(\sec x)=\sec x\cdot\tan x\,dx$；

(12) $d(\csc x)=-\csc x\cdot\cot x\,dx$；

(13) $d(\arcsin x)=\frac{1}{\sqrt{1-x^2}}dx$；

(14) $d(\arccos x)=-\frac{1}{\sqrt{1-x^2}}dx$；

(15) $d(\arctan x)=\frac{1}{1+x^2}dx$；

(16) $d(\text{arccot}\, x)=-\frac{1}{1+x^2}dx$。

2. 函数和、差、积、商的微分法则

(1) $d(u\pm v)=du\pm dv$；

(2) $d(uv)=v\,du+u\,dv$；

(3) $d\left(\frac{u}{v}\right)=\frac{v\,du-u\,dv}{v^2}$。

例 2 求函数 $f(x)=x^2e^x$ 的微分。

解法一

$$f'(x)=2xe^x+x^2e^x=xe^x(2+x),$$

所以

$$dy=f'(x)dx=xe^x(2+x)dx。$$

解法二

$$dy=d(x^2e^x)=e^xd(x^2)+x^2d(e^x)=2xe^xdx+x^2e^xdx=(2xe^x+x^2e^x)dx$$

3. 复合函数的微分法则(微分形式的不变性)

根据复合函数的求导法则，复合函数的微分有如下特点。

(1)当 u 是自变量时，函数 $y=f(u)$ 是 u 的函数，此时函数的微分为

$$dy=f'(u)du。$$

(2)当 u 不是自变量，而是 x 的可导函数 $u=\varphi(x)$ 时，则 u 对 x 的微分为

$$du=\varphi'(x)dx,$$

所以，以 u 为中间变量的复合函数 $y=f[\varphi(x)]$ 的微分为

$$dy=y'dx=f'(u)\varphi'(x)dx=f'(u)[\varphi'(x)dx]=f'(u)du。$$

也就是说，无论 u 是自变量还是中间变量，函数 $y=f(u)$ 的微分 dy 形式都是 $dy=f'(u)du$，这个性质称为**微分形式的不变性**。利用这个性质容易求出复合函数的微分。

例 3 设 $y=e^{x^2+x+1}$，求 dy。

解法一 利用 $dy=y'dx$ 得

$$dy=(e^{x^2+x+1})'dx=(2x+1)(e^{x^2+x+1})dx$$

解法二 由微分形式的不变性，设 $u=x^2+x+1$，则 $y=e^u$，

$$dy=e^udu=e^{x^2+x+1}d(x^2+x+1)=(2x+1)e^{x^2+x+1}dx。$$

例 4 求 $d[\ln(\cos 5x)]$。

解 $d[\ln(\cos 5x)]=\frac{1}{\cos 5x}d(\cos 5x)=-\frac{1}{\cos 5x}\sin 5x\,d(5x)=-5\tan 5x\,dx$。

2.5.3 微分在近似计算中的应用

由微分的定义知，当 $|\Delta x|$ 很小时，有近似公式

$$\Delta y \approx \mathrm{d}y = f'(x_0)\Delta x。$$

这个公式可以直接用来计算函数增量的近似值。

又因为

$$\Delta y = f(x_0+\Delta x) - f(x_0),$$

所以近似公式又可写作

$$f(x_0+\Delta x) - f(x_0) \approx f'(x_0)\Delta x,$$

即
$$f(x_0+\Delta x) \approx f(x_0) + f'(x_0)\Delta x。$$

这个公式可以用来计算函数在某一点附近的函数值的近似值。

例 5 求$\sqrt[3]{1.02}$的近似值。

解 设 $f(x)=\sqrt[3]{x}$，则 $f'(x)=\dfrac{1}{3\sqrt[3]{x^2}}$。

取 $x_0=1$，$\Delta x=0.02$，则

$$f(x_0+\Delta x)=\sqrt[3]{1.02}。$$

得
$$\sqrt[3]{1.02} \approx f(1)+f'(1)\cdot\Delta x=\sqrt[3]{1}+\frac{1}{3\sqrt[3]{1^2}}\times 0.02 \approx 1.006\ 7。$$

例 6 水管壁的横截面是一个圆环，其内半径为 10 cm，环宽 0.1 cm。求横截面的面积的精确值和近似值。

解 圆的面积为 $S=\pi r^2$，则截面圆环的面积的精确值为

$$\Delta S=[\pi(10+0.1)^2-\pi 10^2]\mathrm{cm}^2=2.01\pi\mathrm{cm}^2,$$

近似值为
$$\Delta S \approx \mathrm{d}S = S'\Delta r = 2\pi r\cdot\Delta r = 2\pi\times 10\times 0.1\ \mathrm{cm}^2 = 2\pi\mathrm{cm}^2。$$

习 题 2.5

1. 求下列函数的微分。

(1) $y=x\sin 2x+\cos x$；

(2) $y=\ln(\sin 3x)$；

(3) $y=\dfrac{1}{2}\arctan\sqrt{x}$；

(4) $y=\mathrm{e}^{-x}\cos x$；

(5) $\sin y+\mathrm{e}^x-xy^2=0$；

(6) $y=\mathrm{e}^{-x}(x^2-2x+5)$。

2. 一个正立方体的水桶，棱长为 10 m，如果棱长增加 0.1 m，求水桶体积增加的精确值和近似值。

3. 一个外直径为 8 cm 的球，球壳厚度为$\dfrac{1}{8}$ cm，求球壳体积的近似值。

【数学文化赏析】

捆地球的绳子

假设地球上既无山又无海，完全像个大圆球。现在想用一根很长很长的绳子，沿着赤道捆上一圈，问绳长得多少？地球半径 r 大约是 6 400 km，可求出赤道长(圆周长 C)为：$C=2\pi r=2\times 3.14\times 6\ 400=40\ 192$(km)，由于绳子是紧紧捆在地球的赤道上，因此，绳长也是 40 192 km。如果将绳子加长 1 m，绳子围成一个大圆圈之后，就要离

开赤道一段距离，形成围绕地球的一个等距离的圆环，问圆环和地球之间的间隔有多大？

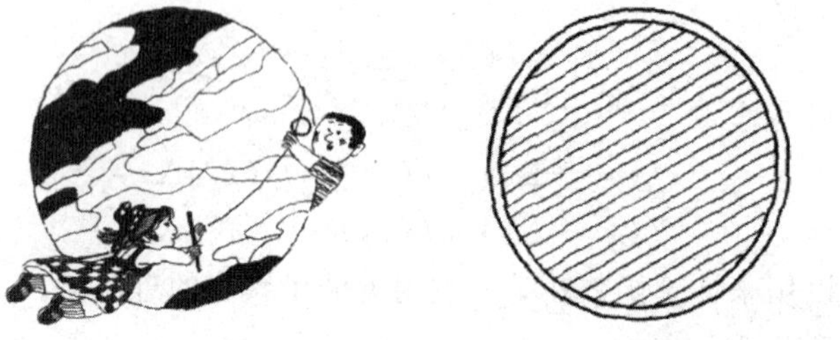

对于 4 万多 km 来说，仅仅延长 1 m，会有多大的间隔呢？可能有人会想，即使有些间隔，恐怕也只能在显微镜下才能看见吧！这个间隔到底有多大呢？我们来计算一下。

绳子延长 1 m，变成了 40 192 001 m，绳子和地球之间的间隔就是两圆的半径之差，即

$$\frac{40\ 192\ 001}{2\pi}-6\ 400\ 000=\frac{40\ 192\ 000}{2\pi}+\frac{1}{2\pi}-6\ 400\ 000=6\ 400\ 000+\frac{1}{2\pi}-6\ 400\ 000=\frac{1}{2\pi}\approx 0.159(\mathrm{m})。$$

啊！间隔会有约 16 cm，差不多有一支铅笔长，简直是不可思议！

用微分计算更简单，由周长 $C=2\pi r$，则 $r=\frac{C}{2\pi}$，$\mathrm{d}r=\left(\frac{C}{2\pi}\right)'\Delta C=\frac{1}{2\pi}\times 1\approx 0.159$，即半径的增量约为 0.159 m。

通过计算发现，绳子与球面的间隔(半径的增量)与球的大小没有关系，当周长增加 1 m 时，所增加的半径是一样的，都是 $\frac{1}{2\pi}$。也就是说如果用绳子捆篮球和用绳子捆地球，结果是一样的，绳子与球面的间隔一样大！

2.6 微分中值定理与洛必达法则

微分中值定理无论在理论上还是实践上都有很重要的价值，它建立了函数在一个区间上的改变量与函数在这个区间内某点处的导数之间的联系，从而使我们可以利用导数去研究函数在区间上的性态。洛必达法则是求未定式极限的重要方法。

微分中值定理与洛必达法则

2.6.1 微分中值定理

定理 1[罗尔(Rolle)中值定理] 若函数 $f(x)$ 满足

(1)在闭区间 $[a, b]$ 上连续；

(2)在开区间 (a, b) 内可导；

(3) $f(a)=f(b)$。

则在区间 (a, b) 内至少存在一点 ξ，使得

$$f'(\xi)=0。$$

由图 2-7 可知罗尔定理的**几何意义**：在两端高度相同的一段连续曲线弧 $\overset{\frown}{AB}$ 上，若除端点外处处有不垂直于 x 轴的切线，则在其中至少有一条切线平行于 x 轴，切点为 $C[\xi, f(\xi)]$。

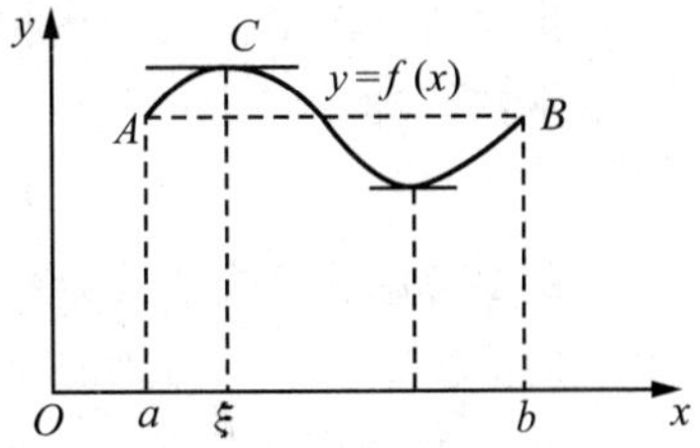

图 2-7

例 1　验证函数 $f(x)=x^3-3x+1$ 在闭区间 $[-\sqrt{3}, \sqrt{3}]$ 上满足罗尔定理的三个条件，并求出 ξ 的值。

解　(1)函数 $f(x)=x^3-3x+1$ 是初等函数，在闭区间 $[-\sqrt{3}, \sqrt{3}]$ 上连续；

(2) $f'(x)=3x^2-3=3(x^2-1)$，$f(x)$ 在 $(-\sqrt{3}, \sqrt{3})$ 内可导；

(3) $f(-\sqrt{3})=f(\sqrt{3})=1$。

所以，$f(x)$ 满足定理的三个条件。

令 $f'(x)=3(x^2-1)=0$，得 $x=\pm 1$，且 $\pm 1\in(-\sqrt{3}, \sqrt{3})$，所以存在 $\xi=\pm 1$，使得 $f'(\xi)=0$。

罗尔定理中 $f(a)=f(b)$ 这个条件是相当特殊的，它使罗尔定理的应用受到限制，如果取消罗尔定理中的这个条件，则有更一般的拉格朗日(Lagrange)中值定理。

定理 2[拉格朗日(Lagrange)中值定理]　设函数 $f(x)$ 满足：

(1)在闭区间 $[a, b]$ 上连续；

(2)在开区间 (a, b) 内可导。

则在 (a, b) 内至少存在一点 ξ，使得

$$f'(\xi)=\frac{f(b)-f(a)}{b-a} \text{或} f(b)-f(a)=f'(\xi)(b-a)。$$

观察定理 1 和定理 2 的条件和结论，易知罗尔中值定理正是拉格朗日中值定理的推论。

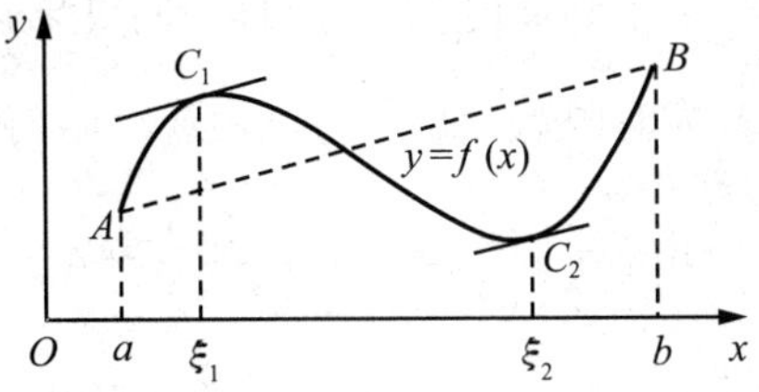

图 2-8

由图 2-8 可知，$\dfrac{f(b)-f(a)}{b-a}$ 正是过曲线 $y=f(x)$ 的两个端点 $A[a, f(a)]$，$B[b, f(b)]$ 的弦的斜率，于是拉格朗日中值定理的几何意义是：若曲线 $y=f(x)$ 在 $[a, b]$ 上连续，在开区间 (a, b) 内处处有不垂直于 x 轴的切线，则在曲线上至少存在一点 $C_1[\xi_1, f(\xi_1)]$，过点 C_1 的切线平行于过曲线两个端点 A 和 B 的弦。

利用拉格朗日中值定理可以得到下面两个重要推论。

推论 1　在 (a, b) 内，若 $f'(x)\equiv 0$，则函数 $f(x)$ 在 (a, b) 内恒等于一个常数。

推论 2 若在(a, b)内恒有$f'(x)=g'(x)$，则函数$f(x)$与$g(x)$在(a, b)仅相差一个常数，即

$$f(x)=g(x)+C \quad (C\text{ 为常数})。$$

例 2 验证函数$f(x)=\sqrt{x}$在闭区间$[1, 4]$上满足拉格朗日中值定理的条件，并求出ξ的值。

解 因函数$f(x)=\sqrt{x}$在区间$[0, +\infty)$内连续，故在闭区间$[1, 4]$上连续。

而$f'(x)=\dfrac{1}{2\sqrt{x}}$，即$f(x)$在区间$(1, 4)$内可导。于是，$f(x)$在$[1, 4]$上满足拉格朗日中值定理的条件，至少存在一点$\xi\in(1, 4)$，使得

$$f'(\xi)=\frac{f(4)-f(1)}{4-1}，即\frac{1}{2\sqrt{\xi}}=\frac{\sqrt{4}-\sqrt{1}}{4-1},$$

解得$\xi=\dfrac{9}{4}$，且$\dfrac{9}{4}\in(1, 4)$。

例 3 试证对任意实数a，b有

$$|\sin b-\sin a|\leqslant|b-a|。$$

证明 令$f(x)=\sin x$，则$f(x)$在$[a, b]$上满足拉格朗日中值定理的条件，故在(a, b)内至少存在一点ξ，使$\sin b-\sin a=f'(\xi)(b-a)$。又因$|f'(\xi)|=|\cos\xi|\leqslant 1$，所以$|\sin b-\sin a|\leqslant|b-a|$。

2.6.2 洛必达法则

洛必达法则是利用导数计算未定式极限的简便有效的方法。

定理 3(洛必达法则) 设函数$f(x)$与$g(x)$满足

(1)$\lim\limits_{x\to x_0}f(x)=0$，$\lim\limits_{x\to x_0}g(x)=0$；

(2)$f(x)$与$g(x)$在x_0某个邻域内(点x_0可除外)可导，且$g'(x)\neq 0$；

(3)$\lim\limits_{x\to x_0}\dfrac{f'(x)}{g'(x)}=A$($A$为有限数，也可为$+\infty$或$-\infty$)。

则
$$\lim_{x\to x_0}\frac{f(x)}{g(x)}=\lim_{x\to x_0}\frac{f'(x)}{g'(x)}=A。$$

注意 上述定理对于$x\to\infty$时的$\dfrac{0}{0}$型未定式同样适用，对于$x\to x_0$或$x\to\infty$时的$\dfrac{\infty}{\infty}$型未定式，也有相应的法则。

例 4 求$\lim\limits_{x\to 0}\dfrac{e^x-1}{x^2-x}$。

解 这是$\dfrac{0}{0}$型未定式，且满足定理 3 的条件，故有

$$\lim_{x\to 0}\frac{e^x-1}{x^2-x}=\lim_{x\to 0}\frac{(e^x-1)'}{(x^2-x)'}=\lim_{x\to 0}\frac{e^x}{2x-1}=\frac{1}{-1}=-1。$$

例 5 求$\lim\limits_{x\to 2}\dfrac{x^3-3x^2+4}{x^2-4x+4}$。

解 这是$\dfrac{0}{0}$型未定式，应用洛必达法则有

$$\lim_{x\to 2}\frac{x^3-3x^2+4}{x^2-4x+4}=\lim_{x\to 2}\frac{3x^2-6x}{2x-4}=\lim_{x\to 2}\frac{6x-6}{2}=3。$$

说明 洛必达法则可多次使用，上式$\lim\limits_{x\to 2}\dfrac{6x-6}{2}$已不是未定式，故不能继续使用洛必达法则。

例 6 求$\lim\limits_{x\to+\infty}\dfrac{\ln x}{x^n}(n>0)$。

解 这是$\dfrac{\infty}{\infty}$型未定式，应用洛必达法则有

$$\lim_{x\to+\infty}\frac{\ln x}{x^n}=\lim_{x\to+\infty}\frac{\frac{1}{x}}{nx^{n-1}}=\lim_{x\to+\infty}\frac{1}{nx^n}=0。$$

除了$\dfrac{0}{0}$型或$\dfrac{\infty}{\infty}$型未定式之外，还有其他五种未定式包括：$0\cdot\infty$，$\infty-\infty$，∞^0，0^0 和 1^∞型。往往都可以将其化成$\dfrac{0}{0}$型或$\dfrac{\infty}{\infty}$型未定式后，再使用洛必达法则求极限。

例 7 求$\lim\limits_{x\to 0}\left(\dfrac{1}{\sin x}-\dfrac{1}{x}\right)$。

解 这是$\infty-\infty$型未定式，通过“**通分**”将其化为$\dfrac{0}{0}$型未定式。

$$\lim_{x\to 0}\left(\frac{1}{\sin x}-\frac{1}{x}\right)=\lim_{x\to 0}\frac{x-\sin x}{x\sin x}=\lim_{x\to 0}\frac{1-\cos x}{\sin x+x\cos x}=\lim_{x\to 0}\frac{\sin x}{2\cos x-x\sin x}=0。$$

例 8 求$\lim\limits_{x\to+\infty}x\left(\dfrac{\pi}{2}-\arctan x\right)$。

解 这是$\infty\cdot 0$ 型未定式，通过变形可将其化为$\dfrac{0}{0}$型未定式。

$$\lim_{x\to+\infty}x\left(\frac{\pi}{2}-\arctan x\right)=\lim_{x\to+\infty}\frac{\frac{\pi}{2}-\arctan x}{\frac{1}{x}}=\lim_{x\to+\infty}\frac{-\frac{1}{1+x^2}}{-\frac{1}{x^2}}=\lim_{x\to+\infty}\frac{x^2}{1+x^2}=1。$$

例 9 求$\lim\limits_{x\to 0^+}x^x$。

解 这是 0^0 型未定式，由于 $x^x=e^{x\ln x}$，且

$$\lim_{x\to 0^+}x\ln x=\lim_{x\to 0^+}\frac{\ln x}{\frac{1}{x}}=\lim_{x\to 0^+}\frac{\frac{1}{x}}{-\frac{1}{x^2}}=0，$$

于是

$$\lim_{x\to 0^+} x^x = e^0 = 1。$$

例 10 求$\lim\limits_{x\to\infty}(1+x^2)^{\frac{1}{x}}$。

解 这是∞^0型未定式。由于$(1+x^2)^{\frac{1}{x}}=e^{\frac{1}{x}\ln(1+x^2)}$，且

$$\lim_{x\to\infty}\frac{1}{x}\ln(1+x^2)=\lim_{x\to\infty}\frac{\ln(1+x^2)}{x}=\lim_{x\to\infty}\frac{\frac{2x}{1+x^2}}{1}=0,$$

于是

$$\lim_{x\to\infty}(1+x^2)^{\frac{1}{x}}=e^0=1。$$

例 11 证明$\lim\limits_{x\to+\infty}\dfrac{x+\cos x}{x}$存在，但不能用洛必达法则求解。

解 因为$\lim\limits_{x\to+\infty}\dfrac{x+\cos x}{x}=\lim\limits_{x\to+\infty}\left(1+\dfrac{\cos x}{x}\right)=1+0=1$，所以，所给极限存在。

又因为$\lim\limits_{x\to+\infty}\dfrac{(x+\cos x)'}{(x)'}=\lim\limits_{x\to+\infty}\dfrac{1-\sin x}{1}=\lim\limits_{x\to+\infty}(1-\sin x)$不存在，所以，所给极限不能用洛必达法则求出。

小结 使用洛必达法则时，应注意以下几点：

(1)洛必达法则对$\dfrac{0}{0}$型或$\dfrac{\infty}{\infty}$型未定式可直接使用，对于$0\cdot\infty$型及$\infty-\infty$型的未定式应先借助于恒等变形转化为这两种类型之一后再使用洛必达法则；

(2)如果$\lim\dfrac{f'(x)}{g'(x)}$仍是$\dfrac{0}{0}$型或$\dfrac{\infty}{\infty}$型未定式，则可以继续使用洛必达法则；

(3)在每次使用洛必达法则时，都要验证它属于哪一类未定式，不能盲目应用。应用后如果有可约因子，或有非零极限值的乘积因子，则可先约去或提取，然后再考虑是否继续应用洛必达法则；

(4)当$\lim\dfrac{f'(x)}{g'(x)}$不存在时(不包括∞的情况)，并不能断定$\lim\dfrac{f(x)}{g(x)}$也不存在，此时洛必达法则失效，应寻求其他方法求极限。

习　题　2.6

1. 验证下列函数是否满足罗尔定理的条件。若满足，求出定理中的ξ；若不满足，说明其原因。

(1)$f(x)=\begin{cases}x, & 0\leqslant x<1,\\ 0, & x=1;\end{cases}$　　(2)$f(x)=|x|$，$x\in[-1,1]$；

(3)$f(x)=x$，$x\in[0,1]$；　　(4)$f(x)=\ln\sin x$，$x\in\left[\dfrac{\pi}{6},\dfrac{5\pi}{6}\right]$。

2. 验证下列函数是否满足拉格朗日中值定理的条件。若满足，求出定理中的ξ。

(1)$y=\ln(1+x)$，$x\in[0,1]$；(2)$f(x)=x^3-3x$，$x\in[0,2]$。

3. 证明：在$(-\infty,+\infty)$上 $\arctan x+\operatorname{arccot} x=\dfrac{\pi}{2}$。

4. 利用拉格朗日中值定理证明 $\dfrac{b-a}{b}<\ln\dfrac{b}{a}<\dfrac{b-a}{a}(0<a<b)$。

5. 判断下列极限属于哪种类型的未定式，并求出它们的极限值。

(1)$\lim\limits_{x\to0}\dfrac{1-\cos 4x}{x^2}$； (2)$\lim\limits_{x\to0}\dfrac{\ln(1+x)}{x^2}$；

(3)$\lim\limits_{x\to0^+}\dfrac{\ln x}{\cot x}$； (4)$\lim\limits_{x\to+\infty}\dfrac{e^x}{x^3}$。

6. 求下列极限。

(1)$\lim\limits_{x\to0}\dfrac{\sin x-x}{x^3}$； (2)$\lim\limits_{x\to0}\dfrac{e^x+e^{-x}-2}{x^2}$；

(3)$\lim\limits_{x\to\infty}x\cdot(e^{\frac{1}{x}}-1)$； (4)$\lim\limits_{x\to0}\left(\dfrac{1}{x}-\dfrac{1}{e^x-1}\right)$；

(5)$\lim\limits_{x\to0^+}x^{\sin x}$； (6)$\lim\limits_{x\to\frac{\pi}{2}^+}\dfrac{\ln\left(x-\frac{\pi}{2}\right)}{\tan x}$。

【数学文化赏析】

数学中高耸的金字塔——拉格朗日

约瑟夫·拉格朗日

约瑟夫·拉格朗日(Joseph Lagrange，1736—1813)，法国著名的数学家、物理学家、天文学家，变分法的开拓者和分析力学的奠基人。拉格朗日才华横溢，在数学、物理和天文等领域做出了很多重大的贡献，其中尤以数学方面的成就最为突出。他的成就包括著名的拉格朗日中值定理，创立了拉格朗日力学等。他曾获得过18世纪“欧洲最大之希望、欧洲最伟大的数学家”的赞誉。由于出众的贡献，拉格朗日颇受拿破仑的器重，并被这位高傲的皇帝称赞为“数学这门学科中高耸的一座金字塔”。

1736年1月25日，拉格朗日出生在意大利的都灵，父亲是法国陆军骑兵里的一名军官，后来由于经商破产，家道中落。不过拉格朗日回忆到自己的父亲时，却乐观地说道：“如果我真的继承了丰厚的财产，那么我很可能将与数学无缘。”

拉格朗日的青年时代都是在都灵度过的，按照传统拉格朗日着重学习了欧式几何，阅读了欧几里得和阿基米德等古希腊数学家的著作，渐渐熟悉了来自古希腊的综合几何方法，不过几何学在拉格朗日的一生中从未真正引起过他的兴趣。17岁那年，他偶然浏览了英国著名天文学家哈雷写的《论分析方法的优越性》，了解了牛顿的微积分，感觉到“分析才是自己最热爱的学科”。从此他痴迷于数学分析，这也成为了他一生研究的中心。

1755年19岁的拉格朗日就担任了都灵皇家炮兵学校的数学教授，在探讨“等周问题”的过程中，他用纯分析的方法发展了欧拉所开创的变分法，为变分法奠定了理论基础。他的论著使他成为当时欧洲公认的第一流数学家。

最值得一提的是，拉格朗日完成了自牛顿以后最伟大的经典著作《分析力学》，耗费了37个春秋，出版时他已50多岁。在这部著作中，拉格朗日把宇宙谱写成由数字和方程组成的有节奏的旋律，把动力学发展到登峰造极的地步。他利用变分原理，建立起了优美而和谐的力学体系，可以说，这是整个现代力学的基础。伟大的科学家哈密顿把这本巨著誉为“科学诗篇”。不过，拉格朗日却在书的扉页写道：“我只不过做了一项很普通的工作而已，把力学变成了分析学的一个分支。”这项价值不可估量的工作，他却只有寥寥几句简简单单的评价，真正谦逊到了极点。

拉格朗日的故事

2.7 函数的单调性与曲线的凹向和拐点

2.7.1 函数的单调性

函数的单调性与曲线的凹向和拐点

函数的单调性是函数的重要特性，下面我们将讨论函数的单调性与导数之间的关系，进而提供一种利用导数来判定函数单调性的方法。

观察图2-9，曲线 $y=f(x)$ 在 (a, b) 内每一点都存在切线，且这些切线与 x 轴的正方向的夹角 α 都是锐角，即 $\tan\alpha=f'(x)>0$，则此时函数 $y=f(x)$ 在 (a, b) 内是单调增加的。而图2-10表明，如果这些切线与 x 轴的正方向的夹角 α 都是钝角，即 $\tan\alpha=f'(x)<0$，则此时函数 $y=f(x)$ 在 (a, b) 内是单调减少的。因此，利用导数的符号可方便地判断函数的单调性。

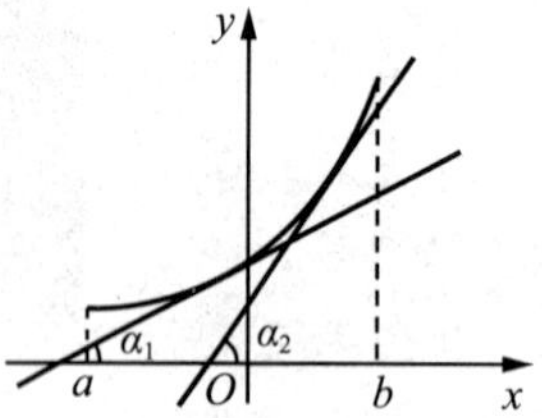

图 2-9

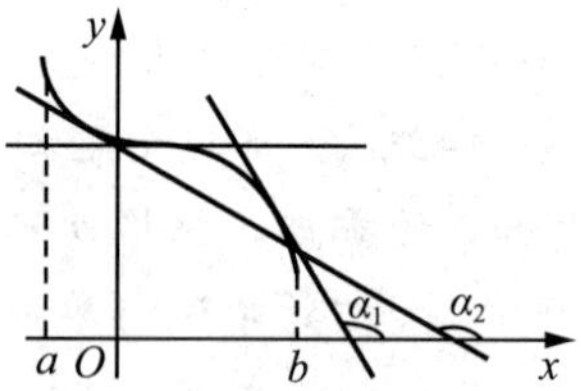

图 2-10

定理 1(函数单调性的判定定理) 设函数 $f(x)$ 在区间 (a, b) 内可导。

(1)如果在 (a, b) 内 $f'(x)>0$，则函数 $f(x)$ 在 (a, b) 内单调增加；

(2)如果在 (a, b) 内 $f'(x)<0$，则函数 $f(x)$ 在 (a, b) 内单调减少。

定义 1 使 $f'(x)=0$ 的点 x 称为 $f(x)$ 的**驻点**。

例 1 求函数 $f(x)=x^2-2x$ 的单调区间。

解 函数的定义域为 $(-\infty, +\infty)$，

$$f'(x)=2(x-1)。$$

当 $x\in(-\infty, 1)$时，$f'(x)<0$，函数 $f(x)$在$(-\infty, 1)$内单调减少；
当 $x\in(1, +\infty)$时，$f'(x)>0$，函数 $f(x)$在$(1, +\infty)$内单调增加。

例 2 讨论函数 $f(x)=\sqrt[3]{x^2}$ 的单调性。

解 函数的定义域为$(-\infty, +\infty)$。当 $x\neq 0$ 时，$f'(x)=\dfrac{2}{3\sqrt[3]{x}}$；当 $x=0$ 时，$f'(x)$不存在。

当 $x\in(-\infty, 0)$时，$f'(x)<0$，函数 $f(x)=\sqrt[3]{x^2}$ 在$(-\infty, 0)$内单调减少；

当 $x\in(0, +\infty)$时，$f'(x)>0$，函数 $f(x)=\sqrt[3]{x^2}$ 在$(0, +\infty)$内单调增加。

由以上两个例题看出，$f(x)$单调增减区间的分界点可能是**驻点或导数不存在的点**。因此，对于有些函数在它的定义区间上不是单调的，用驻点或导数不存在的点划分函数的定义区间后，就可以使函数在每部分区间上单调。

函数单调性判定步骤如下：

(1)确定 $f(x)$的定义域；

(2)对 $f(x)$求导数后，找出 $f(x)$的驻点和导数不存在的点 x_i；

(3)用这些点 x_i 将 $f(x)$的定义域分成若干个子区间，判断每个子区间上 $f'(x)$的符号，列表得出结果。

例 3 求函数 $f(x)=2x^3-9x^2+12x-3$ 的单调区间。

解 函数的定义域为$(-\infty, +\infty)$，则

$$f'(x)=6x^2-18x+12=6(x-1)(x-2)。$$

令 $f'(x)=0$ 得驻点：$x_1=1$，$x_2=2$，

用 x_1，x_2 将函数的定义域$(-\infty, +\infty)$分成三个部分区间，列表讨论如下。

表 2-1

x	$(-\infty, 1)$	1	$(1, 2)$	2	$(2, +\infty)$
$f'(x)$	+	0	−	0	+
$f(x)$	↗	2	↘	1	↗

综上所述，$(-\infty, 1]$与$[2, +\infty)$为函数 $f(x)$的单调增区间，$[1, 2]$为函数 $f(x)$的单调减区间。

说明 表中记号“↗”和“↘”分别表示曲线在相应的区间内单调增加和单调减少。

2.7.2 曲线的凹向①和拐点

一条曲线不仅有上升和下降的问题，还有弯曲方向的问题，讨论曲线的凹向就是讨论曲线的弯曲方向问题。观察图 2-11，可得定义 2。

定义 2 在某区间内，若曲线弧位于其上任意一点切线的上方，则称曲线在该区间

① 曲线的凹向也称为曲线的凹凸性，上凹也称为凹，下凹也称为凸。

内是**上凹**的，若曲线弧位于其上任意一点切线的下方，则称曲线在该区间内是**下凹**的。

观察图 2-12 中的两条曲线，不难发现，对于图 2-12(a)中的上凹曲线上各点处的切线斜率随着 x 的增大而增大，即 $f'(x)$单调增加；而图 2-12(b)中的下凹曲线上各点处的切线斜率随着 x 的增大而减小，即 $f'(x)$单调减少。而 $f'(x)$的单调性可由它的导数，即 $f''(x)$的符号来判定，由此得出可以通过二阶导数的符号来判定曲线的**凹向**。

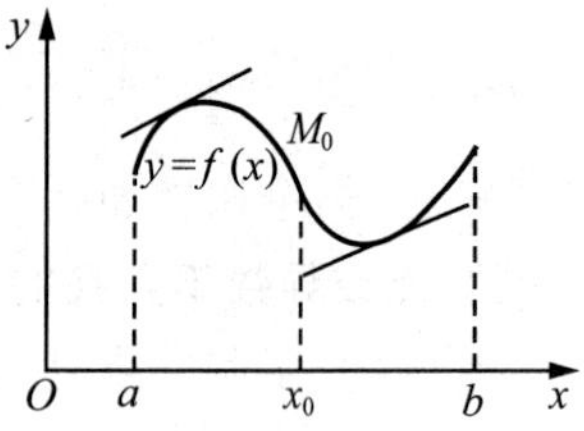

图 2-11

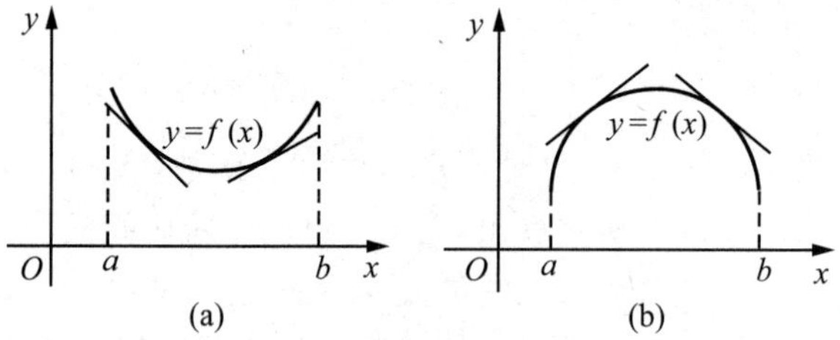

图 2-12

定理 2(曲线凹向的判定定理) 设函数 $y=f(x)$在区间(a, b)内有二阶导数。

(1)如果在(a, b)内，$f''(x)>0$，则曲线 $y=f(x)$在(a, b)内是**上凹**的；

(2)如果在(a, b)内，$f''(x)<0$，则曲线 $y=f(x)$在(a, b)内是**下凹**的。

定义 3 曲线上凹与下凹的分界点(x, y)称为曲线的**拐点**。

例 4 讨论曲线 $y=x^3$ 的凹向。

解 $y'=3x^2$，$y''=6x$。

当 $x<0$ 时，$y''<0$，曲线下凹；当 $x>0$ 时，$y''>0$，曲线上凹。点$(0, 0)$是拐点。

拐点既然是上凹与下凹的分界点，那么在拐点的左、右邻近 $f''(x)$必然**异号**，因此在拐点处有 $f''(x)=0$ 或 $f''(x)$**不存在**。

但是使 $f''(x)=0$ 或 $f''(x)$不存在的点只是可能的拐点，究竟是否为拐点，还要根据 $f''(x)$在该点的左、右邻近是否异号来确定。

于是，我们归纳出求曲线 $y=f(x)$的凹向区间和拐点的步骤。

(1)确定函数 $y=f(x)$的定义域。

(2)求出 $f''(x)$，找出使 $f''(x)=0$ 的点和 $f''(x)$不存在的点 x_i。

(3)用这些点 x_i 将 $f(x)$的定义域分成若干个子区间，判断每个子区间上 $f''(x)$的符号；在点 x_i 的左、右两侧如果 $f''(x)$的符号相反，则点$[x_i, f(x_i)]$是曲线 $y=f(x)$的拐点；如果 $f''(x)$的符号相同，则点$[x_i, f(x_i)]$不是曲线 $y=f(x)$的拐点，可列表得出结果。

例 5 求曲线 $y=(x-1)^{\frac{5}{3}}$ 的凹向区间与拐点。

解 函数 $y=(x-1)^{\frac{5}{3}}$ 的定义域为$(-\infty, +\infty)$。

$$y'=\frac{5}{3}(x-1)^{\frac{2}{3}}, \ y''=\frac{10}{9}(x-1)^{-\frac{1}{3}},$$

当 $x=1$ 时，$y'=0$，而 y''不存在，

列表讨论如下。

表 2-2

x	$(-\infty, 1)$	1	$(1, +\infty)$
y''	$-$	不存在	$+$
曲线 y	$\cap$	拐点(1, 0)	$\cup$

综上所述，$(-\infty, 1)$是曲线 $y=(x-1)^{\frac{5}{3}}$ 的下凹区间；$(1, +\infty)$是曲线 $y=(x-1)^{\frac{5}{3}}$ 的上凹区间。又$y|_{x=1}=0$，故曲线的拐点是(1, 0)。

说明 表中记号"$\cup$"和"$\cap$"分别表示曲线在相应的区间内上凹和下凹。

例 6 求曲线 $y=x^4-2x^3+1$ 的凹向和拐点。

解 函数 $y=x^4-2x^3+1$ 的定义域为$(-\infty, +\infty)$，求导得

$$y'=4x^3-6x^2, \ y''=12x^2-12x=12x(x-1)。$$

令 $y''=0$，得 $x_1=0$，$x_2=1$。用 x_1，x_2 将函数的定义域$(-\infty, +\infty)$分成三个部分区间，列表讨论如下。

表 2-3

x	$(-\infty, 0)$	0	$(0, 1)$	1	$(1, +\infty)$
$f''(x)$	$+$	0	$-$	0	$+$
$f(x)$	$\cup$	拐点(0, 1)	$\cap$	拐点(1, 0)	$\cup$

函数在$(-\infty, 0)$和$(1, +\infty)$上是上凹的，在$(0, 1)$上是下凹的，有两个拐点(0, 1)和(1, 0)，图形如图 2-13 所示。

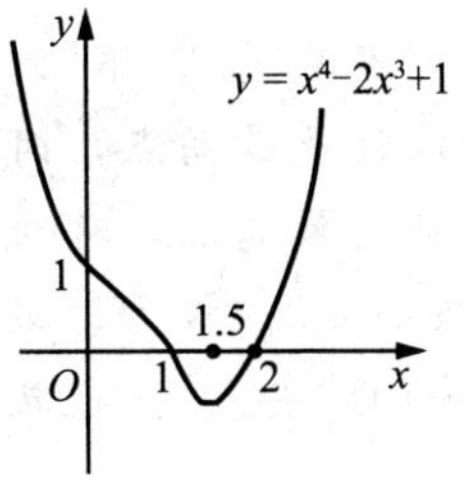

图 2-13

习 题 2.7

1. 确定下列函数的单调区间。

(1)$f(x)=x^2-5x+6$；

(2)$f(x)=(x-1)\cdot x^{\frac{2}{3}}$；

(3)$f(x)=2x^2-\ln x$；

(4)$f(x)=x+\dfrac{4}{x}$。

2. 求下列曲线的凹向及拐点。

(1) $y=x^3-3x^2-x$；　　(2) $y=\sqrt[3]{x-4}+2$。

3. 求函数 $y=e^{-x}$ 在其定义域内的单调性和凹凸性。

【数学文化赏析】

切线的斜率道出了曲线的形状

函数的曲线时而上升，时而下降，而且弯曲方向也有凹凸之分，它看起来像什么呢？请想象一下连绵起伏的山峦，几座山绵延不断，每座山都有山顶和谷底，山的倾斜时急时缓，这样的山顶、谷底、缓坡、斜坡，就是构成山峦的要素，而顺着"山峦＝曲线"的思路思考，这些就成为曲线的基本要素。

曲线上面一点的切线是怎样的呢？当曲线缓缓上升时，它上面一点的切线的倾斜角是锐角，切线的斜率＞0；相反，当曲线缓缓下降时，它上面一点的切线的倾斜角是钝角，切线的斜率＜0。切线的斜率对于把握曲线的形状至关重要，如果懂得曲线上各点的切线斜率，就可以描绘曲线的大致形状，因此，决定各点的切线斜率的导数，对于曲线的形状是关键。当我们爬山时，上坡可以看作函数单调增加，切线斜率为正，即导数为正；下坡时可以看作函数单调减少，切线斜率为负，即导数为负。

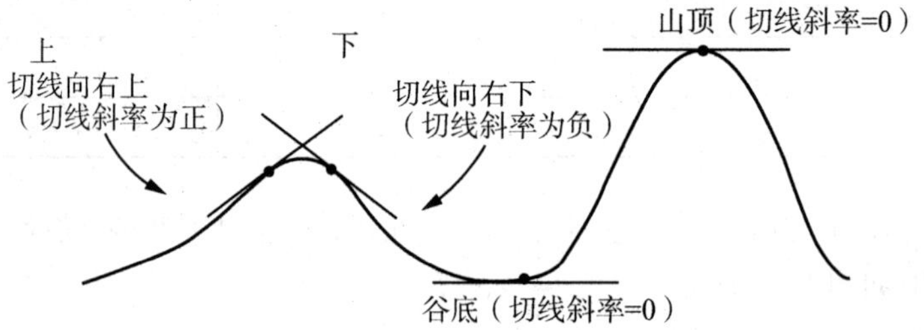

山顶是从"上"到"下"的分界点，谷底是从"下"到"上"的分界点。山顶是一座山的最高点，但如果是群山，则未必可以说是最高点，因为也许还有其他更高的山顶，只考虑到邻近区域的最高点，就是局部的最高点，称为"极大点"；相反，谷底是一座山的最低点，局部的最低点称之为"极小点"。极大、极小意味着局部的最大、最小，那一点也可以是无法引切线(即不可导)的"尖点"。也就是说山顶或谷底可以是导数为零的驻点，也可以是不可导的尖点。

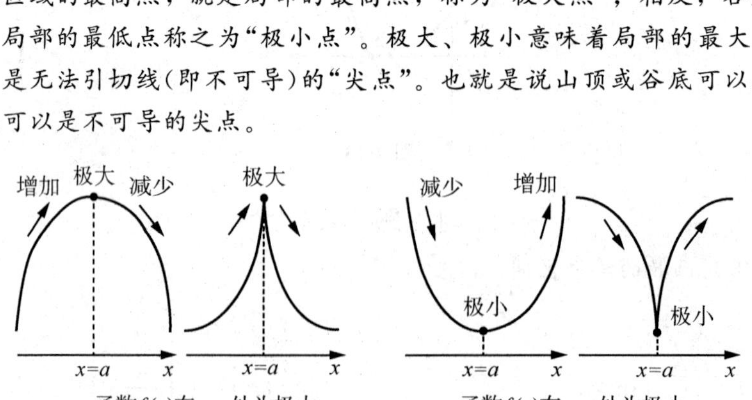

函数 $f(x)$ 在 $x=a$ 处为极大　　函数 $f(x)$ 在 $x=a$ 处为极小

那么曲线的弯曲方向与切线又有什么关系呢？大家考虑过“曲线切线是在曲线的内侧还是外侧”这个问题吗？试想，在厨房中使用的球状容器，如大碗和筷子，往碗里扔筷子，筷子在碗里卡住了，这说明两者相交，而把碗倒置过来，在它的外侧放置筷子，筷子只有一个点和碗相切，因此，切线在曲线的外侧。我们再做一个实验，如果碗口向上，用筷子做切线，发现曲线在切线的上方，我们称曲线为“上凹”(凹)；如果碗口向下，用筷子做切线，发现曲线在切线的下方，我们称曲线为“下凹”(凸)。

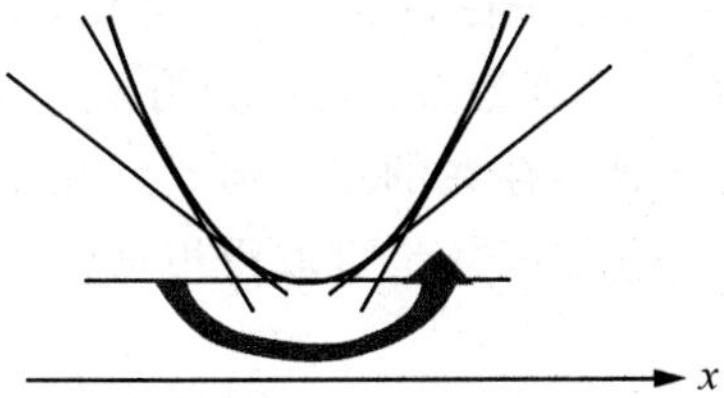

切线斜率增大

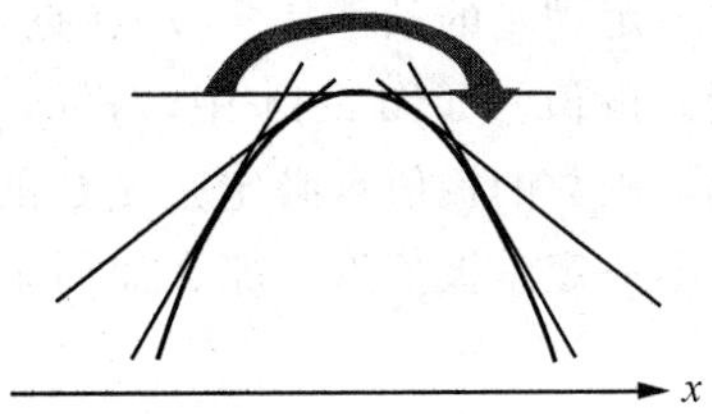

切线斜率减小

对于上凹的曲线 $f(x)$，可以看出，切线的斜率从左到右逐渐增大，$f'(x)$是单调增加的，也就是说 $f''(x)>0$；对于下凹的曲线 $f(x)$，切线的斜率从左到右逐渐减少，$f'(x)$是单调减少的，也就是说 $f''(x)<0$。所以，可以用二阶导数判断曲线的凹向。为方便记忆，可以编成口诀“碗口向上能盛物，碗口向下不能盛物”，“碗口向上”表示曲线上凹，“碗口向下”表示曲线下凹，“能盛物”表示二阶导数大于零，“不能盛物”表示二阶导数小于零。

2.8 函数的极值与最值

2.8.1 函数的极值

函数的极值
与最值

定义 设函数 $f(x)$在点 x_0 的某邻域内有定义。对于该邻域内任意的 x，

(1)如果 $f(x_0)>f(x)$成立，则称 $f(x_0)$为函数的**极大值**；

(2)如果 $f(x_0)<f(x)$成立，则称 $f(x_0)$为函数的**极小值**。

函数的极大值与极小值统称为函数的**极值**，使函数取得极值的点 $x=x_0$ 称为函数的**极值点**。

函数的极值只是一个局部性概念，而函数的最大值、最小值是一个全局性概念。极值只是与极值点邻近的所有点的函数值相比为最大或最小，并不是指在函数整个定义域内为最大或最小。观察图 2-14，函数 $f(x)$的图像在点 x_1，x_3 的函数值 $f(x_1)$和 $f(x_3)$比它们近旁各点的函数值都大，故 $f(x_1)$，$f(x_3)$是极大值；而在点 x_2，x_4 的函数值 $f(x_2)$和 $f(x_4)$比它们近

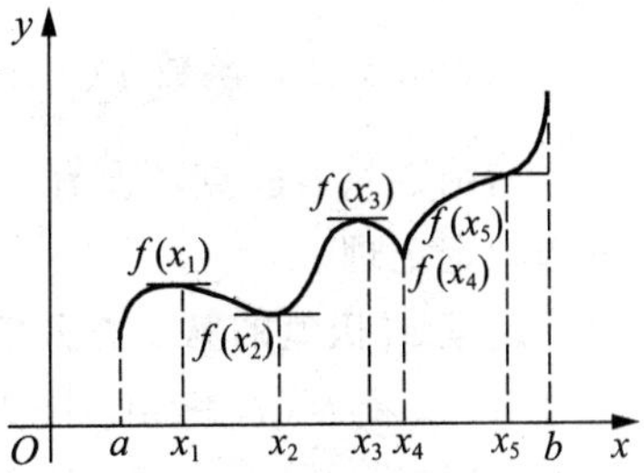

图 2-14

旁各点的函数值都小，故 $f(x_2)$，$f(x_4)$是极小值。

由图 2-14 还能够看出，在极值点处如果曲线有切线存在，那么该切线必定是平行于 x 轴的，也就是有水平切线。但有水平切线的点不一定是函数的极值点，如图 2-14 中曲线在点 x_5 有水平切线，但点 x_5 并不是极值点。

定理 1(极值存在的必要条件) 设函数 $f(x)$在点 x_0 处可导，且在点 x_0 处取得极值，则必有 $f'(x_0)=0$。

注意 定理 1 的条件是 $f(x)$在点 x_0 处可导。但是在导数不存在的点，函数 $f(x)$ 也有可能有极值。如图 2-14 中，$f'(x_4)$不存在，但在点 x_4 处函数有极小值 $f(x_4)$。也就是说，函数的极值点必定是函数的驻点或导数不存在的点。但是，驻点或导数不存在的点不一定是极值点，那么如何来判定这些点处函数是否取得极值？下面给出判定定理。

定理 2(极值的第一充分条件) 设函数 $f(x)$在点 x_0 连续，在点 x_0 的某一去心邻域内可导，当 x 从 x_0 的左边变化到 x_0 的右边时：

(1)如果 $f'(x)$的符号由正变负，则点 x_0 是 $f(x)$的极大值点，$f(x_0)$是 $f(x)$的极大值；

(2)如果 $f'(x)$的符号由负变正，则点 x_0 是 $f(x)$的极小值点，$f(x_0)$是 $f(x)$的极小值；

(3)如果 $f'(x)$不变号，则 x_0 不是 $f(x)$的极值点。

例 1 求函数 $f(x)=x-\frac{3}{2}\sqrt[3]{x^2}$ 的极值。

解 $f(x)$的定义域为$(-\infty, +\infty)$，且 $f'(x)=1-x^{-\frac{1}{3}}=\frac{\sqrt[3]{x}-1}{\sqrt[3]{x}}$，令 $f'(x)=0$，得驻点 $x=1$，又当 $x=0$ 时，$f'(x)$不存在。用 0 和 1 将定义域分成三个部分区间，列表讨论如下。

表 2-4

x	$(-\infty, 0)$	0	$(0, 1)$	1	$(1, +\infty)$
$f'(x)$	+	不存在	−	0	+
$f(x)$	↗	极大值 0	↘	极小值$-\frac{1}{2}$	↗

由表 2-4 知，函数 $f(x)$的极大值为 $f(0)=0$，函数 $f(x)$的极小值为 $f(1)=-\frac{1}{2}$。

当函数只有驻点，没有一阶导数不存在的点，且在驻点处二阶导数存在时，有如下的判定定理。

定理 3(极值的第二充分条件) 设 $f'(x_0)=0$，$f''(x_0)$存在。

(1)如果 $f''(x_0)<0$，则点 x_0 是 $f(x)$的极大值点，$f(x_0)$是 $f(x)$的极大值；

(2)如果 $f''(x_0)>0$，则点 x_0 是 $f(x)$的极小值点，$f(x_0)$是 $f(x)$的极小值；

(3)如果 $f'(x_0)=f''(x_0)=0$，那么此定理失效，改用极值第一充分条件判断。

例2 求函数 $f(x)=x^3-6x^2+9x-9$ 的极值。

解 $f(x)$的定义域为$(-\infty,+\infty)$。

$$f'(x)=3x^2-12x+9,\ f''(x)=6x-12。$$

令 $f'(x)=0$，得驻点 $x_1=1$，$x_2=3$。

因为 $f''(1)=-6<0$，所以，$f(1)=-5$ 为极大值；

因为 $f''(3)=6>0$，所以，$f(3)=-9$ 为极小值。

说明 在很多情况下，利用极值的第二充分条件求极值比较简便，但对导数不存在的点或 $f''(x_0)=0$ 的点不适用，此时必须再使用第一充分条件进行判断。

2.8.2 函数的最大值与最小值

由闭区间上连续函数的性质，我们已经知道：若函数 $f(x)$在闭区间$[a,b]$上连续，则 $f(x)$在$[a,b]$上必有最大值与最小值。最大值与最小值可在区间内部取得，也可以在区间端点处取得，最大值和最小值是函数的整体的性质。如果最值在区间(a,b)内部取得，则这个最值一定是函数的极值。因此，求连续函数 $f(x)$在某区间上的最大值和最小值的步骤是：

(1)求出函数 $f(x)$的全部驻点和导数不存在的点；

(2)求出驻点、导数不存在的点和区间端点处的函数值 $f(a)$和 $f(b)$；

(3)比较以上各函数值，其中最大的就是函数的最大值，最小的就是函数的最小值。

例3 求函数 $f(x)=3x^4-4x^3-12x^2+1$ 在区间$[-3,1]$上的最大值和最小值。

解 所给函数 $f(x)$在闭区间$[-3,1]$上连续，所以它在该区间上存在最大值和最小值。

先求驻点的函数值。由

$$f'(x)=12x^3-12x^2-24x=12x(x+1)(x-2)=0,$$

解得

$$x_1=-1,\ x_2=0,\ x_3=2\text{(舍去)}。$$

计算驻点及区间端点的函数值：

$$f(-1)=-4,\ f(0)=1,\ f(-3)=244,\ f(1)=-12。$$

比较以上各函数值，可知函数在区间$[-3,1]$上的最小值是 $f(1)=-12$，最大值是 $f(-3)=244$。

特别指出 求函数的最值时，常遇到下述情况：

(1)若函数 $f(x)$在闭区间$[a,b]$上是单调增加(减少)的，则最值在区间端点处取得；

(2)若函数 $f(x)$在区间(a,b)内仅有一个极值，是极大(小)值时，它就是函数 $f(x)$在闭区间$[a,b]$上的最大(小)值，如图 2-15 所示。

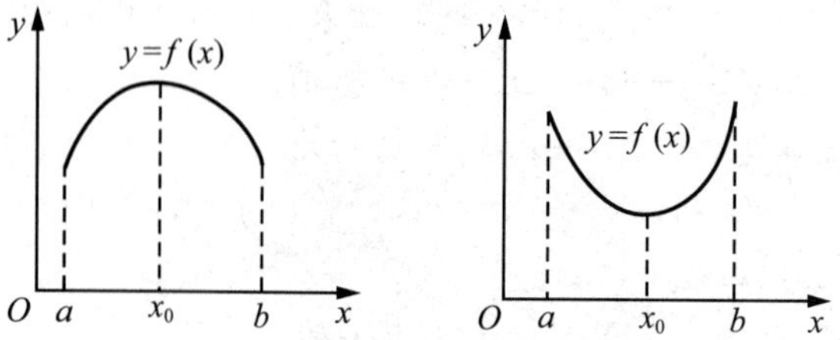

图 2-15

在实际问题中，最值问题的应用非常广泛，如我们经常遇到的“用料最省”“效率最高”“容积最大”等问题都可以归结为求函数的最大值、最小值问题。

例 4(用料最省问题) 一个能装 500 cm^3 饮料的圆柱形铝罐，底半径为多少时，用料最少？

解 若使用料最省，只要铝罐的表面积最少，铝罐的表面积是上下两个底面积与侧面积之和。

设罐高为 h，底半径为 r，则表面积 $S=2\pi r^2+2\pi rh$，

又由罐的体积 $V=\pi r^2 h=500$，得 $h=\dfrac{500}{\pi r^2}$，代入上式得

$$S=2\pi r^2+\frac{1\ 000}{r}。$$

问题归结为求 r 为何值时 S 最小。

由 $S'=4\pi r-\dfrac{1\ 000}{r^2}=0$，得 $r=\left(\dfrac{250}{\pi}\right)^{\frac{1}{3}}\approx 4.30$ cm。

又 $S''=4\pi+\dfrac{2\ 000}{r^3}>0$，因此当 $r\approx 4.30$ cm 时，S 取极小值，亦即最小值。故底半径约为 4.30 cm 时，所用材料最省。

在实际问题中，如果函数 $f(x)$在某区间内只有一个驻点，而且根据实际问题本身又知道 $f(x)$在该区间内必有最大值或最小值，那么 $f(x_0)$就是所要求的最大值或最小值。

例 5(面积最大问题) 某农场需要围建一个矩形堆料场，一边可利用原来的墙壁，其他三边用篱笆，现有 100 m 长的篱笆，问堆料场的长和宽各为多少时面积最大？

解 设矩形堆料场的面积为 S，宽为 x，则面积为：

$$S=x(100-2x)\ (0<x<50)。$$

问题归结为求 x 为何值时 S 取得最大值，求 S 对 x 的导数，

$$S'=100-4x，令 S'=0，得 x=25，$$

由于驻点唯一，且 S 必有最大值，因此，当 $x=25$ 时，S 取得最大值。即堆料场的长为 50 m，宽为 25 m 时，面积最大。

例 6(选址问题) 铁路线上 AB 段的距离为 100 km。工厂 C 距 A 处为 20 km，AC 垂直于 AB，如图 2-16 所示，为方便，在 AB 线上选定一点 D 向工厂 C 修建一条公路。

已知铁路每千米货运的运费与公路每千米的货运的运费之比为 3∶5。为使货物从供应站 B 运到工厂 C 的运费最省，问：D 点应选在何处？

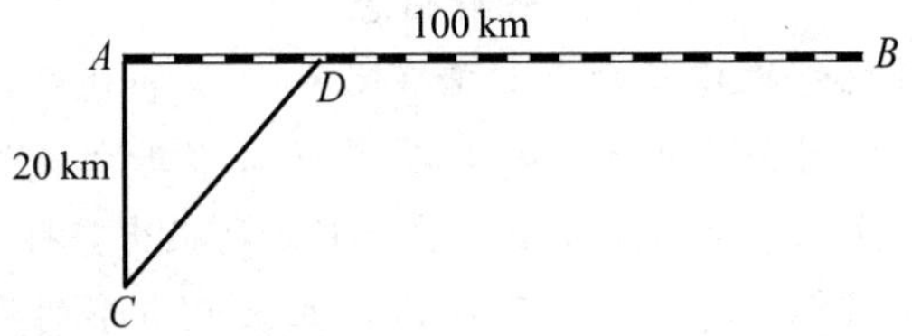

图 2-16

解 设 D 选在距离 A 为 x km 处，即 $AD=x$，则

$$DB=100-x，CD=\sqrt{20^2+x^2}=\sqrt{400+x^2}。$$

由已知条件，设铁路每千米运费为 $3k$，公路每千米运费为 $5k$，并设从 B 到 C 总运费为 y，则

$$y=5k\sqrt{400+x^2}+3k(100-x)，x\in[0，100]。$$

问题转化为 x 在[0，100]上取何值时，函数 y 取得最小值，

由 $y'=k\left(\dfrac{5x}{\sqrt{400+x^2}}-3\right)$，令 $y'=0$，得驻点 $x=15$，$x=-15$(舍去)。

本题属于实际问题，在[0，100]上一定存在最小值。而在[0，100]内驻点唯一，故当 $x=15$ 时，y 取得最小值，即点 D 应选在距 A15 km 处，运费最少。

习　题　2.8

1. 下列说法是否正确？为什么？

(1)若 $f'(x_0)=0$，则 x_0 为 $f(x)$的极值点；

(2)$f(x)$的极值点一定是驻点或导数不存在的点，反之则不成立。

2. 求下列函数的单调区间、极值点、极值、凹向区间以及拐点。

(1)$f(x)=x^3-3x^2-9x+1$；　　　　(2)$f(x)=x-\ln x$。

3. 求下列函数在给定区间上的最大值和最小值。

(1)$f(x)=x^4-2x^3+3$，$x\in[-2，2]$；

(2)$f(x)=x^3+1$，$x\in[-1，3]$；

(3)$f(x)=x+2\sqrt{x}$，$x\in[0，4]$。

4. 已知函数 $y=-2x^2+ax+3$ 在 $x=1$ 处取得极大值，求 a 的值。

5. 欲用围墙围成面积为 216 m^2 的一块矩形土地，并在正中用一堵墙将其隔成两块。问这块土地的长和宽选取多大的尺寸，才能使所用建筑材料最省？

6. 用一块边长为 a 的正方形铁皮，在其四角各截去一块面积相等的小正方形，然后将四边折起做成无盖方盒，问截掉的小正方形边长为多大时，所得方盒的容积最大？

【数学文化赏析】

蜂窝猜想

蜂窝是使世界上最优秀的建筑师都称赞不已的造型和建筑。蜂窝的外形乍看上去为正六棱柱，事实上，蜂窝并非正六棱柱，其横截面为正六边形，底部是由三个全等的菱形彼此毗邻相接而成。4 世纪古希腊数学家佩波斯提出，蜂窝的优美形状是自然界最有效劳动的代表。他猜想，人们所见到的，截面呈六边形的蜂窝，是蜜蜂采用最少量的蜂蜡建造成的。他的这一猜想称为“蜂窝猜想”，但这一猜想一直没有人能证明。

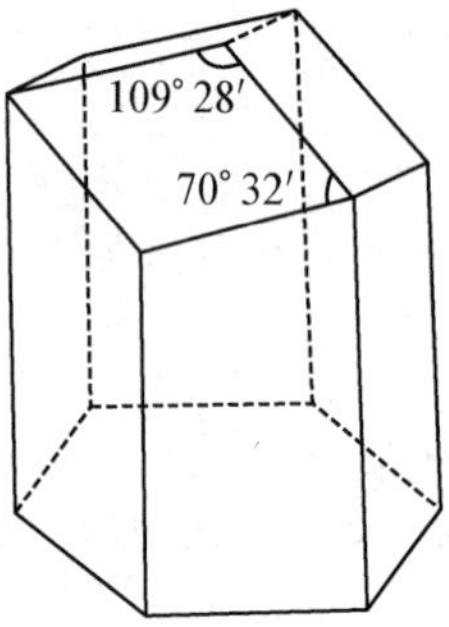

蜂窝横截面为什么是正六边形的，这一点人们似乎比较清楚，几亿年的进化成果，提示我们，这种结构是最省材料的。事实上，这是不难理解的，早在公元前 180 年，古希腊数学家芝诺多罗斯已证：周长一定，在所有 n 边形中，以正 n 边形的面积最大，并且边数越多，面积越大，圆的面积比任何正多边形的面积都大，这就是著名的“等周问题”。另外，用相同形状、大小的正多边形铺地，恰好只有三种——正三角形、正四边形、正六边形能够把地铺满。因此，蜜蜂分泌蜂蜡筑巢，从横截面看，用固定量的蜡(周长一定)，围成最大面积，且要占满整个平面，只能选择六边形。

然而，关于蜂窝的底部构造就不那么一目了然了。18 世纪初，法国学者马拉尔琪曾实测了蜂窝底部的菱形，得出一个令人惊异的有趣的结论：拼成蜂窝底部的每个菱形蜡板，钝角都等于 $109°28'$，锐角则都等于 $70°32'$。

1712 年，瑞士数学家克尼格在博物学家列奥缪拉的请托下，证明出：根据理论上的计算，建造同样大小的容积，且用料最少的蜂房，其底部菱形的两角应是 $109°26'$和 $70°34'$，这与实测的结果仅差 $2'$。

人们对克尼格的计算技巧和聪明才智倍加赞赏。他们认为，大自然竟能造就出像蜜蜂这样的出类拔萃的“建造师”本身就是一项奇迹。蜜蜂在这样细小的构筑上，仅仅误差 $2'$是不足为奇的。说来事也偶然，一艘船用克尼格用过的对数表确定方位时不幸遇难。在调查事件起因时，发现船上用过的那张对数表竟然有些地方印错了。这件事引起了一位著名的苏格兰数学家马克劳林的注意。1743 年，马克劳林重新计算了最经济的蜂房结构，得出菱形钝角应为 $109°28'$，锐角为 $70°32'$，与马拉尔琪的实测结果丝毫不差！克尼格由于对数表的误差，算错了 $2'$。

1999 年 9 月加拿大《环球邮报》科学记者德富林撰文称，经过 1600 年努力，数学家终于证明蜜蜂是世界上工作效率最高的建筑者。美国数学家黑尔宣称，他已解决“蜂窝猜想”。黑尔在考虑了周边是曲线时，无论是曲线向外凸，还是向内凹，都证明了由许多正六边形组成的图形周长最小。

人们发现，蜂窝结构强度很高，重量很轻，还有益于隔音和隔热。因此，现在的航天飞机、人造卫星、宇宙飞船，在内部大量采用蜂窝结构，卫星的外壳也几乎全部是蜂窝结构。因此，这些航天器通称为“蜂窝航天器”。现在数学家用高深的数学知识计算出的东西，小小的蜜蜂却早已在亿万年前就已投入了实际应用，这是多么不可思议啊！

2.9 导数在实际中的应用

我们已经讨论了利用导数求函数的最优化问题，导数的应用非常广泛，利用导数描绘函数的图形以及曲率的计算在工程技术中也有着广泛的应用。

导数在实际中的应用

2.9.1 函数图形的描绘

描绘函数图形最直接的办法就是描点作图法，就是描出一些符合函数关系的点，再用光滑的曲线将相邻的点连接起来，如何选点就是作图的关键，前面我们已经讨论了函数的单调性、极值、凹向和拐点，作为对函数性态的整体了解，我们还应当了解曲线无限远离坐标原点时的变化状况，即讨论函数的渐近线。

1. 曲线的渐近线

定义 1 如果曲线上的一点沿着曲线趋于无穷远时，该点与某条直线的距离趋于零，则称此直线为曲线的**渐近线**。

例如，双曲线 $y=\frac{1}{x}$ 的渐近线是直线 $y=0$ 和 $x=0$。

曲线的渐近线有很多，我们只讨论两种特殊的渐近线：水平渐近线和垂直渐近线。

定义 2 如果 $\lim\limits_{x\to\infty}f(x)=C$（$C$ 为常数），则称直线 $y=C$ 为曲线 $y=f(x)$ 的**水平渐近线**。

定义 3 如果曲线 $y=f(x)$ 在点 x_0 间断，且 $\lim\limits_{x\to x_0}f(x)=\infty$，则称直线 $x=x_0$ 为曲线 $y=f(x)$ 的**垂直渐近线**。

例 1 求曲线 $y=\frac{1}{x-5}$ 的水平渐近线和垂直渐近线。

解 因为 $\lim\limits_{x\to\infty}\frac{1}{x-5}=0$，所以 $y=0$ 是曲线 $y=\frac{1}{x-5}$ 的水平渐近线；

又因为 $x=5$ 是 $y=\frac{1}{x-5}$ 的间断点，且 $\lim\limits_{x\to 5}\frac{1}{x-5}=\infty$，所以 $x=5$ 是曲线 $y=$

$\dfrac{1}{x-5}$的垂直渐近线(如图 2-17 所示)。

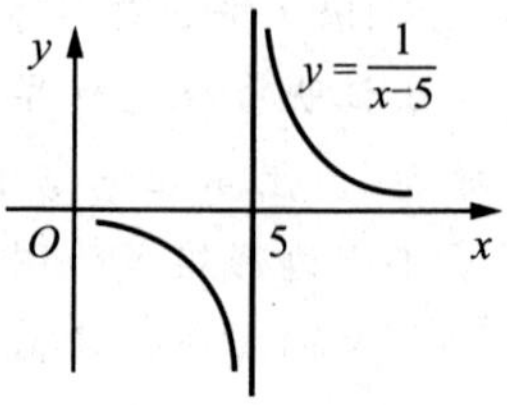

图 2-17

2. 函数图形的描绘

描绘函数 $y=f(x)$的图形的一般步骤如下:

(1)确定函数的定义域、奇偶性及周期性;

(2)求出 $f'(x)$和 $f''(x)$,解出 $f'(x)=0$ 和 $f''(x)=0$ 在函数定义域内的全部实根及使 $f'(x)$和 $f''(x)$不存在的点,用这些点将定义域划分成各部分区间;

(3)考察各部分区间内 $f'(x)$和 $f''(x)$的符号,列表确定函数的单调性和极值,曲线的凹向和拐点;

(4)判定曲线是否有水平渐近线和垂直渐近线;

(5)取辅助点,取有代表性的点,如曲线与坐标轴的交点等,描点作图。

例 2 作出函数 $f(x)=\dfrac{1}{\sqrt{2\pi}}e^{-\frac{x^2}{2}}$的图形。

解 (1)定义域为$(-\infty, +\infty)$,因为 $f(-x)=f(x)$,所以 $f(x)$为偶函数,图形关于 y 轴对称(可只作出一半区间上的图形,然后根据对称性作出其余部分的图形)。讨论$[0, +\infty)$上函数的情形。

(2)$f'(x)=-\dfrac{x}{\sqrt{2\pi}}e^{-\frac{x^2}{2}}$,$f''(x)=\dfrac{(x^2-1)}{\sqrt{2\pi}}e^{-\frac{x^2}{2}}$,

当 $x\geqslant 0$ 时,令 $f'(x)=0$,得 $x=0$,令 $f''(x)=0$,得 $x=1$。

(3)列表讨论如下。

表 2-5

x	0	$(0, 1)$	1	$(1, +\infty)$
$f'(x)$	0	$-$	$-$	$-$
$f''(x)$	$-$	$-$	0	$+$
$f(x)$	极大值$\dfrac{1}{\sqrt{2\pi}}$	↘∩	拐点$\left(1, \dfrac{1}{\sqrt{2\pi e}}\right)$	↘∪

其中$\dfrac{1}{\sqrt{2\pi}}\approx 0.4$,$\dfrac{1}{\sqrt{2\pi e}}\approx 0.24$。

(4)因为 $\lim\limits_{x\to\infty}\dfrac{1}{\sqrt{2\pi}}e^{-\frac{x^2}{2}}=0$,所以直线 $y=0$ 为曲线的一条水平渐近线。

(5)令 $x=0$,得 $f(0)=\dfrac{1}{\sqrt{2\pi}}$,即曲线与坐标轴交点为$\left(0, \dfrac{1}{\sqrt{2\pi}}\right)$。

(6)根据函数的对称性作出全图,如图 2-18 所示。

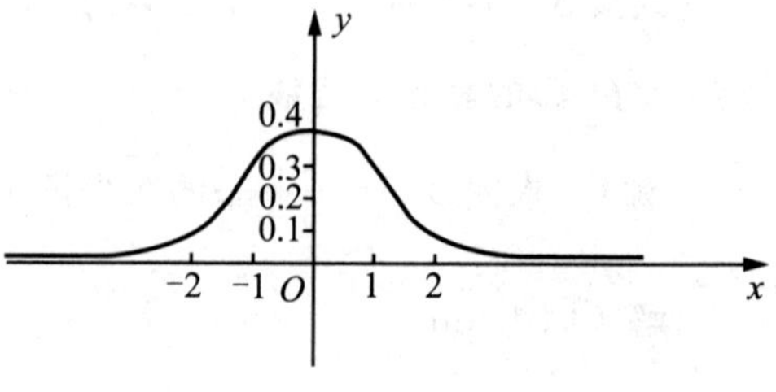

图 2-18

2.9.2 曲率

在工程技术中有时需要考虑曲线的弯曲程度，如在设计铁路或者公路的弯道时，必须考虑弯道处的弯曲程度；在机械和土建工程中，各种梁在荷载作用下要发生弯曲变形。在数学上，我们用曲率来表示曲线的弯曲程度。

1. 曲率的概念

首先从几何图形直观地分析曲线的弯曲程度与哪些因素有关。观察图 2-19，在图 2-19(a)中，曲线 L 上的动点从点 M 移动到点 N，曲线上点 M 的切线相应地变为点 N 的切线，若把切线转过的角度(简称转角)记为 $\Delta\alpha$，则 $\Delta\alpha$ 越大，弧 $\overset{\frown}{MN}$ 弯曲得越厉害；在图 2-19(b)中，弧 $\overset{\frown}{MN}$ 与 $\overset{\frown}{M_1N_1}$ 的切线转角都是 $\Delta\alpha$，则较短的弧 $\overset{\frown}{M_1N_1}$ 比较长的弧 $\overset{\frown}{MN}$ 弯曲得厉害。

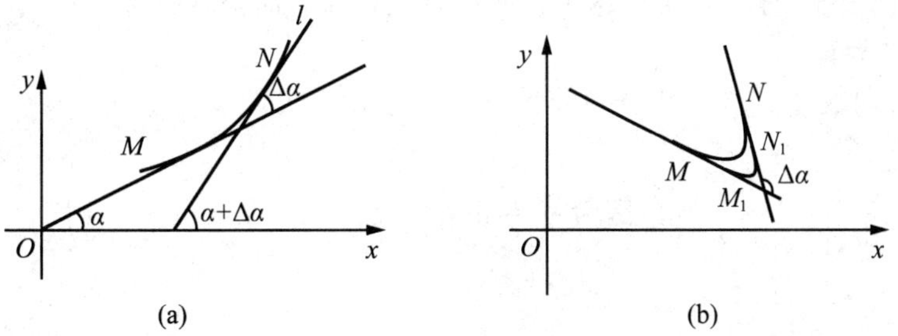

图 2-19

这就是说，曲线的弯曲程度与曲线的弧长和它的切线的转角这两个因素有关，于是应当以单位弧长上曲线切线转角的值来衡量曲线的弯曲程度。

弧 $\overset{\frown}{MN}$ 的切线转角 $\Delta\alpha$ 与该弧长 Δs 之比的绝对值，叫作该弧的平均曲率，记为 $\overline{K}$，即

$$\overline{K}=\left|\frac{\Delta\alpha}{\Delta s}\right|。$$

曲线上各点附近的弯曲程度不一定处处相同，所以弧的平均曲率一般只能表示整段弧的平均弯曲程度。当弧越短时，平均曲率就越能近似地表示弧上某一点附近的弯曲程度，因此，我们给出下面的定义。

定义 4 当点 N 沿曲线 L 趋近于点 M 时，若弧 $\overset{\frown}{MN}$ 的平均曲率的极限存在，则称此极限为曲线 L 在点 M 处的**曲率**，记作 K，即

$$K=\lim_{\Delta s\to 0}\left|\frac{\Delta\alpha}{\Delta s}\right|=\left|\frac{\mathrm{d}\alpha}{\mathrm{d}s}\right|。$$

定义表明，曲线的曲率是曲线切线倾斜角关于弧长的变化率的绝对值。

注意 (1)因为只考虑曲线弯曲程度的大小，所以曲率 x 只取非负值；

(2)曲率的单位为弧度/单位长。

例 3 已知圆的半径为 R，求圆上任取一段弧的平均曲率和任一点处的曲率。

解 (1)如图 2-20 所示，在圆上任取一段弧 $\overset{\frown}{AB}$，由平面几何知，弧 $\overset{\frown}{AB}$ 上切线的转角 $\Delta\alpha$ 等于圆心角，于是弧 $\overset{\frown}{AB}$ 的弧长 $\Delta s=R\cdot\Delta\alpha$。因此，弧 $\overset{\frown}{AB}$ 的平均曲率为

$$\overline{K}=\left|\frac{\Delta\alpha}{\Delta s}\right|=\left|\frac{\Delta\alpha}{R\cdot\Delta\alpha}\right|=\frac{1}{R}。$$

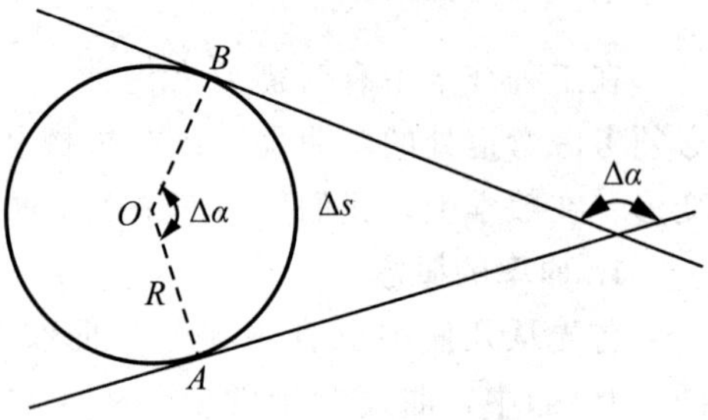

图 2-20

(2)圆上任一点的曲率为 $K=\lim\limits_{\Delta s\to 0}\left|\frac{\Delta\alpha}{\Delta s}\right|=\lim\limits_{\Delta s\to 0}\frac{1}{R}=\frac{1}{R}$。

上述结论表明，圆周上任一点的曲率相等，其值等于圆半径的倒数。这就是说，圆的弯曲程度处处一样，且半径越小，曲率越大，即弯曲得越厉害。

2. 曲率的计算

下面给出曲线 $y=f(x)$ 上任意点处的曲率计算公式。

由 $K=\left|\frac{\mathrm{d}\alpha}{\mathrm{d}s}\right|=\left|\frac{\frac{\mathrm{d}\alpha}{\mathrm{d}x}}{\frac{\mathrm{d}s}{\mathrm{d}x}}\right|$，因为 $y'=\tan\alpha$，所以 $\alpha=\arctan y'$，则

$$\frac{\mathrm{d}\alpha}{\mathrm{d}x}=\frac{y''}{1+(y')^2},$$

又 $\mathrm{d}s=\sqrt{(\mathrm{d}x)^2+(\mathrm{d}y)^2}=\sqrt{1+(y')^2}\,\mathrm{d}x$，代入上式，得

$$K=\frac{y''}{(1+y'^2)^{\frac{3}{2}}}。$$

例 4 求直线上各点处的曲率。

解 设直线方程为 $y=kx+b$，因为 $y'=k$，$y''=0$，代入曲率公式，得

$$K=\frac{y''}{(1+y'^2)^{\frac{3}{2}}}=0,$$

即直线的曲率为零，这与人们“直线没有弯曲”的知觉是一致的。

3. 曲率圆与曲率半径

我们已经知道，圆周上每一点的曲率是常数，而且等于它的半径的倒数。至于一般的曲线，它在各点的曲率一般都不相同。但在研究曲线某点的曲率时，往往可以用一个圆弧来代替该点附近的曲线，如图 2-21 所示。

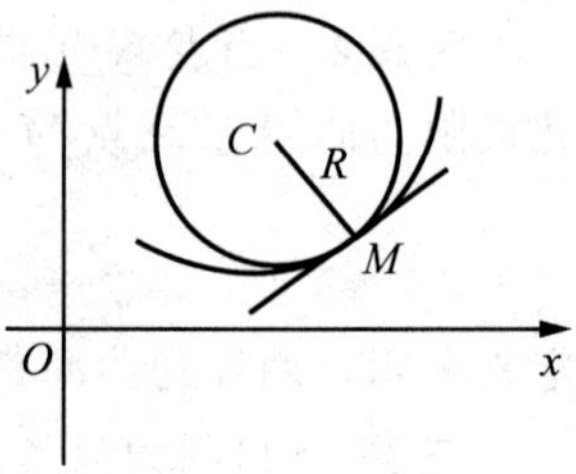

图 2-21

对于这样的圆弧所在的圆，我们给出下面的定义：

如果一个圆满足下列三个条件：

(1)在点 M 处与曲线有公切线；

(2)与曲线在点 M 处附近有相同的凹向；

(3)与曲线在点 M 处有相同的曲率，那么这个圆就叫作曲线在点 M 的**曲率圆**。

曲率圆的中心 C，叫作曲线在点 M 处的曲率中心；曲率圆的半径 R，叫作曲线在点 M 的曲率半径。

如果曲线在点 M 处的曲率用 K 表示，那么该点曲率圆的曲率也是 K，由于 $K=\dfrac{1}{R}$，所以，曲率半径 R 就是 $R=\dfrac{1}{K}$，代入上式得 $R=\dfrac{(1+y'^2)^{\frac{3}{2}}}{y''}$。

这就是曲线在给定点处的曲率半径的计算公式。

例 5 设工件内表面的截线为抛物线 $y=0.4x^2$，现在要用砂轮磨削其内表面。问用直径多大的砂轮比较合适。

解 为了在磨削时不使砂轮与工件接触处附近的部分工件磨去太多，砂轮的半径应小于或等于抛物线上各点处曲率半径中的最小值。为此，应先计算其曲率半径的最小值，即曲率的最大值。

因为 $y'=0.8x$，$y''=0.8$，所以曲线的曲率为

$$K=\frac{0.8}{[1+(0.8x)^2]^{\frac{3}{2}}}。$$

因为 K 的分子是常数，所以只要分母最小，K 就最大。当 $x=0$ 时，分母最小，K 的值最大，这时 $K=0.8$。

于是得曲率半径的最小值为

$$R=\frac{1}{K}=\frac{1}{0.8}=1.25,$$

所以，选用砂轮的半径不超过 1.25 单位长，即直径不得超过 2.5 单位长。

习 题 2.9

1. 求下列曲线的渐近线。

(1) $y=\dfrac{x+1}{x-2}$；　　(2) $y=e^x$；

(3) $y=\dfrac{x^2}{x^2-1}$；　　(4) $y=\dfrac{2x}{x^2+1}-3$。

2. 作出下列函数图像。

(1) $f(x)=1+\dfrac{1-2x}{x^2}$；(2) $f(x)=x^3-3x-2$。

3. 有一个长度为 l 的悬臂直梁，一端固定在墙内，另一端自由，当自由端有集中力 p 作用时，梁发生微小的弯曲，如图 2-22 所示，其挠曲线方程为 $y=\dfrac{p}{EI}\left(\dfrac{1}{2}lx^2-\dfrac{1}{6}x^3\right)$，其中 EI 为确定的正常数，试求该梁的挠曲线在 $x=0$，$x=\dfrac{l}{2}$，$x=l$ 处的曲率。

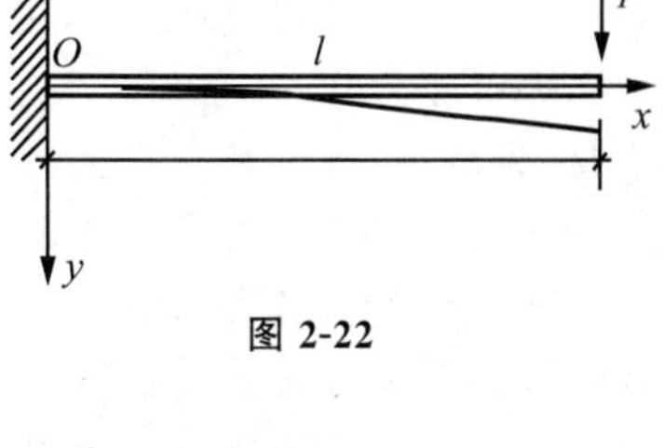

图 2-22

【数学文化赏析】

微分求导中的“头字母 d”

1675 年，莱布尼茨分别引入 dx、dy，表示 x 和 y 的微分，始见于他在 1684 年出版的书中，这个符号一直沿用至今。

微分符号 d 取英文“differential”的首个字母，differential 有两个含义，常见的是“差”，数学上叫作“微分”，为什么这个“差”就是“微分”的意思呢？我们可以从汽车中找到答案。

从大型卡车的后面往前看，在后车轮轮胎传动轴位置的正中间，可以看到一个大型的圆形物体，叫作“差速器齿轮”(differential gear)的装置。当车直行时，左右两边的轮胎按照相同的速度前进，这时没有旋转差数。当车转弯时，由于内轮胎和外轮胎之间产生了旋转差，如果左右两个轮胎还以相同的速度前行，拐弯时就不能拐出曲线来了，这时就要靠差速器齿轮的旋转来配合抵消两个轮胎的旋转差。

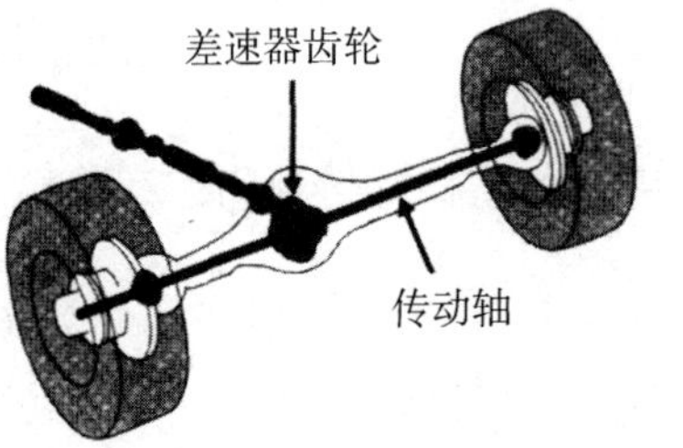

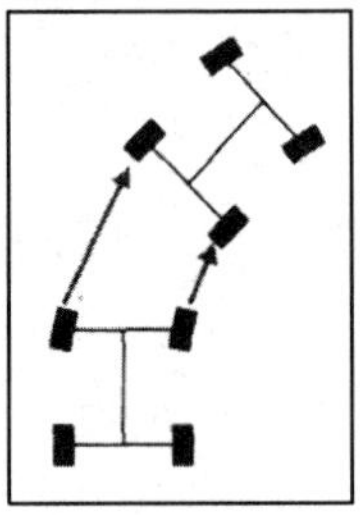

内轮胎和外轮胎的旋转差

这和微分有什么关系呢？微分就是处理对应于无穷小区间的瞬时变化量。假设有两个互为关系的变量 x 和 y，$y=f(x)$，自变量 x 的增量用 Δx 表示，函数 y 的增量用 Δy 表示，“Δ”(德尔塔)的英文拼写“delta”，这也是“头字母 d”。导数 dy/dx 表示瞬时变化率，也可以理解为微商。导数的英文是 derivative，头字母也是 d。当 $x=a$ 时，$f'(a)=\lim\limits_{x\to a}\dfrac{f(x)-f(a)}{x-a}$，此时微分 d$y=f'(a)dx$，$f'(a)$可以看作微分系数。

在物理学中$\dfrac{\mathrm{d}s}{\mathrm{d}t}$体现的是瞬时速度，$\dfrac{\mathrm{d}^2 s}{\mathrm{d}^2 t}$体现的是加速度。一踩油门，测速表的指针瞬时向右摆动，这种情形是我们亲眼目睹了加速度的产生，就是速度的导数。在汽车行驶过程中，从 0 km/h 上升到 100 km/h，直到汽车的最高速度 220 km/h，车速表显示的速度就是某一时刻该位置函数的变化率即导数，因此汽车的车速表也可以称为“导数显示表”。当踩下油门或制动时，车会感到力的产生，汽车速度的导数(加速度)为正时，产生的力为正向的力，反之则产生负向的力。

当我们理解了速度就是微分系数时，就可以理解为什么 differential 是“差”的同时也是“微分”了。当变化量 Δ 无限接近零时，对应的 d 就是我们所说的“差”。当你用手来回摸一下装有差速器齿轮的模型车后轮时，你会明显地感觉到“差”的存在。将车与微分导数奇迹般地联系在一起的是字母“d”，在我们看到的世界的某个角落，“头字母 d”正在操纵着我们的车和世界。

2.10 数学实验：MATLAB 中导数的计算

微分运算中常用命令有：

diff(f)	函数 f 对默认变量 x 求一阶导数
diff(f，t)	函数 f 对符号变量 t 求一阶导数
diff(f，n)	函数 f 对默认变量 x 求 n 阶导数
diff(f，t，n)	函数 f 对符号变量 t 求 n 阶导数
subs(f，x，a)	a 取代表达式 f 中的 x
solve('eq')	求方程 eq 关于默认变量的解
solve('eq'，'t')	求方程 eq 关于指定变量 t 的解
fminbnd('f'，x1，x2)	求一元函数在区间[$x1$，$x2$]上的最小值点

例 1 求函数 $f(x)=\arcsin(\ln\sqrt{1-2x})$的导数。

解

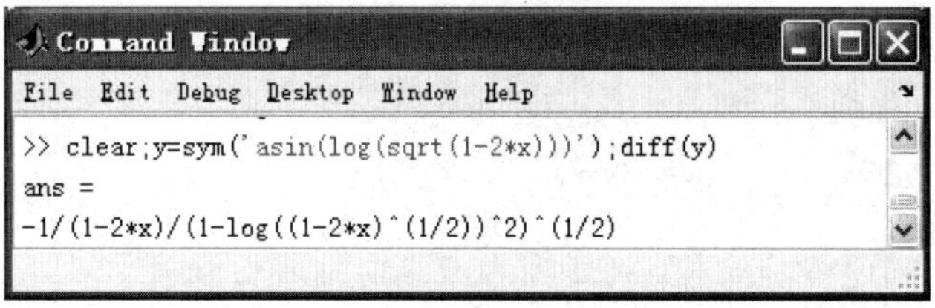

图 2-23

即 $f'(x)=[\arcsin(\ln\sqrt{1-2x})]'=-\dfrac{1}{(1-2x)\cdot\sqrt{1-(\ln\sqrt{1-2x})^2}}$。

例 2 $f(x)=e^{-2x}$，求 $f''(0)$。

解

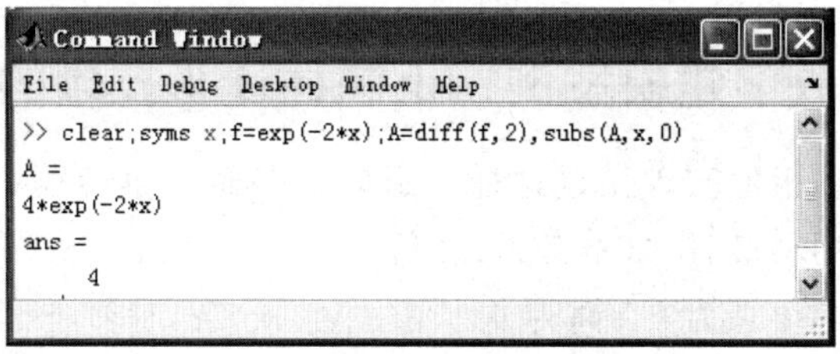

图 2-24

例 3 求由方程 $e^y=xy$ 确定的隐函数 y 对 x 的导数。

解

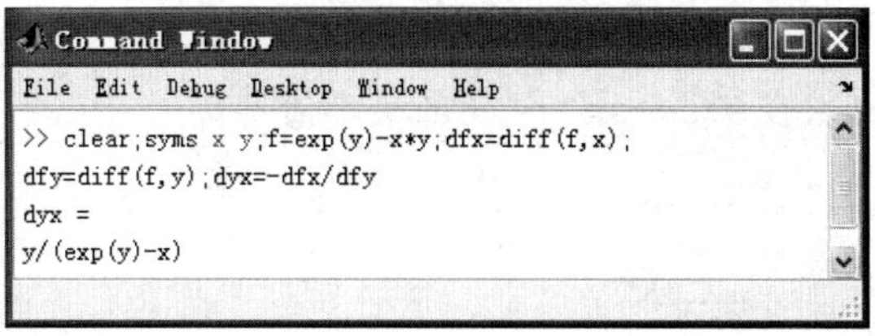

图 2-25

例 4 求函数 $f(x)=3x^4-4x^3-12x^2+1$ 在区间$[-3,1]$上的最大值和最小值。

解

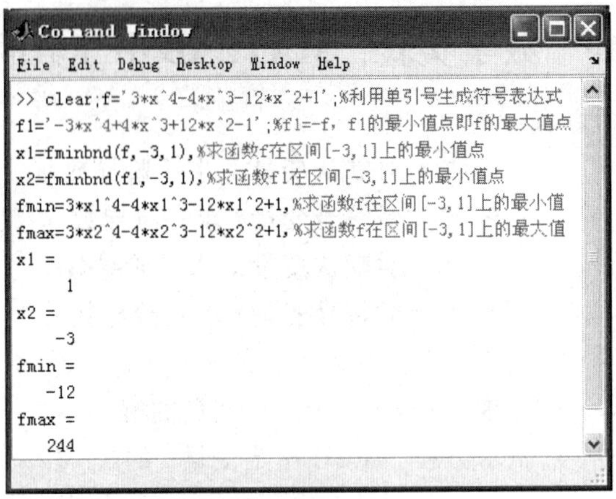

图 2-26

【实验训练 2】

实验训练 2

1. 函数 $f(x)=\sqrt{x}+\ln x$，求 $f(3)$。

2. 解方程及方程组。

(1)$x^2-5x+\dfrac{5}{2}=0$；(2)$\begin{cases} y^2=2x, \\ y=-2x+2. \end{cases}$

3. 函数 $y=x^3+\sin x$，求 y' 和 y''。

4. 求由方程 $xy+y+e^y=2$ 确定的隐函数 y 对 x 的导数。

5. 绘制 $f(x)=x^3-6x^2+9x-9$ 在区间$[1,5]$上的图形，并求函数在区间$[1,5]$上的最大值和最小值。

2.11 数学建模案例：正圆柱体易拉罐的最优设计

我们在学习函数的极值时曾做过这样一道题：要做一个容积为 V 的正圆柱形易拉罐，怎样设计才能使用料最省？（不考虑壁厚）

解 设易拉罐底面半径为 r，高为 h，则由 $V=\pi r^2 h$，得

$$h=\frac{V}{\pi r^2}。$$

圆柱表面积为 $S=2\pi r^2+2\pi rh=2\pi r^2+2\pi r\dfrac{V}{\pi r^2}=2\pi r^2+\dfrac{2V}{r}\quad(r>0)$。

使用材料最省，即求在$(0,+\infty)$内 S 的最小值。

因为
$$S'=4\pi r-\frac{2V}{r^2}=\frac{4\pi r^3-2V}{r^2},$$

令 $S'=0$，得唯一驻点 $r=\sqrt[3]{\dfrac{V}{2\pi}}$。又

$$S''=4\pi+\frac{2V}{r^3}>0,$$

所以，$r=\sqrt[3]{\frac{V}{2\pi}}$ 是 S 的极小值点，也是 S 的最小值点，此时

$$h=\frac{V}{\pi r^2}=2\sqrt[3]{\frac{V}{2\pi}}，即 h=2r。$$

因此，当圆柱体半径 $r=\sqrt[3]{\frac{V}{2\pi}}$ 时，圆柱体的高和直径相等时用料最省。

这一结论和实际相符吗？我们可以到市面上找来可口可乐、雪碧、青岛啤酒等销量极大的易拉罐，进行实际测量。

表 2-6

品牌	容积/mL	底面直径/mm	高/mm	顶盖厚/mm	壁厚/mm	底面厚/mm	高与直径之比
可口可乐	355	65	122	0.3	0.1	0.1	2∶1.06
雪碧	330	60	115	0.3	0.1	0.1	2∶1.04
青岛啤酒	180	54	105	0.3	0.1	0.1	2∶1.02

结果发现大多数易拉罐，高与直径之比为 2∶1，而非 1∶1。在前面的题目计算中，我们不考虑壁厚，假设易拉罐各处厚度相同，但实际上用手摸一下，就会感觉到顶盖比其他部位要硬(厚)，这是由于易拉罐要在顶盖上刻出开口痕迹。经过测量，一般顶盖的厚度是其他部分厚度的 3 倍，顶盖的厚度是不是影响易拉罐高与直径比的主要原因呢？如果考虑顶盖的厚度，就应补充假设，重新建模。

1. 补充假设

(1)假设易拉罐侧面厚度与底面厚度相同，顶盖厚度是侧面厚度的 3 倍；

(2)易拉罐是正圆柱体。

2. 符号说明

r：正圆柱体易拉罐的半径；

h：正圆柱体易拉罐的高；

V_0：正圆柱体易拉罐的容积；

V：正圆柱体易拉罐所用材料的体积；

b：正圆柱体易拉罐除顶盖外的厚度；

a：顶盖厚度参数，即顶盖厚度为 ab。

3. 建立模型

易拉罐用料总体积＝侧面材料体积＋底面材料体积＋顶盖材料体积。

注意　侧面材料体积＝(外圆面积－内圆面积)×总高，

即 $V_{侧}=[\pi(r+b)^2-\pi r^2](h+b+ab)=(2\pi rb+\pi b^2)(h+b+ab)\approx 2\pi rbh$。

因为 b 远远小于 r，而 b^2，b^3 很小，可忽略不计，

$V=2\pi rhb+\pi r^2b+\pi r^2ab=[2\pi rh+\pi r^2(1+a)]b$，

而 $V_0=\pi r^2 h$，故 $h=\dfrac{V_0}{\pi r^2}$。

于是化简得到一个以 a，b 为参数，以 r 为自变量的函数

$$V(r)=\left[\frac{2V_0}{r}+\pi(1+a)r^2\right]b \quad (r>0)。$$

至此，已将所给优化问题转化为求函数 $V(r)$ 的最小值。

4. 模型求解

求函数 $V(r)$ 的导数。

令 $V'(r)=\dfrac{2b}{r^2}\left[(1+a)\pi r^3-V_0\right]=0$，得 $r=\sqrt[3]{\dfrac{V_0}{(1+a)\pi}}$。

因为 $V''(r)>0$，所以 $r=\sqrt[3]{\dfrac{V_0}{(1+a)\pi}}$ 为极小值点，而极值点唯一，故也是最小值点。

由于 $h=\dfrac{V_0}{\pi r^2}=\dfrac{V_0}{\pi}\sqrt[3]{\left[\dfrac{(1+a)\pi}{V_0}\right]^2}=(1+a)\sqrt[3]{\dfrac{V_0}{(1+a)\pi}}=(1+a)r$，即 $h=(1+a)r$。

由假设知 $a=3$，所以 $h=4r$，即在正圆柱体易拉罐顶盖厚度是侧面厚度 3 倍时，当高与直径之比为 2∶1 时，正圆柱体易拉罐用料最少，设计最优。

5. 模型评价

(1)在正圆柱体易拉罐顶盖厚度是侧面厚度 3 倍的假设下，当高与直径之比为 2∶1 时，易拉罐用料最少，设计最优，此结果符合市场上大多数正圆柱体易拉罐的形状和尺寸。

(2)模型的解为 $h=(1+a)r$。

当 $a=3$ 时，正圆柱体易拉罐的高与直径之比为 2∶1；

当 $a=2$ 时，正圆柱体易拉罐的高与直径之比为 3∶2；

当 $a=1$ 时，正圆柱体易拉罐的高与直径之比为 1∶1。

可见，单纯考虑用料最少，正圆柱体易拉罐顶盖的厚薄，将直接影响着正圆柱体易拉罐的形状设计。

易拉罐的优化设计，在容积一定，物理参数一定，加工工艺一定的假设下，优化主要考虑的就是形状尺寸和美观两个方面的因素。如果形状尺寸只考虑用料最少，则外形有可能不符合美学原理，因而这是个双目标优化问题。这种考虑顶盖厚度，便于在顶盖刻出开口痕迹，并假设顶盖厚度是侧面厚度的 3 倍，得到的易拉罐高与直径之比(1∶0.5)，与黄金分割比例(1∶0.618)有差距，但较为接近，因此，这样的形状设计比较接近美学原理。

易拉罐形状还有很多，可以设计成上部是一个正圆台，下部为一个正圆柱体，还可以设计成正四面体或正椭圆体等，这样设计可能会增加成本，但视觉上产生的美，可能会赢得更多的顾客，从而使总收益增长。这些形状的易拉罐的优化设计，有兴趣的读者可以自己研究。从这个问题的分析，我们还可以看出，数学题与实际应用问题往往存在较大差异，用数学建模来研究实际问题，需要综合考虑经济和生产多方面因素。

本章小结

【知识框图】

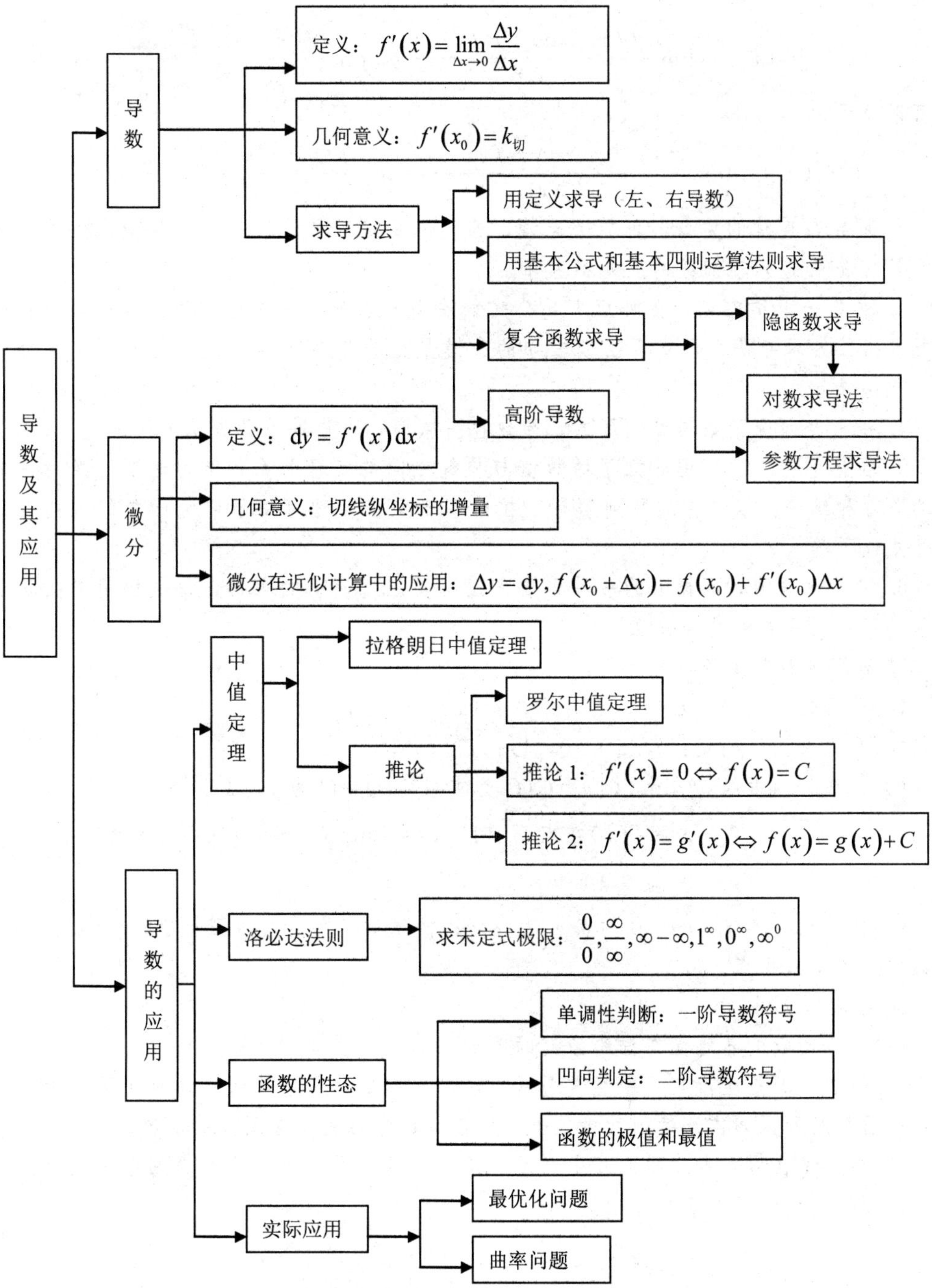
导数及其应用
导数
定义：$f'(x)=\lim\limits_{\Delta x\to 0}\dfrac{\Delta y}{\Delta x}$
几何意义：$f'(x_0)=k_{切}$
求导方法
用定义求导（左、右导数）
用基本公式和基本四则运算法则求导
复合函数求导
隐函数求导
对数求导法
参数方程求导法
高阶导数
微分
定义：$dy=f'(x)dx$
几何意义：切线纵坐标的增量
微分在近似计算中的应用：$\Delta y\approx dy, f(x_0+\Delta x)\approx f(x_0)+f'(x_0)\Delta x$
导数的应用
中值定理
拉格朗日中值定理
推论
罗尔中值定理
推论 1：$f'(x)=0\Leftrightarrow f(x)=C$
推论 2：$f'(x)=g'(x)\Leftrightarrow f(x)=g(x)+C$
洛必达法则
求未定式极限：$\dfrac{0}{0},\dfrac{\infty}{\infty},\infty-\infty,1^{\infty},0^{\infty},\infty^{0}$
函数的性态
单调性判断：一阶导数符号
凹向判定：二阶导数符号
函数的极值和最值
实际应用
最优化问题
曲率问题

【重点难点解析】

1. 导数是研究函数变化率问题的，是一种特殊形式的极限，即 $f'(x)=\lim\limits_{\Delta x\to 0}\dfrac{\Delta y}{\Delta x}$，导数的定义形式有多种，如

$$f'(x_0)=\lim_{\Delta x\to 0}\frac{f(x_0+\Delta x)-f(x_0)}{\Delta x}=\lim_{x\to x_0}\frac{f(x)-f(x_0)}{x-x_0},$$

也可以表示为

$$f'(x_0)=\lim_{\Delta x\to 0}\frac{f(x_0+2\Delta x)-f(x_0)}{2\Delta x}=\lim_{h\to 0}\frac{f(x_0-3h)-f(x_0)}{-3h}。$$

2. 可导与连续的关系：可导必连续，连续不一定可导．连续函数从图像上看在尖点或具有垂直于 x 轴切线的点处不可导。

3. 求导是本章重点，要熟记求导公式和法则．求导法则中最常用也是较难掌握的是复合函数的求导法则，复合函数求导的关键是分析清楚函数的复合过程，再由外向内，逐层求导。

4. 微分是研究函数增量问题的，导数也叫微商，可借助求导方法求微分。

5. 拉格朗日中值定理建立了函数值与导数之间的定量关系，学习时要注意定理成立的条件和结论，以及它的几何解释。拉格朗日中值定理可用于研究函数的性态及证明等式或不等式。

6. 洛必达法则是求极限的一种重要方法，要注意使用的条件，每次运用洛必达法则前一定要检验条件是否成立。

7. 利用导数判定函数的性态：

(1)单调性的判定：$f'(x)>0$，↗；$f'(x)<0$，↘。

(2)曲线凹向的判定：$f''(x)>0$，$\cup$；$f''(x)<0$，$\cap$。

(3)曲线的渐近线：$\lim\limits_{x\to\infty}f(x)=C$（$C$ 为常数），$y=C$ 为 $y=f(x)$ 的水平渐近线。

$y=f(x)$ 在点 x_0 间断，且 $\lim\limits_{x\to x_0}f(x)=\infty$，$x=x_0$ 为 $y=f(x)$ 的垂直渐近线。

(4)特殊点：使 $f'(x)=0$ 的点 x 为驻点；使 $f'(x)$ 在某点两侧异号的点为极值点；凹向的分界点为拐点。

8. 导数的应用

(1)综合函数的各种性态描绘函数的图形。

(2)最值问题是生产实践中经常遇到的最优化问题，求最值时需注意闭区间上的单调连续函数及开区间内连续函数极值唯一的情况，它常用于应用题的求解。

(3)曲率是在力学和工程问题中经常涉及的问题，通过学习曲率深刻理解数学在专业中的应用，为学好专业打基础。

复习题2

部分习题讲解视频

1. 设 $f(x)$在 x_0 处可导，求$\lim\limits_{\Delta x\to 0}\dfrac{f(x_0-2\Delta x)-f(x_0)}{\Delta x}$。

2. 已知 $f'(x)=1$，求$\lim\limits_{x\to 1}\dfrac{f(x)-f(1)}{x^2-1}$。

3. 设函数 $f(x)=\begin{cases}x^2, & x\leqslant 1,\\ ax+b, & x>1。\end{cases}$ 试确定 a，b 的值，使 $f(x)$在点 $x=1$ 处既连续又可导。

4. 讨论函数 $f(x)=\begin{cases}x\arctan\dfrac{1}{x}, & x\neq 0,\\ 0, & x=0,\end{cases}$在点 $x=0$ 处的连续性和可导性。

5. 试求曲线 $x^2+xy+2y^2-28=0$ 在(2，3)处的切线方程与法线方程。

6. 求曲线 $y=x^4+4x+5$ 平行于 x 轴的切线方程及平行于直线 $y=4x-1$ 的切线方程。

7. 求下列函数的导数。

(1)$y=\tan^3(2x)$；　　(2)$y=\ln\sqrt{1-x^3}$；

(3)$y=\dfrac{1-x^3}{\sqrt{x}}$；　　(4)$y=\sqrt{x\sqrt{x\sqrt{x}}}$；

(5)$y=\sin^2(1+\sqrt{x})$；　　(6)$y=\ln\ln\ln x$；

(7)$y=\arcsin(1-x)$；　　(8)$y=\arctan\ln x$；

(9)$y=\dfrac{\sqrt{2x+1}}{(x^2+1)^2\mathrm{e}^{\sqrt{x}}}$；　　(10)$y=(\sin x)^{\cos x}(\sin x>0)$。

8. 求由方程所确定的隐函数 $y(x)$的导数$\dfrac{\mathrm{d}y}{\mathrm{d}x}$。

(1)$xy-\mathrm{e}^y+\mathrm{e}^x=0$；　　(2)$xy=\mathrm{e}^{x+y}$。

9. 设 f，φ 可导，求下列函数的导数。

(1)$y=\ln f(\mathrm{e}^x)$；　　(2)$y=f(\mathrm{e}^x\sin x)$。

10. 求下列函数的微分。

(1)$y=x\sin 2x$；　　(2)$y=\dfrac{x}{1+x^2}$；

(3)$y=[\ln(1-x)]^2$；　　(4)$y=\mathrm{e}^x\cos x$；

(5)$\mathrm{e}^y+xy=\mathrm{e}$；　　(6)$\sin y+\mathrm{e}^x-xy^2=0$。

11. 求下列函数的高阶导数。

(1)$y=\ln(1-x^2)$，求 y''；　　(2)$f(x)=\mathrm{e}^{-2x}$，求 $f'''(0)$；

(3)$y=\ln x$，求 $y^{(n)}$。

12. 讨论 $f(x)=\begin{cases}1, & x\leqslant 0,\\ 2x+1, & 0<x\leqslant 1,\\ x^2+2, & 1<x\leqslant 2,\\ x, & 2<x,\end{cases}$ 在 $x=0$，$x=1$，$x=2$ 处的可导性，并求

出 $f'(x)$。

13. 设 $f(x)=x(x-1)(x-2)\cdots(x-99)$，求 $f'(0)$。

14. 若以 10 cm^3/s 的速率给一个球形气球充气，那么当气球半径为 2 cm 时，它的表面积增加有多快？

15. 水管壁的正截面是一个圆环，设它的内径为 R_0，壁厚为 h，用微分计算这个圆环面积的近似值。

16. 证明：(1)可导的偶函数的导数是奇函数；

(2)可导的奇函数的导数是偶函数；

(3)可导的周期函数的导数是具有相同周期的周期函数。

17. 验证下列函数是否满足罗尔中值定理的条件。若满足，求出定理中的 ξ。

(1) $f(x)=2x^2-x-3$，$x\in[-1,-5]$；　　(2) $f(x)=\dfrac{1}{1+x^2}$，$x\in[-2,2]$。

18. 验证下列函数是否满足拉格朗日中值定理的条件。若满足，求出定理中的 ξ。

(1) $f(x)=x^3$，$x\in[-1,2]$；　　(2) $f(x)=\ln x$，$x\in[1,e]$。

19. 证明：当 $x>1$ 时，$e^x>ex$。

20. 求下列函数的极限。

(1) $\lim\limits_{x\to 0}\dfrac{e^x-e^{-x}}{\sin x}$；　　(2) $\lim\limits_{x\to 1}\dfrac{x^3-3x^2+2}{x^3-x^2-x+1}$；

(3) $\lim\limits_{x\to 0}\dfrac{x-\sin x}{x^2+x}$；　　(4) $\lim\limits_{x\to+\infty}\dfrac{\ln x}{x^2}$；

(5) $\lim\limits_{x\to+\infty}x\cdot\sin\dfrac{4}{x}$；　　(6) $\lim\limits_{x\to 1}\left(\dfrac{1}{\ln x}-\dfrac{1}{x-1}\right)$；

(7) $\lim\limits_{x\to\frac{\pi}{2}}(\sec x-\tan x)$；　　(8) $\lim\limits_{x\to 1}x^{\frac{1}{1-x}}$。

21. 设 $f(x)=\dfrac{1+\sin x}{1-\sin x}$，问：

(1) $\lim\limits_{x\to 0}f(x)$是否存在？

(2)能否由洛必达法则求上述极限，为什么？

22. 求下列函数的单调区间。

(1) $f(x)=x^3-3x^2-9x+1$；　　(2) $f(x)=x+\dfrac{4}{x}$。

23. 求下列曲线的凹向区间和拐点。

(1) $f(x)=x^3-x^2-x+1$；　　(2) $f(x)=\ln(x^2+1)$。

24. 求下列曲线的渐近线。

(1) $y=\dfrac{x-1}{x^2-3x+2}$；　　(2) $y=e^{-x^2}$；

(3) $y=\dfrac{e^x}{1+x}$；　　(4) $y=\dfrac{x^2}{x+1}$。

25. 求下列函数的极值.

(1) $f(x)=2+x-x^2$; (2) $f(x)=x-\ln(x+1)$.

26. 已知函数 $y=x^2+px+q$ 在 $x=4$ 时取得极值，求 p 的值.

27. 当 a 为何值时，$f(x)=a\sin x+\frac{1}{3}\sin 3x$ 在 $x=\frac{\pi}{3}$ 处取得极值，并求此极值.

28. 求 $f(x)=3x-x^3$ 的单调区间、极值、凹向区间、拐点.

29. 已知曲线 $y=ax^3+bx^2+cx$ 上点(1，2)处有水平切线，且原点为该曲线的拐点，求出该曲线方程.

30. 求下列函数在给定区间上的最大值和最小值.

(1) $f(x)=x^2-4x+6$，$x\in[-3, 10]$;

(2) $f(x)=\frac{x^2}{1+x}$，$x\in\left[-\frac{1}{2}, 1\right]$;

(3) $f(x)=(x-5)\cdot\sqrt[3]{x^2}$，$x\in[-2, 3]$.

31. 要做一个圆锥形漏斗，其母线长 20 cm，要使其体积最大，问其高应为多少?

32. 在周长为定值 l 的所有扇形中，当扇形的半径为何值时扇形面积最大?

33. 要做一批圆柱形无盖铁桶，要求每个铁桶的容积 V 是一定值，问怎样设计才能使材料最省?

大作业:

1. 请到市场上或专业工作中调查各种容器的尺寸，评价它们的设计是否都用到了优化设计.

2. 2017 年 3 月 9 日，《广州日报》报道了大二学生小菲(化名)借贷 2000 元，3 个月后变成 10 万余元的事件，小菲是典型的校园贷借贷者. 从 2015 年年底开始，小菲就接触了校园网贷，彼时的她曾多次尝试且都如期还上了贷款. 她说:"那都是些很正规的平台，利息也不是很高."2016 年 12 月，刚好缺一笔钱的她再次想到了网贷. 由于对外宣传贷款门槛低、急需用钱的她被 QQ 中认识的人拉入了高利网贷的"深渊". 小菲在一个借款平台通过补借条的方式借了 2000 元，周利息为 30%. 一周之后，由于未能按时还款，她又通过另一借款平台用同样的方式继续借款还利息，就这样，在短短的三个月里，她的欠款从 2000 元变成了惊人的 10 万余元. 记者查阅多篇公开报道显示，校园网贷悲剧中不少人都是因爱慕虚荣购买电子产品，或者"急需钱"而开始的，由于大学生的消费自控能力弱，且缺乏涉足社会的经验，导致了网贷骗子钻空牟利. 大学生应擦亮眼睛，深入剖析这些诈骗信息，防止上当受骗.

(1)根据案例计算 2000 元怎样变成 10 万元的?

(2)搜集校园网贷的案例并说明其危害性.

(3)如何防范校园网贷?

第 3 章　积分及其应用

积分及其应用

积分学包括不定积分和定积分。不定积分是微分运算的逆运算，研究不定积分的目的是提供一种计算方法；定积分是对连续变化过程总效果的度量，求曲边梯形的面积是定积分概念最直接的起源。本章将首先从面积的直觉观念中得到定积分的精确的数学表述，然后利用牛顿—莱布尼茨公式将定积分与不定积分联系起来，并从几何学、物理学以及工程学等方面深入探讨积分的实际应用。

3.1　定积分的概念与性质

定积分的概念与性质

3.1.1　引例

【引例 1】 曲边梯形的面积。

古代人们丈量土地只能计算规则的正方形、长方形和正多边形的面积，后来有了割补法，人们又求出了三角形、梯形和任意多边形的面积，可是对由曲线包围的图形面积，割补法就不灵了，如何计算由曲线包围的图形的面积呢？

要想求曲线包围的面积，只有用化整为零，再积零为整的方法．如图 3-1 所示，将一块面积分成很多块，将每块面积计算出来再相加．四边都是直线的那些块容易计算，我们特别关心的是一边曲其他各边直的那些块，我们称之为曲边梯形。

在平面直角坐标系中，由闭区间$[a, b]$上的连续曲线 $y=f(x)(f(x)\geqslant 0)$，直线 $x=a$，$x=b$ 及 x 轴所围成的平面图形 $aABb$ 称为**曲边梯形**(如图 3-2 所示)。

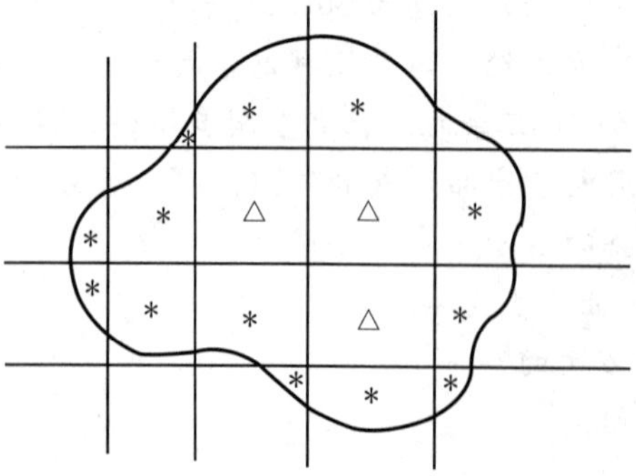

图 3-1

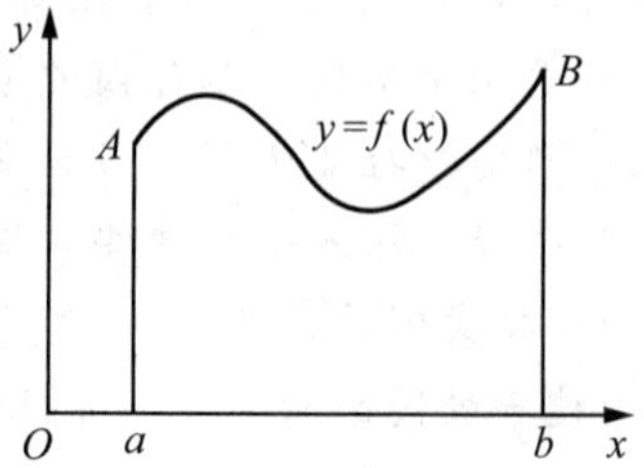

图 3-2

下面求曲边梯形的面积 S。

分析　曲边梯形计算的难点在于曲边 $y=f(x)$是弯曲的，能否“以直代曲”呢？若在整个区间上这样做，误差太大，若将区间$[a, b]$划分为若干个小区间，在每一小区间上“以直代曲”，误差就会小得多，而且分割得越细，产生的误差就越小，因此，通过取极限就可得到面积的精确值。

根据以上分析，可按下面四个步骤计算曲边梯形的面积 S。

(1)分割。

在$[a, b]$中任意插入 $n-1$ 个分点：

$$a=x_0<x_1<\cdots<x_{n-1}<x_n=b,$$

将$[a, b]$分割成 n 个小区间：

$$[x_0, x_1], [x_1, x_2], \cdots, [x_{n-1}, x_n]。$$

记这些小区间的长度为

$$\Delta x_i=x_i-x_{i-1}(i=1, 2, \cdots, n)。$$

(2)取近似。

任取 $\xi_i\in[x_{i-1}, x_i]$，用区间$[x_{i-1}, x_i]$的长度为底，以 $f(\xi_i)$为高的矩形面积近似代替第 i 个小曲边梯形的面积 ΔA_i，即

$$\Delta A_i\approx f(\xi_i)\Delta x_i(i=1, 2, \cdots, n)。$$

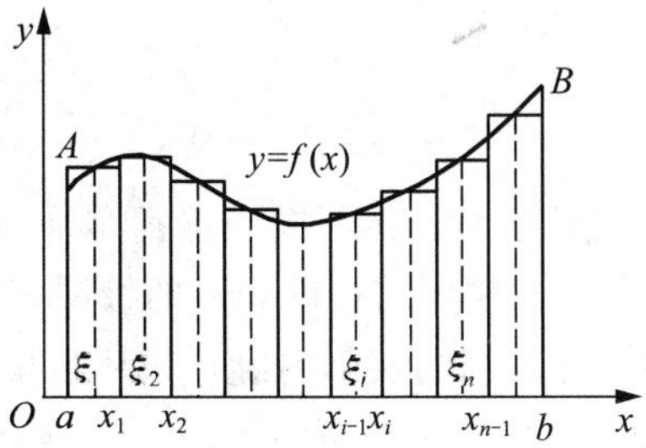

图 3-3

(3)求和。

把 n 个小矩形的面积加起来，便得到整个曲边梯形面积的近似值，即

$$A=\sum_{i=1}^{n}\Delta A_i\approx\sum_{i=1}^{n}f(\xi_i)\Delta x_i。$$

(4) 取极限。

当各小区间的长度最大者 $\lambda=\max\limits_{1\leqslant i\leqslant n}\{\Delta x_i\}$ 趋于零时，上述和式的极限便是曲边梯形的面积值，即

$$A=\lim_{\lambda\to 0}\sum_{i=1}^{n}f(\xi_i)\Delta x_i。$$

我们通过无限细分，利用分割、近似代替、求和、取极限的方法，用长方形面积和的极限计算曲边梯形的面积，这就是定积分的思想和基础。

【引例 2】 当物体做匀速直线运动时，其运动的路程 $s=vt$，当物体做变速直线运动时，这时物体运动的速度 v 随时间 t 而变化，即 v 是时间 t 的函数 $v=v(t)$，现求此物体在时间区间$[a, b]$ 内运动的路程 s。

分析 解决这个问题的思路和方法与引例1完全一致。

(1) 分割。

将时间区间$[a, b]$任意分成n个小区间，每个时间段$[t_{i-1}, t_i](i=1, 2, \cdots, n)$的时间长度为

$$\Delta t_i = t_i - t_{i-1}(i=1, 2, \cdots, n)。$$

(2) 取近似。

在每个小区间上以匀速直线运动的路程近似代替变速直线运动的路程．任取$\xi_i \in [t_{i-1}, t_i]$，用$v(\xi_i)$近似代替时间段$[t_{i-1}, t_i]$上各时刻的速度，则有$\Delta s \approx v(\xi_i)\Delta t_i$ $(i=1, 2, \cdots, n)$。

(3) 求和。

物体在时间区间$[a, b]$上运动的路程s的近似值为

$$s = \sum_{i=1}^{n} \Delta s_i \approx \sum_{i=1}^{n} v(\xi_i)\Delta t_i。$$

(4) 取极限。

当分点数n无限增大，各小区间中最大的一个长度$\lambda = \max\limits_{1 \leqslant i \leqslant n}\{\Delta t_i\}$，当$\lambda \to 0$时，上述和式的极限就是所求路程$s$，即

$$s = \lim_{\lambda \to 0}\sum_{i=1}^{n} v(\xi_i)\Delta t_i。$$

上述两个引例所具有的实际意义虽然不同，但都是通过“**分割、取近似、求和、取极限**”这四个步骤，得到一个具有相同结构的和式的极限，并通过这样一种方法解决了以前不能解决的问题．如果抛开问题的实际内容，只从数量关系上的共性加以概括和抽象，便可得到定积分的概念。

3.1.2 定积分的概念

1. 定积分的定义

定义 设函数$f(x)$在区间$[a, b]$上有定义，在$[a, b]$中任意插入$n-1$个分点$a = x_0 < x_1 < \cdots < x_{i-1} < x_i = b$，把区间$[a, b]$分成$n$个小区间$[x_{i-1}, x_i](i=1, 2, \cdots, n)$，每个小区间的长度为$\Delta x_i = x_i - x_{i-1}(i=1, 2, \cdots, n)$，记$\lambda = \max\limits_{l \leqslant i \leqslant n}\{\Delta x_i\}$，任取$\xi_i \in [x_{i-1}, x_i]$，若

$$\lim_{\lambda \to 0}\sum_{i=1}^{n} f(\xi_i)\Delta x_i$$

存在，则称此极限值为函数$f(x)$在区间$[a, b]$上的**定积分**，记作$\int_a^b f(x)\mathrm{d}x$，即

$$\int_a^b f(x)\mathrm{d}x = \lim_{\lambda \to 0}\sum_{i=1}^{n} f(\xi_i)\Delta x_i。$$

也称$f(x)$在$[a, b]$上可积，其中符号“$\int$”称为**积分号**，$f(x)$称为**被积函数**，$f(x)\mathrm{d}x$称为**被积表达式**，x称为**积分变量**，“a”称为**积分下限**，“b”称为**积分上限**，$[a, b]$称

为积分区间。

根据定积分的定义，前面两个案例可以记为

曲边梯形的面积：$A=\int_a^b f(x)\mathrm{d}x$；

变速直线运动的路程：$s=\int_a^b v(t)\mathrm{d}t$。

关于定积分的定义有以下两点需要说明。

(1) 若函数 $f(x)$ 在 $[a, b]$ 上可积，则定积分 $\int_a^b f(x)\mathrm{d}x$ 是一个数值，它只与被积函数 $f(x)$ 和积分区间 $[a, b]$ 有关，而与积分变量用什么字母表示无关，即

$$\int_a^b f(x)\mathrm{d}x=\int_a^b f(u)\mathrm{d}u。$$

(2) 在定积分的定义中，我们假定 $a<b$。而实际上，也可有 $a>b$。我们**规定**：

$$\int_a^b f(x)\mathrm{d}x=-\int_b^a f(x)\mathrm{d}x,$$

即互换定积分的上下限，定积分要变号。

特别地，若 $a=b$ 时，**规定**：

$$\int_a^a f(x)\mathrm{d}x=0。$$

2. 定积分的几何意义

(1) 当 $y=f(x)\geqslant 0$ 时，定积分 $\int_a^b f(x)\mathrm{d}x$ 的几何意义为：由连续曲线 $y=f(x)$，直线 $x=a$，$x=b$ 及 x 轴所围成的曲边梯形的面积[如图 3-4(a) 所示]。

(2) 当 $y=f(x)\leqslant 0$ 时，定积分 $\int_a^b f(x)\mathrm{d}x$ 的几何意义为：由连续曲线 $y=f(x)$，直线 $x=a$，$x=b$ 及 x 轴所围成的曲边梯形面积的负值[如图 3-4(b) 所示]。

(3) 当 $f(x)$ 取值有正有负时，定积分 $\int_a^b f(x)\mathrm{d}x$ 的几何意义为：在 x 轴上方或下方的若干个曲边梯形面积的代数和[如图 3-4(c) 所示]，即

$$\int_a^b f(x)\mathrm{d}x=s_1-s_2+s_3=\int_a^{c_1} f(x)\mathrm{d}x+\int_{c_1}^{c_2} f(x)\mathrm{d}x+\int_{c_2}^b f(x)\mathrm{d}x。$$

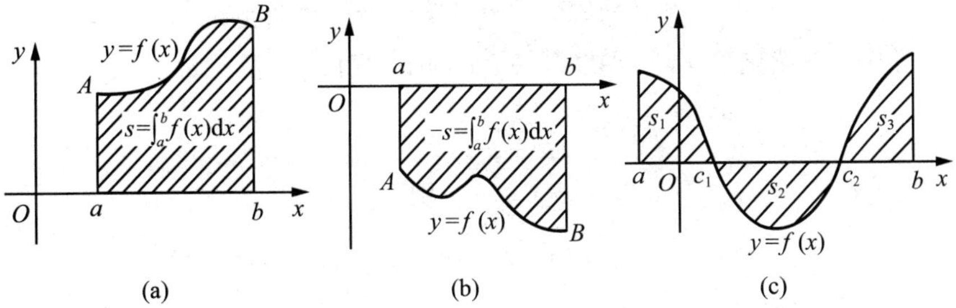

图 3-4

例 1 利用定积分的几何意义计算$\int_{-1}^{1}\sqrt{1-x^2}\,\mathrm{d}x$ 的值。

解 曲线 $y=\sqrt{1-x^2}$ 在几何上表示的是单位圆的上半圆周(如图 3-5 所示)，而单位圆上半圆的面积为$\frac{\pi}{2}$。所以，根据定积分的几何意义$\int_{-1}^{1}\sqrt{1-x^2}\,\mathrm{d}x=\frac{\pi}{2}$。

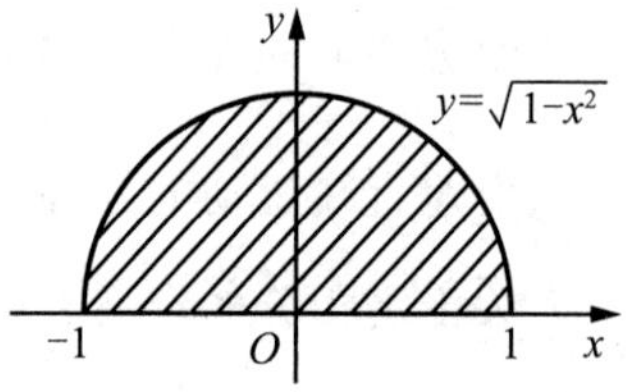

图 3-5

3.1.3 定积分的基本性质

我们假设 $f(x)$ 和 $g(x)$ 在所讨论的区间上是可积的，由定积分的定义，可以证明定积分具有以下性质。

性质 1 非零常数因子可以提到积分号前，即

$$\int_a^b kf(x)\mathrm{d}x=k\int_a^b f(x)\mathrm{d}x \qquad (k\text{ 为常数})。$$

性质 2 代数和的定积分等于定积分的代数和，即

$$\int_a^b [f(x)\pm g(x)]\,\mathrm{d}x=\int_a^b f(x)\mathrm{d}x\pm\int_a^b g(x)\mathrm{d}x。$$

这一结论可以推广到任意有限多个函数代数和的情形。

性质 3(定积分对积分区间的可加性) 对任意的三个实数 a，b，c，总有

$$\int_a^b f(x)\mathrm{d}x=\int_a^c f(x)\mathrm{d}x+\int_c^b f(x)\mathrm{d}x。$$

性质 4(比较性质) 若函数 $f(x)$ 和 $g(x)$ 在区间上总有 $f(x)\leqslant g(x)$，则

$$\int_a^b f(x)\mathrm{d}x\leqslant\int_a^b g(x)\mathrm{d}x。$$

性质 5(估值不等式) 设 M 及 m 分别是 $f(x)$ 在$[a,b]$上的最大值和最小值，则

$$m(b-a)\leqslant\int_a^b f(x)\mathrm{d}x\leqslant M(b-a)。$$

性质 6(积分中值定理) 若 $f(x)$ 在$[a,b]$上连续，则至少存在一点 $\xi\in[a,b]$，使得

$$\int_a^b f(x)\mathrm{d}x=f(\xi)(b-a)。$$

式中 $f(\xi)$ 可作为连续函数 $f(x)$ 在$[a,b]$上的平均值：

$$f(\xi)=\frac{1}{b-a}\int_a^b f(x)\mathrm{d}x。$$

推论 若在区间$[a,b]$上有 $f(x)\equiv 1$，则

$$\int_a^b f(x)\mathrm{d}x=b-a。$$

例 2 用几何图形说明下列各式成立：

(1)$\int_{-1}^{1}x^3\mathrm{d}x=0$； (2)$\int_{-1}^{1}x^2\mathrm{d}x=2\int_0^1 x^2\mathrm{d}x$。

解 (1) 如图 3-6 所示，根据定积分的性质 3 和定积分的几何意义有

$$\int_{-1}^{1} x^3 \mathrm{d}x = \int_{-1}^{0} x^3 \mathrm{d}x + \int_{0}^{1} x^3 \mathrm{d}x = 0。$$

(2) 如图 3-7 所示，$\int_{-1}^{1} x^2 \mathrm{d}x = \int_{-1}^{0} x^2 \mathrm{d}x + \int_{0}^{1} x^2 \mathrm{d}x = 2\int_{0}^{1} x^2 \mathrm{d}x$。

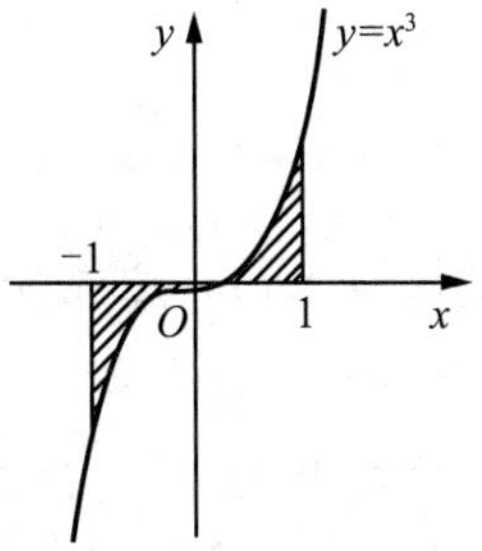

图 3-6

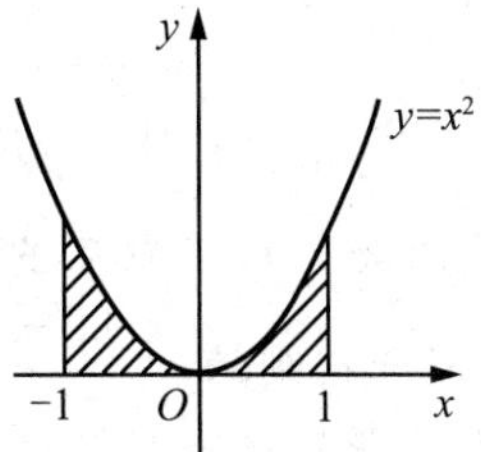

图 3-7

注意到函数 $y = x^3$ 和 $y = x^2$ 在对称区间$[-a, a]$上分别为奇函数和偶函数，对此，我们有一般的**结论**：

设 $f(x)$ 在对称区间$[-a, a]$上连续，

(1) 若 $f(x)$ 是奇函数，即 $f(-x) = -f(x)$，则$\int_{-a}^{a} f(x)\mathrm{d}x = 0$；

(2) 若 $f(x)$ 是偶函数，即 $f(-x) = f(x)$，则$\int_{-a}^{a} f(x)\mathrm{d}x = 2\int_{0}^{a} f(x)\mathrm{d}x$。

例 3 比较下列定积分的大小。

(1)$\int_{1}^{2} \ln^2 x \mathrm{d}x$ 与$\int_{1}^{2} \ln x \mathrm{d}x$； (2)$\int_{0}^{1} \mathrm{e}^x \mathrm{d}x$ 与$\int_{0}^{1} \mathrm{e}^{x^2} \mathrm{d}x$。

解 (1) 在区间 $[1, 2]$ 上，因为 $0 \leqslant \ln x \leqslant 1$，所以 $\ln x \geqslant \ln^2 x$，故

$$\int_{1}^{2} \ln x \mathrm{d}x \geqslant \int_{1}^{2} \ln^2 x \mathrm{d}x。$$

(2) 在区间 $[0, 1]$ 上，因为 $x \geqslant x^2$，而 e^x 是增函数，即 $\mathrm{e}^x \geqslant \mathrm{e}^{x^2}$，故

$$\int_{0}^{1} \mathrm{e}^x \mathrm{d}x \geqslant \int_{0}^{1} \mathrm{e}^{x^2} \mathrm{d}x。$$

习 题 3.1

1. 试用定积分表示由曲线 $y = \ln x$，直线 $x = 1$，$x = 2$ 及 x 轴围成的图形的面积 A。

2. 用定积分的几何意义计算。

(1)$\int_{0}^{1} 2x \mathrm{d}x$； (2)$\int_{-a}^{a} \sqrt{a^2 - x^2} \mathrm{d}x$ $(a > 0)$；

(3)$\int_{1}^{2} (1 - x)\mathrm{d}x$； (4)$\int_{-\pi}^{\pi} \sin x \mathrm{d}x$。

3. 比较下列定积分的大小。

(1)$\int_{0}^{1} x \mathrm{d}x$ 与$\int_{0}^{1} x^2 \mathrm{d}x$； (2)$\int_{1}^{\mathrm{e}} \ln x \mathrm{d}x$ 与$\int_{1}^{\mathrm{e}} \ln t \mathrm{d}t$；

(3) $\int_{0}^{\frac{\pi}{2}} \sin x \mathrm{d}x$ 与 $\int_{0}^{\frac{\pi}{2}} \sin^2 x \mathrm{d}x$；　　(4) $\int_{1}^{\mathrm{e}} (x-1)\,\mathrm{d}x$ 与 $\int_{1}^{\mathrm{e}} \ln x \mathrm{d}x$。

4. 利用定积分的性质估计 $\int_{0}^{2} \mathrm{e}^{x^2-x} \mathrm{d}x$ 的值。

【数学文化赏析】

$\int$ 堆积成山

积分号 $\int$ 是由德国数学家莱布尼茨1675年首次引入的，它是由“求和”的拉丁语Summa的首字母S拉长得到的。

莱布尼茨是数学史上最伟大的符号学者，堪称“符号大师”。他在探索微积分的过程中，花了很多时间去选择精巧的符号。他认识到，好的符号可以精确、深刻地表达概念、方法和逻辑关系。他说：“要发明就得挑选恰当的符号，要做到这一点，就要用含义简明的少量符号来表达或比较忠实地描绘事物的内在的本质，从而最大限度地减少人的思维劳动。”现在微积分学的基本符号基本上都是莱布尼茨创造的，这些优越的符号为以后分析学的发展带来了极大的方便。

最初，积分的产生是为了计算面积和体积(求积)。自遥远的古代起，求积问题就引起人们的关注，积分概念的形成也远远早于微分。

古希腊的阿基米德用被称为“取尽法”的方法，对抛物线和直线所围成的图形求积。“取尽法”是将闭曲线围成的面积看成其内接多边形面积的近似值(联想到圆的面积与其内接多边形面积近似，就能理解了)。在那个时代还没有极限这个概念，更不懂得使用无限。

经过漫长的等待，进入开普勒的时代以后，求积问题取得了飞跃性的发展。开普勒是16世纪末17世纪初十分著名的天文学家。开普勒求圆面积的方法是以圆心为顶点，把一个圆分割成多个大小相等的扇形，然后把它们交错拼接，得到一个接近长方形的图形，用求长方形面积的方法来计算这个面积。这些较小的扇形类似于三角形，它们的面积总和看成是圆面积。如果分割得无限小，圆弧就近似于直线了，形成的等腰三角形的面积总和就是圆的面积 πr^2。

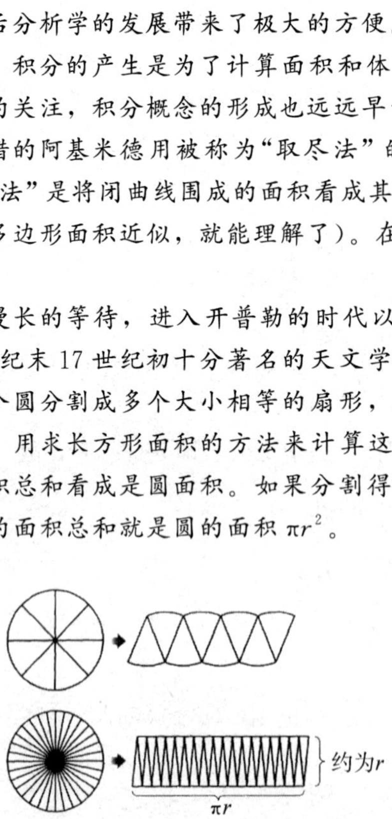

将圆分成若干等份，并如图所示互不重叠地排成一排就成了长方形

上述的方法类似于将圆视为“宽很小的长方形的集合”

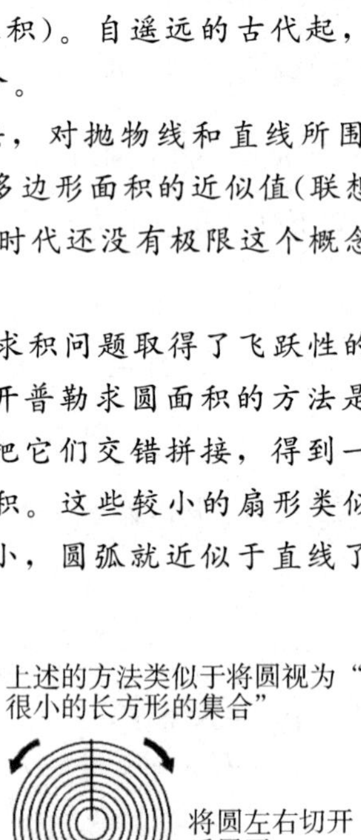

我们还可以把圆分成微小的四边形，如上图右图所示，自圆心开始以微小的长为半径做同心圆，然后半径不断递增，做很多很多这样的同心圆，直到半径为 r，然后将圆左右切开后展开，圆就可以近似看成是宽很小的长方形的集合，这些长方形堆积成山，形成一个三角形，面积为 $lh/2=\pi r^2$，这就是积分的思想“从微小的变化求得全体”。

这种“化整为零，再积零为整”的手段正是计算面积体积的妙法，17 世纪的欧洲科学家伽利略、开普勒、费尔马和伽利略的学生卡瓦列里都用过这种方法。卡瓦列里把这种分割的方法写成了《不可分量几何学》，他认为“线由点组成，正如珠子串成项链一样；面由线织成，正如线可以织成布一样；立体由平面叠成，正如一页一页的纸可以装订成书一样”。从这个观点出发，他认为，无穷细分的结果可以达到“不可再分”的程度，即分成“不可分量”。卡瓦列里用这种方法计算了许多种面积和体积，如计算抛物线下的面积，他就用许多小矩形长条代替所求的面积，得到这 n 个小矩形面积的总和。

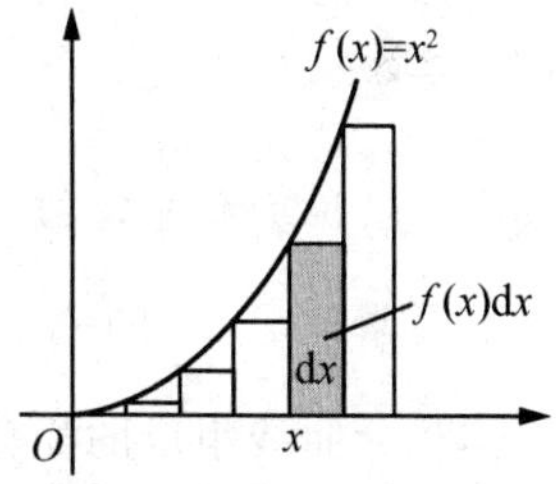

下面我们来计算抛物线下的面积。例如，$f(x)=x^2$，$x^2\mathrm{d}x$ 指底边是 $\mathrm{d}x$、高是 x^2 的长方形，当 $\mathrm{d}x$ 无限变小时，这个长方形就会变成一条直线，积分可以认为是各个矩形面积的代数和的极限，如果在 $x=0$ 到 $x=1$ 的范围内，抛物线下的面积就是 $\int_0^1 x^2\mathrm{d}x$。

如果把抛物线换成更一般的曲线，我们仍然可以用这种方法分成很多矩形长条，求曲线下的面积。由此可见，计算任何一个图形的面积时，只要把它分割成多个极小的矩形，然后把它们的面积累加起来，这些面积的和的极限就是所求面积的精确值，定积分就是求面积的一种非常有效的方法。

3.2　不定积分的概念与性质

在微分学中，我们讨论了求已知函数的导数(或微分)的问题，但是在科学技术和生产实践中常常需要解决相反的问题，即已知一个函数的导数(或微分)，求其原来的函数，这就是积分学中的基本问题之一 —— 求不定积分。

不定积分的概念与性质

3.2.1　原函数与不定积分的概念

【引例】 已知平面上某曲线任意一点处切线的斜率是 $f'(x)=2x$，求曲线的方程。

这是一个与微分学中求导运算相反的问题，为此，我们给出原函数的定义。

定义 1 在区间(a,b)上，若 $F'(x)=f(x)$ 或者 $\mathrm{d}F(x)=f(x)\mathrm{d}x$，则称 $F(x)$ 是 $f(x)$ 在区间(a,b)上的一个**原函数**。

引例中：

$(x^2)'=2x$，$x\in(-\infty,+\infty)$，x^2 是 $2x$ 在$(-\infty,+\infty)$的一个原函数。

$(x^2+3)'=2x$，$x\in(-\infty, +\infty)$，x^2+3 也是 $2x$ 在$(-\infty, +\infty)$的一个原函数。

$(x^2+C)'=2x$（C 为任意常数），x^2+C 就是 $2x$ 在$(-\infty, +\infty)$的所有原函数。故满足条件的曲线方程为 $y=x^2+C$（C 为任意常数）。

从定义和上面的例子可以看出，一个函数 $f(x)$ 若有原函数，则一定有无穷多个原函数，并且这些不同的原函数彼此之间仅相差一个常数。

设 $F(x)$ 是 $f(x)$ 的一个原函数，则 $f(x)$ 的所有原函数可表示为：$F(x)+C$（C 为任意常数）. 掌握全体原函数在理论和应用上都有重要意义，为此我们再引进一个新的概念和运算 —— 不定积分。

定义 2　函数 $f(x)$ 的所有原函数称为 $f(x)$ 的**不定积分**，记作 $\int f(x)\mathrm{d}x$。设 $F(x)$ 是 $f(x)$ 的一个原函数，则有

$$\int f(x)\mathrm{d}x=F(x)+C,$$

其中，C 称为**积分常数**。

通常把 $f(x)$ 的一个原函数的图像称为一条**积分曲线**，因此 $\int f(x)\mathrm{d}x$ 的**几何意义**是全体积分曲线组成的积分曲线族，方程为 $y=F(x)+C$。

例 1　求不定积分 $\int 2x\mathrm{d}x$。

解　因为 $(x^2)'=2x$，所以 $\int 2x\mathrm{d}x=x^2+C$。

例 2　求不定积分 $\int \sin x\mathrm{d}x$。

解　因为 $(\cos x)'=-\sin x$，所以 $\int \sin x\mathrm{d}x=-\cos x+C$。

例 3　求经过点(1，3)，且其切线的斜率为 $3x^2$ 的曲线方程。

解　设所求的曲线方程为 $y=F(x)$。由导数的几何意义知，$F'(x)=3x^2$。

又因为

$$(x^3)'=3x^2,$$

所以

$$\int 3x^2\mathrm{d}x=x^3+C。$$

$y=x^3+C$ 表示一族曲线，将 $x=1$，$y=3$ 代入，得 $C=2$。故所求曲线方程为 $y=x^3+2$。

3.2.2　不定积分的性质

性质 1　求不定积分与求导数或微分互为逆运算。

(1) $\dfrac{\mathrm{d}}{\mathrm{d}x}\left[\int f(x)\mathrm{d}x\right]=f(x)$ 或 $\mathrm{d}\left[\int f(x)\mathrm{d}x\right]=f(x)\mathrm{d}x$。

(2) $\int F'(x)\mathrm{d}x=F(x)+C$ 或 $\int \mathrm{d}F(x)=F(x)+C$。

性质 2 被积函数中不为零的常数因子可以提到积分号前面，即

$$\int kf(x)\mathrm{d}x = k\int f(x)\mathrm{d}x \quad (k\text{ 是不为零的常数})。$$

性质 3 代数和的不定积分等于不定积分的代数和，即

$$\int [f(x) \pm g(x)]\mathrm{d}x = \int f(x)\mathrm{d}x \pm \int g(x)\mathrm{d}x。$$

这一结论可以推广到任意有限多个函数代数和的情形。

3.2.3 不定积分的基本积分公式

由于求不定积分是求导数的逆运算，所以，由导数基本公式就可以得到相应的基本积分公式，现将它们的对照关系列于表 3-1 中。

表 3-1

序号	函数的导数 $F'(x) = f(x)$	基本积分公式 $\int f(x)\mathrm{d}x = F(x) + C$
1	$(kx)' = k$	$\int k\mathrm{d}x = kx + C$（$k$ 是常数）
2	$\left(\dfrac{x^{\alpha+1}}{\alpha+1}\right)' = x^{\alpha}$	$\int x^{\alpha}\mathrm{d}x = \dfrac{x^{\alpha+1}}{\alpha+1} + C\ (\alpha \neq -1)$
3	$(\ln\lvert x\rvert)' = \dfrac{1}{x}$	$\int \dfrac{1}{x}\mathrm{d}x = \ln\lvert x\rvert + C$
4	$(\mathrm{e}^{x})' = \mathrm{e}^{x}$	$\int \mathrm{e}^{x}\mathrm{d}x = \mathrm{e}^{x} + C$
5	$\left(\dfrac{a^{x}}{\ln a}\right)' = a^{x}$	$\int a^{x}\mathrm{d}x = \dfrac{a^{x}}{\ln a} + C$
6	$(-\cos x)' = \sin x$	$\int \sin x\mathrm{d}x = -\cos x + C$
7	$(\sin x)' = \cos x$	$\int \cos x\mathrm{d}x = \sin x + C$
8	$(\tan x)' = \dfrac{1}{\cos^2 x} = \sec^2 x$	$\int \sec^2 x\mathrm{d}x = \int \dfrac{1}{\cos^2 x}\mathrm{d}x = \tan x + C$
9	$(-\cot x)' = \dfrac{1}{\sin^2 x} = \csc^2 x$	$\int \csc^2 x\mathrm{d}x = \int \dfrac{1}{\sin^2 x}\mathrm{d}x = -\cot x + C$
10	$(\sec x)' = \sec x \cdot \tan x$	$\int \sec x\tan x\mathrm{d}x = \sec x + C$
11	$(-\csc x)' = \csc x \cdot \cot x$	$\int \csc x\cot x\mathrm{d}x = -\csc x + C$
12	$(\arcsin x)' = \dfrac{1}{\sqrt{1-x^2}}$	$\int \dfrac{1}{\sqrt{1-x^2}}\mathrm{d}x = \arcsin x + C$
13	$(\arctan x)' = \dfrac{1}{1+x^2}$	$\int \dfrac{1}{1+x^2}\mathrm{d}x = \arctan x + C$

利用基本积分公式和不定积分的运算性质，可以直接计算一些较简单的不定积分，这种方法一般称为直接积分法。

例 4 求不定积分$\int\left(2x^5+\sqrt{x}-\frac{1}{x}-3\right)\mathrm{d}x$。

解
$$\begin{aligned}\int\left(2x^5+\sqrt{x}-\frac{1}{x}-3\right)\mathrm{d}x&=2\int x^5\mathrm{d}x+\int x^{\frac{1}{2}}\mathrm{d}x-\int\frac{1}{x}\mathrm{d}x-\int 3\mathrm{d}x\\&=2\cdot\frac{1}{5+1}x^{5+1}+\frac{1}{\frac{1}{2}+1}x^{\frac{1}{2}+1}-\ln|x|-3x+C\\&=\frac{1}{3}x^6+\frac{2}{3}x^{\frac{3}{2}}-\ln|x|-3x+C。\end{aligned}$$

例 5 求不定积分$\int\left(\mathrm{e}^x+\frac{3x^2}{1+x^2}\right)\mathrm{d}x$。

解
$$\begin{aligned}\int\left(\mathrm{e}^x+\frac{3x^2}{1+x^2}\right)\mathrm{d}x&=\int\mathrm{e}^x\mathrm{d}x+3\int\frac{x^2+1-1}{1+x^2}\mathrm{d}x=\mathrm{e}^x+3\int\left(1-\frac{1}{1+x^2}\right)\mathrm{d}x\\&=\mathrm{e}^x+3x-3\arctan x+C。\end{aligned}$$

例 6 求不定积分$\int\cos^2\frac{x}{2}\mathrm{d}x$。

解 $\int\cos^2\frac{x}{2}\mathrm{d}x=\int\frac{1+\cos x}{2}\mathrm{d}x=\frac{1}{2}\left(\int\mathrm{d}x+\int\cos x\mathrm{d}x\right)=\frac{1}{2}(x+\sin x)+C$。

例 7 求不定积分$\int\frac{1}{x^2(1+x^2)}\mathrm{d}x$。

解
$$\begin{aligned}\int\frac{1}{x^2(1+x^2)}\mathrm{d}x&=\int\left(\frac{1}{x^2}-\frac{1}{1+x^2}\right)\mathrm{d}x=\int\frac{1}{x^2}\mathrm{d}x-\int\frac{1}{1+x^2}\mathrm{d}x\\&=-\frac{1}{x}-\arctan x+C。\end{aligned}$$

通过以上计算可以看出：在计算不定积分时，有些积分不能直接从基本积分公式中查到，需做一些变形，常见的情况有以下几种：

(1) 将简单根式函数化为幂函数的形式；

(2) 通过分解因式或三角恒等变形化简；

(3) 通过添一项减一项的方法化简；

(4) 通过分式拆项变形化简。

总之，直接积分法需要通过一些技巧将被积函数化为能利用基本积分公式或基本积分性质计算的形式求积分。

习　题　3.2

1. 若 $f(x)$ 的一个原函数为 $x^3-\mathrm{e}^x$，求$\int f(x)\mathrm{d}x$。

2. 一曲线通过原点，且在曲线上任一点 (x, y) 处的切线的斜率等于 2^x，求该曲线的方程。

3. 设 $f(x)$ 的一个原函数是 $\ln x$，求 $\int f(x)f'(x)\mathrm{d}x$。

4. 求下列不定积分。

(1) $\int\left(\frac{2}{3x^2+3}+\frac{4}{\sqrt{9-9x^2}}\right)\mathrm{d}x$；　　(2) $\int 6^x \mathrm{e}^{2x}\mathrm{d}x$；

(3) $\int\frac{\cos 2x}{\cos x-\sin x}\mathrm{d}x$；　　(4) $\int\frac{1}{1+\sin x}\mathrm{d}x$；

(5) $\int\left(\mathrm{e}^x-\frac{1}{x}\right)\mathrm{d}x$；　　(6) $\int(2^x+x^2)\mathrm{d}x$；

(7) $\int\frac{x^2}{x^2+1}\mathrm{d}x$；　　(8) $\int\sin^2\frac{x}{2}\mathrm{d}x$。

【数学文化赏析】

数学分析的奠基人 —— 柯西

柯西(Cauchy, 1789—1857)

柯西(Augustin Louis Cauchy, 1789—1857)是法国数学家、物理学家、天文学家。19 世纪初期，微积分已发展成一个庞大的分支，内容丰富，应用非常广泛。与此同时，它的薄弱之处也越来越暴露出来，微积分的理论基础并不严格。为解决新问题并澄清微积分概念，数学家们展开了数学分析严谨化的工作，在分析基础的奠基工作中，柯西被公认为分析学的奠基人。

1789 年 8 月 21 日，柯西出生于巴黎，他出身于高级官员家庭，其父曾任法国参议院秘书长，与当时法国的大数学家拉格朗日与拉普拉斯交往密切。柯西少年时代的数学才华颇受这两位数学家的赞赏。1805 年柯西考入巴黎综合工科学校，在那里主要学习数学和力学。1807 年考入道路桥梁工程学校，1809 年成为工程师，随后在运河、桥梁、海港等工程部门工作。由于身体欠佳，接受了拉格朗日和拉普拉斯的劝告，放弃工程师而致力于纯数学的研究。由于他在数学和物理方面的杰出成就，1816 年取得巴黎综合工科学校教授职位，同年，被任命为法国科学院院士。此外，他还拥有巴黎大学理学院和法兰西学院的教授席位。

柯西在数学上的最大贡献是在微积分中引进了极限概念，并以极限为基础建立了逻辑清晰的分析体系，使微积分摆脱了对于几何与运动的直观理解和物理解释，从而形成了微积分的现代体系。

柯西首先把无穷小量简单地定义为“一个以零为极限的变量”。他还定义了上下极限，最早证明了极限 $\lim\limits_{n\to\infty}\left(1+\frac{1}{n}\right)^n$ 的存在性，并在其中第一次使用极限符号。柯西对定积分做了最系统的开创性工作，他把定积分定义为“和”的“极限”。在定积分运算之前，强调必须确立积分的存在性。他利用中值定理首先严格证明了微积分基本定理。

他对微积分的见解被普遍接受，并沿用至今。

柯西在1821—1823年间出版的《分析教程》和《无穷小计算讲义》，是数学史上划时代的著作。他给出了数学分析一系列基本概念的精确定义，当今所有微积分的教科书都还沿用着柯西关于极限、连续、导数、收敛等概念的定义(至少是在本质上)。柯西以及后来魏尔斯特拉斯的艰苦工作，使数学分析的基本概念得到严格的论述，从而结束了微积分200年来思想上的混乱局面，并使微积分发展成为现代数学。

3.3 微积分基本公式

3.3.1 积分上限函数

微积分基本公式

定义 设函数 $f(x)$ 在 $[a, b]$ 上连续，令 $\Phi(x)=\int_a^x f(x)\mathrm{d}x$，对于 $[a, b]$ 内的任一给定的值 x，$\Phi(x)$ 都有唯一确定的值与它对应，因此 $\Phi(x)$ 是定义在 $[a, b]$ 上的一个函数．由于在这个函数中，积分上限 x 是自变量，所以把函数 $f(x)$ 在部分区间 $[a, x]$ 上的定积分 $\int_a^x f(x)\mathrm{d}x$ 称为**积分上限函数**，或称**变上限的定积分**。

为避免混淆，把积分变量改为 t(如图3-8所示)，于是上式写成

$$\Phi(x)=\int_a^x f(t)\mathrm{d}t \quad x \in [a, b]。$$

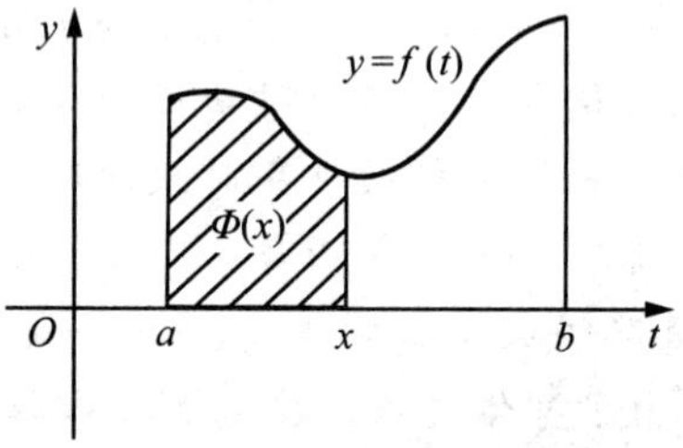

图 3-8

定理1 如果函数 $f(x)$ 在区间 $[a, b]$ 上连续，那么积分上限函数 $\Phi(x)=\int_a^x f(t)\mathrm{d}t$ 在区间 $[a, b]$ 上可导，并且它的导数为

$$\Phi'(x)=\frac{\mathrm{d}}{\mathrm{d}x}\int_a^x f(t)\mathrm{d}t=f(x) \qquad (a \leqslant x \leqslant b)。 \tag{3.1}$$

此定理说明：连续函数 $f(x)$ 的积分上限函数 $\Phi(x)=\int_a^x f(t)\mathrm{d}t$ 是 $f(x)$ 的一个原函数。

例1 求下列函数 $\Phi(x)$ 的导数。

(1) $\Phi(x)=\int_0^x \mathrm{e}^{t^2}\mathrm{d}t$；(2) $\Phi(x)=\int_0^{x^2}\sqrt{1+t^3}\,\mathrm{d}t$；(3) $\Phi(x)=\int_x^5 \frac{2t}{3+2t+t^2}\mathrm{d}t$。

解 (1) 按公式(3.1)有 $\Phi'(x)=\left(\int_0^x e^{t^2}dt\right)'=e^{x^2}$；

(2) 积分上限是 x 的函数，所以积分上限函数是复合函数，于是

$$\Phi'(x)=\left(\int_0^{x^2}\sqrt{1+t^3}\,dt\right)'=\sqrt{1+(x^2)^3}\,(x^2)'=2x\sqrt{1+x^6}；$$

(3) 公式(3.1)是对积分上限求导数，故先交换积分上、下限，再求导数。由于

$$\Phi(x)=\int_x^5\frac{2t}{3+2t+t^2}dt=-\int_5^x\frac{2t}{3+2t+t^2}dt,$$

故

$$\Phi'(x)=\left(-\int_5^x\frac{2t}{3+2t+t^2}dt\right)'=-\left(\int_5^x\frac{2t}{3+2t+t^2}dt\right)'=-\frac{2x}{3+2x+x^2}。$$

3.3.2 牛顿—莱布尼茨公式

【引例】 变速直线运动中路程函数与速度函数之间的联系。

我们知道物体在时间间隔 $[t_1, t_2]$ 内经过的路程可以用定积分 $\int_{t_1}^{t_2}v(t)dt$ 来表达。另外，这段路程又可以用路程函数 $s(t)$ 在 $[t_1, t_2]$ 上的增量 $s(t_2)-s(t_1)$ 来表达，于是，$s(t)$ 和 $v(t)$ 之间有如下关系：

$$\int_{t_1}^{t_2}v(t)dt=s(t_2)-s(t_1)。$$

因为 $s'(t)=v(t)$，即路程函数 $s(t)$ 是速度函数 $v(t)$ 的原函数，所以上式表示，速度函数 $v(t)$ 在区间 $[t_1, t_2]$ 上的定积分等于其原函数的增量。

定理2 设 $f(x)$ 在 $[a, b]$ 上连续，$F(x)$ 是 $f(x)$ 在 $[a, b]$ 上的一个原函数，则

$$\int_a^b f(x)dx=F(b)-F(a)。\tag{3.2}$$

此公式称为**牛顿—莱布尼茨公式**，也称为**微积分基本公式**。

通常把 $F(b)-F(a)$ 表示成 $F(x)\big|_a^b$，即

$$\int_a^b f(x)dx=F(x)\big|_a^b=F(b)-F(a)。$$

证 由定理1知，$\Phi(x)=\int_a^x f(t)dt$ 是函数 $f(x)$ 的一个原函数，所以

$$F(x)-\Phi(x)=C\ (C\text{ 为常数}),$$

即

$$F(x)-\int_a^x f(t)dt=C。$$

令 $x=a$，代入上式，得 $F(a)=C$，于是，

$$\int_a^x f(t)dt=F(x)-F(a),$$

再令 $x=b$，代入上式，得

$$\int_a^b f(x)dx=F(b)-F(a)。$$

公式(3.2)是微积分学中的一个基本公式，它阐明了定积分与原函数或不定积分之间的关系：定积分的值等于被积函数的任一原函数在积分上限与积分下限的函数值之差。这样，就把求定积分的问题转化为求被积函数的原函数的问题，为定积分的计算提供了简便有效的计算方法。

例 2 计算定积分$\int_0^1 x^2\mathrm{d}x$。

解
$$\int_0^1 x^2\mathrm{d}x=\frac{1}{3}x^3\Big|_0^1=\frac{1}{3}-0=\frac{1}{3}。$$

例 3 计算定积分$\int_0^{\frac{\pi}{4}}\tan^2 x\mathrm{d}x$。

解 原式$=\int_0^{\frac{\pi}{4}}(\sec^2 x-1)\mathrm{d}x=(\tan x-x)\Big|_0^{\frac{\pi}{4}}$

$$=\left(\tan\frac{\pi}{4}-\frac{\pi}{4}\right)-(\tan 0-0)=1-\frac{\pi}{4}。$$

例 4 计算定积分$\int_0^2|1-x|\ \mathrm{d}x$。

解 因 $|1-x|=\begin{cases}1-x, & x\leqslant 1,\\ x-1, & x>1,\end{cases}$ 由定积分对区间的可加性得

$$原式=\int_0^1(1-x)\mathrm{d}x+\int_1^2(x-1)\mathrm{d}x=\left(x-\frac{x^2}{2}\right)\Big|_0^1+\left(\frac{x^2}{2}-x\right)\Big|_1^2=1。$$

含绝对值的函数求定积分时，应先去掉绝对值号，插入改变符号的分点，分区间积分，然后求和。

习　题　3.3

1. 利用牛顿—莱布尼茨公式计算下列定积分。

(1)$\int_2^4\frac{1+x^2}{x}\mathrm{d}x$；　　(2)$\int_0^{\pi}\cos^2\frac{x}{2}\mathrm{d}x$；

(3)$\int_0^1\frac{x^4}{1+x^2}\mathrm{d}x$；　　(4)$\int_0^a(\sqrt{a}-\sqrt{x})\mathrm{d}x$。

2. 计算下列定积分。

(1) 设 $f(x)=\begin{cases}x^2+1, & 0\leqslant x\leqslant 1,\\ x+1, & -1\leqslant x<0。\end{cases}$ 求$\int_{-1}^1 f(x)\mathrm{d}x$；

(2)$\int_0^{\frac{\pi}{2}}|\sin x-\cos x|\mathrm{d}x$。

3. 求下列各式对 x 的导数。

(1)$\int_1^{\sqrt{x}}\frac{\sin t}{t}\mathrm{d}t$；　　(2)$\int_x^1(\cos t+t^2-3t)\mathrm{d}t(x>0)$。

4. 已知下列积分上限函数，求 $f(x)$。

(1)$\int_1^x f(t)\mathrm{d}t=x^2+\ln x+1$；　　(2)$\int_2^x f(t)\mathrm{d}t=\sin x^2-\cos 4$。

5. 求下列各极限。

(1) $\lim\limits_{x\to 0}\dfrac{x-\int_0^x e^{t^2}\mathrm{d}t}{x^2\sin 2x}$；　　(2) $\lim\limits_{x\to 0}\dfrac{\int_0^x t e^t \mathrm{d}t}{\int_{\cos x}^1 e^{-t^2}\mathrm{d}t}$。

【数学文化赏析】

微分学与积分学的比较

微积分学的研究对象：初等函数。

微积分学的基础：极限论，以极限为研究工具。

微积分学的主要内容：微分学和积分学。

一、微分学

微分学的两个重要概念：导数与微分。

微分学的基本问题：导数是研究非均匀变化量的变化率问题的。

数学模型：平均变化率 $=\dfrac{\Delta y}{\Delta x}$，导数(瞬时变化率) $\dfrac{\mathrm{d}y}{\mathrm{d}x}=\lim\limits_{\Delta x\to 0}\dfrac{\Delta y}{\Delta x}$。

物理模型：瞬时速度＝平均速度的极限，$v(t)=s'(t)=\lim\limits_{\Delta t\to 0}\dfrac{\Delta s}{\Delta t}$。

几何原型：曲线在一点处的切线斜率，切线斜率＝割线斜率的极限 $=\lim\limits_{\Delta x\to 0}\dfrac{\Delta y}{\Delta x}=f'(x)$。

基本运算：求导运算和求微分运算，导数的基本公式和四则运算法则。

微分：是研究函数增量问题的，微分是函数增量的主要线性部分，$\Delta y\approx \mathrm{d}y=f'(x)\mathrm{d}x$。

二、积分学

积分学的两个重要概念：定积分和不定积分。

积分学的基本问题：定积分是研究非均匀变化量的求积问题的，定积分的思想就是“分割取近似，求和取极限”。

数学模型：积分和 $=\sum\limits_{i=1}^{n}f(\xi_i)\Delta x_i$，定积分 $\int_a^b f(x)\mathrm{d}x=\lim\limits_{\lambda\to 0}\sum\limits_{i=1}^{n}f(\xi_i)\Delta x_i$。

物理模型：求变速直线运动的路程，$s=\lim\limits_{\lambda\to 0}\sum\limits_{i=1}^{n}v(\xi_i)\Delta t_i=\int_{t_1}^{t_2}v(t)\mathrm{d}t$。

几何原型：曲边梯形的面积。

微元法：面积微元 $\mathrm{d}A=f(x)\mathrm{d}x$，旋转体体积微元 $\mathrm{d}V=\pi[f(x)]^2\mathrm{d}x$，微分无限累积得到积分，利用定积分可以求平面图形的面积，旋转体体积等。

不定积分：求导求微分的逆运算，$F'(x)=f(x)$，$F(x)$ 是 $f(x)$ 的一个原函数，不定积分是 $f(x)$ 的全体原函数，$\int f(x)\mathrm{d}x=F(x)+C$。

基本运算：积分基本公式、第一换元积分法(凑微分)、第二换元积分法、分部积分法。

三、微分学与积分学的联系

微积分基本定理(牛顿—莱布尼茨公式) $\int_a^b f(x)\mathrm{d}x = F(x)\big|_a^b = F(b)-F(a)$，这个公式在定积分和不定积分之间架起了一座桥梁，它将微分学与积分学联系起来，形成了完整的微积分学。

3.4　换元积分法

利用基本积分公式与积分性质直接进行积分计算，所能计算出来的积分是十分有限的。因此，需要进一步讨论计算积分的方法。本节介绍一种计算积分的最基本也是最重要的方法——换元积分法。换元积分法分为第一换元积分法和第二换元积分法。

换元积分法

3.4.1　第一换元积分法(凑微分法)

【引例】 $\int \sin 2x\,\mathrm{d}x = -\cos 2x + C$ 正确吗?

检验 $(-\cos 2x + C)' = 2\sin 2x \neq \sin 2x$，故这个等式不成立。这是由于 $\sin 2x$ 是一个复合函数，不能直接用基本积分公式 $\int \sin x\,\mathrm{d}x = -\cos x + C$，但是将公式中的自变量 x 换成 u，公式

$$\int \sin u\,\mathrm{d}u = -\cos u + C$$

仍然成立。

设 $u = 2x$，则 $x = \frac{u}{2}$，$\mathrm{d}x = \mathrm{d}\left(\frac{u}{2}\right) = \frac{1}{2}\mathrm{d}u$，

$\int \sin 2x\,\mathrm{d}x = \frac{1}{2}\int \sin u\,\mathrm{d}u = -\frac{1}{2}\cos u + C = -\frac{1}{2}\cos 2x + C$。

检验 $\left(-\frac{1}{2}\cos 2x + C\right)' = \sin 2x$，上式结果正确。于是我们可用下述方法求复合函数的积分。

$$\int \sin 2x\,\mathrm{d}x \xlongequal{\text{凑微分}} \frac{1}{2}\int \sin 2x\,\mathrm{d}(2x) \xlongequal{\text{令 } u=2x} \frac{1}{2}\int \sin u\,\mathrm{d}u$$

$$= -\frac{1}{2}\cos u + C \xlongequal[u=2x]{\text{回代}} -\frac{1}{2}\cos 2x + C。$$

一般地，有以下定理。

定理 1　如果 $\int f(x)\mathrm{d}x = F(x) + C$，$u = \varphi(x)$ 是 x 的可导函数，那么

$$\int f(u)\mathrm{d}u = F(u) + C。$$

这个定理表明：在基本积分公式中，把自变量 x 换成中间变量 $u[u = \varphi(x)$，且有

连续的导数]，公式仍然成立。一般地，当$\int g(x)\mathrm{d}x$不能用积分基本公式和运算性质求出时，如果被积表达式$g(x)\mathrm{d}x$能够变形成$f[\varphi(x)]\varphi'(x)\mathrm{d}x$为容易积分的形式，就可以考虑用换元的方法来求$\int g(x)\mathrm{d}x$。具体实施步骤如下：

$$\int g(x)\mathrm{d}x=\int f[\varphi(x)]\varphi'(x)\mathrm{d}x \xlongequal{\text{凑微分}} \int f[\varphi(x)]\mathrm{d}\varphi(x) \xlongequal[\text{换元}]{\text{令 } u=\varphi(x)} \int f(u)\mathrm{d}u$$

$$\xlongequal{\text{求积分}} F(u)+C \xlongequal[u=\varphi(x)]{\text{回代}} F[\varphi(x)]+C。$$

这种积分方法称为**第一换元积分法**，也称为**凑微分法**。

例 1　求$\int \mathrm{e}^{5x}\mathrm{d}x$。

解　因为$\mathrm{d}x=\frac{1}{5}\mathrm{d}(5x)$，所以

$$\int \mathrm{e}^{5x}\mathrm{d}x \xlongequal{\text{凑微分}} \frac{1}{5}\int \mathrm{e}^{5x}\mathrm{d}(5x) \xlongequal[\text{令 } u=5x]{\text{代换}} \frac{1}{5}\int \mathrm{e}^{u}\mathrm{d}u=\frac{1}{5}\mathrm{e}^{u}+C \xlongequal[u=5x]{\text{回代}} \frac{1}{5}\mathrm{e}^{5x}+C。$$

第一换元法关键在于凑微分，即把不定积分中的哪一部分凑成$\mathrm{d}\varphi(x)$，这是一种技巧，需要熟记一些等式。

$\mathrm{d}x=\frac{1}{a}\mathrm{d}(ax+b)$；　$x\mathrm{d}x=\frac{1}{2}\mathrm{d}(x^2)$；　$\frac{1}{\sqrt{x}}\mathrm{d}x=2\mathrm{d}(\sqrt{x})$；　$\frac{1}{x^2}\mathrm{d}x=-\mathrm{d}\left(\frac{1}{x}\right)$；

$\frac{1}{x}\mathrm{d}x=\mathrm{d}(\ln|x|)$；　$\mathrm{e}^x\mathrm{d}x=\mathrm{d}(\mathrm{e}^x)$；　$\cos x\mathrm{d}x=\mathrm{d}(\sin x)$；

$\sin x\mathrm{d}x=-\mathrm{d}(\cos x)$；　$\sec^2 x\mathrm{d}x=\mathrm{d}(\tan x)$；　$\csc^2 x\mathrm{d}x=-\mathrm{d}(\cot x)$；

$\frac{1}{\sqrt{1-x^2}}\mathrm{d}x=\mathrm{d}(\arcsin x)$；　$\frac{1}{1+x^2}\mathrm{d}x=\mathrm{d}(\arctan x)$。

利用以上等式可以对下列类型的不定积分通过凑微分进行计算。

$\int f(ax+b)\mathrm{d}x=\frac{1}{a}\int f(ax+b)\mathrm{d}(ax+b)$；

$\int f(x^2)\cdot x\mathrm{d}x=\frac{1}{2}\int f(x^2)\mathrm{d}(x^2)$；

$\int f(\sqrt{x})\cdot\frac{1}{\sqrt{x}}\mathrm{d}x=2\int f(\sqrt{x})\mathrm{d}(\sqrt{x})$；

$\int f\left(\frac{1}{x}\right)\cdot\frac{1}{x^2}\mathrm{d}x=-\int f\left(\frac{1}{x}\right)\mathrm{d}\left(\frac{1}{x}\right)$；

$\int f(\ln x)\cdot\frac{1}{x}\mathrm{d}x=\int f(\ln x)\mathrm{d}(\ln x)$；

$\int f(\mathrm{e}^x)\cdot\mathrm{e}^x\mathrm{d}x=\int f(\mathrm{e}^x)\mathrm{d}(\mathrm{e}^x)$；

$\int f(\sin x)\cdot\cos x\mathrm{d}x=\int f(\sin x)\mathrm{d}(\sin x)$；

$$\int f(\cos x)\cdot\sin x\,dx=-\int f(\cos x)\,d(\cos x);$$

$$\int f(\tan x)\cdot\sec^2 x\,dx=\int f(\tan x)\,d(\tan x);$$

$$\int f(\cot x)\cdot\csc^2 x\,dx=\int f(\cot x)\,d(\cot x);$$

$$\int f(\arcsin x)\cdot\frac{1}{\sqrt{1-x^2}}dx=\int f(\arcsin x)\,d(\arcsin x);$$

$$\int f(\arctan x)\cdot\frac{1}{1+x^2}dx=\int f(\arctan x)\,d(\arctan x)。$$

方法熟悉后，换元的中间步骤可以省略，凑成以上某种形式后直接用公式写出结果。

例 2 求下列不定积分。

(1) $\int\cos(3x-7)\,dx$； (2) $\int(1+x)^8dx$； (3) $\int\frac{(\ln x)^2}{x}dx$；

(4) $\int x\cos x^2dx$； (5) $\int\tan x\,dx$； (6) $\int\sec x\,dx$。

解 (1) $\int\cos(3x-7)\,dx=\frac{1}{3}\int\cos(3x-7)\,d(3x-7)=\frac{1}{3}\sin(3x-7)+C$；

(2) $\int(1+x)^8dx=\int(1+x)^8d(1+x)=\frac{1}{9}(1+x)^9+C$；

(3) $\int\frac{(\ln x)^2}{x}dx=\int(\ln x)^2d\ln x=\frac{1}{3}(\ln x)^3+C$；

(4) $\int x\cos x^2dx=\frac{1}{2}\int\cos x^2dx^2=\frac{1}{2}\sin x^2+C$；

(5) $\int\tan x\,dx=\int\frac{\sin x}{\cos x}dx=-\int\frac{1}{\cos x}d(\cos x)=-\ln|\cos x|+C$，

同理可得 $\int\cot x\,dx=\ln|\sin x|+C$；

(6) $$\int\sec x\,dx=\int\frac{\sec x(\sec x+\tan x)}{\sec x+\tan x}dx=\int\frac{\sec^2x+\sec x\tan x}{\sec x+\tan x}dx$$

$$=\int\frac{1}{\sec x+\tan x}d(\sec x+\tan x)=\ln|\sec x+\tan x|+C,$$

同理，可得 $\int\csc x\,dx=\ln|\csc x-\cot x|+C$。

对于定积分，可以用同样的方法求出原函数，再用牛顿—莱布尼茨公式计算。

例 3 求下列函数的定积分。

(1) $\int_0^1 e^{-x}dx$； (2) $\int_0^{\frac{\pi}{2}}\cos^2x\sin x\,dx$；

(3) $\int_0^1\frac{x}{1+x^4}dx$； (4) $\int_0^1\frac{1}{\sqrt{4-x^2}}dx$。

解 (1)$\int_0^1 e^{-x}dx=-\int_0^1 e^{-x}d(-x)=-e^{-x}\Big|_0^1=1-\frac{1}{e}$；

(2)$\int_0^{\frac{\pi}{2}}\cos^2 x\sin x dx=-\int_0^{\frac{\pi}{2}}\cos^2 x d(\cos x)=-\frac{\cos^3 x}{3}\Big|_0^{\frac{\pi}{2}}=\frac{1}{3}$；

(3)$\int_0^1 \frac{x}{1+x^4}dx=\frac{1}{2}\int_0^1 \frac{1}{1+(x^2)^2}d(x^2)=\frac{1}{2}(\arctan x^2)\Big|_0^1$

$=\frac{1}{2}(\arctan 1-\arctan 0)=\frac{\pi}{8}$；

(4)$\int_0^1 \frac{1}{\sqrt{4-x^2}}dx=\int_0^1 \frac{1}{2\sqrt{1-\frac{x^2}{4}}}dx=\int_0^1 \frac{1}{\sqrt{1-\left(\frac{x}{2}\right)^2}}d\left(\frac{x}{2}\right)$

$=\arcsin\frac{x}{2}\Big|_0^1=\frac{\pi}{6}$。

3.4.2 第二换元积分法

定理2 一般地，计算$\int f(x)dx$时，适当地选择$x=\varphi(t)$进行换元，如果积分$\int f[\varphi(x)]\varphi'(x)dx$容易直接求得，那么就按下述方法计算。

$$\int f(x)dx \xlongequal[\text{换元}]{\text{令 } x=\varphi(t)} \int f[\varphi(t)]\varphi'(t)dt \xlongequal{\text{求积分}} F(t)+C \xlongequal{\text{回代 } t=\varphi^{-1}(x)} F[\varphi^{-1}(x)]+C。$$

这种求不定积分的方法叫作**第二换元积分法**。

定理3(定积分的换元法则) 如果函数$f(x)$在区间$[a,b]$上连续，且代换$x=\varphi(t)$满足以下条件：

(1)$\varphi(t)$在区间$[\alpha,\beta]$上有连续的导数；

(2)当$t\in[\alpha,\beta]$时，$a\leqslant\varphi(t)\leqslant b$；

(3)$\varphi(\alpha)=a$，$\varphi(\beta)=b$。

那么
$$\int_a^b f(x)dx=\int_\alpha^\beta f[\varphi(t)]\varphi'(t)dt。$$

例4 求下列积分。

(1)$\int x^2\sqrt{x+1}\,dx$；　　(2)$\int_1^3 \frac{dx}{\sqrt{x}+\sqrt{x^3}}$。

解 (1)令$t=\sqrt{x+1}$，即$x=t^2-1$，则$dx=2tdt$，

$\int x^2\sqrt{x+1}\,dx=\int (t^2-1)^2\cdot t\cdot 2tdt=2\int(t^4-2t^2+1)t^2dt=2\int(t^6-2t^4+t^2)dt$

$=\frac{2}{7}t^7-\frac{4}{5}t^5+\frac{2}{3}t^3+C$。

回代$t=\sqrt{x+1}$，得

$$\int x^2\sqrt{x+1}\,dx=\frac{2}{7}\sqrt{(x+1)^7}-\frac{4}{5}\sqrt{(x+1)^5}+\frac{2}{3}\sqrt{(x+1)^3}+C。$$

注意　当被积函数中出现根号，而又不能通过凑微分变成基本积分公式中的某种形式时，常采用第二换元积分法。例如，含有$\sqrt[n]{ax+b}$，令$\sqrt[n]{ax+b}=t$；若同时含有$\sqrt[n]{x}$，$\sqrt[m]{x}$，找m，n的最小公倍数p，令$\sqrt[p]{x}=t$。注意在后面的结果中必须回代，返回到原积分变量x。

(2) 解法一：令$\sqrt{x}=t$，即作代换$x=t^2$，则$dx=2t\,dt$，

$$\int\frac{dx}{\sqrt{x}+\sqrt{x^3}}=2\int\frac{t\,dt}{t+t^3}=2\int\frac{dt}{1+t^2}=2\arctan t+C=2\arctan\sqrt{x}+C,$$

所以
$$\int_1^3\frac{dx}{\sqrt{x}+\sqrt{x^3}}=2\arctan\sqrt{x}\Big|_1^3=2\left(\frac{\pi}{3}-\frac{\pi}{4}\right)=\frac{\pi}{6}。$$

解法二：

令$\sqrt{x}=t$，即$x=t^2$，则$dx=2t\,dt$，当$x=1$时，$t=1$；当$x=3$时，$t=\sqrt{3}$。于是

$$\int_1^3\frac{dx}{\sqrt{x}+\sqrt{x^3}}=2\int_1^{\sqrt{3}}\frac{t\,dt}{t+t^3}=2\int_1^{\sqrt{3}}\frac{dt}{1+t^2}=2(\arctan t)\Big|_1^{\sqrt{3}}=2\left(\frac{\pi}{3}-\frac{\pi}{4}\right)=\frac{\pi}{6}。$$

注意　在上面的计算中，换元的同时换了定积分的上下限，显然这样计算要比第一种计算方法简单，因为其中省略了变量的回代过程．因此，在使用定积分的换元积分法时，在换元的同时一定要换定积分的上、下限，口诀是“**换元必换限，新元代新限**”。

除了上述根式代换外，第二换元积分法还常采用三角代换，例如：

(1) 若被积函数含有$\sqrt{a^2-x^2}$，一般令$x=a\sin t$或$x=a\cos t$；

(2) 若被积函数含有$\sqrt{x^2-a^2}$，一般令$x=a\sec t$或$x=a\csc t$；

(3) 若被积函数含有$\sqrt{a^2+x^2}$，一般令$x=a\tan t$或$x=a\cot t$。

例 5　求下列函数的积分。

(1) $\displaystyle\int\frac{dx}{\sqrt{(x^2+1)^3}}$；　(2) $\displaystyle\int_0^a\sqrt{a^2-x^2}\,dx$；　(3) $\displaystyle\int_1^2\frac{\sqrt{x^2-1}}{x}dx$。

解　(1) 为了消去根号，作三角代换$x=\tan t$，则

$$\sqrt{(x^2+1)^3}=\sec^3 t，dx=\sec^2 t\,dt。$$

所以

$$\int\frac{dx}{\sqrt{(x^2+1)^3}}=\int\frac{\sec^2 t}{\sec^3 t}dt=\int\cos t\,dt=\sin t+C。$$

利用代换$x=\tan t$作一个辅助三角形，如图 3-9 所示。由图可以看出$\sin t=\dfrac{x}{\sqrt{x^2+1}}$。故

$$\int\frac{dx}{\sqrt{(x^2+1)^3}}=\frac{x}{\sqrt{x^2+1}}+C。$$

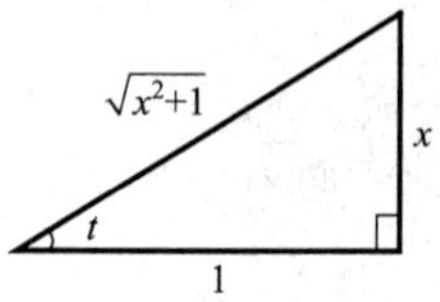

图 3-9

(2) 为了消去根号，作三角代换 $x=a\sin t$，则 $\sqrt{a^2-x^2}=a\cos t$，$dx=a\cos t dt$，当 $x=0$ 时，$t=0$，当 $x=a$ 时，$t=\frac{\pi}{2}$，于是得

$$\int_0^a \sqrt{a^2-x^2}dx=a^2\int_0^{\frac{\pi}{2}}\cos^2 t dt=a^2\int_0^{\frac{\pi}{2}}\frac{1+\cos 2t}{2}dt$$
$$=\frac{a^2}{2}\left(t+\frac{1}{2}\sin 2t\right)\Big|_0^{\frac{\pi}{2}}=\frac{a^2}{2}\left(\frac{\pi}{2}-0\right)=\frac{\pi a^2}{4}。$$

(3) 令 $x=\sec t$，则 $dx=\sec t\cdot\tan t dt$。

当 $x=1$ 时，$t=0$；当 $x=2$ 时，$t=\frac{\pi}{3}$，于是

$$\int_1^2\frac{\sqrt{x^2-1}}{x}dx=\int_0^{\frac{\pi}{3}}\frac{\tan t}{\sec t}\sec t\cdot\tan t dt=\int_0^{\frac{\pi}{3}}\tan^2 t dt$$
$$=\int_0^{\frac{\pi}{3}}(\sec^2 t-1)dt=(\tan t-t)\Big|_0^{\frac{\pi}{3}}=\sqrt{3}-\frac{\pi}{3}。$$

习 题 3.4

1. 利用第一换元积分法计算下列各积分。

(1) $\int(3x+1)^{18}dx$；　　(2) $\int x\sqrt{1+x^2}dx$；

(3) $\int\frac{e^x}{2+e^x}dx$；　　(4) $\int\frac{\cos\sqrt{x}}{\sqrt{x}}dx$；

(5) $\int\frac{1}{x(1+\ln^2 x)}dx$；　　(6) $\int\frac{1}{1+\cos x}dx$；

(7) $\int\frac{\tan x}{\sqrt{\cos x}}dx$；　　(8) $\int\frac{1}{16+x^2}dx$；

(9) $\int xe^{x^2}dx$；　　(10) $\int_0^{\frac{\pi}{3}}\sin^3 x dx$；

(11) $\int_0^{\frac{\pi}{4}}\tan^3 x dx$；　　(12) $\int_1^{e^3}\frac{dx}{x\sqrt{1+\ln x}}$。

2. 利用第二换元积分法计算下列各积分。

(1) $\int\frac{1}{1+\sqrt{2x}}dx$；　　(2) $\int\frac{1}{1+\sqrt{x+1}}dx$；

(3) $\int\frac{\sqrt{x}}{1+\sqrt[3]{x}}dx$；　　(4) $\int\frac{1}{x\sqrt{4-x^2}}dx$；

(5) $\int\frac{\sqrt{x^2-9}}{x^2}dx$；　　(6) $\int\frac{x^2}{(1+x^2)^2}dx$；

(7) $\int_0^{\frac{1}{2}}\frac{1}{\sqrt{(1-x^2)^3}}dx$；　　(8) $\int_{-\frac{1}{5}}^{\frac{1}{5}}x\sqrt{2-5x}dx$；

(9) $\int_{0}^{\ln 3} \frac{1}{\sqrt{1+e^{x}}} dx$；　　(10) $\int_{\sqrt{2}}^{2} \frac{1}{x\sqrt{x^{2}-1}} dx$.

【数学文化赏析】

数学界的两大"诺贝尔奖"

在众多的世界级科学奖励中，诺贝尔奖是最高级别的，它为科学家所带来的荣誉可谓是至高无上的. 数学被誉为"科学之王"却得不到每年瑞典科学院颁发的诺贝尔奖，100 年来，人们不断要问为什么没有设立"诺贝尔数学奖"?

史学家们现在越来越多的相信这样一种事实，即诺贝尔忽视数学，是受他所处的时代和他的科学观的影响. 诺贝尔 16 岁的时候就终止了公立中学的教育，也没有继续上大学，之后，只是从一位优秀的俄罗斯有机化学家那里接受了一些私人教育. 事实上，正是那位俄罗斯化学家在 1855 年把诺贝尔的注意力引向硝酸甘油. 诺贝尔不愧是 19 世纪一位典型的、极富天才的发明家，他的发明似乎更多地来自其敏锐的直觉和非凡的创造力，而不需要借助任何高等数学的知识，其数学知识可能还不超过四则运算和比率. 而那时，也就是 19 世纪的下半叶，化学领域的研究一般也不需要高等数学，数学在化学中的应用发生在诺贝尔去世以后. 作为一名发明家和工业家，诺贝尔决定不设立数学奖，其原因很可能只是由于他对数学或理论科学没有特殊的兴趣，他认为"数学不是人类可以直接从中获益的科学". 在那个时代诺贝尔本人根本无法预见或想象到数学在推动科学发展上所起到的巨大作用，因此忽视了设立"诺贝尔数学奖"也不难理解.

诺贝尔奖设有物理、化学、生物或医学、文学、和平事业及经济学六个类别，竟然没有数学这个科学之"王"的份额，这使得数学这一重要学科失去了一个在世界上评价其重大成就和表彰其卓越人物的机会. 正是在这种背景下，世界上先后设立了两个国际性的数学大奖，一个是四年一度的菲尔兹奖，另一个是一年一度的沃尔夫奖. 这两个数学大奖的权威性和国际性，以及所享有的荣誉都不亚于诺贝尔奖，因此，被世人誉为"数学中的诺贝尔奖".

1. 菲尔兹奖

数学这样一门重要的学科怎么能没有国际奖呢? 第一个提出要改变长期没有国际数学奖状况的是加拿大数学家约翰·菲尔兹. 菲尔兹 1863 年生于加拿大渥太华，曾任美国阿勒格尼大学和加拿大多伦多大学教授. 为使北美洲数学迅速发展，并赶上欧洲，他第一个在加拿大推进研究生教育. 1924 年国际数学家大会在多伦多召开的，他当选为大会主席，当他得知大会经费有结余时，就萌发了设立一个国际数学奖的念头. 他为此奔走于欧美各国谋求广泛支持，并于 1932 年提出设立数学优秀发现国际奖. 当时为了强调这项奖的国际性，决定不以过去任何一个伟大数学家的名字命名. 1932 年在苏黎世召开的国际数学家大会上，通过了菲尔兹的提议，但菲尔兹本人在大会召开前一个月去世了. 菲尔兹立下遗嘱，把自己的遗产加到上述经费中，并由多伦多大学数学系转交到第九届数学家大会. 为了纪念他的功绩，大会决定以他的名字命名这项数学奖，并决定下次大会开始颁奖。

菲尔兹奖的一个最大特点是奖励年轻人，它只授予 40 岁以下的数学家，即授予那些能对未来数学发展起重大作用的人。菲尔兹奖包括一枚金质奖章和 1500 美元，奖章的正面是阿基米德的浮雕头像，背面为阿基米德的球体嵌进圆柱体内。与诺贝尔奖金相比，菲尔兹奖的奖金是微不足道的，但为什么在人们的心目中，它的地位是如此崇高呢？第一，它是由数学界的国际权威机构 —— 国际数学联合会主持，从全世界 40 岁以下青年数学家中评定遴选出来的；第二，它是在每隔四年才召开一次的国际数学家大会上隆重颁发的，且每次获奖者仅有 2 到 4 名，得奖的机会少；第三，也是最根本的一条，是由于得奖人的出色才干，赢得了国际社会的声誉，他们都是数学天空中的灿烂明星，是数学界的精英。

1983 年，美籍华人数学家丘成桐荣获菲尔兹奖，成为获此荣誉的第一位华人，而在 2006 年第二十五届国际数学家大会上，又有另一位华裔数学家陶哲轩也获得了菲尔兹奖。

菲尔兹奖章（正）

菲尔兹奖章（反）

2. 沃尔夫奖

沃尔夫奖(Wolf Price) 由沃尔夫基金会颁发，该基金会于 1976 年在以色列创立。沃尔夫基金会的理事会主席由以色列政府官员担任，评奖委员会由世界著名科学家组成。授奖范围包括数学、物理、化学、医学、农业和艺术六个领域，1978 年开始颁奖，每年颁发一次，每个奖的奖金为 10 万美元，可以由几个人分得。沃尔夫奖具有终身成就性质，是世界最高成就奖之一，其中以沃尔夫数学奖影响最大。获奖者都是闻名遐迩的当代数学大师，他们的成就在相当程度上代表了当代数学的水平和进展。

创始人卡多 • 沃尔夫(1887—1981) 是外交家、实业家、慈善家。沃尔夫 1887 年出生于德国，他的父亲是德国汉诺威城的一位五金商人，也是该城犹太社会的名流。沃尔夫曾在德国研究化学，并获得博士学位。第一次世界大战前他移居古巴。他用了将近 20 年的时间成功地发明了一种从熔炼废渣中回收铁的方法，从而成为百万富翁。1961—1973 年他曾任古巴驻以色列大使，1976 年 1 月 1 日，沃尔夫及其家族捐献 1000 万美元成立了沃尔夫基金会，其宗旨主要是为了促进全世界科学、艺术的发展。

1983 年，美籍华人数学家陈省身荣获沃尔夫奖，成为获此荣誉的第一位华人，而在 2010 年数学家丘成桐也获得了沃尔夫奖。

3.5 分部积分法

分部积分法是由两个函数乘积的微分运算法则推得的一种求积分的基本方法。

设 $u(x)$ 与 $v(x)$ 有连续的导数，根据乘积的导数法则，我们有

$$[u(x)v(x)]'=u'(x)v(x)+u(x)v'(x),$$

移项后得到

$$u(x)v'(x)=[u(x)v(x)]'-u'(x)v(x)。$$

分部积分法

两边取不定积分，即有

$$\int u(x)v'(x)\mathrm{d}x=u(x)v(x)-\int v(x)u'(x)\mathrm{d}x,$$

或者写成

$$\int u(x)\mathrm{d}v(x)=u(x)v(x)-\int v(x)\mathrm{d}u(x)。$$

这个公式称为不定积分的**分部积分公式**，简记为

$$\int u\mathrm{d}v=uv-\int v\mathrm{d}u。$$

运用分部积分法的关键是选择 u，$\mathrm{d}v$，一般原则是：

(1) 使 v 容易求出；

(2) 新积分 $\int v\mathrm{d}u$ 比原积分 $\int u\mathrm{d}v$ 容易求出。

分部积分常见类型及 u 和 $\mathrm{d}v$ 的选取方法：

(1) $\int x^n\mathrm{e}^x\mathrm{d}x$，$\int x^n\sin\alpha x\mathrm{d}x$，$\int x^n\cos\alpha x\mathrm{d}x$，可设 $u=x^n$；

(2) $\int x^n\ln x\mathrm{d}x$，$\int x^n\arcsin x\mathrm{d}x$，$\int x^n\arctan x\mathrm{d}x$，可设 $u=\ln x$，$\arcsin x$，$\arctan x$；

(3) $\int \mathrm{e}^{\alpha x}\sin\beta x\mathrm{d}x$，$\int \mathrm{e}^{\alpha x}\cos\beta x\mathrm{d}x$，设哪个函数为 u 都可以。

由不定积分的分部积分公式和牛顿 — 莱布尼茨公式，可以得到定积分的分部积分公式，简记为

$$\int_a^b u\mathrm{d}v=uv\Big|_a^b-\int_a^b v\mathrm{d}u。$$

例 1 求 $\int x\cos x\mathrm{d}x$，并计算 $\int_0^{\frac{\pi}{2}} x\cos x\mathrm{d}x$。

解 设 $u=x$，$\mathrm{d}v=\cos x\mathrm{d}x=\mathrm{d}(\sin x)$，则

$$\int x\cos x\mathrm{d}x=\int x\mathrm{d}(\sin x)=x\sin x-\int\sin x\mathrm{d}x=x\sin x+\cos x+C。$$

计算定积分 $\int_0^{\frac{\pi}{2}} x\cos x\mathrm{d}x$ 时，可以先用不定积分的分部积分法求得原函数，然后再用牛顿 — 莱布尼茨公式。这里用前述结果，有

$$\int_0^{\frac{\pi}{2}} x\cos x\,\mathrm{d}x=(x\sin x+\cos x)\Big|_0^{\frac{\pi}{2}}=\frac{\pi}{2}-1.$$

也可用定积分的分部积分法公式直接积分，即

$$\int_0^{\frac{\pi}{2}} x\cos x\,\mathrm{d}x=\int_0^{\frac{\pi}{2}} x\,\mathrm{d}(\sin x)=x\sin x\Big|_0^{\frac{\pi}{2}}-\int_0^{\frac{\pi}{2}}\sin x\,\mathrm{d}x=\frac{\pi}{2}+\cos x\Big|_0^{\frac{\pi}{2}}=\frac{\pi}{2}-1.$$

分部积分法运用熟练后，选取 u 和 $\mathrm{d}v$ 的步骤可不必写出。

例 2 求下列不定积分。

(1) $\int\ln x\,\mathrm{d}x$；　(2) $\int x^2\mathrm{e}^x\,\mathrm{d}x$；　(3) $\int\mathrm{e}^x\cos x\,\mathrm{d}x$。

解

(1) $\int\ln x\,\mathrm{d}x=x\ln x-\int x\,\mathrm{d}(\ln x)=x\ln x-\int x\cdot\frac{1}{x}\mathrm{d}x$

$=x\ln x-\int\mathrm{d}x=x\ln x-x+C$。

(2) 我们可以先把被积表达式写成 $\int x^2\mathrm{d}\mathrm{e}^x$，然后由分部积分法公式得

$$\int x^2\mathrm{e}^x\mathrm{d}x=\int x^2\mathrm{d}\mathrm{e}^x=x^2\mathrm{e}^x-\int\mathrm{e}^x\mathrm{d}(x^2)=x^2\mathrm{e}^x-2\int x\mathrm{e}^x\mathrm{d}x。$$

可以看出，通过一次分部积分我们就将被积函数中 x 的幂降低了一次。很自然我们会想到再用一次分部积分法即可把被积函数中 x 的幂降为零。事实上，

$$\int x\mathrm{e}^x\mathrm{d}x=\int x\,\mathrm{d}\mathrm{e}^x=x\mathrm{e}^x-\int\mathrm{e}^x\mathrm{d}x=x\mathrm{e}^x-\mathrm{e}^x+C。$$

将此结果代入上式即得

$$\int x^2\mathrm{e}^x\mathrm{d}x=(x^2-2x+2)\mathrm{e}^x+C。$$

由此可见，分部积分法是可以连续多次使用的。

(3) $\int\mathrm{e}^x\cos x\,\mathrm{d}x=\int\cos x\,\mathrm{d}(\mathrm{e}^x)=\mathrm{e}^x\cos x-\int\mathrm{e}^x\mathrm{d}(\cos x)$

$=\mathrm{e}^x\cos x+\int\mathrm{e}^x\sin x\,\mathrm{d}x=\mathrm{e}^x\cos x+\int\sin x\,\mathrm{d}\mathrm{e}^x$

$=\mathrm{e}^x\cos x+\mathrm{e}^x\sin x-\int\mathrm{e}^x\mathrm{d}(\sin x)$

$=\mathrm{e}^x(\sin x+\cos x)-\int\mathrm{e}^x\cos x\,\mathrm{d}x$，

移项得　$2\int\mathrm{e}^x\cos x\,\mathrm{d}x=\mathrm{e}^x(\sin x+\cos x)+C_1$，

因此　$\int\mathrm{e}^x\cos x\,\mathrm{d}x=\frac{1}{2}\mathrm{e}^x(\sin x+\cos x)+C\quad\left(C=\frac{1}{2}C_1\right)$。

两次分部积分后，出现了循环现象，又回到原来的不定积分，两者系数不同，可通过移项整理得到积分结果，这在分部积分中是常用的技巧。

例 3 求下列定积分。

(1) $\int_1^2 x\ln x\mathrm{d}x$； (2) $\int_0^1 x\arctan x\mathrm{d}x$。

解 (1) $\int_1^2 x\ln x\mathrm{d}x=\frac{1}{2}\int_1^2 \ln x\mathrm{d}(x^2)=\frac{1}{2}\left(x^2\ln x\Big|_1^2-\int_1^2 x^2\mathrm{d}(\ln x)\right)$

$$=2\ln 2-\frac{1}{2}\int_1^2 x\mathrm{d}x=2\ln 2-\frac{1}{4}x^2\Big|_1^2$$

$$=2\ln 2-\frac{3}{4}。$$

(2) $\int_0^1 x\arctan x\mathrm{d}x=\frac{1}{2}\int_0^1 \arctan x\mathrm{d}x^2=\frac{1}{2}\left[x^2\arctan x\Big|_0^1-\int_0^1 x^2\mathrm{d}(\arctan x)\right]$

$$=\frac{\pi}{8}-\frac{1}{2}\int_0^1\frac{x^2}{1+x^2}\mathrm{d}x=\frac{\pi}{8}-\frac{1}{2}\int_0^1\left(1-\frac{1}{1+x^2}\right)\mathrm{d}x$$

$$=\frac{\pi}{8}-\frac{1}{2}(x-\arctan x)\Big|_0^1=\frac{\pi}{4}-\frac{1}{2}。$$

习　题　3.5

1. 求下列不定积分。

(1) $\int x\mathrm{e}^{2x}\mathrm{d}x$； (2) $\int\frac{\ln x}{\sqrt{x}}\mathrm{d}x$； (3) $\int\arcsin x\mathrm{d}x$；

(4) $\int\ln(1+x^2)\mathrm{d}x$； (5) $\int\sin\sqrt{x}\mathrm{d}x$； (6) $\int\mathrm{e}^x\sin x\mathrm{d}x$。

2. 求下列定积分。

(1) $\int_0^1\mathrm{e}^{\sqrt{x}}\mathrm{d}x$； (2) $\int_0^{\sqrt{3}}\arctan x\mathrm{d}x$；

(3) $\int_0^{\pi}x^2\cos 2x\mathrm{d}x$； (4) $\int_{\frac{1}{\mathrm{e}}}^{\mathrm{e}}|\ln x|\mathrm{d}x$。

【数学文化赏析】

微积分学在中国的最早传播人——李善兰

李善兰

李善兰(1811—1882)，浙江海宁人，清代数学家。曾任苏州府幕僚，1868年被清政府谕召到北京任同文馆数学教授，执教13年。

1811年1月2日(清嘉庆十五年夏历十二月八日)，李善兰生于浙江海宁一个世代书香门第之家。他天资聪颖，勤奋好学，只要是他读过的书，过目即能成诵。9岁时，李善兰发现父亲的书架上有一本中国古代数学名著《九章算术》，李善兰读了这本书，感到十分新奇有趣，从此迷上了数学。14岁时，李善兰又靠自学读懂了欧几里得《几何原本》前六卷。后来又研读了李冶的《测圆海镜》和戴震的《勾股割圆记》，使他的数学水平有了很大的提高。

李善兰在数学研究方面的成就，主要有尖锥术、垛积术和素数论三项。李善兰创立的“尖锥”概念，是一种处理代数问题的几何模型，他对“尖锥曲线”的描述实质上相当于给出了直线、抛物线、立方抛物线等方程。他创造的“尖锥求积术”相当于幂函数的定积分公式和逐项积分法则，在使用微积分方法处理数学问题方面取得了创造性的成就。他对有关二项式定理系数的恒等式也进行了深入研究，曾取各家级数论之长，归纳出以他的名字命名的“李善兰恒等式”，在《垛积比类》一书中首次提出。

李善兰不仅在数学研究上有很深造诣，而且在代数学、微积分学的传播上也做出了不朽的贡献。1852 年至 1859 年间，他与英国传教士伟烈亚力合作翻译出版了《几何原本》后 9 卷、《代数学》13 卷、《代微积拾级》18 卷等，他的大部分译著均是中国出版的第一部代数学、解析几何学、微积分学著作。李善兰不懂外语，由伟烈亚力口译、李善兰笔录。但是李善兰不只是抄录整理，而是基于对微积分等数学内容的深入理解以及对中国传统数学的承袭进行再加工创造。李善兰的翻译工作是有独创性的，他创译了许多数学名词，如“代数”“函数”“方程式”“微分”“积分”“级数”等沿用至今。

3.6　无穷区间上的广义积分

【引例】 求由曲线 $y=e^{-x}$，x 轴以及 y 轴右侧所围成的“开口曲边梯形”的面积[图 3-10(a)]。

无穷区间上的广义积分

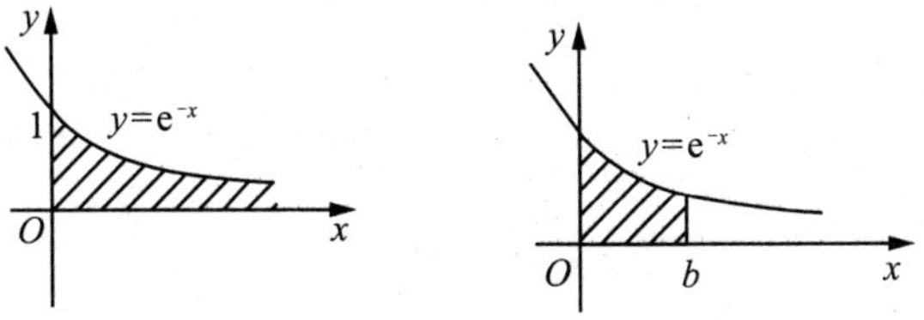

(a)　　(b)

图 3-10

解 由于 $x\to+\infty$，所以积分区间应当是 $[0,+\infty)$，这是一个无限区间，而我们前面学习的定积分的积分区间都是有限区间 $[a,b]$，如果把上限暂时固定，即任取实数 $b>0$，如图 3-10(b) 所示，在有限区间 $[0,b]$ 上，以曲线 $y=e^{-x}$ 为曲边的图形的面积为

$$\int_0^b e^{-x}\,dx=-\int_0^b e^{-x}\,d(-x)=-e^{-x}\Big|_0^b=1-\frac{1}{e^b}。$$

如图 3-10(b) 中阴影部分所示，当 $b\to+\infty$ 时，阴影部分曲边梯形的面积的极限就是开口曲边梯形的面积的精确值，即 $A=\lim\limits_{b\to+\infty}\int_0^b e^{-x}\,dx=\lim\limits_{b\to+\infty}\left(1-\frac{1}{e^b}\right)=1$。

定义 设函数 $f(x)$ 在区间 $[a,+\infty)$ 上连续，对任意大于 a 的数 b，如果极限 $\lim\limits_{b\to+\infty}\int_a^b f(x)\,dx$ 存在，那么就称这个极限为 $f(x)$ 在区间 $[a,+\infty)$ 上的广义积分，记

为$\int_a^{+\infty} f(x)\mathrm{d}x = \lim\limits_{b\to+\infty}\int_a^b f(x)\mathrm{d}x$。

这时也称广义积分$\int_a^{+\infty} f(x)\mathrm{d}x$ 收敛，如果$\lim\limits_{b\to+\infty}\int_a^b f(x)\mathrm{d}x$ 不存在，则称广义积分$\int_a^{+\infty} f(x)\mathrm{d}x$ 发散。

设$F(x)$ 是 $f(x)$ 的一个原函数，则$\int_a^x f(t)\mathrm{d}t = F(x) - F(a)$，记 $F(+\infty) = \lim\limits_{x\to+\infty} F(x)$，$F(-\infty) = \lim\limits_{x\to-\infty} F(x)$，于是三种无穷区间的广义积分可表示为：

$$\int_a^{+\infty} f(x)\mathrm{d}x = F(x)\Big|_a^{+\infty} = F(+\infty) - F(a),$$

$$\int_{-\infty}^b f(x)\mathrm{d}x = F(x)\Big|_{-\infty}^b = F(b) - F(-\infty),$$

$$\int_{-\infty}^{+\infty} f(x)\mathrm{d}x = F(x)\Big|_{-\infty}^{+\infty} = F(+\infty) - F(-\infty)。$$

上例可表示为
$$\int_0^{+\infty} \mathrm{e}^{-x}\mathrm{d}x = -\mathrm{e}^{-x}\Big|_0^{+\infty} = 1。$$

从形式上看广义积分的计算与牛顿—莱布尼茨公式相似，但 $F(+\infty)$ 和 $F(-\infty)$ 是极限，广义积分是否收敛，取决于这些极限是否存在。

例 1　求$\int_{-\infty}^{+\infty} \frac{1}{1+x^2}\mathrm{d}x$。

解　$\int_{-\infty}^{+\infty} \frac{1}{1+x^2}\mathrm{d}x = \arctan x\Big|_{-\infty}^{+\infty} = \frac{\pi}{2} - \left(-\frac{\pi}{2}\right) = \pi$。

例 2　讨论广义积分$\int_1^{+\infty} \frac{1}{x^p}\mathrm{d}x$ 的收敛性。

解　当 $p \neq 1$ 时，

$$\int_1^{+\infty} \frac{1}{x^p}\mathrm{d}x = \int_1^{+\infty} x^{-p}\mathrm{d}x = \frac{1}{-p+1}x^{-p+1}\Big|_1^{+\infty} = \lim_{x\to+\infty}\left(\frac{1}{1-p}x^{1-p}\right) - \frac{1}{1-p}\cdot 1^{1-p}$$
$$= \begin{cases} +\infty, & p<1, \\ \dfrac{1}{p-1}, & p>1; \end{cases}$$

当 $p=1$ 时，
$$\int_1^{+\infty} \frac{\mathrm{d}x}{x} = \ln x\Big|_1^{+\infty} = +\infty。$$

由以上讨论可知，广义积分$\int_1^{+\infty} \frac{\mathrm{d}x}{x}$，$p>1$ 时收敛于$\frac{1}{p-1}$，而当 $p \leqslant 1$ 时发散。

这是一个较为重要的积分，在后面的级数中将用到。

习　题　3.6

1. 计算下列广义积分。

(1)$\int_0^{+\infty} \frac{1}{\mathrm{e}^x + \mathrm{e}^{-x}}\mathrm{d}x$；　　　(2)$\int_0^{+\infty} 3\mathrm{e}^{-3x}\mathrm{d}x$；

(3) $\int_{0}^{+\infty} x\mathrm{e}^{-x^2}\mathrm{d}x$；　　　　(4) $\int_{-\infty}^{-1} \frac{1}{x^2}\mathrm{d}x$。

2. 讨论当 k 为何值时，积分 $\int_{2}^{+\infty} \frac{\mathrm{d}x}{x(\ln x)^k}$ 收敛？何时发散？

【数学文化赏析】

开普勒凝视着酒桶

德国天文学家兼数学家约翰尼斯·开普勒(Johannes Kepler，1571—1630)因发现行星运动的数学定律而闻名。

1613 年，在他第二次结婚前，他为备婚去酒商处订购葡萄酒。为了算账，酒商用尺子测量了酒桶的对角线来计算桶的容量，一桶酒的价格就根据这个对角线来计算。开普勒不以为然，立刻觉察到度量的结果不仅关乎桶里酒的多少，也关乎桶的形状(图 1)。如果酒桶又高又窄，里面能装的酒就比对角线一样长但又矮又胖的桶少得多，对于买家，理想的酒桶是同体积下对角线最短的那款。

为了看看酒商是否弄虚作假，开普勒计算了许多对角线相同但底面直径不同的酒桶的体积。为了计算方便，他假设酒桶都是圆柱体，在给定的价格下(对角线长度一定)，他想寻找最大的桶，装最多的酒。开普勒计算的内容就是如今用微积分一步就能搞定的，寻找函数的最大值问题。

图 1

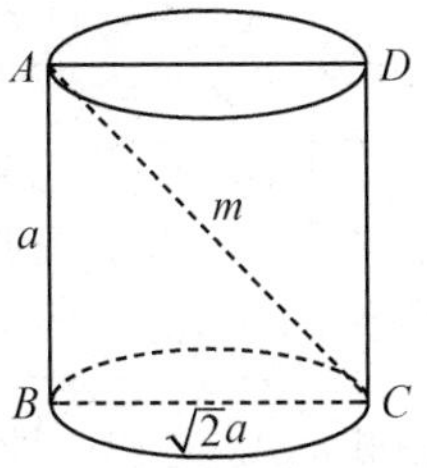

图 2

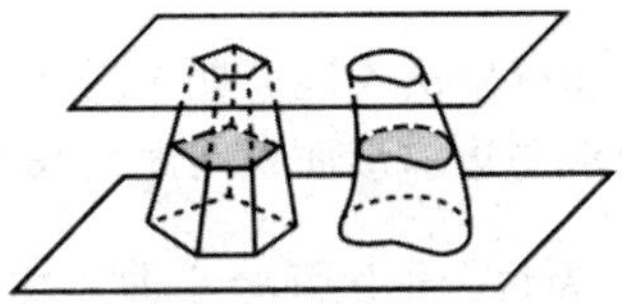

图 3

开普勒经过研究发现，当对角线长度固定时，当底圆直径和高的比等于$\sqrt{2}$时(图 2)，体积最大，装酒最多，奥地利的酒桶恰好是按这个比例做成的。虽说开普勒对酒心满意足，但他意识到，古希腊人研究过的少量形状是满足不了实际需要的。酒桶的形状其实非常复杂，有的直溜溜，有的圆滚滚，千姿百态。开普勒对方法做了调整，他把酒桶截成一个一个圆柱，求体积，再累加起来求酒桶的体积。截得的圆柱越小越多，其体积总和离酒桶的真实体积就越接近。开普勒用这种无限分割的方法求出了许多图形的面积和体积。1615 年，开普勒把自己创造的这种求面积和体积的新方法发表在《葡萄酒桶的立体几何》一书中。

《葡萄酒桶的立体几何》一书很快在欧洲流传开来，数学家高度评价开普勒的工作，称赞这本书是人们创造求面积和体积新方法的灵感源泉。然而，一种新的理论，在开始的时候很难十全十美，开普勒创造的求面积求体积的新方法，引起一些人的怀疑，他们问道："如果把酒桶一直分割下去，分到哪儿为止呢？"面对别人的质疑，开普勒自己也说不清楚。

接过开普勒的接力棒，迎难而上的是意大利数学家卡瓦列里(Francesco Bonaventura Cavalieri，1598—1647)。1635年，当《葡萄酒桶的立体几何》一书问世20周年时，意大利出版了卡瓦列里的《不可分量几何学》。在这本书中，他把点、线、面分别看成是直线、平面、立体的不可分量；把直线看成是点的总和，把平面看成是直线的总和，把立体看成是平面的总和。

卡瓦列里根据不可分量的方法指出，两本书的外形虽然不一样，只要页数相等，厚薄相同，而且每一页的面积也相等，那么，这两本书的体积就应该相等。他认为这个道理适用于所有的立体。两个立体等底等高，而且用任一截面去截，所得的截面面积都相等，则这两个立体体积一定相等(图3)，这就是有名的“卡瓦列里原理”。

事实上，最先提出这个原理的是我国古代数学家祖暅。他是祖冲之的儿子，其出生的年代比卡瓦列里早一千多年。祖暅提出了“幂势既同，则积不容异”的原理，与“卡瓦列里原理”是相同的，我国称这个原理为“祖暅原理”。

3.7 积分学的应用

前面介绍了积分的概念和计算方法，本节主要介绍定积分在几何及物理学方面的实际应用。通过本节的学习，不仅要掌握一些具体应用的计算公式，更重要的是学会用定积分解决实际问题的思想方法 —— 微元法。

积分学的应用

3.7.1 微元法

用定积分解决实际问题的常用方法是微元法．为了说明这种方法，我们先回顾一下用定积分求曲边梯形面积问题的**思路**：将区间$[a, b]$分成n个子区间，所求曲边梯形的面积A为每个子区间上小曲边梯形的面积ΔA_i之和，即$A=\sum_{i=1}^{n}\Delta A_i$，在第$i$个子区间上取$\Delta A_i$的近似值$\Delta A_i\approx f(\xi_i)\Delta x_i$，得总和$A\approx\sum_{i=1}^{n}f(\xi_i)\Delta x_i$，然后取极限得$A\approx\lim_{\lambda\to 0}\sum_{i=1}^{n}f(\xi_i)\Delta x_i=\int_a^b f(x)\mathrm{d}x$。我们把$\mathrm{d}A=f(x)\mathrm{d}x$称为面积$A$的微元，曲边梯形面积$A$是微矩形面积$f(x)\mathrm{d}x$的无穷累加，也就是$A$的微分的无穷累加，即$A=\int_a^b f(x)\mathrm{d}x=\int_a^b \mathrm{d}A$。

综上所述，在解决具体问题时，要求区间$[a, b]$上某个量A的**积分表达式**，可按以下步骤进行：

(1) 选取一个积分变量x，并确定积分区间$[a, b]$；

(2) 求微元，在$[a, b]$上任取一个区间$[x, x+\mathrm{d}x]$，求出相应于这个小区间的部分量ΔA的近似值，记为$\mathrm{d}A=f(x)\mathrm{d}x$(称为$A$的微元)；

(3) 求积分，将微元$\mathrm{d}A$在$[a, b]$上积分，即得$A=\int_a^b f(x)\mathrm{d}x$。

用上述步骤解决问题的方法叫作定积分的**微元法**。

3.7.2 几何应用

1. 平面图形的面积

在直角坐标系下，用微元法可将平面图形的面积表示为定积分。下面根据不同情形给出求平面图形面积的定积分表达式。

情形一 曲线 $y=f(x)[f(x)\geqslant 0]$，$x=a$，$x=b$ 及 Ox 轴所围图形（图 3-11）的面积微元 $\mathrm{d}A=f(x)\mathrm{d}x$，面积 $A=\int_a^b f(x)\mathrm{d}x$；

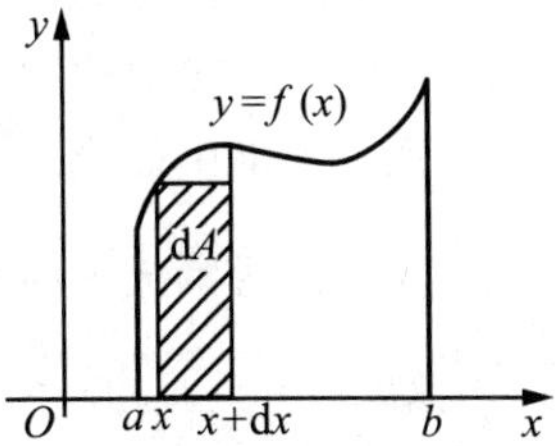

图 3-11

情形二 由上、下两条曲线 $y=f(x)$，$y=g(x)[f(x)\geqslant g(x)]$ 及 $x=a$，$x=b$ 所围成的图形（图 3-12）的面积微元 $\mathrm{d}A=[f(x)-g(x)]\mathrm{d}x$，面积 $A=\int_a^b[f(x)-g(x)]\mathrm{d}x$；

情形三 由左右两条曲线 $x=\varphi(y)$，$x=\psi(y)$ 及 $y=c$，$y=d$ 所围图形（图 3-13）的面积微元 $\mathrm{d}A=[\psi(y)-\varphi(y)]\mathrm{d}y$，面积 $A=\int_c^d[\psi(y)-\varphi(y)]\,\mathrm{d}y$。

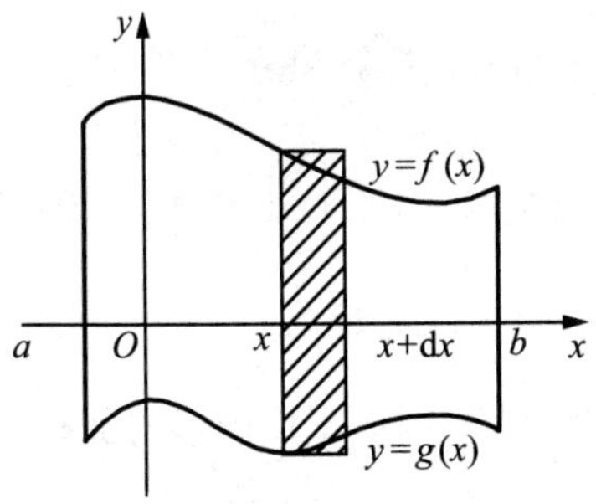

图 3-12

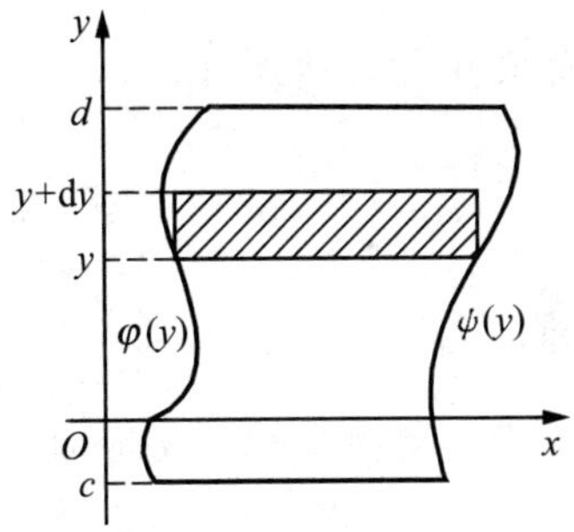

图 3-13

例 1 求由抛物线 $y=x^2$ 与直线 $y=x$ 所围成平面图形的面积。

解 (1) 画出草图(图 3-14)，并解方程组 $\begin{cases}y=x^2,\\ y=x,\end{cases}$ 得两条曲线交点(0，0)及(1，1)；

(2) 选择 x 为积分变量，x 的变化范围为[0，1]，从而求得面积表达式

$$A=\int_0^1(x-x^2)\,\mathrm{d}x;$$

(3) 计算积分，得

$$A=\int_0^1(x-x^2)\,\mathrm{d}x=\left(\frac{x^2}{2}-\frac{x^3}{3}\right)\Big|_0^1=\frac{1}{6}。$$

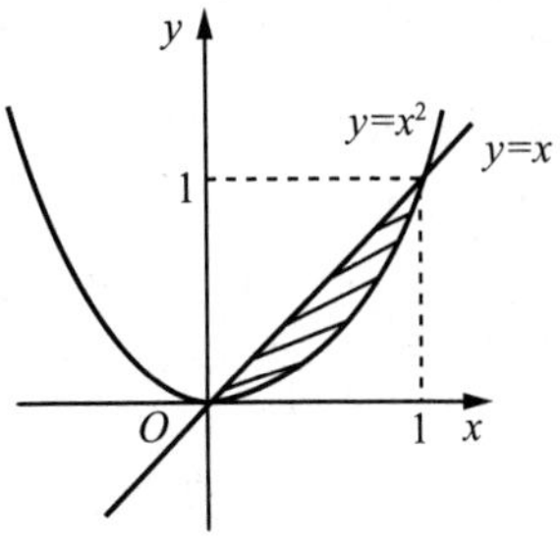

图 3-14

例 1 也可选择 y 为积分变量，采用下式计算：

$$A=\int_{0}^{1}(\sqrt{y}-y)\mathrm{d}y=\left(\frac{2}{3}y^{\frac{3}{2}}-\frac{y^{2}}{2}\right)\Big|_{0}^{1}=\frac{1}{6}。$$

综上所述，得出求平面图形面积的步骤：

(1) 画出草图，找出曲线与坐标轴或曲线的交点；

(2) 选择相应的积分变量与积分区间；

(3) 写出面积的积分表达式进行计算。

例 2 求由曲线 $y=\sin x$，$y=\cos x$ 及直线 $x=0$，$x=\frac{\pi}{2}$ 所围成平面图形的面积。

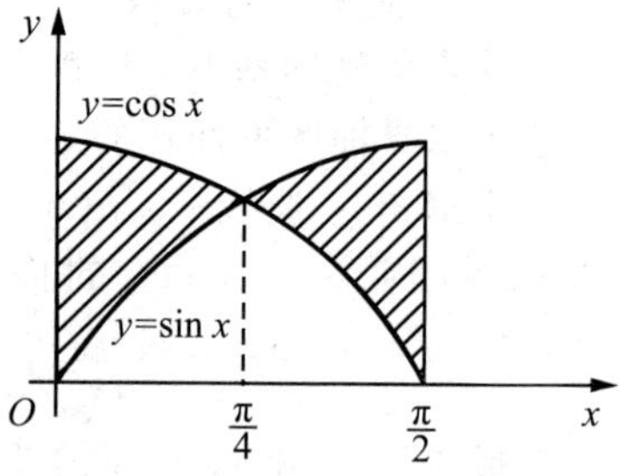

图 3-15

解 (1) 画出草图（图 3-15），并解方程组 $\begin{cases}y=\sin x,\\ y=\cos x,\end{cases}$ 得两条曲线交点 $\left(\frac{\pi}{4},\frac{\sqrt{2}}{2}\right)$；

(2) 选择 x 为积分变量，且 x 变化范围为 $\left[0,\frac{\pi}{2}\right]$，用直线 $x=\frac{\pi}{4}$ 把图形分成两块；

(3) 面积 A 的表达式 $A=\int_{0}^{\frac{\pi}{2}}|\sin x-\cos x|\,\mathrm{d}x$，计算积分，得

$$\begin{aligned}A&=\int_{0}^{\frac{\pi}{2}}|\sin x-\cos x|\,\mathrm{d}x=\int_{0}^{\frac{\pi}{4}}(\cos x-\sin x)\mathrm{d}x+\int_{\frac{\pi}{4}}^{\frac{\pi}{2}}(\sin x-\cos x)\mathrm{d}x\\&=(\sin x+\cos x)\Big|_{0}^{\frac{\pi}{4}}+(-\cos x-\sin x)\Big|_{\frac{\pi}{4}}^{\frac{\pi}{2}}=2(\sqrt{2}-1)。\end{aligned}$$

例 3 求由抛物线 $y^{2}=x$ 及直线 $x+y-2=0$ 所围成平面图形的面积。

解 (1) 画出草图（图 3-16），并解方程组 $\begin{cases}y^{2}=x,\\ y=2-x,\end{cases}$ 得两条曲线交点 $P(1,1)$，$Q(4,-2)$。

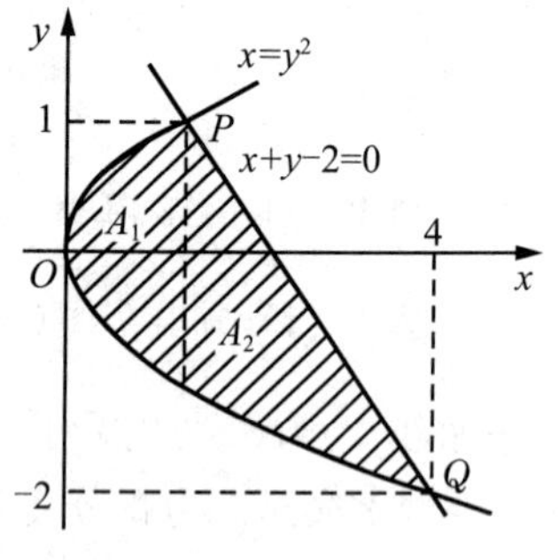

图 3-16

(2) 若选择 x 为积分变量，图形必须分块，面积 $A=A_{1}+A_{2}$，不易计算。若选择 y 为积分变量，图形介于直线 $y=-2$ 和 $y=1$ 之间，图形由介于这两条直线之间的 $x=y^{2}$ 和 $x=2-y$ 围成，图形不分块且 y 的变化范围为 $[-2,1]$ 易积，所以选 y 为积分变量。

(3) 计算积分，得

$$A=\int_{-2}^{1}[(2-y)-y^{2}]\,\mathrm{d}y=\left(2y-\frac{y^{2}}{2}-\frac{y^{3}}{3}\right)\Big|_{-2}^{1}=\frac{9}{2}。$$

2. 旋转体的体积

旋转体是一个平面图形绕这平面内的一条直线旋转一周而成的立体，这条直线叫作**旋转轴**。

(1) 求由连续曲线 $y=f(x)$、直线 $x=a$，$x=b$ 及 x 轴所围成的曲边梯形绕 x 轴

旋转一周所得旋转体的体积(图 3-17)。

取 x 为积分变量，则 $x\in[a,b]$，对于区间 $[a,b]$ 上的任一区间 $[x,x+\Delta x]$，它所对应的窄曲边梯形绕 x 轴旋转而生成的薄片似的立体的体积近似等于以 $f(x)$ 为底半径，$\mathrm{d}x$ 为高的圆柱体体积．即体积元素为

$$\mathrm{d}v=\pi[f(x)]^2\mathrm{d}x,$$

所求旋转体的体积为

$$V=\int_a^b\pi[f(x)]^2\mathrm{d}x。$$

(2) 求由曲线 $x=\varphi(y)$，直线 $y=c$，$y=d$ 及 y 轴所围成的曲边梯形绕 y 轴旋转一周所得的旋转体的体积为(图 3-18)

$$V=\int_c^d\pi[\varphi(y)]^2\mathrm{d}y。$$

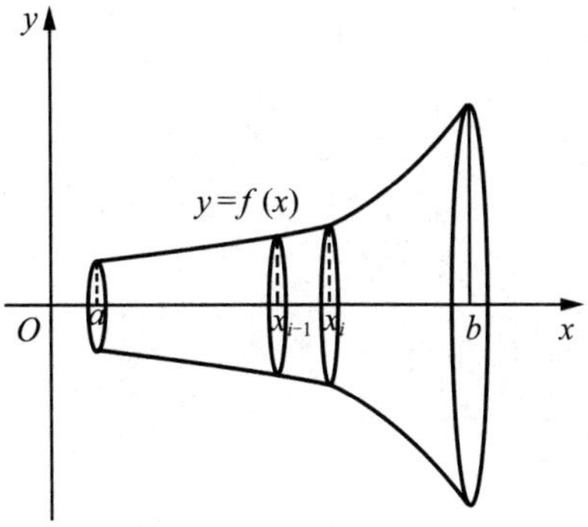

图 3-17

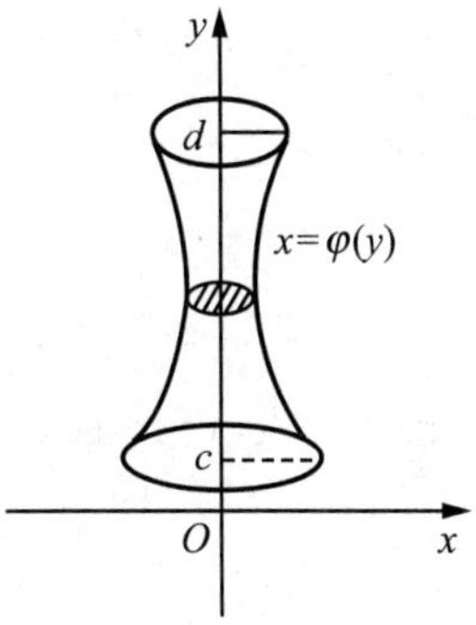

图 3-18

例 4 求椭圆 $\frac{x^2}{a^2}+\frac{y^2}{b^2}=1(a>b>0)$ 绕 x 轴旋转而成的旋转体的体积。

解 建立直角坐标系，如图 3-19 所示．根据对称性，可先求椭球右半部的体积，右半部是曲边梯形 OAB 绕 x 轴旋转而成的．曲边 AB 的方程为

$$y=\frac{b}{a}\sqrt{a^2-x^2}。$$

(1) 取积分变量为 x，积分区间为 $[0,a]$。

(2) 在区间 $[0,a]$ 上，任取一小区间 $[x,x+\mathrm{d}x]$，与它对应的薄片体积近似于以 $y=\frac{b}{a}\sqrt{a^2-x^2}$ 为底面半径，$\mathrm{d}x$ 为高的小圆柱的体积，于是可得体积微元

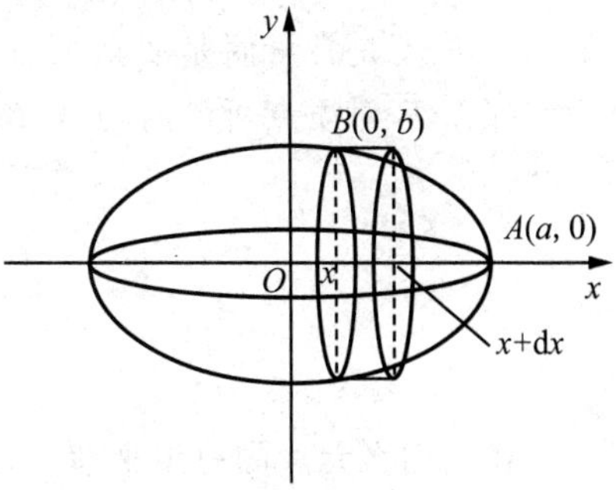

图 3-19

$$\mathrm{d}V=\pi\left(\frac{b}{a}\sqrt{a^2-x^2}\right)^2\mathrm{d}x=\frac{\pi b^2}{a^2}(a^2-x^2)\,\mathrm{d}x。$$

(3) 所求椭球的体积为

$$V=2\pi\int_0^a \frac{b^2}{a^2}(a^2-x^2)\,\mathrm{d}x=2\pi\frac{b^2}{a^2}\left(a^2x-\frac{x^3}{3}\right)\Big|_0^a=\frac{4}{3}\pi ab^2。$$

例 5 求由抛物线 $y=\sqrt{x}$ 与直线 $y=1$ 和 y 轴围成的平面图形绕 y 轴旋转而成的旋转体的体积。

解 建立直角坐标系，如图 3-20 所示，取积分变量为 y，积分区间为 $[0，1]$。

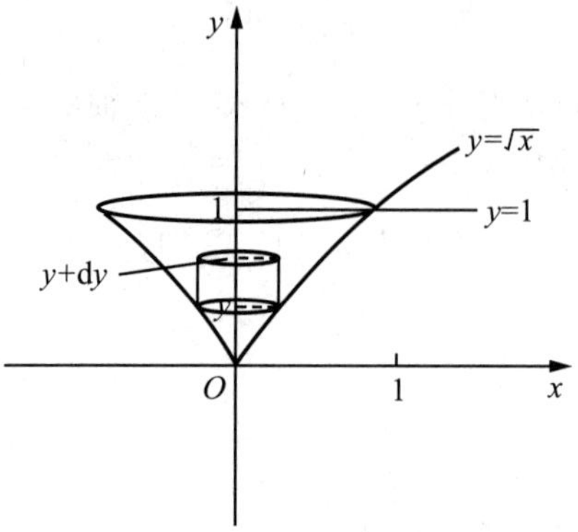

图 3-20

体积微元 $\mathrm{d}V=\pi(y^2)^2\mathrm{d}y$，所求旋转体的体积为

$$V=\pi\int_0^1 y^4\,\mathrm{d}y=\frac{\pi}{5}y^5\Big|_0^1=\frac{\pi}{5}。$$

3.7.3 物理应用

1. 变力做功

设质点 m 受力 F 的作用沿 x 轴由点 a 移动至点 b，如图 3-21 所示并设 F 的方向处处平行于 x 轴. 如果 F 是常量，则它对质点所做的功为 $W=F(b-a)$. 现在的问题是，如果力 F 不是常量而是质点所在位置 x 的连续函数，即 $F=f(x)(a\leqslant x\leqslant b)$ 是变力，那么 F 对质点所做的功 W 该如何计算?

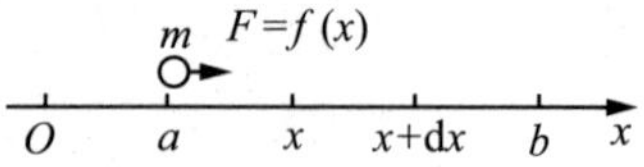

图 3-21

我们用微元法的思想来解决变力做功的问题。

(1) 取积分变量为 x，积分区间为 $[a，b]$；

(2) 在区间 $[a，b]$ 上，任取一小区间 $[x，x+\mathrm{d}x]$，对应于这一小段的路程来说，变力所做的功近似于常力 $f(x)$(即在点 x 处的力) 所做的功。于是可得做功微元 $\mathrm{d}W=f(x)\mathrm{d}x$；

(3) 把功微元 $\mathrm{d}W$ 从 a 到 b 取定积分，即可得变力做的功为

$$W=\int_a^b \mathrm{d}W=\int_a^b f(x)\mathrm{d}x。$$

例 6 已知弹簧每拉长 0.02 m，要用 9.8 N 的力，求把弹簧拉长 0.1 m 所做的功。

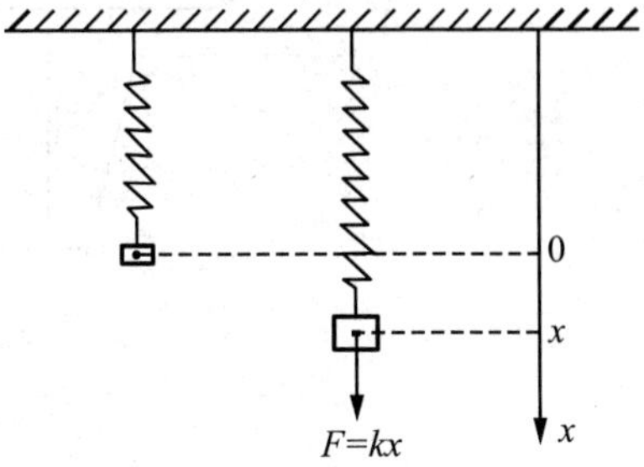

图 3-22

解 如图 3-22 所示，由于在弹性限度内，拉伸（或压缩）弹簧所需的力 F 和弹簧的伸长量 x 成正比，所以 $F=kx$（其中 k 为比例系数）. 由题知 $x=0.02$ m，$F=9.8$ N，代入上式，得 $k=4.9\times10^2$。

于是得到变力函数为

$$F=f(x)=4.9\times10^2 x。$$

功微元 $\mathrm{d}W=4.9\times10^2 x\mathrm{d}x$，所求功为

$$W=\int_0^{0.1}4.9\times10^2 x\mathrm{d}x=\frac{4.9\times10^2}{2}(x^2)\Big|_0^{0.1}=2.45(\mathrm{J})。$$

例 7 半径为 1 m 的半球形水池，池中充满了水，把池内水全部抽完需做多少功?

解 过中心轴作水池的截面图，并建立直角坐标系（图 3-23），半圆的方程为 $x^2+y^2=1$。

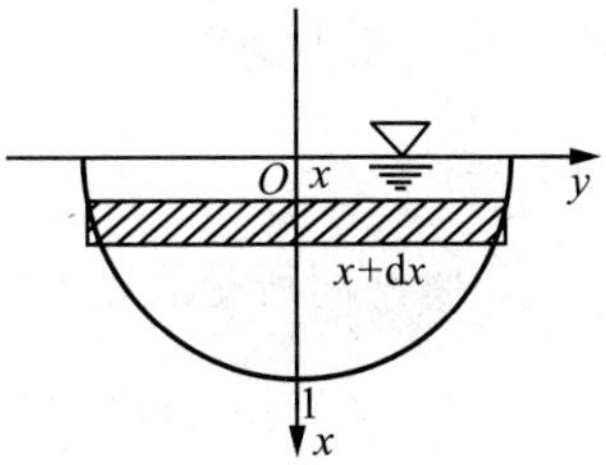

图 3-23

取水深 x 为积分变量，$x\in[0,1]$，在区间 $[0,1]$ 上任取一小区间 $[x,x+\mathrm{d}x]$，与该区间对应的一薄层水的重量近似为

$$9.8\rho\pi y^2\mathrm{d}x=9.8\rho\pi(1-x^2)\mathrm{d}x,$$

其中，水的密度 $\rho=10^3\ \mathrm{kg/m^3}$。

将这小薄层水吸到池口的距离为 x，所做的功即克服重力做的功，因此功的微元为

$$\mathrm{d}W=9.8\rho\pi(1-x^2)x\mathrm{d}x=9.8\rho\pi(x-x^3)\mathrm{d}x,$$

从而所求的功为

$$W=\int_0^1 9.8\rho\pi(x-x^3)\mathrm{d}x=9.8\rho\pi\left(\frac{x^2}{2}-\frac{x^4}{4}\right)\Big|_0^1\approx7.70\times10^3(\mathrm{J})。$$

2. 液体的静压力

由物理学知识可知，一面积为 A 的薄片，水平放置在距离表面深度为 h 的液体中，如果液体的密度为 ρ（单位：$\mathrm{kg/m^3}$），那么该薄片的一面所受的压力为 $F=\rho\cdot g\cdot h\cdot A$。

然而，在实际中常需要计算与液面垂直放置的薄片上一侧所受的压力. 由于薄片上各个位置距离液体表面的深度不同，所以，薄片上的压力并不是处处相等。这时不能直接应用上面的公式进行计算，但我们可以用微元法的思想来解决这种压力计算问题。

例 8 设有一形状为等腰梯形的闸门，垂直竖立于水中[如图 3-24(a) 所示]。其上底6 m，下底 4 m，高 6 m，闸门顶齐水面. 求水对闸门的压力。

解 建立直角坐标系，如图 3-24(b) 所示. 直线 AB 的方程为 $y=-\dfrac{x}{6}+3$。

(1) 取 x 为积分变量，积分区间为[0，6]。

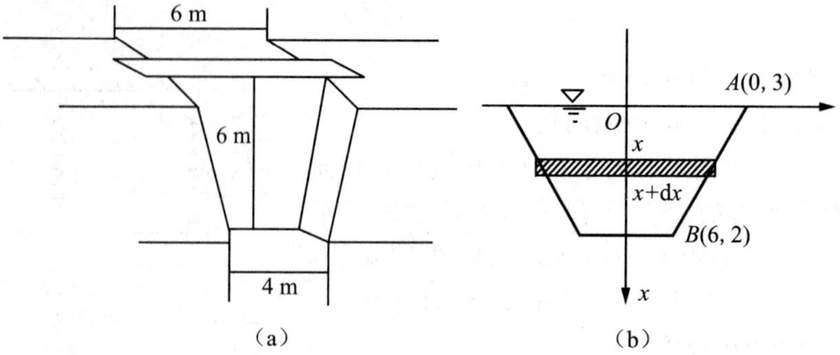

图 3-24

(2) 在积分区间[0，6]上，任取一小区间[x，$x+\mathrm{d}x$]，与它对应的小薄片面积近似于长为 $2y=2\left(-\frac{x}{6}+3\right)$、宽为 $\mathrm{d}x$ 的小矩形面积．这个小矩形一侧所受的压力近似于把它放在平行于液体表面，距液体表面深度为 x 的位置上一面所受的压力．于是可得闸门所受压力的微元。

$$\mathrm{d}F=\rho\cdot g\cdot x\cdot 2y\mathrm{d}x=9.8\times10^3 x\cdot 2\left(-\frac{x}{6}+3\right)\mathrm{d}x=9.8\times10^3\left(-\frac{x^2}{3}+6x\right)\mathrm{d}x。$$

(3) 闸门所受的压力为

$$F=\int_0^6 9.8\times10^3\left(-\frac{x^2}{3}+6x\right)\mathrm{d}x=9.8\times10^3\left(-\frac{x^3}{9}+3x^2\right)\Big|_0^6$$

$$=9.8\times10^3(-24+108)\approx 8.23\times10^5(\mathrm{N})。$$

习　题　3.7

1. 求由下列曲线所围成的平面图形的面积。

(1) 曲线 $y=\frac{x^2}{4}$ 与直线 $3x-2y-4=0$；

(2) 曲线 $y=x^2$ 与直线 $x+y=2$；

(3) 曲线 $y=\cos x$ 与直线 $x=0$，$y=0$，$x=\pi$；

(4) 曲线 $xy=1$ 与直线 $y=x$，$y=3$；

(5) 曲线 $y^2=2x$ 与直线 $y=4-x$；

(6) 曲线 $x=y^2$ 与直线 $x-y-2=0$。

2. 求由曲线 $x=\sqrt{2-y}$，直线 $y=x$ 及 y 轴所围平面图形绕 x 轴旋转一周所得的旋转体的体积。

3. 求由 $y=\sin x\,(0\leqslant x\leqslant\pi)$ 与 x 轴所围平面图形分别绕 x 轴和 y 轴旋转所得的旋转体的体积。

4. 已知一弹簧的比例系数 $k=200$，如果把这个弹簧由原来拉伸 0.06 m，需做功多少？

5. 在探测海底的潜艇上装有若干个观察窗，为了使窗户设计更科学，更合理，必须计算加在观察窗上的压力。如果假定窗户垂直于海平面，其形状是圆的，半径为 r，窗户中心距海面深为 h，海水密度为 ρ，试写出窗户所受压力的计算式。

6. 修建一座大桥时先要下围囹(圆柱体)，并且抽尽其中的水以便施工．已知围囹的直径为 20 m，水深为 27 m，围囹高出水面 3 m，求抽尽水所做的功。

【数学文化赏析】

从切萝卜到求体积

我们知道圆柱体的体积等于底面积乘以高，这里有一个长圆形的萝卜，它并不是一个圆柱体，而是一头粗一头细，如何来计算这个萝卜的体积呢？我们可以利用定积分来计算。

首先化整为零，切成薄片。如图 1，将萝卜放在 x 轴上，设萝卜长度范围为 $a \leqslant x \leqslant b$，用垂直于 x 轴的一张张平面来切它，将萝卜横切成薄片，萝卜就被分成了很多“宽度微小的图形”，我们称为微元。如果将厚度切得很薄很薄，左右截面的形状就几乎相同，面积也几乎相等。即厚度越薄，左右截面就越一致，这时就可以将这个微小部分看成圆柱体。

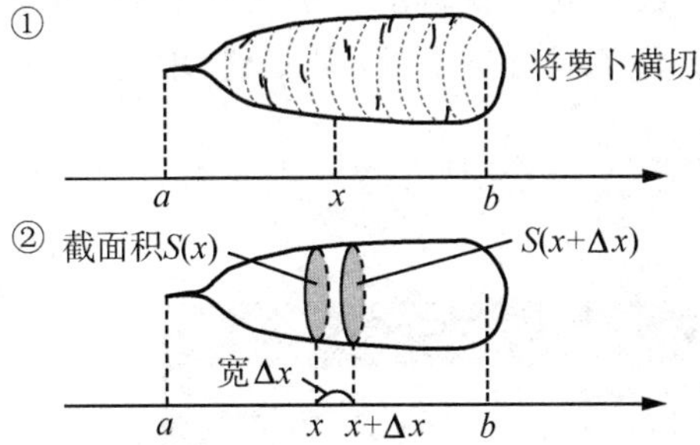

图 1

当 Δx 很小时，体积微元 $\Delta V = S(x)\Delta x$，$S(x)$ 为坐标 x 的点上的截面积关于 x 的函数。

将所有薄片体积累积求和，进行定积分，就可以求出萝卜的体积 $V = \int_a^b S(x)\mathrm{d}x$。

圆柱、圆锥、球都是旋转体，圆柱和圆锥的体积都容易算出，你知道球的体积是怎么算出来的吗？

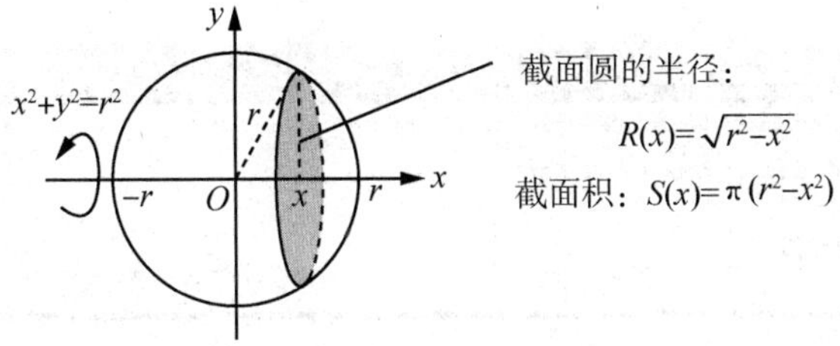

图 2

球是由一个半圆绕着直径所在直线旋转一周所形成的。设在x轴上方的半圆绕x轴旋转得到一个半径为r的球(如图2)，圆的方程为$x^2+y^2=r^2$。用垂直于x轴的平面将球切成薄片，每个薄片近似看作小圆柱体，得到体积微元$\Delta V=S(x)\Delta x$，截面圆的半径为$R(x)=\sqrt{r^2-x^2}$，截面积$S(x)=\pi[R(x)]^2=\pi(r^2-x^2)$，则球的体积可以通过定积分求得，$V=\int_{-r}^{r}\pi(r^2-x^2)\mathrm{d}x=2\int_{0}^{r}\pi(r^2-x^2)\mathrm{d}x=2\pi\left(r^2x-\frac{1}{3}x^3\right)\Big|_0^r=\frac{4}{3}\pi r^3$(球体积公式)。

体积的计算与祖暅原理

3.8 数学实验：MATLAB中一元函数积分的计算

积分有定积分和不定积分，运用函数int可以求得符号表达式的积分。

int(f)	求函数f对默认自由变量x的不定积分
int(f，t)	求函数f对符号变量t的不定积分
int(f，a，b)	求函数f对默认自由变量x从a到b的定积分
int(f，t，a，b)	求函数f对符号变量t从a到b的定积分

数学实验：matlab中一元函数积分的计算

例1 求$\int e^x\cos x\,\mathrm{d}x$。

解

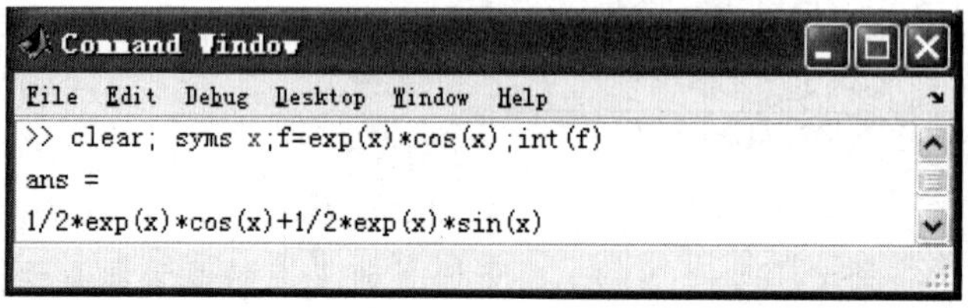

图 3-25

即$\int e^x\cos x\,\mathrm{d}x=\frac{1}{2}e^x(\sin x+\cos x)+C$。

例2 求$\int_0^1\frac{1}{\sqrt{4-x^2}}\mathrm{d}x$。

解

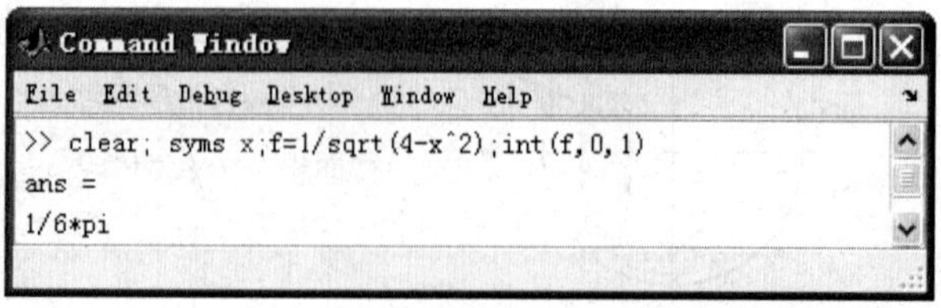

图 3-26

即$\int_0^1 \frac{1}{\sqrt{4-x^2}}\mathrm{d}x=\frac{\pi}{6}$。

例 3　求$\int_{-\infty}^{+\infty}\frac{1}{1+x^2}\mathrm{d}x$。

解

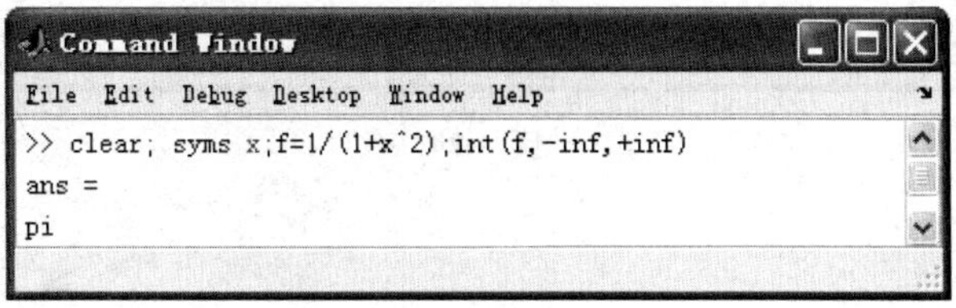

图 3-27

即$\int_{-\infty}^{+\infty}\frac{1}{1+x^2}\mathrm{d}x=\pi$。

例 4　求由抛物线 $y^2=x$ 及直线 $x+y-2=0$ 所围成平面图形的面积。

解　作出抛物线 $y^2=x$ 及直线 $x+y-2=0$ 的平面图形，求两条曲线的交点，为 (1，1)，(4，−2)。

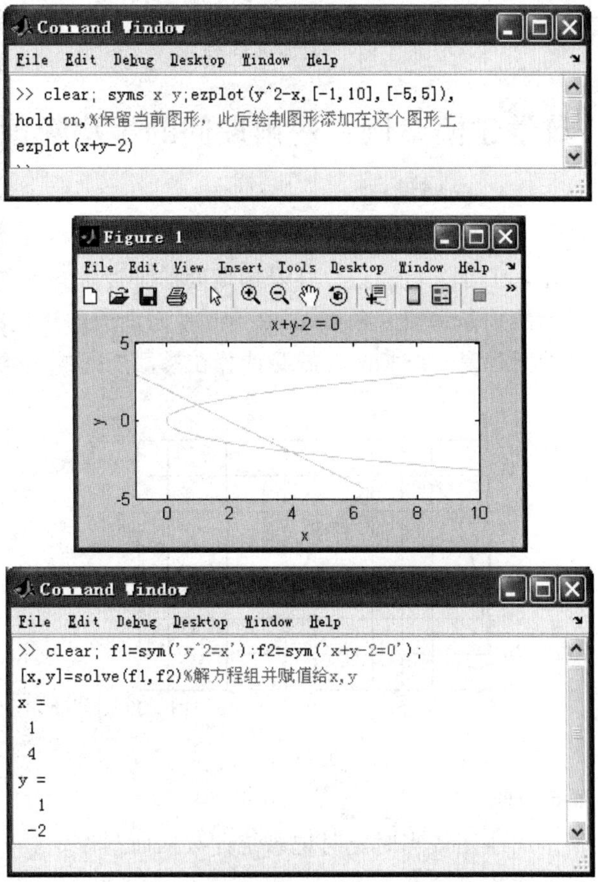

图 3-28

通过积分计算面积，得

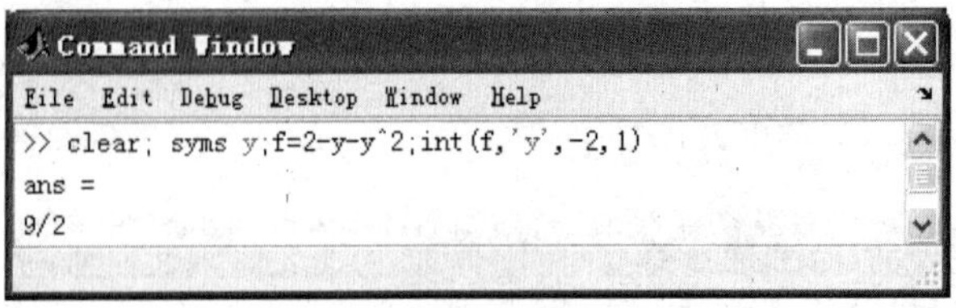

图 3-29

【实验训练 3】

实验训练 3

1. 求下列函数的积分。

(1) $\int x\ln x\,\mathrm{d}x$ ；　　(2) $\int x^2\cos x\,\mathrm{d}x$ ；

(3) $\int_0^{\pi}\sin^2\frac{x}{2}\mathrm{d}x$ ；　　(4) $\int_0^1\frac{\mathrm{e}^x}{\mathrm{e}^x+1}\mathrm{d}x$ 。

2. 求由抛物线 $x=y^2$ 与直线 $x-y-2=0$ 所围成的平面图形的面积.

(1)解方程，求交点。

(2)作图：在同一坐标系内作出这两个函数的图形。

(3)写出积分表达式进行积分计算。

3.9　数学建模案例：暴雨期间的平均降雨量问题

数学建模案例

1. 问题提出

某地区在夏天经常受到暴雨的侵害，为了做好灾害的预防工作，工作人员通过以往暴雨期间的统计资料，作出了如图 3-30 所示的一条河流在延续了 12.5 h 暴雨期间的流量曲线图，暴雨覆盖的面积是 100 km^2，需要计算在暴雨期间的平均降雨量是多少？

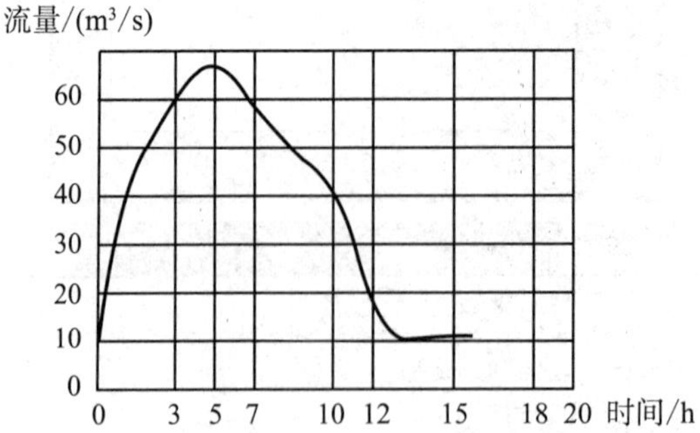

图 3-30

2. 问题假设和符号说明

(1)暴雨期间的流量曲线图按当时定时记录统计数据而制作，数据真实可靠；

(2)假设暴雨覆盖的面积是 100 km^2；

(3)t：时间(单位：h)；

(4)$F(t)$：模拟河流在 t 时刻的流量函数(单位：m^3/s)；

(5)$G(t)$：t 时刻期间的河流排走的雨量函数(单位：m^3)；

(6)g：平均降雨量(单位：m/h)。

3. 问题分析、模型建立和求解

用函数 $F(t)$ 模拟河流在 t 时刻的流量，并用立方曲线模型来描述：

$$F(t)=at^3+bt^2+ct+d。$$

从以往暴雨期间的统计资料图中可获得以下数据：

(1)$F(0)=10$；(2)$t=5$ 时有最大流量；(3)最大流量为 66.25；(4)$F(12.5)=10$。将数据(1)代入函数 $F(t)$，得 $d=10$。因为

$$F'(t)=3at^2+2bt+c,$$

所以，由数据(2)得：$F'(5)=75a+10b+c=0$。

将数据(3)(4)分别代入函数 $F(t)$，得

$$F(5)=125a+25b+5c+d=66.25;$$

$$F(12.5)=1953.125a+156.25b+12.5c+d=10.$$

即解四元一次方程组：

$$\begin{cases}d=10;\\75a+10b+c=0;\\125a+25b+5c+d=66.25;\\1953.125a+156.25b+12.5c+d=10.\end{cases}$$

可解得 $a=0.1$，$b=-3.25$，$c=25$，$d=10$。

因此所求得模型是

$$F(t)=0.1t^3-3.25t^2+25t+10。$$

$F(t)$的单位是 m^3/s，由此河流每小时的总流量是 $3\,600F(t)$。暴雨期间 t 时刻通过该河排走的额外的雨量数学模型为

$$G(t)=\int_0^t 3\,600[F(t)-10]\mathrm{d}t,$$

所以当 $t=12.5$ h 时，通过该河流排去的额外雨量为

$$\int_0^{12.5} 3\,600[F(x)-10]\mathrm{d}x=3\,600\int_0^{12.5}(0.1t^3-3.25t^2+25t)\mathrm{d}t\approx 1.6\times10^6(\mathrm{m}^3)。$$

所以，该地区平均每小时降雨量是：

$$\frac{1.6\times10^6}{12.5\times100\times10^6}\approx0.0013(\mathrm{m/h})=1.3\ \mathrm{mm/h}。$$

本 章 小 结

【知识框图】

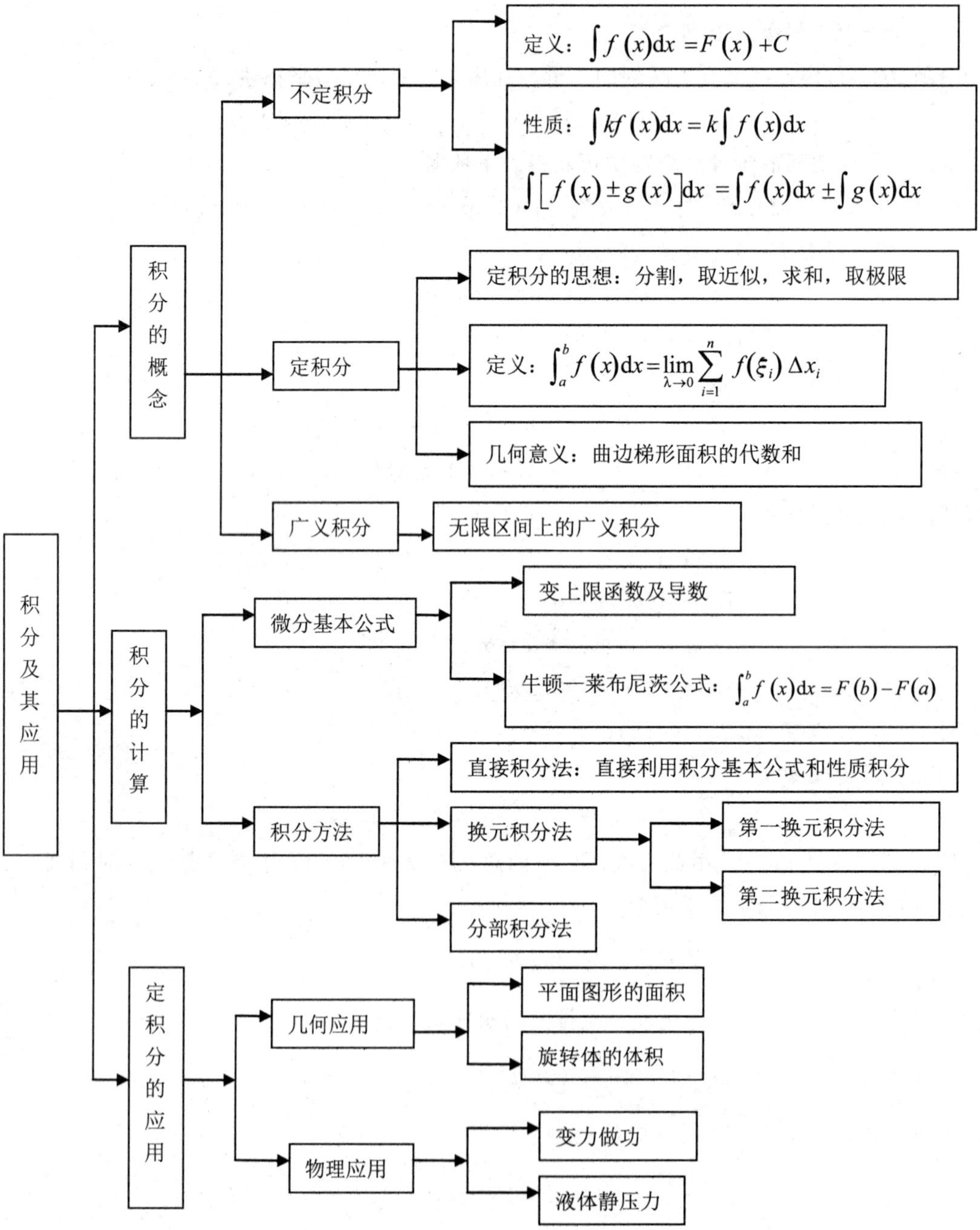
积分及其应用
积分的概念
不定积分
定义：$\int f(x)\mathrm{d}x = F(x) + C$
性质：$\int kf(x)\mathrm{d}x = k\int f(x)\mathrm{d}x$
$\int [f(x) \pm g(x)]\mathrm{d}x = \int f(x)\mathrm{d}x \pm \int g(x)\mathrm{d}x$
定积分
定积分的思想：分割，取近似，求和，取极限
定义：$\int_a^b f(x)\mathrm{d}x = \lim\limits_{\lambda \to 0}\sum\limits_{i=1}^{n} f(\xi_i)\Delta x_i$
几何意义：曲边梯形面积的代数和
广义积分
无限区间上的广义积分
积分的计算
微分基本公式
变上限函数及导数
牛顿—莱布尼茨公式：$\int_a^b f(x)\mathrm{d}x = F(b) - F(a)$
积分方法
直接积分法：直接利用积分基本公式和性质积分
换元积分法
第一换元积分法
第二换元积分法
分部积分法
定积分的应用
几何应用
平面图形的面积
旋转体的体积
物理应用
变力做功
液体静压力

【重点难点解析】

1. 对原函数与不定积分的概念的理解

(1)如果在区间 I 上，可导函数 $F(x)$ 的导数等于 $f(x)$，即对任一 $x\in I$，都有 $F'(x)=f(x)$ 或 $dF(x)=f(x)dx$，那么函数 $F(x)$ 称为函数 $f(x)$ 在区间 I 上的原函数；

(2)如果 $F(x)$ 是 $f(x)$ 的一个原函数，则 $F(x)+C$ 是 $f(x)$ 的全体原函数，其中 C 为任意常数；

(3)函数 $f(x)$ 的全体原函数 $F(x)+C$ 称为 $f(x)$ 的不定积分，记作

$\int f(x)dx=F(x)+C$，其中 $F'(x)=f(x)$；

(4) 求导数(或微分) 运算与不定积分的运算互为逆运算：

$\left[\int f(x)dx\right]'=f(x)$ 或 $d\left[\int f(x)dx\right]=f(x)dx$，

$\int F'(x)dx=F(x)+C$ 或 $\int dF(x)=F(x)+C$。

2. 对积分上限函数的理解

积分上限函数：设函数 $f(x)$ 在 $[a,b]$ 上连续，且 x 为 $[a,b]$ 上的任一点，我们把函数 $f(x)$ 在部分区间 $[a,x]$ 上的定积分 $\int_a^x f(x)dx$ 称为积分上限函数。

(1) 它是区间 $[a,b]$ 上的函数，记为 $\Phi(x)=\int_a^x f(x)dx$ 或 $\Phi(x)=\int_a^x f(t)dt$，$x\in[a,b]$；

(2) $\int_a^x f(t)dt=F(x)-F(a)$ 是一个确定的函数，是函数 $f(x)$ 的一个原函数；

(3) $\Phi'(x)=\frac{d}{dx}\int_a^x f(t)dt=f(x)\quad(a\leqslant x\leqslant b)$。

3. 对定积分概念的理解

(1) 定积分的定义实质上是告诉我们一种解决问题的思想方法 —— 微元法，它主要用于对区间 $[a,b]$ 上某一量的计算。例如，底为区间 $[a,b]$、高为 $f(x)$ 的曲边梯形面积的计算，变速直线运动物体在某一时间区间 $[a,b]$ 内的路程的计算等。定义采用分割、近似代替、求和、取极限四步，把要算的量归结为和式的极限 $\lim\limits_{\lambda\to 0}\sum\limits_{i=1}^{n}f(\xi_i)\Delta x_i$，当该极限存在时，就称为函数 $f(x)$ 在区间 $[a,b]$ 上的定积分，记作

$$\int_a^b f(x)dx=\lim_{\lambda\to 0}\sum_{i=1}^{n}f(\xi_i)\Delta x_i。$$

(2) 在定积分的定义中，积分区间的分法和各小区间上点的取法都是任意的，因此定积分 $\int_a^b f(x)dx$ 只与被积函数 $f(x)$ 以及积分区间 $[a,b]$ 有关，而与区间 $[a,b]$ 的分法和 ξ_i 的取法以及积分变量用什么字母表示都无关。

4. 正确理解$\int f(x)\mathrm{d}x$，$\int_a^b f(x)\mathrm{d}x$，$\int_a^x f(x)\mathrm{d}x$ 三者的联系与区别

(1) 牛顿—莱布尼茨公式是联系不定积分和定积分的桥梁，若函数$f(x)$在$[a, b]$上连续，且$F(x)$是$f(x)$在$[a, b]$上的一个原函数，则$\int_a^b f(x)\mathrm{d}x = F(b) - F(a)$。

(2) 设$f(x)$的一个原函数为$F(x)$，则$\int f(x)\mathrm{d}x = F(x) + C$是函数族；$\int_a^b f(x)\mathrm{d}x = F(b) - F(a)$是一个确定的实数；$\int_a^x f(x)\mathrm{d}x = F(x) - F(a)$是原函数族中的一个确定的函数，是原函数之一。

5. 积分公式

第一换元积分公式$\int f[\varphi(x)]\varphi'(x)\mathrm{d}x \xlongequal{\text{凑微分}} \int f[\varphi(x)]\mathrm{d}\varphi(x) = \int f(u)\mathrm{d}u$，

第二换元积分公式$\int f(x)\mathrm{d}x = \int f[\varphi(t)]\varphi'(t)\mathrm{d}t = F[\varphi^{-1}(x)] + C$，

$$\int_a^b f(x)\mathrm{d}x = \int_\alpha^\beta f[\varphi(t)]\varphi'(t)\mathrm{d}t。$$

注意定积分的换元法中换元必换限，新元代新限。

分部积分公式$\int u(x)\mathrm{d}v(x) = u(x)v(x) - \int v(x)\mathrm{d}u(x)$，

$$\int_a^b u(x)\mathrm{d}v(x) = u(x)v(x)\Big|_a^b - \int_a^b v(x)\mathrm{d}u(x)。$$

6. 定积分的应用

微元法是定积分在几何、物理等方面应用的基本方法，在用微元法求平面图形面积时，关键是确定任意小区间$[x, x+\mathrm{d}x]$上对应的小矩形的长；求旋转体体积时，关键是确定任意小区间$[x, x+\mathrm{d}x]$上对应的小圆柱的底面半径，实际上二者在原则上是一致的。

>>> 复习题3

部分习题讲解视频

1. 曲线过点(e, 2)，且过曲线上任意一点的切线的斜率等于该点横坐标的倒数，求该曲线的方程。

2. 验证函数$F(x) = x(\ln x - 1)$是$f(x) = \ln x$的一个原函数。

3. 求下列函数的导数。

(1)$\Phi(x) = \int_0^x \frac{1}{1+t^2}\mathrm{d}t$；　　(2)$\Phi(x) = \int_x^2 \mathrm{e}^{2t} \cdot \sin t\,\mathrm{d}t$。

4. 计算下列不定积分。

(1)$\int \left(x^2 + 2^x - \frac{2}{x}\right)\mathrm{d}x$；　　(2)$\int \frac{(1-x)^2}{\sqrt{x}}\mathrm{d}x$；

(3) $\int \tan^2 x\,\mathrm{d}x$；　　(4) $\int \frac{1}{\sin^2 x\cos^2 x}\mathrm{d}x$。

5. 计算下列定积分。

(1) $\int_1^2 x^{-3}\,\mathrm{d}x$；　　(2) $\int_0^1 (x-1)(3x+2)\,\mathrm{d}x$；

(3) $\int_0^{\sqrt{3}} \frac{1}{1+x^2}\mathrm{d}x$；　　(4) $\int_{-2}^1 |1+x|\,\mathrm{d}x$。

6. 计算下列各积分。

(1) $\int \frac{1}{(2x-3)^2}\,\mathrm{d}x$ ；　　(2) $\int \frac{\sin\sqrt{x}}{\sqrt{x}}\,\mathrm{d}x$；　　(3) $\int \frac{\arcsin x}{\sqrt{1-x^2}}\mathrm{d}x$；

(4) $\int_0^1 \mathrm{e}^{-\frac{1}{3}x}\,\mathrm{d}x$；　　(5) $\int_1^{\mathrm{e}} \frac{\ln^2 x}{x}\,\mathrm{d}x$；　　(6) $\int_{\frac{1}{\pi}}^{\frac{2}{\pi}} \frac{1}{x^2}\cos\frac{1}{x}\,\mathrm{d}x$.

7. 计算下列各积分。

(1) $\int \frac{1}{1+\sqrt{3-x}}\mathrm{d}x$；　　(2) $\int \frac{\sqrt{x^2-4}}{x}\,\mathrm{d}x$；

(3) $\int_1^8 \frac{1}{\sqrt[3]{x}+1}\,\mathrm{d}x$；　　(4) $\int_0^{\frac{1}{3}} \sqrt{1-9x^2}\,\mathrm{d}x$。

8. 计算下列各积分。

(1) $\int \arccos x\,\mathrm{d}x$；　　(2) $\int x\sin x\,\mathrm{d}x$；　　(3) $\int \frac{x\mathrm{e}^x}{(1+x)^2}\mathrm{d}x$；

(4) $\int_1^{\mathrm{e}} x\ln x\,\mathrm{d}x$；　　(5) $\int_0^4 (1+x\mathrm{e}^{-x})\,\mathrm{d}x$；　　(6) $\int_0^1 \arctan x\,\mathrm{d}x$。

9. 求由下列曲线所围成的平面图形的面积。

(1)抛物线 $y=x^2$ 与直线 $y=2x$；

(2)在区间 $\left[0,\frac{\pi}{2}\right]$ 上，曲线 $y=\sin x$ 与直线 $x=\frac{\pi}{2}$，$y=0$。

10. 求由 $y=x^2$ 及 $x=y^2$ 围成的图形分别绕 x 轴和 y 轴旋转一周所得旋转体的体积。

11. 一圆柱形的储水池高为 5 m，底圆半径为 3 m，池内充满了水，若把池内的水全部吸出需要做多少功？

12. 近几十年以来，全世界每年的石油消耗率呈指数增长，从 1970 年($t=0$)起，第 t 年的石油消耗率模型为 $r(t)=161\ \mathrm{e}^{0.07t}$(亿桶/年)，那么 1970—1990 年($t=20$)间石油消耗的总量为多少亿桶？

大作业：

1. 课堂上老师说："定积分的应用很广，其例子随处可见，课后请同学们出去考察。"

赵良、张敏、孙杰前往火电厂考察，走近厂子，望着那砖砌的大烟囱，赵良惊叫："啊！大烟囱上有微元法，细分，真妙！"孙杰一指高大的冷却塔，说："这是双曲线冷却塔，它的通风筒是由双曲线绕虚轴旋转一周而成的，这里更有学问。”“这是通风筒的纵截面图”，性格文静的张敏在地上画了个图(如图 3-31 所示)说：“我们来算一算，它的体积有多少。”

王英、叶剑和刘志明沿着河岸考察。首先他们走到一座水闸旁，水闸的四个护坡都是劈锥体形状(如图 3-32 所示)，护坡都用石头砌成。同学们从水闸管理员那儿了解到这些护坡的尺寸，就展开了思考。王英想了想，提出一个有趣的问题：这要多少车石头啊？他们算起来(设每卡车能运石料 2 m^3)。一会儿，叶剑报出了答案：256 车。管理员在一旁慢悠悠地提醒同学们：“运来的是毛石，不紧凑，算完了还得除以 0.8。”叶剑又算了一下，说：“320 车。”“对！对!”管理员乐得合不拢嘴直夸他们：“有学问，有学问!”刘志明接着说：“咱们再算一算当江水的最高水位为 h(单位为 m)时，水闸门承受了多大的作用力[设闸门迎水面宽为 b(单位为 m)]。”叶剑想了一下，高兴地说：“好啊！这个问题把高等数学和物理学结合起来了，有意思。”

亲爱的读者，以上同学遇到的问题，你们会做吗？请到实际生活中寻找微积分的应用案例。

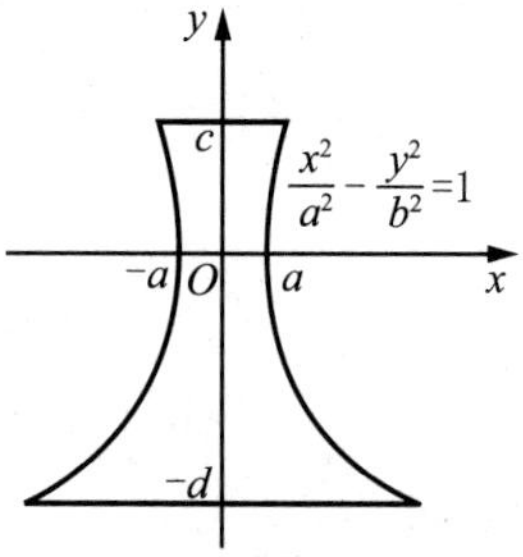

图 3-31

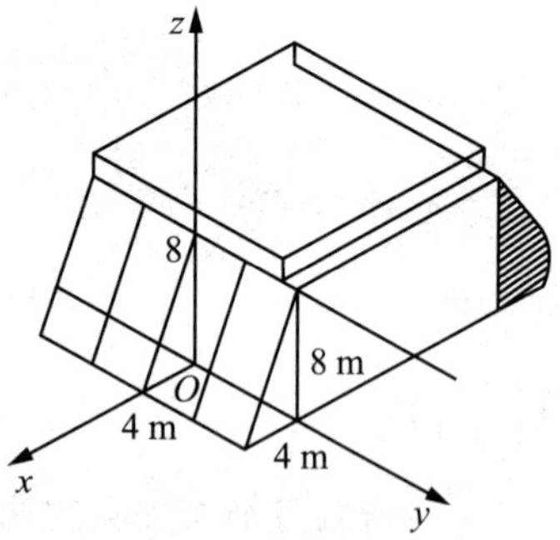

图 3-32

2. 请围绕微积分发展史，撰写一篇数学小论文，可以找出感兴趣的一个内容撰写，如牛顿、莱布尼茨如何创建微积分，他们的研究有哪些相同点和不同点，第二次数学危机的产生以及消除等。可任选一个选题或自拟题目。

(1)微积分发展史；

(2)牛顿和莱布尼茨创建微积分的比较；

(3)第二次数学危机的产生与消除。

专业应用模块

宇宙之大，粒子之微，火箭之速，化工之巧，地球之变，生物之谜，日用之繁，数学无处不在。凡是出现“量”的地方就少不了用数学，研究量的关系、量的变化、量的变化关系、量的关系的变化等现象都少不了数学。数学之为用贯穿到一切科学部门的深处，而成为他们的得力助手与工具，缺少了它就不能准确地刻画出客观事物的变化，更不能由已知数据推出其他数据，因而就减少了科学预见的准确度。

——华罗庚

华罗庚(1910—1985，中国)

第 4 章　多元函数微积分

多元函数微积分

多元函数微积分是为了满足描述和分析具有多个变量的物理现象和规律的需要而产生的，它是在一元函数微积分的基础上，将一元函数微分学和积分学中的基本概念和计算方法应用到多元函数的情形发展起来的。多元函数微积分是微积分学的一个重要组成部分，它在自然科学和工程技术中有着广泛的应用，如广告投资决策，往往涉及多元函数微分学的内容，而通信卫星对地球表面的覆盖问题，则是求空间曲面的面积问题，这就涉及二元函数积分学的知识。本章将首先介绍在多元函数微积分中涉及的空间解析几何的部分内容，然后在一元函数微积分学的基础上，重点讨论二元函数微积分的概念、性质、计算及其应用。

4.1　空间解析几何简介

空间解析几何简介

在平面上，任何一条曲线都可以用一个二元代数方程 $F(x, y)=0$ 表示，如直线的方程为 $Ax+By+C=0$，圆的方程为 $(x-a)^2+(y-b)^2=r^2$，抛物线的方程为 $ax^2+bx+c=0$。众所周知，我国第一颗人造地球卫星的运行轨迹是椭圆，其方程为 $\frac{x^2}{7\,783^2}+\frac{y^2}{7\,722^2}=1$。可见，对几何图形的正确认识能帮助我们进一步认知世界和改造世界，那么在空间是否也有图形与代数方程之间的这种对应关系呢？如果有，那么空间直线、空间平面、空间曲面等又将如何表示？下面简单介绍一下空间解析几何的知识。

4.1.1　空间直角坐标系

为了确定平面上任意一点的位置，我们曾经建立了平面直角坐标系。为了确定空间上任意一点的位置，相应地就要引进空间直角坐标系。通过空间直角坐标系，可以把一些空间的几何图形与方程联系起来。

1. 空间直角坐标系

在空间取一平面，并建立平面直角坐标系 xOy，在原点 O 作一条与 x 轴、y 轴有相同长度单位且垂直于 xOy 平面的数轴（z 轴），称为竖轴。x 轴、y 轴仍分别称为横轴、纵轴，三条数轴统称为坐标轴。它们的方向由以下右手法则确定：右手握住 z 轴，并拢的四指从 x 轴的正向指向 y 轴的正向，这时大拇指的指向是 z 轴的正向，如图 4-1 所示，则称这三条坐标轴组成一个空间直角坐标系，称 O 为坐标原点（简称原点）。

在空间直角坐标系中，每两条坐标轴确定的平面称为坐标平面（简称坐标面），由 x 轴与 y 轴确定的平面称为 xOy 坐标面。类似地有 yOz 坐标面、zOx 坐标面。如

图 4-2 所示，三个两两相互垂直的坐标面把空间分成八个部分，每一部分称为一个卦限，八个卦限分别用Ⅰ，Ⅱ，…，Ⅷ表示。

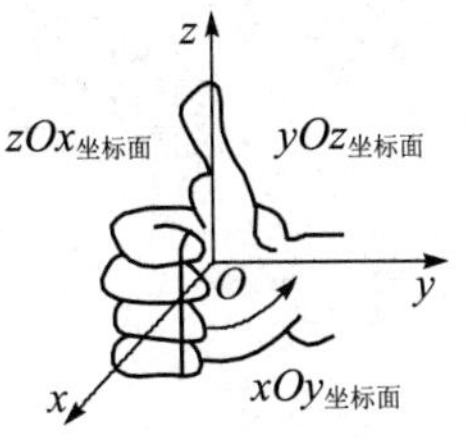

图 4-1

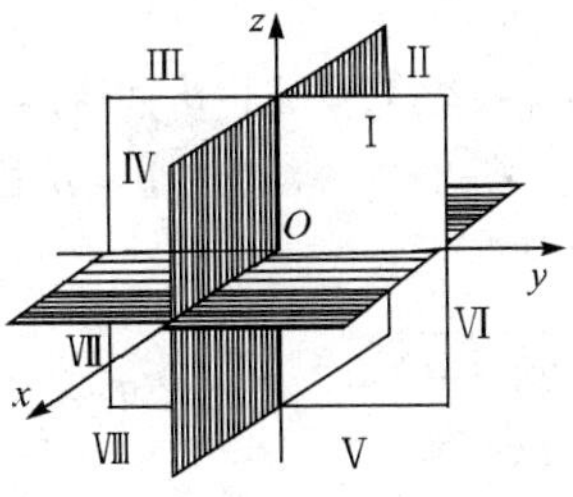

图 4-2

2. 空间点的位置表示法

给定空间一点 M，过 M 分别作垂直于 x 轴、y 轴和 z 轴的平面，分别交三个轴于 P，Q，R 三点，若这三个点在三个数轴上的坐标分别为 x_0，y_0，z_0，这样就由点 M 唯一确定了三元有序数组(x_0, y_0, z_0)。反之对任意给定的三元有序数组(x_0, y_0, z_0)，我们可以在 x 轴、y 轴、z 轴上分别取三个点 P，Q，R，使它们在这三个坐标轴上的坐标分别为 x_0，y_0，z_0，过 P，Q，R 作三个平面分别垂直于 x 轴、y 轴和 z 轴，这三个平面交于一点 M，则由一个三元有序数组(x_0, y_0, z_0)唯一确定了空间一点 M(图 4-3)。于是空间点 M 与三元有序数组(x_0, y_0, z_0)建立了一一对应关系，(x_0, y_0, z_0)称为点 M 在空间直角坐标系下的坐标，而 x_0，y_0，z_0 为点 M 分别在 x 轴、y 轴、z 轴上的坐标分量，并记为 $M(x_0, y_0, z_0)$。

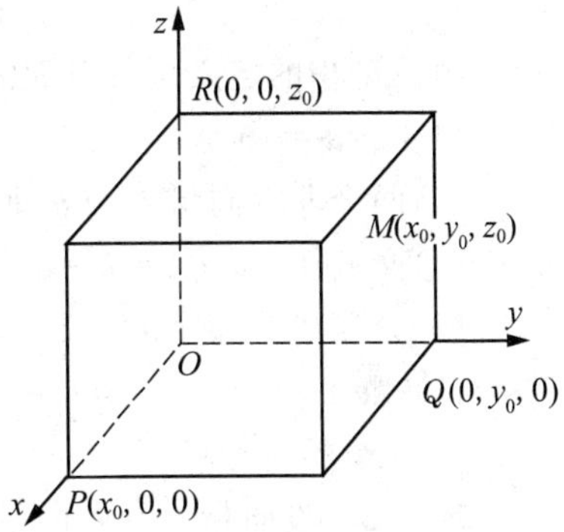

图 4-3

显然，坐标原点 O 的坐标为$(0, 0, 0)$；x 轴、y 轴和 z 轴上任意一点的坐标分别为$(x, 0, 0)$，$(0, y, 0)$，$(0, 0, z)$；xOy 坐标面、yOz 坐标面和 zOx 坐标面上任意一点的坐标分别为$(x, y, 0)$，$(0, y, z)$和$(x, 0, z)$。

3. 空间任意两点间的距离

空间任意两点 $M_1(x_1, y_1, z_1)$，$M_2(x_2, y_2, z_2)$的距离用$|M_1M_2|$表示，下面给出它的计算公式：

$$|M_1M_2|=\sqrt{(x_2-x_1)^2+(y_2-y_1)^2+(z_2-z_1)^2}。\qquad (4.1)$$

例 1 在 x 轴上求一点，使这点到点 $A(3, 2, 6)$和点 $B(1, -2, 4)$的距离相等。

解 设所求点为 $M(x, 0, 0)$，根据题意有

$$|MA| = |MB|,$$

由公式(4.1)，有

$$\sqrt{(x-3)^2+(0-2)^2+(0-6)^2}=\sqrt{(x-1)^2+(0+2)^2+(0-4)^2}。$$

解得 $x=7$，因此所求点的坐标为 $M(7, 0, 0)$。

4.1.2 向量代数

设向量 $\boldsymbol{a}=\{a_x, a_y, a_z\}$，$\boldsymbol{b}=\{b_x, b_y, b_z\}$，$\boldsymbol{c}=\{c_x, c_y, c_z\}$，即

$$\boldsymbol{a}=a_x\boldsymbol{i}+a_y\boldsymbol{j}+a_z\boldsymbol{k},\ \boldsymbol{b}=b_x\boldsymbol{i}+b_y\boldsymbol{j}+b_z\boldsymbol{k},\ \boldsymbol{c}=c_x\boldsymbol{i}+c_y\boldsymbol{j}+c_z\boldsymbol{k}。$$

1. 向量的模

$|\boldsymbol{a}|=\sqrt{a_x^2+a_y^2+a_z^2}$。

2. 向量的线性运算

$$\boldsymbol{a}+\boldsymbol{b}=\{a_x+b_x, a_y+b_y, a_z+b_z\},$$
$$\boldsymbol{a}-\boldsymbol{b}=\{a_x-b_x, a_y-b_y, a_z-b_z\},$$
$$\lambda\boldsymbol{a}=\{\lambda a_x, \lambda a_y, \lambda a_z\}。$$

3. 向量的数量积

定义 1 $\boldsymbol{a}\cdot\boldsymbol{b}=|\boldsymbol{a}||\boldsymbol{b}|\cos\theta$，式中 θ 为向量 $\boldsymbol{a}$ 与 $\boldsymbol{b}$ 的夹角. 数量积的坐标表示为：

$$\boldsymbol{a}\cdot\boldsymbol{b}=a_xb_x+a_yb_y+a_zb_z。$$

由数量积的定义可得下面的性质和算律：

(1)$\boldsymbol{a}\cdot\boldsymbol{a}=|\boldsymbol{a}|^2$；

(2)两个非零向量 $\boldsymbol{a}$ 与 $\boldsymbol{b}$ 垂直的充要条件为 $\boldsymbol{a}\cdot\boldsymbol{b}=0$；

(3)交换律 $\boldsymbol{a}\cdot\boldsymbol{b}=\boldsymbol{b}\cdot\boldsymbol{a}$；

(4)分配律 $(\boldsymbol{a}+\boldsymbol{b})\cdot\boldsymbol{c}=\boldsymbol{a}\cdot\boldsymbol{c}+\boldsymbol{b}\cdot\boldsymbol{c}$；

(5)$(\lambda\boldsymbol{a})\cdot\boldsymbol{c}=\lambda(\boldsymbol{a}\cdot\boldsymbol{c})$($\lambda$ 为实数)。

4. 向量的向量积

定义 2 设向量 $\boldsymbol{c}$ 是由向量 $\boldsymbol{a}$ 与 $\boldsymbol{b}$ 按下列规律给出：

(1)$\boldsymbol{c}$ 的模 $|\boldsymbol{c}|=|\boldsymbol{a}||\boldsymbol{b}|\sin\theta$，式中 θ 为向量 $\boldsymbol{a}$ 与 $\boldsymbol{b}$ 的夹角；

(2)$\boldsymbol{c}$ 的方向垂直于 $\boldsymbol{a}$ 与 $\boldsymbol{b}$ 所在的平面，指向按右手定则从 $\boldsymbol{a}$ 转向 $\boldsymbol{b}$(如图 4-4 所示)。

那么向量 $\boldsymbol{c}$ 叫作向量 $\boldsymbol{a}$ 与 $\boldsymbol{b}$ 的向量积，记作 $\boldsymbol{a}\times\boldsymbol{b}$。

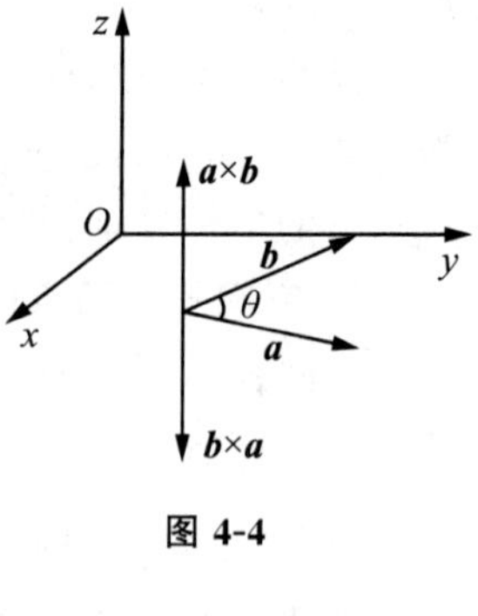

图 4-4

注意 向量积所使用的记号是“×”，也称向量积为“叉积”，数量积所使用的记号为“·”，也称数量积为“点积”. 数量积得到的是一个数值，而向量积得到的是一个向量。

由向量积的定义可得下面的性质和算律：

(1)$\boldsymbol{a}\times\boldsymbol{a}=\boldsymbol{0}$；

(2)两个非零向量 $\boldsymbol{a}$ 与 $\boldsymbol{b}$ 平行的充要条件为 $\boldsymbol{a}\times\boldsymbol{b}=\boldsymbol{0}$；

(3)$\boldsymbol{a}\times\boldsymbol{b}=-\boldsymbol{b}\times\boldsymbol{a}$；

(4)$(\boldsymbol{a}+\boldsymbol{b})\times\boldsymbol{c}=\boldsymbol{a}\times\boldsymbol{c}+\boldsymbol{b}\times\boldsymbol{c}$；

(5)$(\lambda\boldsymbol{a})\times\boldsymbol{b}=\boldsymbol{a}\times(\lambda\boldsymbol{b})=\lambda(\boldsymbol{a}\times\boldsymbol{b})$($\lambda$ 为实数)。

由向量积的定义和性质可得向量积的坐标表示为：

$$\boldsymbol{a}\times\boldsymbol{b}=(a_yb_z-a_zb_y)\boldsymbol{i}+(a_zb_x-a_xb_z)\boldsymbol{j}+(a_xb_y-a_yb_x)\boldsymbol{k};$$

行列式表示式为

$$\boldsymbol{a}\times\boldsymbol{b}=\begin{vmatrix}\boldsymbol{i}&\boldsymbol{j}&\boldsymbol{k}\\a_x&a_y&a_z\\b_x&b_y&b_z\end{vmatrix}=\left\{\begin{vmatrix}a_y&a_z\\b_y&b_z\end{vmatrix},\begin{vmatrix}a_z&a_x\\b_z&b_x\end{vmatrix},\begin{vmatrix}a_x&a_y\\b_x&b_y\end{vmatrix}\right\}。$$

4.1.3 空间平面及平面的方程

1. 平面的点法式方程

设 π 为一平面，任一垂直于该平面的非零向量都称为该平面的法向量．显然，法向量与平面内任一向量都垂直。

若 $M(x, y, z)$ 是平面 π 内的任一点，$M_0(x_0, y_0, z_0)$ 是平面 π 内的一个定点，$\boldsymbol{n}=\{A, B, C\}$ 是平面的一个法向量，则由 $\overrightarrow{M_0M}\cdot\boldsymbol{n}=0$ 得平面 π 的方程为

$$A(x-x_0)+B(y-y_0)+C(z-z_0)=0, \tag{4.2}$$

式(4.2)是由平面内一点和平面的法向量确定的，所以称为**平面的点法式方程**。

例 2 求过点(1，2，0)且与向量 $\boldsymbol{n}=\{2, -3, 5\}$ 垂直的平面方程。

解 所求平面方程是 $2(x-1)-3(y-2)+5z=0$ 即 $2x-3y+5z+4=0$。

2. 平面的一般式方程

将点法式方程展开，并令 $D=-Ax_0-By_0-Cz_0$，可得

$$Ax+By+Cz+D=0。 \tag{4.3}$$

式(4.3)称作**平面的一般式方程**，其中 x，y，z 的系数就是平面的法向量的坐标。由此可知，平面方程为三元一次方程；反之，任意一个这样(A，B，C 不全为零)的三元一次方程也一定表示一个平面。

例 3 求平面 $2x-4y-z+2=0$ 在 x，y，z 轴上的截距。

解 因为 $2x-4y-z+2=0\Leftrightarrow -x+2y+\frac{1}{2}z=1\Leftrightarrow\frac{x}{-1}+\frac{y}{\frac{1}{2}}+\frac{z}{2}=1$，所以，在 x 轴，y 轴，z 轴上的截距分别为 -1，$\frac{1}{2}$，2。

说明 如果平面过三点 $A(a, 0, 0)$，$B(0, b, 0)$，$C(0, 0, c)$，那么 a，b，c 分别称为这个平面在三个坐标轴上的截距，方程 $\frac{x}{a}+\frac{y}{b}+\frac{z}{c}=1$ 称为平面的**截距式方程**。此方程的优点是便于平面作图，只要定出平面与三个坐标轴的交点 A，B，C，连接这三个交点，即得所求平面的图形(如图 4-5 所示)。

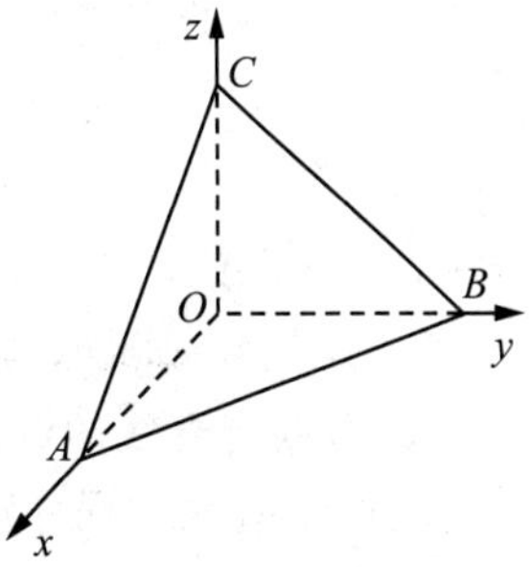

图 4-5

3. 两平面的位置关系

设两平面 π_1，π_2 的方程分别为

$$A_1x+B_1y+C_1z+D_1=0，A_2x+B_2y+C_2z+D_2=0；$$

则有

(1) $\pi_1\perp\pi_2 \Leftrightarrow A_1A_2+B_1B_2+C_1C_2=0$；

(2) $\pi_1 /\!/ \pi_2 \Leftrightarrow \dfrac{A_1}{A_2}=\dfrac{B_1}{B_2}=\dfrac{C_1}{C_2}\neq\dfrac{D_1}{D_2}$。

4.1.4 空间直线方程及应用

1. 直线的点向式方程及参数方程

由立体几何知过一定点且与一已知直线平行的直线是确定的，而已知直线可以用向量来代替．与直线 l 平行的非零向量称为直线 l 的**方向向量**．显然直线的方向向量不唯一。

设直线 l 过点 $M_0(x_0, y_0, z_0)$，且一个方向向量为 $\boldsymbol{s}=(m, n, p)$，现推导直线 l 的方程。

设点 $M=(x, y, z)$ 为直线 l 上任意一点，由于 $\overrightarrow{M_0M}$ 在直线 l 上，所以 $\overrightarrow{M_0M}=t\boldsymbol{s}$（$t$ 为参数），

而
$$\overrightarrow{M_0M}=(x-x_0, y-y_0, z-z_0),$$

因此
$$\begin{cases}x-x_0=mt,\\ y-y_0=nt,\\ z-z_0=pt。\end{cases}$$

即
$$\begin{cases}x=x_0+mt,\\ y=y_0+nt,\\ z=z_0+pt。\end{cases}\tag{4.4}$$

上式称为过点 $M_0(x_0, y_0, z_0)$，且方向向量为 $\boldsymbol{s}=(m, n, p)$ 的直线的**参数方程**。

消去参数，得
$$\frac{x-x_0}{m}=\frac{y-y_0}{n}=\frac{z-z_0}{p}。\tag{4.5}$$

上式称为过点 $M_0(x_0, y_0, z_0)$，且方向向量为 $\boldsymbol{s}=(m, n, p)$ 的直线的**点向式方程**。

2. 直线的一般式方程

空间直线可看成两个平面的交线。当两个平面的法向量不平行时，这两个平面的方程联立所成的方程组就是它们交线的方程，即

$$\begin{cases}A_1x+B_1y+C_1z+D_1=0,\\ A_2x+B_2y+C_2z+D_2=0.\end{cases}$$

其中，$\boldsymbol{n}_1=(A_1, B_1, C_1)$ 与 $\boldsymbol{n}_2=(A_2, B_2, C_2)$ 不平行（或 A_1，B_1，C_1 与 A_2，B_2，C_2 不成比例）．称此方程为直线的**一般式方程**。

3. 直线与直线的位置关系

设两条直线方程分别为

$$l_1:\ \frac{x-x_1}{m_1}=\frac{y-y_1}{n_1}=\frac{z-z_1}{p_1},\quad l_2:\ \frac{x-x_2}{m_2}=\frac{y-y_2}{n_2}=\frac{z-z_2}{p_2}。$$

则有(1)$l_1 \perp l_2 \Leftrightarrow m_1m_2+n_1n_2+p_1p_2=0$；

(2)$l_1 // l_2 \Leftrightarrow \dfrac{m_1}{m_2}=\dfrac{n_1}{n_2}=\dfrac{p_1}{p_2}$。

4. 直线和平面的位置关系

设直线 l 的方程为$\dfrac{x-x_0}{m}=\dfrac{y-y_0}{n}=\dfrac{z-z_0}{p}$，平面 π 的方程为

$$Ax+By+Cz+D=0,$$

则有(1)$l \perp \pi \Leftrightarrow \dfrac{A}{m}=\dfrac{B}{n}=\dfrac{C}{p}$；

(2)$l // \pi \Leftrightarrow Am+Bn+Cp=0$。

4.1.5 空间曲面

1. 曲面方程的概念

在平面解析几何中，坐标平面上的一条曲线与方程 $F(x, y)=0$ 相对应。类似地，在空间直角坐标系中，可以建立空间曲面与含有三个变量的方程 $F(x, y, z)=0$ 的对应关系。

定义 1 如果曲面 S 上任意一点的坐标都满足方程 $F(x, y, z)=0$，而不在曲面 S 上的点的坐标都不满足方程 $F(x, y, z)=0$，则方程 $F(x, y, z)=0$ 称为**曲面 S 的方程**，而曲面 S 称为方程 $F(x, y, z)=0$ 所对应的图形(如图 4-6 所示)。

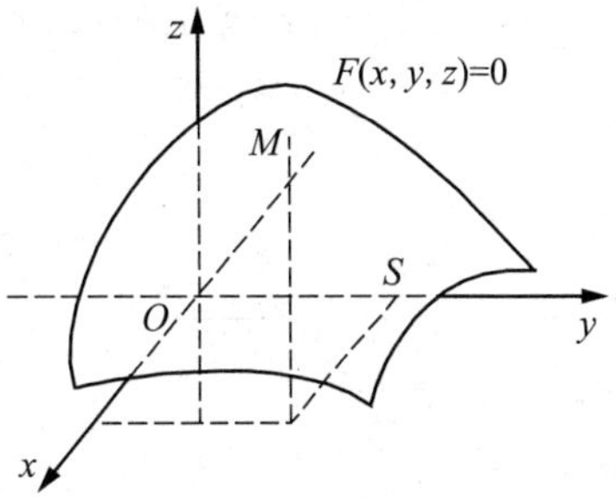

图 4-6

例 4 设一个球面的球心为 $M_0(x_0, y_0, z_0)$，半径为 R，求此球面的方程。

解 设球面上任意一点为 $M(x, y, z)$，则点 M 到球心 M_0 的距离为 R，即 $|MM_0|=R$。由空间任意两点间距离公式(4.1)，有

$$\sqrt{(x-x_0)^2+(y-y_0)^2+(z-z_0)^2}=R,$$

化简得球面方程

$$(x-x_0)^2+(y-y_0)^2+(z-z_0)^2=R^2。$$

特别地，以原点 $O(0, 0, 0)$为球心，R 为半径的球面方程为

$$x^2+y^2+z^2=R^2。$$

可以看出，空间中的球面方程是平面上圆的方程的推广。

2. 常见的曲面方程

(1)柱面。

定义 2 直线 l 平行于定直线并沿定曲线 C 移动所形成的曲面叫作**柱面**．定曲线 C 叫作柱面的准线，动直线 l 叫作柱面的母线。

设 $M(x, y, z)$是柱面上的任意一点，过点 M 的母线与 xOy 面的交点 N 一定是

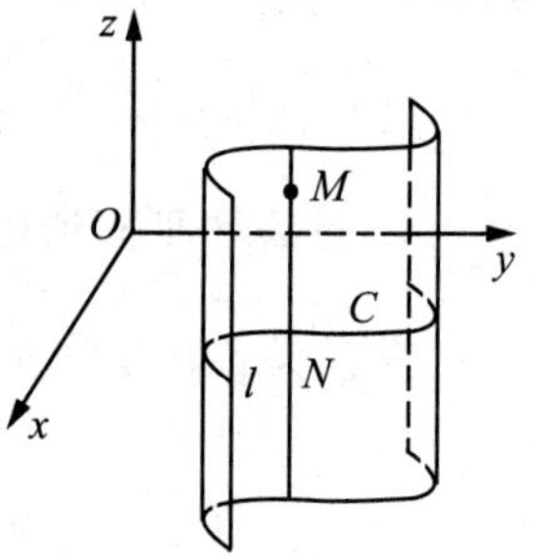

图 4-7

在准线 C 上(图 4-7)，从而点 N 的坐标为 $(x, y, 0)$，它满足方程 $F(x, y)=0$，即不论点 M 的竖坐标如何，它的横坐标 x 和纵坐标 y 满足方程 $F(x, y)=0$. 因此，所求的柱面方程为 $F(x, y)=0$。

注意　在平面直角坐标系中，方程 $F(x, y)=0$ 表示一条平面曲线；在空间直角坐标系中，方程 $F(x, y)=0$ 表示一个以 xOy 面上的曲线 $F(x, y)=0$ 为准线，母线平行于 z 轴的柱面．常见的柱面见表 4-1。

类似地，只含 x，z 而缺 y 的方程 $G(x, z)=0$，和只含 y，z 而缺 x 的方程 $H(y, z)=0$ 分别表示母线平行于 y 轴和 x 轴的柱面方程。

表 4-1　常见的二次柱面的方程及图形

名称	方　程	图　形
圆柱面	$x^2+y^2=R^2$ 其准线为 xOy 面上的圆，$Oa=R$， 其母线为平行于 z 轴的直线。	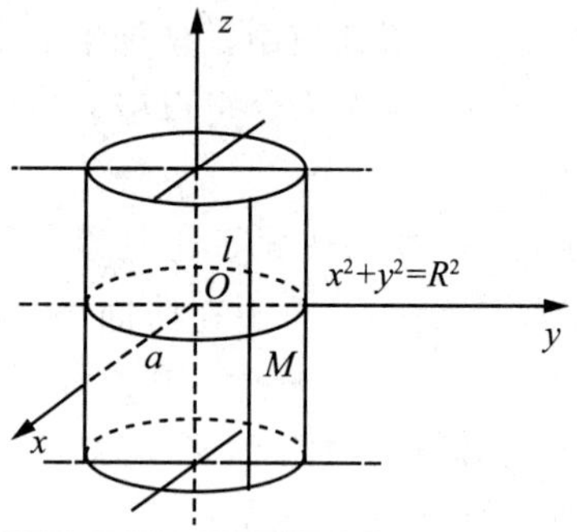
椭圆柱面	$\dfrac{x^2}{a^2}+\dfrac{y^2}{b^2}=1$ 其准线为 xOy 面上的椭圆， 其母线为平行于 z 轴的直线。	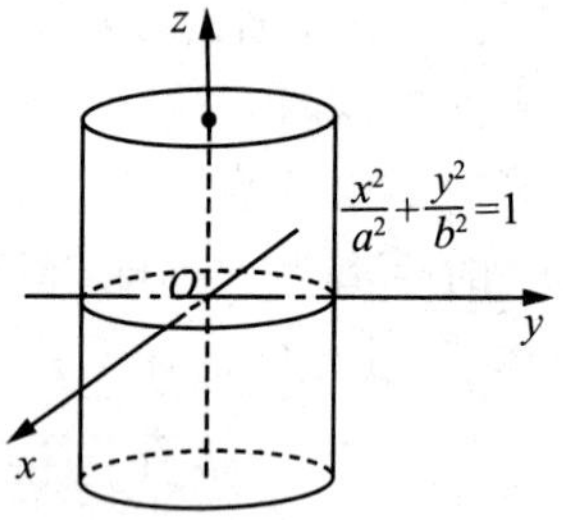
双曲柱面	$\dfrac{x^2}{a^2}-\dfrac{y^2}{b^2}=1$ 其准线为 xOy 面上的双曲线， 其母线为平行于 z 轴的直线。	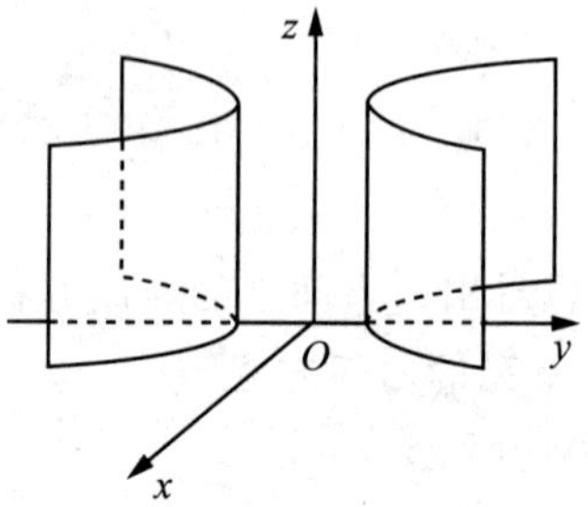

续表

名称	方 程	图 形
抛物柱面	$x^2=2py(p>0)$ 其准线为 xOy 面上的抛物线， 其母线为平行于 z 轴的直线。	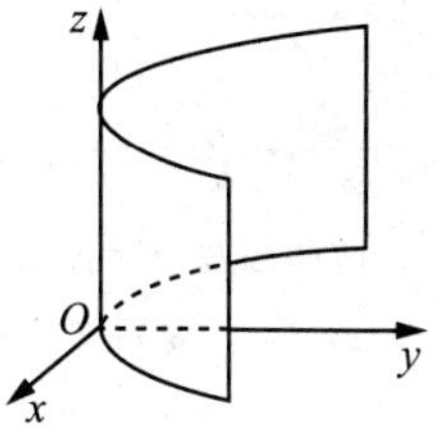

(2)旋转曲面及常见的二次曲面。

定义 3 以一条平面曲线 C 绕其所在平面内的一条定直线 l 旋转一周所成的曲面称为**旋转曲面**，定直线 l 称为**旋转曲面的轴**，曲线 C 称为此**旋转曲面的母线**。

对于坐标平面内的曲线绕坐标轴旋转一周而成的旋转曲面，其方程可按下述公式来求：

(1)yOz 面内的曲线 $f(y, z)=0$ 绕 y 轴、z 轴旋转生成的旋转曲面的方程分别为

$$f\left(y, \pm\sqrt{z^2+x^2}\right)=0, \quad f\left(\pm\sqrt{x^2+y^2}, z\right)=0;$$

(2)zOx 面内的曲线 $g(z, x)=0$ 绕 z 轴、x 轴旋转生成的旋转曲面的方程分别为

$$g\left(z, \pm\sqrt{x^2+y^2}\right)=0, \quad g\left(\pm\sqrt{y^2+z^2}, x\right)=0;$$

(3)xOy 面内的曲线 $h(x, y)=0$ 绕 x 轴、y 轴旋转生成的旋转曲面的方程分别为

$$h\left(x, \pm\sqrt{y^2+z^2}\right)=0, \quad h\left(\pm\sqrt{z^2+x^2}, y\right)=0。$$

上述公式的统一规律为：坐标平面内的曲线绕哪个坐标轴旋转，就在曲线方程中保持哪个变量不变，而将另一变量换成其余两个坐标变量的平方和的平方根。

例 5 求 zOx 平面上的抛物线 $x^2=z$ 绕 z 轴旋转而成的旋转曲面的方程。

解 在方程 $x^2=z$ 中，保持 z 不变，将 x 换作 $\pm\sqrt{x^2+y^2}$，得所求旋转曲面的方程为 $x^2+y^2=z$。

这种旋转曲面称为**旋转抛物面**。如果曲面方程是二次的，我们把这样的曲面统称为二次曲面。常见的二次曲面见表 4-2。

表 4-2 常见二次曲面的方程及图形

名称	方 程	图 形
球面	$(x-x_0)^2+(y-y_0)^2+(z-z_0)^2=R^2$ 表示球心在 $M_0(x_0, y_0, z_0)$，半径为 R 的球面方程。	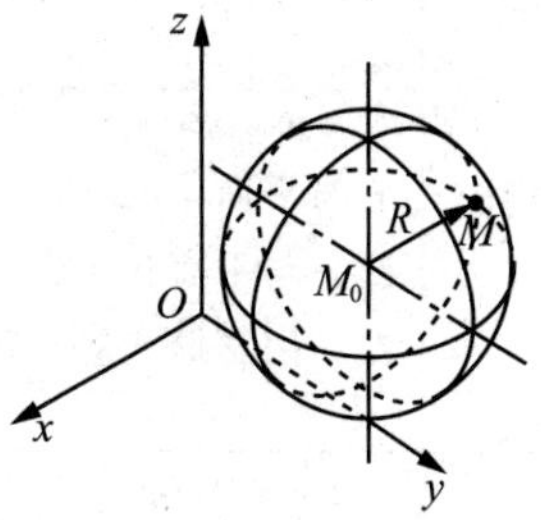

续表

名称	方　程	图　形
椭球面	$\frac{x^2}{a^2}+\frac{y^2}{b^2}+\frac{z^2}{c^2}=1(a，b，c>0)$ 该曲面与三个坐标平面的交线都是椭圆，a，b，c 是椭球面的三个半轴。	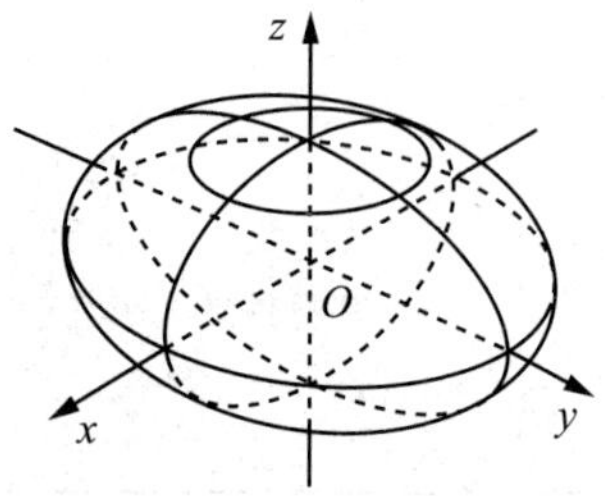
单叶双曲面	$\frac{x^2}{a^2}+\frac{y^2}{b^2}-\frac{z^2}{c^2}=1(a，b，c>0)$ 该曲面与三个坐标平面的交线分别是椭圆及两条双曲线。	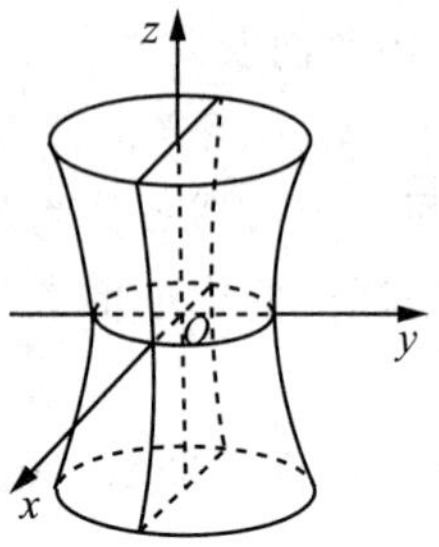
双叶双曲面	$\frac{x^2}{a^2}+\frac{y^2}{b^2}-\frac{z^2}{c^2}=-1(a，b，c>0)$ 该曲面与两个坐标平面的交线都是双曲线，与 xOz 坐标面无交点。	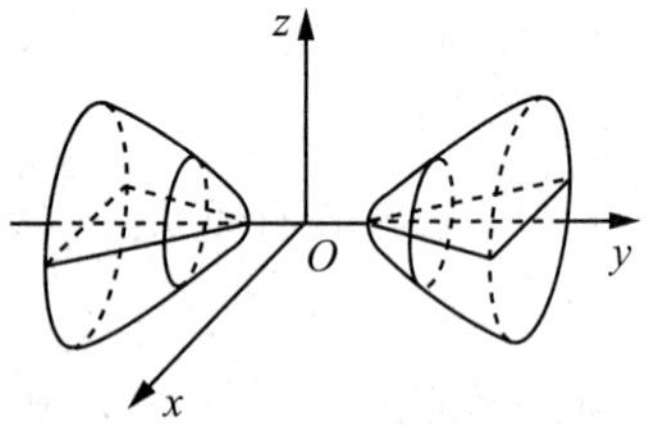
椭圆抛物面	$\frac{x^2}{2p}+\frac{y^2}{2q}=z(p，q$ 同号$)$ 曲面过坐标原点且位于 xOy 面上方 $(p>0，q>0)$ 或下方 $(p<0，q<0)$，与 yOz 面及 xOz 面的交线都是抛物线，用平面 $z=k$ $(k\neq 0)$ 去截时，交线为椭圆。	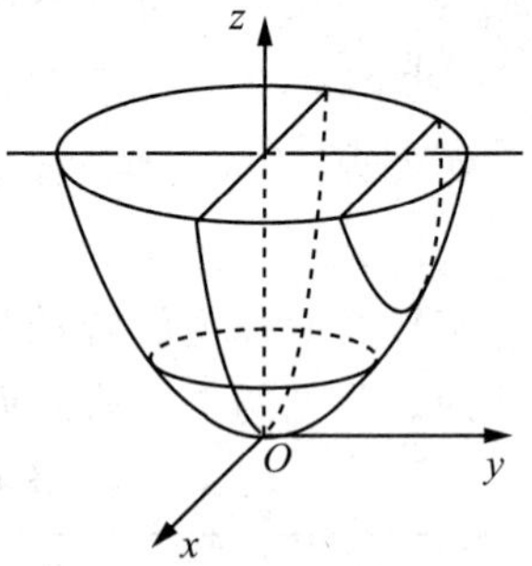
双曲抛物面	$-\frac{x^2}{2p}+\frac{y^2}{2q}=z(p，q$ 同号$)$ 它与平面 $y=k$ 及 $x=k$ 的交线均为抛物线，与平面 $z=k$ $(k\neq 0)$ 的交线为双曲线，因其形状似马鞍，又称马鞍面。	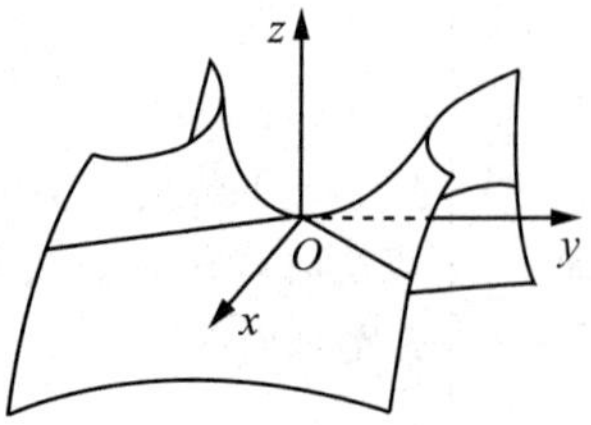

续表

名称	方　程	图　形
圆锥面	$z^2=a^2(x^2+y^2)$ 其母线为 yOz 面上的直线，$z=ay$ $(a>0)$，其轴为 z 轴。	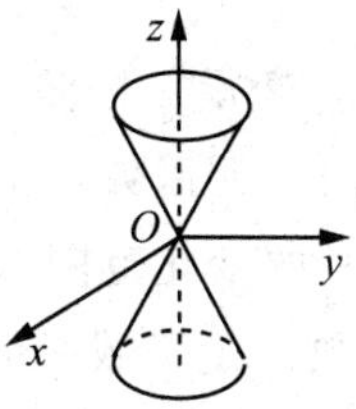

习　题　4.1

1. 求点 $M(x, y, z)$ 关于 xOy 平面及原点的对称点的坐标。
2. 求通过两点 $M_1(1, 1, 1)$ 和 $M_2(0, 1, -1)$ 且垂直于平面 $x+y+z=0$ 的平面。
3. 求过点 $M_1(2, -1, 4)$，$M_2(-1, 3, -2)$ 和 $M_3(0, 2, 3)$ 的平面方程。
4. 指出下列方程在空间解析几何中分别表示什么图形。

(1) $y=x+1$；　　(2) $x^2+y^2=4$；

(3) $x^2-y^2=1$；　　(4) $y=1-x^2$。

5. 求 yOz 坐标面内的曲线 $z=y^2$ 绕 z 轴旋转所得旋转曲面的方程。
6. 求 yOz 坐标面上的直线 $z=ay(a>0)$ 绕 z 轴旋转所得旋转曲面的方程。

4.2　多元函数的概念

多元函数的概念

4.2.1　多元函数的定义

在许多实际问题中，经常遇到多个变量相互依赖的情况。

【引例 1】 圆柱体的体积 V 与底面半径 r、高 h 的关系是

$$V=\pi r^2 h。$$

这里，当 r，h 在集合 $\{(r, h) \mid r>0, h>0\}$ 内取定一对值 (r, h) 时，V 的对应值就能唯一地确定。

【引例 2】 一定量的理想气体的压强 p、体积 V 和温度 T 之间具有关系

$$p=\frac{RT}{V}\ (R\ 为常数)。$$

这里，当 V，T 在集合 $\{(V, T) \mid V>0, T>0\}$ 内取定一对值 (V, T) 时，p 的对应值就能唯一地确定。

【引例 3】 某建材公司可以通过报纸和电视台做销售建筑材料的广告。根据统计资料，销售收入 R 与报纸广告费用 x_1 和电视广告费用 x_2 之间的关系有如下的经验公式：

$$R=15+14x_1+32x_2-8x_1x_2-2x_1^2-10x_2^2,$$

广告投资销售收入 R 依赖于报纸广告费用 x_1 和电视广告费 x_2 的变化而变化，若 x_1 和 x_2 确定，对应的 R 值就能唯一确定。

以上三个引例都是一个变量的变化依赖于多个变量变化的情况，它们构成了多元函数的关系。下面给出二元函数的概念。

定义 1 设有三个变量 x、y 和 z，如果当变量 x、y 在它们的变化范围 D 中任意取一对值时，变量 z 按照一定的对应规律 f，总有唯一确定的值与之对应，那么称 z 为变量 x、y 的二元函数，记作 $z=f(x, y)$，其中 x、y 称为自变量，z 称为因变量，自变量 x、y 的变化范围 D 称为函数的定义域。

一元函数的定义域一般是一个区间或几个区间的并集，二元函数的定义域往往是由 xOy 平面上的一条或几条光滑曲线(包括直线)所围成的一部分平面或整个平面，称为区域，即二元函数的定义域通常为平面区域。围成区域的曲线称为区域的边界，边界上的点称为边界点。包括边界在内的区域称为闭区域，不包括边界在内的区域称为开区域。

若一个区域 D 内任意两点之间的距离都不超过一个常数 M，则称 D 为**有界区域**，否则称 D 为**无界区域**。

平面上以定点 P_0 为圆心，正数 δ 为半径的圆的内部是一个开区域 $U(P_0, \delta)=\{(x, y)\,|\,(x-x_0)^2+(y-y_0)^2<\delta^2\}$，称为**点 $P_0(x_0, y_0)$ 的 δ 邻域**。若将圆心 P_0 去掉，剩下的部分 $\mathring{U}(P_0, \delta)=\{(x, y)\,|\,0<(x-x_0)^2+(y-y_0)^2<\delta^2\}$ 称为**点 $P_0(x_0, y_0)$ 的去心 δ 邻域**。

类似地，可定义三元函数 $u=f(x, y, z)$ 以及三元以上的函数。

例 1 求二元函数 $z=\sqrt{1-x^2-y^2}$ 的定义域，并画出定义域的图形。

解 要使函数 $z=\sqrt{1-x^2-y^2}$ 有意义，必须有 $x^2+y^2\leqslant 1$，因此所求定义域为

$$D=\{(x, y)\,|\,x^2+y^2\leqslant 1\}。$$

定义域的图形是 xOy 平面上由圆 $x^2+y^2=1$ 围成的有界闭区域(图 4-8)。

例 2 求函数 $z=\ln(x+y)$ 的定义域，并画出定义域的图形。

解 要使函数 $z=\ln(x+y)$ 有意义，必须有 $x+y>0$，因此所求定义域为

$$D=\{(x, y)\,|\,x+y>0\}。$$

作直线 $x+y=0$，在直线外任取一点，如取点$(-1, 0)$代入等式左端得-1，所得的不等式不成立，于是不等式表示不包含直线 $x+y=0$ 的另一侧区域(图 4-9)。

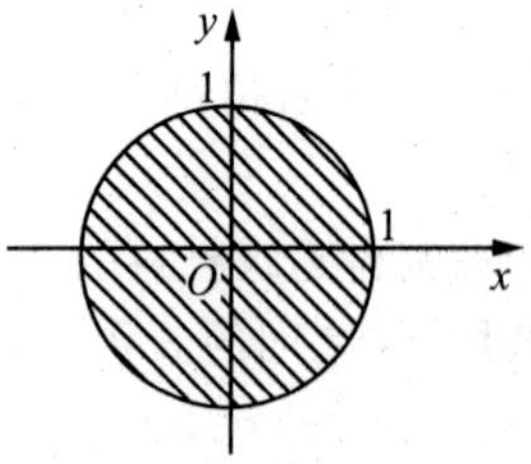

图 4-8

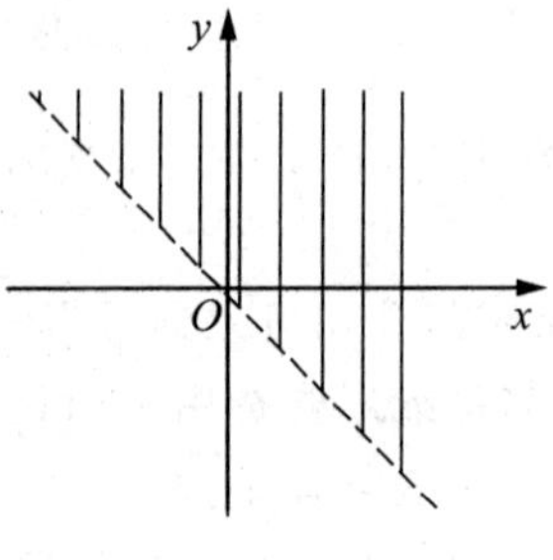

图 4-9

4.2.2 二元函数的几何意义

二元函数 $z=f(x, y)$，也就是 $F(x, y, z)=z-f(x, y)=0$，一般表示空间的曲面，这个曲面在 xOy 坐标面的投影就是函数的定义域 D。例如，二元函数 $z=\sqrt{a^2-x^2-y^2}$ 的几何图形是球心在原点、半径为 a 的上半球面，它的定义域是 xOy 平面上的圆面：$D=\{(x, y) \mid x^2+y^2 \leqslant a^2\}$（图 4-10）。

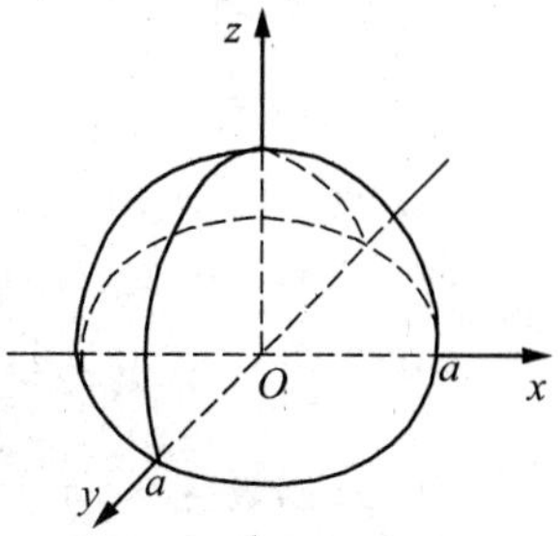

图 4-10

4.2.3 二元函数的极限与连续

1. 二元函数的极限

定义 2 设函数 $z=f(x, y)$ 在点 $P_0(x_0, y_0)$ 的某邻域内有定义（点 P_0 可除外），A 是一个常数，若点 $P(x, y)$ 以任意方式趋近于 $P_0(x_0, y_0)$ 时，$f(x, y)$ 总是无限接近于 A，则称 A 是二元函数 $f(x, y)$ 当 (x, y) 趋于 (x_0, y_0) 时的**极限**。记为

$$\lim_{(x,y)\to(x_0,y_0)} f(x, y)=A \text{ 或 } \lim_{\substack{x\to x_0\\ y\to y_0}} f(x, y)=A。$$

由于在平面内 $(x, y)\to(x_0, y_0)$ 的途径有无穷多种，所以二元函数的极限比一元函数要复杂得多，但是二元函数也有与一元函数类似的极限运算法则。

例 3 求极限 $\lim\limits_{\substack{x\to 0\\ y\to 2}} \dfrac{\sin(xy)}{x}$。

解 $\lim\limits_{\substack{x\to 0\\ y\to 2}} \dfrac{\sin(xy)}{x}=\lim\limits_{\substack{x\to 0\\ y\to 2}}\left[\dfrac{\sin(xy)}{xy}\cdot y\right]=\lim\limits_{\substack{x\to 0\\ y\to 2}} \dfrac{\sin(xy)}{xy}\cdot \lim\limits_{\substack{x\to 0\\ y\to 2}} y=\lim\limits_{u\to 0} \dfrac{\sin u}{u}\cdot \lim\limits_{y\to 2} y=1\cdot 2=2$。

2. 二元函数的连续性

定义 3 设函数 $z=f(x, y)$ 在点 $P_0(x_0, y_0)$ 的某邻域内有定义，若

$$\lim_{\substack{x\to x_0\\ y\to y_0}} f(x, y)=f(x_0, y_0),$$

则称二元函数 $z=f(x, y)$ 在点 $P_0(x_0, y_0)$ **连续**。

定义 4（二元函数连续的等价定义） 若

$$\lim_{\substack{\Delta x\to 0\\ \Delta y\to 0}} \Delta z=\lim_{\substack{\Delta x\to 0\\ \Delta y\to 0}}[f(x_0+\Delta x, y_0+\Delta y)-f(x_0, y_0)]=0,$$

则称 $z=f(x, y)$ 在点 (x_0, y_0) **连续**。

若函数 $z=f(x, y)$ 在区域 D 内每一点都连续，则称函数 $z=f(x, y)$ 在区域 D 内连续。

与一元函数类似，二元连续函数具有如下性质：

(1)二元连续函数的和、差、积、商（分母不为零）仍为连续函数；

(2)有界闭区域上的二元连续函数 $f(x, y)$ 存在最大值和最小值。

习　题　4.2

1. 设 $f(x, y)=x^2-2xy+y^2$，求 $f(2, 1)$。
2. 已知 $f(x, y)=x+2y$，求 $f[xy, f(x, y)]$。
3. 求 $\lim\limits_{\substack{x\to 1\\ y\to 2}}(3x+2y)$。
4. 求函数 $z=\sqrt{4-x^2-y^2}+\ln(x^2+y^2-1)$ 的定义域，并画出定义域的图形。

4.3　偏导数

偏导数

在一元函数微分学中，为研究因变量相对于自变量变化的快慢程度，即变化率，引入了导数的概念。对多元函数而言，同样为考虑因变量对某一个自变量的变化率，我们引进偏导数的概念。本节主要介绍偏导数的概念及计算。

4.3.1　偏导数

对于二元函数 $z=f(x, y)$，x，y 是两个独立的变量，它们可取互不依赖的改变量 Δx，Δy，这时函数值的改变量

$$\Delta z=f(x_0+\Delta x, y_0+\Delta y)-f(x_0, y_0)$$

与 Δx，Δy 都有关。为了讨论 z 的变化率，我们先把问题简化，假定两个自变量中有一个改变，而另一个保持不变，从而将其转化为一元函数，再利用导数的概念来分析函数的变化率，于是就有了二元函数的偏导数的概念。

定义　设二元函数 $z=f(x, y)$ 在区域 D 内有定义，$P_0(x_0, y_0)\in D$，令 $y=y_0$ 保持不变，因而 z 成了单变量 x 的函数 $z=f(x, y_0)$，如果

$$\lim_{\Delta x\to 0}\frac{f(x_0+\Delta x, y_0)-f(x_0, y_0)}{\Delta x}$$

存在，称函数 $z=f(x, y)$ 在 (x_0, y_0) 处**对 x 可导**，并称此极限为函数 $z=f(x, y)$ 在 (x_0, y_0) 处**对 x 的偏导数**。记为

$$z'_x\Big|_{\substack{x=x_0\\ y=y_0}},\ \frac{\partial z}{\partial x}\Big|_{\substack{x=x_0\\ y=y_0}},\ \frac{\partial f}{\partial x}\Big|_{\substack{x=x_0\\ y=y_0}},\ f'_x(x_0, y_0)。$$

类似地，当 x 固定在 x_0，若

$$\lim_{\Delta y\to 0}\frac{f(x_0, y_0+\Delta y)-f(x_0, y_0)}{\Delta y}$$

存在，则称函数 $z=f(x, y)$ 在 (x_0, y_0) 处**对 y 可导**，并称此极限为函数 $z=f(x, y)$ 在 (x_0, y_0) 处**对 y 的偏导数**，记为

$$z'_y\Big|_{\substack{x=x_0\\ y=y_0}},\ \frac{\partial z}{\partial y}\Big|_{\substack{x=x_0\\ y=y_0}},\ \frac{\partial f}{\partial y}\Big|_{\substack{x=x_0\\ y=y_0}},\ f'_y(x_0, y_0)。$$

如果 $z=f(x, y)$ 在区域 D 内每一点 (x, y) 都具有对 x（或 y）的偏导数，这个偏导数仍是 x，y 的函数，称这个函数为 $z=f(x, y)$ 在 D 内对自变量 x（或 y）的偏导函

数，简称为偏导数。记为

$$\frac{\partial z}{\partial x}，\frac{\partial f}{\partial x}，z'_x，f'_x(x，y)\left[或\frac{\partial z}{\partial y}，\frac{\partial f}{\partial y}，z'_y，f'_y(x，y)\right]。$$

由定义可知，求二元函数对某个自变量的偏导数，只需将另外的自变量看成常数，用一元函数求导法即可求得。

注意 偏导数的符号$\frac{\partial z}{\partial x}$，$\frac{\partial z}{\partial y}$是一个整体记号，不能像$\frac{\mathrm{d}y}{\mathrm{d}x}$可以看成一个分式。

例 1 求 $f(x，y)=3x^2+4y^3$ 在(1，1)处的偏导数。

解 先求偏导函数，视 y 为常量，对 x 求导，得

$$f'_x(x，y)=6x，$$

视 x 为常量，对 y 求导，得

$$f'_y(x，y)=12y^2，$$

将 $x=1$，$y=1$ 代入上式，得

$$f'_x(1，1)=6，f'_y(1，1)=12。$$

例 2 设 $z=x^y(x>0)$，求偏导数。

解 对 x 求偏导数时，视 y 为常量，这时 x^y 是幂函数，有

$$\frac{\partial z}{\partial x}=yx^{y-1}，$$

对 y 求偏导数时，视 x 为常量，这时 x^y 是指数函数，有

$$\frac{\partial z}{\partial y}=x^y\ln x。$$

例 3 设 $z=x\ln(x^2+y^2)$，求偏导数。

解 视 y 为常量，对 x 求偏导数，得

$$\begin{aligned}\frac{\partial z}{\partial x}&=(x)'_x\ln(x^2+y^2)+x[\ln(x^2+y^2)]'_x\\&=1\cdot\ln(x^2+y^2)+x\cdot\frac{2x}{x^2+y^2}\\&=\ln(x^2+y^2)+\frac{2x^2}{x^2+y^2}。\end{aligned}$$

视 x 为常量，对 y 求偏导数，得

$$\frac{\partial z}{\partial y}=x\cdot\frac{2y}{x^2+y^2}=\frac{2xy}{x^2+y^2}。$$

二元函数偏导数的概念很容易推广到三元函数，三元函数 $u=f(x，y，z)$ 求偏导数时，是因变量 u 对 x、对 y、对 z 分别求偏导数。

例 4 设 $u=\frac{y}{x}+\frac{z}{y}-\frac{x}{z}$，求$\frac{\partial u}{\partial x}$，$\frac{\partial u}{\partial y}$，$\frac{\partial u}{\partial z}$。

解 求$\frac{\partial u}{\partial x}$时，要视函数表达式中的 y、z 为常数，对 x 求导数。

$$\frac{\partial u}{\partial x}=-\frac{y}{x^2}-\frac{1}{z}；$$

同理可得

$$\frac{\partial u}{\partial y}=\frac{1}{x}-\frac{z}{y^2};\quad \frac{\partial u}{\partial z}=\frac{1}{y}+\frac{x}{z^2}。$$

例 5 已知一定量理想气体的状态方程为 $PV=RT$(R 为常数)，证明：

$$\frac{\partial P}{\partial V}\cdot\frac{\partial V}{\partial T}\cdot\frac{\partial T}{\partial P}=-1$$

证 因为 $P=\frac{RT}{V}$，$V=\frac{RT}{P}$，$T=\frac{PV}{R}$，所以

$$\frac{\partial P}{\partial V}=-\frac{RT}{V^2},\quad \frac{\partial V}{\partial T}=\frac{R}{P},\quad \frac{\partial T}{\partial P}=\frac{V}{R}。$$

从而

$$\frac{\partial P}{\partial V}\cdot\frac{\partial V}{\partial T}\cdot\frac{\partial T}{\partial P}=-\frac{RT}{V^2}\cdot\frac{R}{P}\cdot\frac{V}{R}=-1。$$

4.3.2 高阶偏导数

函数 $z=f(x,y)$的偏导数$\frac{\partial z}{\partial x}$和$\frac{\partial z}{\partial y}$，一般来说仍是 x，y 的二元函数。如果它们对于 x，y 的偏导数存在，可以对 x，y 继续求偏导数，则称这两个偏导数的偏导数为 $z=f(x,y)$的二阶偏导数，共有四个，分别记为

$$z''_{xx}=f''_{xx}(x,y)=\frac{\partial}{\partial x}\left(\frac{\partial z}{\partial x}\right)=\frac{\partial^2 z}{\partial x^2};\quad z''_{yy}=f''_{yy}(x,y)=\frac{\partial}{\partial y}\left(\frac{\partial z}{\partial y}\right)=\frac{\partial^2 z}{\partial y^2};$$

$$z''_{xy}=f''_{xy}(x,y)=\frac{\partial}{\partial y}\left(\frac{\partial z}{\partial x}\right)=\frac{\partial^2 z}{\partial x\,\partial y};\quad z''_{yx}=f''_{yx}(x,y)=\frac{\partial}{\partial x}\left(\frac{\partial z}{\partial y}\right)=\frac{\partial^2 z}{\partial y\,\partial x}。$$

其中，后两个称为混合偏导数。

仿此，可定义更高阶的偏导数，并将二阶及二阶以上的偏导数统称为**高阶偏导数**。

例 6 求 $z=2xy^2-x^3+5x^2y^3$ 的二阶偏导数。

解 因为
$$\frac{\partial z}{\partial x}=2y^2-3x^2+10xy^3,\quad \frac{\partial z}{\partial y}=4xy+15x^2y^2,$$

所以
$$\frac{\partial^2 z}{\partial x^2}=-6x+10y^3;\quad \frac{\partial^2 z}{\partial x\,\partial y}=4y+30xy^2;$$

$$\frac{\partial^2 z}{\partial y^2}=4x+30x^2y;\quad \frac{\partial^2 z}{\partial y\,\partial x}=4y+30xy^2。$$

例 7 求 $z=x^2\mathrm{e}^y$ 的二阶偏导数。

解 因为
$$\frac{\partial z}{\partial x}=2x\mathrm{e}^y,\quad \frac{\partial z}{\partial y}=x^2\mathrm{e}^y,$$

所以
$$\frac{\partial^2 z}{\partial x^2}=2\mathrm{e}^y;\quad \frac{\partial^2 z}{\partial x\,\partial y}=2x\mathrm{e}^y;\quad \frac{\partial^2 z}{\partial y^2}=x^2\mathrm{e}^y;\quad \frac{\partial^2 z}{\partial y\,\partial x}=2x\mathrm{e}^y。$$

上面两例中都有$\frac{\partial^2 z}{\partial x\,\partial y}=\frac{\partial^2 z}{\partial y\,\partial x}$，这两个混合偏导数是相等的，我们自然会想到，对于一般的二元函数 $z=f(x,y)$是否都具有这个性质呢？关于这个问题，有下面的

定理。

定理 如果函数 $z=f(x,y)$ 的两个混合偏导数 $\frac{\partial^2 z}{\partial x\,\partial y}$ 和 $\frac{\partial^2 z}{\partial y\,\partial x}$ 在区域 D 内连续，则在该区域内必有 $\frac{\partial^2 z}{\partial x\,\partial y}=\frac{\partial^2 z}{\partial y\,\partial x}$。

定理说明，只要两个二阶混合偏导数在某区域内连续，那么求二阶混合偏导数与求导次序无关。

例 8 设 $z=\ln\sqrt{x^2+y^2}$，(1)求二阶偏导数，(2)验证 $\frac{\partial^2 z}{\partial x^2}+\frac{\partial^2 z}{\partial y^2}=0$。

解 (1) $z=\ln\sqrt{x^2+y^2}=\frac{1}{2}\ln(x^2+y^2)$，

所以

$$\frac{\partial z}{\partial x}=\frac{x}{x^2+y^2},\quad \frac{\partial z}{\partial y}=\frac{y}{x^2+y^2}。$$

从而 $$\frac{\partial^2 z}{\partial x^2}=\left(\frac{x}{x^2+y^2}\right)'_x=\frac{y^2-x^2}{(x^2+y^2)^2},\quad \frac{\partial^2 z}{\partial y^2}=\left(\frac{y}{x^2+y^2}\right)'_y=\frac{x^2-y^2}{(x^2+y^2)^2},$$

$$\frac{\partial^2 z}{\partial x\,\partial y}=\frac{\partial^2 z}{\partial y\,\partial x}=\left(\frac{x}{x^2+y^2}\right)'_y=\frac{-2xy}{(x^2+y^2)^2}。$$

(2) $$\frac{\partial^2 z}{\partial x^2}+\frac{\partial^2 z}{\partial y^2}=\frac{y^2-x^2}{(x^2+y^2)^2}+\frac{x^2-y^2}{(x^2+y^2)^2}=0。$$

习　题　4.3

1. 求下列函数的偏导数。

(1) $z=5x^2-3y$；　　(2) $z=\arctan\frac{y}{x}$；

(3) $z=\ln xy$；　　(4) $u=xy+yz+zx$。

2. 求下列函数在指定点处的偏导数。

(1) $f(x,y)=x^3+2xy+2y^2$，求 $f'_x(2,3)$，$f'_y(2,3)$；

(2) $u=e^y\sin x$，求 $\left.\frac{\partial u}{\partial x}\right|_{(0,1)}$，$\left.\frac{\partial u}{\partial y}\right|_{(1,0)}$；

(3) $f(x,y)=x+(y-1)\ln\sin\sqrt{\frac{x}{y}}$，求 $f'_x(x,1)$；

(4) $z=\ln(1+x^2+y^2)$，求在点 $(1,2)$ 处的偏导数。

3. 求下列函数的二阶偏导数。

(1) $z=x^8e^y$；　　(2) $z=\sin(2x+3y)$；

(3) $z=y^x$；　　(4) $z=x^2y^3$。

4.4 全微分

全微分

在一元函数 $y=f(x)$ 中，y 对 x 的微分 dy 是自变量增量 Δx 的线性函数，且当 $\Delta x\to 0$ 时，dy 与函数增量 Δy 的差是关于 Δx 的较高

阶的无穷小。类似地，我们来讨论二元函数在所有自变量都有微小变化时，函数增量的变化情况。

4.4.1 全微分的定义

【引例】 金属薄片是长方形的，它的边长分别为 x 与 y，它的面积 S 是 x、y 的函数，即 $S=xy$。当金属薄片受冷热影响时，其边长由 x 变到 $x+\Delta x$，由 y 变到 $y+\Delta y$，则面积 S 有相应的增量

$$\begin{aligned}\Delta S &=(x+\Delta x)(y+\Delta y)-xy\\&=y\Delta x+x\Delta y+\Delta x\Delta y,\end{aligned}$$

上式包含两部分：

第一部分 $y\Delta x+x\Delta y$ 是 Δx，Δy 的线性函数，即图 4-11 中带单条斜线的两个矩形面积的和；

第二部分 $\Delta x\Delta y$，当 $\Delta x\to 0$、$\Delta y\to 0$ 时，是比 $\rho=\sqrt{(\Delta x)^2+(\Delta y)^2}$ 较高阶的无穷小(图 4-11 中有双线的阴影部分)。如果以 $y\Delta x+x\Delta y$ 近似表示 ΔS，而将 $\Delta x\Delta y$ 略去，则差 $\Delta S-(y\Delta x+x\Delta y)$ 是一个比 ρ 较高阶的无穷小，我们把 $y\Delta x+x\Delta y$ 叫作面积 S 的全微分。

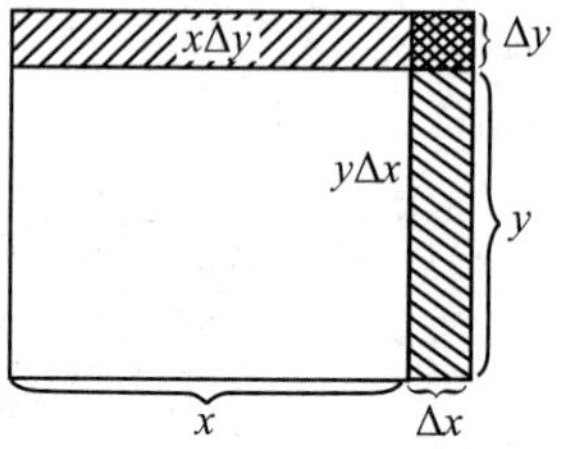

图 4-11

一般地，对二元函数 $z=f(x, y)$有如下定义。

定义 对于自变量在点(x, y)处的增量 Δx、Δy，函数 $z=f(x, y)$有相应的增量

$$\Delta z=f(x+\Delta x, y+\Delta y)-f(x, y),$$

可表示为

$$\Delta z=A\Delta x+B\Delta y+o(\rho),$$

其中，A，B 只与 x，y 有关，与 Δx 和 Δy 无关；$\rho=\sqrt{\Delta x^2+\Delta y^2}$，$o(\rho)$是当 $\rho\to 0$ 时比 ρ 高阶的无穷小。则称 $A\Delta x+B\Delta y$ 是二元函数 $z=f(x, y)$在点(x, y)处的**全微分**。记作 $\mathrm{d}z$ 或 $\mathrm{d}f(x, y)$，即

$$\mathrm{d}z=\mathrm{d}f(x, y)=A\Delta x+B\Delta y。$$

此时也称函数 $z=f(x, y)$在点(x, y)处**可微**。

如果函数在区域 D 内各点处都可微，那么称函数在 D 内可微。

对于一元函数，在一点可微与在一点可导构成充要条件，但对于二元函数，可微与偏导数的关系要复杂得多。

定理 1(可微的必要条件) 如果函数 $z=f(x, y)$在点(x, y)处可微，则它在该点处必连续，同时两个偏导数$\frac{\partial z}{\partial x}$和$\frac{\partial z}{\partial y}$都存在，且

$$A=\frac{\partial z}{\partial x}, B=\frac{\partial z}{\partial y}。$$

与一元函数类似，当 x，y 是自变量时，我们规定 $\mathrm{d}x=\Delta x$，$\mathrm{d}y=\Delta y$，于是二元函数的全微分可以写成

$$dz=\frac{\partial z}{\partial x}dx+\frac{\partial z}{\partial y}dy。$$

类似地，三元函数 $u=f(x, y, z)$的全微分为

$$du=\frac{\partial u}{\partial x}dx+\frac{\partial u}{\partial y}dy+\frac{\partial u}{\partial z}dz。$$

定理 2(可微的充分条件) 如果函数 $z=f(x, y)$的两个偏导数$\frac{\partial z}{\partial x}$和$\frac{\partial z}{\partial y}$在点$(x, y)$处都存在且连续，则函数 $z=f(x, y)$在该点可微。

偏导数存在且连续是二元函数可微的充分条件，但不是必要条件，即函数可微时其偏导数不一定连续．函数的偏导数存在和函数连续有如下关系：

$$\text{偏导数连续}\Rightarrow\text{全微分存在}\Rightarrow\begin{cases}\text{偏导数存在}\\\text{函数连续}\end{cases},$$

即二元函数是否连续与偏导数是否存在之间不存在必然联系，但我们研究的二元函数中，偏导数一般都连续，所以，可以求出偏导数后直接写出全微分。

例 1 求 $z=x^3y^4$ 的全微分。

解 因为 $\frac{\partial z}{\partial x}=3x^2y^4$，$\frac{\partial z}{\partial y}=4x^3y^3$，

所以
$$dz=\frac{\partial z}{\partial x}dx+\frac{\partial z}{\partial y}dy=3x^2y^4dx+4x^3y^3dy。$$

例 2 计算函数 $z=e^{xy}$ 在点(2，1)处的全微分。

解 因为
$$\frac{\partial z}{\partial x}=ye^{xy},\quad \frac{\partial z}{\partial y}=xe^{xy},$$

所以
$$\left.\frac{\partial z}{\partial x}\right|_{\substack{x=2\\y=1}}=e^2,\quad \left.\frac{\partial z}{\partial y}\right|_{\substack{x=2\\y=1}}=2e^2,$$

故
$$dz=e^2dx+2e^2dy。$$

4.4.2 全微分在近似计算中的应用

由二元函数的全微分的定义可知，若函数 $z=f(x, y)$在点(x, y)可微，且$|\Delta x|$，$|\Delta y|$很小时，则

$$\Delta z=f(x+\Delta x, y+\Delta y)-f(x, y)\approx dz=f'_x(x, y)dx+f'_y(x, y)dy,$$

或
$$f(x+\Delta x, y+\Delta y)\approx f(x, y)+f'_x(x, y)dx+f'_y(x, y)dy。$$

用这个公式可以计算二元函数的近似值。

例 3 利用全微分公式计算$(2.02)^{0.96}$的近似值。

解 设函数 $z=f(x, y)=x^y$，则$(2.02)^{0.96}=f(2.02, 0.96)$，由

$$f'_x(x, y)=yx^{y-1},\quad f'_y(x, y)=x^y\ln x,$$

得
$$dz=yx^{y-1}dx+x^y\ln x\,dy。$$

当 $x=2$，$\Delta x=0.02$，$y=1$，$\Delta y=-0.04$ 时，有

$$dz=1\times2^{1-1}\times0.02+2\times\ln 2\times(-0.04)=0.02-0.08\ln 2,$$

于是
$$(2.02)^{0.96}=f(2.02, 0.96)\approx f(2, 1)+dz=2+(0.02-0.08\ln 2)\approx1.965。$$

例 4 有一圆柱体，受压后变形，它的半径由 20 cm 增大到 20.05 cm，高度由 100 cm 减少到 99 cm，求此圆柱体体积变化的近似值。

解 设圆柱体的半径、高和体积分别为 r，h 和 V，则有 $V=\pi r^2 h$。已知 $r=20$，$h=100$，$\Delta r=0.05$，$\Delta h=-1$，根据近似公式有

$$\Delta V\approx \mathrm{d}V=V_r{}'\Delta r+V_h{}'\Delta h=2\pi rh\Delta r+\pi r^2\Delta h$$
$$=2\pi\times 20\times 100\times 0.05+\pi\times 20^2\times(-1)=-200\pi(\mathrm{cm}^3)。$$

即此圆柱体在受压后体积约减少了 $200\pi\ \mathrm{cm}^3$。

习　题　4.4

1. 求下列函数的全微分。

(1)$z=x^3y+xy^3$；　　(2)$z=x+\sin\dfrac{x}{2}+\mathrm{e}^y$；

(3)$z=x^2y^2+x^3+y^4$；　　(4)$u=2x+3y+4z$。

2. 求下列函数在指定点的全微分。

(1)$z=x^2\ln y$，在点$(1,\ \mathrm{e})$处；　　(2)$z=2xy$，在点$(1,\ -1)$处。

3. 设 $z=\dfrac{y}{x}$，当 $x=2$，$y=1$，$\Delta x=0.1$，$\Delta y=-0.2$，求 Δz 及 $\mathrm{d}z$。

4. 利用全微分求 $0.98^{2.03}$ 的近似值。

5. 在机械加工中一金属圆柱体受压变形，底面半径由原来的 20 cm 变到 20.1 cm，高由原来的 40 cm 减少到 39.5 cm，求该圆柱体体积变化的近似值。

4.5　二元函数的极值

4.5.1　二元函数的极值

二元函数的极值

在一元函数微分学中，介绍了利用导数求函数极值的方法，解决了一些最大值、最小值的问题．在实际问题中，常会遇到多元函数的最大值、最小值问题，与一元函数类似，我们可以利用偏导数来讨论多元函数的极值与最值。下面以二元函数为例讨论多元函数的极值问题。

1. 二元函数极值的概念

定义 设函数 $z=f(x,\ y)$在点 $P_0(x_0,\ y_0)$的某邻域内有定义，且在该邻域内恒有 $f(x,\ y)\leqslant f(x_0,\ y_0)$[或 $f(x,\ y)\geqslant f(x_0,\ y_0)$]，则称 $f(x_0,\ y_0)$为函数 $f(x,\ y)$的**极大(小)值**。极大值与极小值统称为**极值**，使函数取得极值的点$(x_0,\ y_0)$称为**极值点**。

例 1 求 $f(x,\ y)=\sqrt{1-x^2-y^2}$ 的极值。

解 $f(x,\ y)$在点$(0,\ 0)$的某邻域内，对任意的点$(x,\ y)\neq(0,\ 0)$有

$$f(x,\ y)=\sqrt{1-x^2-y^2}<1=f(0,\ 0),$$

所以，函数 $z=f(x,\ y)=\sqrt{1-x^2-y^2}$ 在$(0,\ 0)$处取得极大值 $f(0,\ 0)=1$(图 4-12)。

再如，$f(x, y)=x^2+y^2-1$，对任意的点$(x, y)\neq(0, 0)$，有

$$f(x, y)=x^2+y^2-1>-1=f(0, 0),$$

所以，函数 $z=f(x, y)=x^2+y^2-1$ 在$(0, 0)$处取得极小值 $f(0, 0)=-1$(图 4-13)。

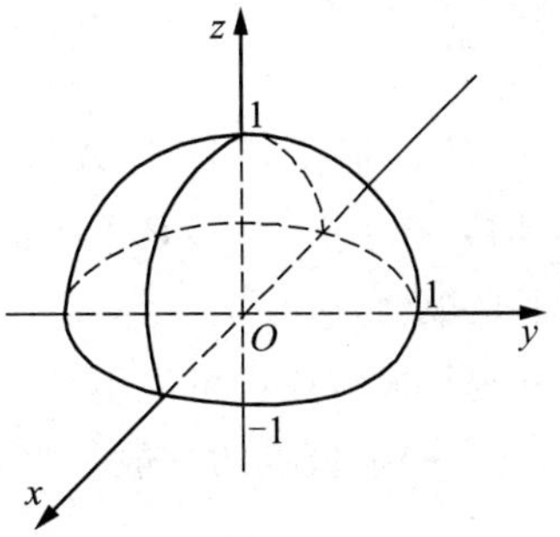

图 4-12

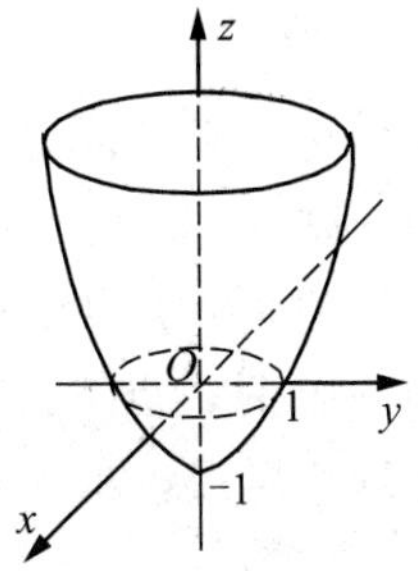

图 4-13

上面两例比较简单，可以直接利用定义判定。对于一般的二元函数的极值问题，则需利用下面定理进行判断，这些定理是一元函数极值理论的推广。

定理 1(极值存在的必要条件) 若函数 $f(x, y)$在(x_0, y_0)处有极值，且函数在该点的一阶偏导数都存在，则有

$$f'_x(x_0, y_0)=f'_y(x_0, y_0)=0。$$

证 因为点(x_0, y_0)是函数 $f(x, y)$的极值点，若固定 $f(x, y)$中的变量 $y=y_0$，则 $z=f(x, y_0)$是一个一元函数，且在 $x=x_0$ 处取得极值，由一元函数极值的必要条件知 $f'_x(x_0, y_0)=0$，同理有 $f'_y(x_0, y_0)=0$。

使 $f'_x(x, y)=0$，$f'_y(x, y)=0$ 同时成立的点(x, y)称为函数 $z=f(x, y)$的**驻点**。由定理 1 知，偏导数存在的函数的极值点必为驻点，但驻点不一定是极值点。

例如，函数 $z=x^2-y^2$ 在点$(0, 0)$处的两个偏导数都为 0，即$(0, 0)$是驻点，但在点$(0, 0)$的任一邻域内函数既有正值也有负值，所以点$(0, 0)$不是极值点(图 4-14)，即驻点不一定是极值点。

另外，极值点也可能是偏导数不存在的点。例如，上半锥面 $z=\sqrt{x^2+y^2}$ 在点$(0, 0)$的偏导数不存在，但$(0, 0)$是函数的极小值点，函数极小值为 0(图 4-15)。

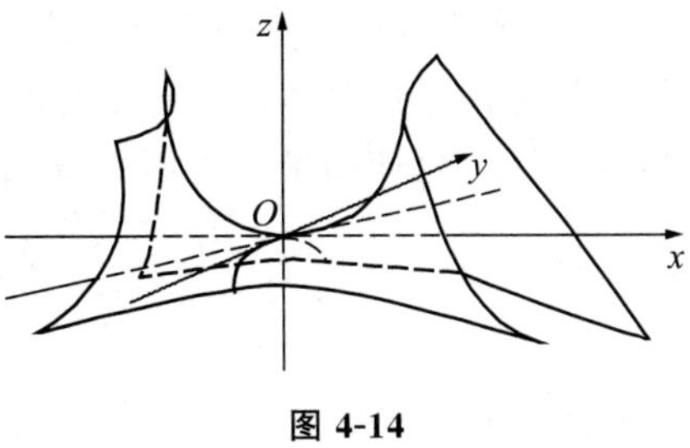

图 4-14

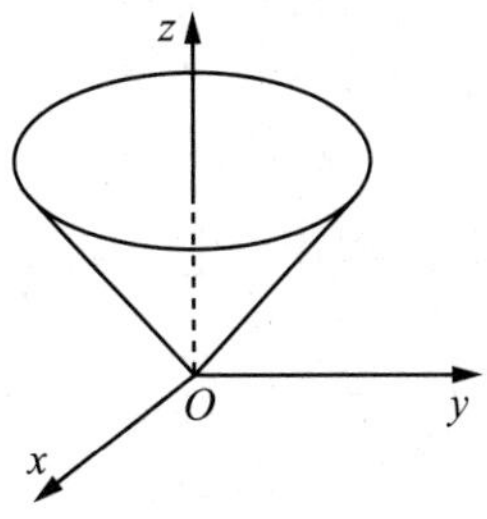

图 4-15

定理 2(极值存在的充分条件) 设函数 $z=f(x, y)$在点 $P_0(x_0, y_0)$的某邻域内具有二阶连续偏导数，且点 $P_0(x_0, y_0)$是函数的驻点，即 $f'_x(x_0, y_0)=f'_y(x_0, y_0)=0$，若记

$$A=f''_{xx}(x_0, y_0), B=f''_{xy}(x_0, y_0), C=f''_{yy}(x_0, y_0)。$$

(1)当 $B^2-AC<0$ 时，点 $P_0(x_0, y_0)$是极值点，且当 $A<0$(或 $C<0$)时，$P_0(x_0, y_0)$是极大值点；当 $A>0$(或 $C>0$)时，$P_0(x_0, y_0)$是极小值点；

(2)当 $B^2-AC>0$ 时，点 $P_0(x_0, y_0)$不是极值点；

(3)当 $B^2-AC=0$ 时，点 $P_0(x_0, y_0)$可能是极值点也可能不是极值点。

由定理 1 与定理 2 可得，求二元函数 $f(x, y)$极值点的一般步骤：

第一步　由方程组 $\begin{cases} f'_x(x, y)=0, \\ f'_y(x, y)=0, \end{cases}$ 解出驻点坐标；

第二步　算出二阶偏导数在驻点的值；

第三步　由 B^2-AC 的符号，确定极值的情况。

例 2　求函数 $f(x, y)=x^3+y^3-3xy$ 的极值。

解　由方程组 $\begin{cases} f'_x(x, y)=3x^2-3y=0, \\ f'_y(x, y)=3y^2-3x=0。 \end{cases}$

解得驻点(0, 0)和(1, 1)。

再求二阶偏导数，得

$$f''_{xx}(x, y)=6x, f''_{xy}(x, y)=-3, f''_{yy}(x, y)=6y。$$

在点(0, 0)处，有 $A=0$，$B=-3$，$C=0$，从而 $B^2-AC=9>0$，故点(0, 0)不是极值点。

在点(1, 1)处，有 $A=6$，$B=-3$，$C=6$，从而 $B^2-AC=-27<0$，且 $A=6>0$，故点(1, 1)是极小值点，函数的极小值是

$$f(1, 1)=(x^3+y^3-3xy)\big|_{(1,1)}=1^3+1^3-3\times1\times1=-1。$$

2. 二元函数的最大值与最小值

与一元函数类似，若 $z=f(x, y)$在有界闭区域 D 上连续，则 $z=f(x, y)$在 D 上必有最大值和最小值。具体求法是：求出 D 内的一切可能极值，以及边界上的最大值和最小值，然后进行比较，以确定最大值和最小值。但在解决实际问题时，若 $z=f(x, y)$在 D 内有唯一驻点，由问题性质，即可确定该驻点就是所求最值点。

例 3　要做一个容积为 V 的长方体箱子，问怎样选择尺寸，才能使所用材料最少？

解　箱子的容积一定，而使所用材料最少，这就是使箱子的表面积最小。

设箱子的长为 x、宽为 y、高为 z. 根据题设 $V=xyz$，则 $z=\dfrac{V}{xy}$. 于是，箱子的表面积为

$$A=2(xy+yz+zx)=2\left(xy+\frac{V}{x}+\frac{V}{y}\right)\quad (x>0, y>0),$$

这是求二元函数的极值问题，由

$$\begin{cases}\dfrac{\partial A}{\partial x}=2\left(y-\dfrac{V}{x^{2}}\right)=0,\\ \dfrac{\partial A}{\partial y}=2\left(x-\dfrac{V}{y^{2}}\right)=0。\end{cases}$$

可解得 $x=\sqrt[3]{V}$，$y=\sqrt[3]{V}$。

将 x，y 代入 $z=\dfrac{V}{xy}$，得

$$z=\frac{V}{xy}=\frac{V}{\sqrt[3]{V}\sqrt[3]{V}}=\sqrt[3]{V}。$$

由实际问题可知，箱子的表面积一定存在最小值，而$(\sqrt[3]{V},\ \sqrt[3]{V})$是函数在定义域 D 内的唯一驻点，也是最小值点，因此，当箱子的长为$\sqrt[3]{V}$、宽为$\sqrt[3]{V}$、高为$\sqrt[3]{V}$时，做箱子所用材料最少。

4.5.2 条件极值与拉格朗日乘数法

上面讨论的极值问题都是无条件极值，自变量在定义域内可以任意取值，未受任何条件约束，但在实际问题中，对自变量的取值往往要附加一定的条件限制。在求函数 $u=f(x,\ y,\ z)$的极值时，如果自变量 x，y，z 必须满足一定的条件 $\varphi(x,\ y,\ z)=0$，这样的极值问题称为**条件极值问题**。$\varphi(x,\ y,\ z)=0$ 称为**约束条件**或**约束方程**，所求极值称为**条件极值**。

如果由约束条件 $\varphi(x,\ y,\ z)=0$ 可解出用一个变量表示另一个变量的解析表达式，则可将此表达式代入 $u=f(x,\ y,\ z)$中，于是条件极值问题就转化为一元函数的无条件极值问题，但在许多情形，我们不能由约束条件解得这样的表达式，因此需研究其他的求解条件极值的方法，下面介绍一种常用的求解条件极值的方法——**拉格朗日乘数法**。

求函数 $u=f(x,\ y,\ z)$在约束条件 $\varphi(x,\ y,\ z)=0$ 限制下的极值，按以下方法进行。

首先构造辅助函数

$$F=F(x,\ y,\ z,\ \lambda)=f(x,\ y,\ z)+\lambda\varphi(x,\ y,\ z),$$

称为**拉格朗日函数**，其中 λ 称为**拉格朗日乘数**。

然后按无条件极值问题的必要条件，求 $F(x,\ y,\ z,\ \lambda)$的可能极值点，即由方程组

$$\begin{cases}F'_x=f'_x+\lambda\varphi'_x=0,\\ F'_y=f'_y+\lambda\varphi'_y=0,\\ F'_z=f'_z+\lambda\varphi'_z=0,\\ F'_\lambda=\varphi(x,\ y,\ z)=0。\end{cases}$$

解出 x，y，z 及 λ，则$(x,\ y,\ z)$是可能极值点。

至于这个点是否为极值点，往往由实际问题本身所具有的特性来确定。若某一问题确有极值，而且求出的又只有一个可能极值点，则这一点就是要求的极值点。

例 4 欲造一个无盖的长方体容器，已知底部造价为 3 元/m^2，侧面造价 1 元/m^2，现想用 36 元造一个体积最大容器，求它的尺寸。

解 设容器的长、宽、高分别为 x，y，z，容积为 V，则目标函数为 $V=xyz$，约束条件为 $3xy+2yz+2zx=36$。

构造拉格朗日函数

$$F(x, y, z, \lambda)=xyz+\lambda(3xy+2yz+2zx-36),$$

解方程组

$$\begin{cases}F'_x=yz+\lambda(3y+2z)=0,\\ F'_y=xz+\lambda(3x+2z)=0,\\ F'_z=xy+\lambda(2y+2x)=0,\\ F'_\lambda=3xy+2yz+2zx-36=0。\end{cases}$$

得 $x=y=2$，$z=3$。

由问题本身性质知，体积的最大值一定存在，所以当长为 2 m，宽为 2 m，高为 3 m 时，体积最大。

例 5 某建材公司可以通过报纸和电视台做销售建筑材料的广告。根据统计资料，销售收入 R(单位：百万元)与报纸广告费用 x_1(单位：百万元)和电视广告费 x_2(单位：百万元)之间的关系有如下的经验公式：

$$R=15+14x_1+32x_2-8x_1x_2-2x_1^2-10x_2^2,$$

(1)如果不限制广告费的支出，求最优广告策略；

(2)如果可供使用的广告费用为 150 万元，求相应的最优广告策略。

解 (1)设该公司的净销售收入为

$$\begin{aligned}z&=f(x_1, x_2)=15+14x_1+32x_2-8x_1x_2-2x_1^2-10x_2^2-(x_1+x_2)\\ &=15+13x_1+31x_2-8x_1x_2-2x_1^2-10x_2^2\end{aligned}$$

令

$$\begin{cases}\dfrac{\partial z}{\partial x_1}=13-8x_2-4x_1=0,\\ \dfrac{\partial z}{\partial x_2}=31-8x_1-20x_2=0.\end{cases}$$

得驻点 $x_1=0.75$(百万元)，$x_2=1.25$(百万元)。又

$$z''_{x_1x_1}=-4<0,\ z''_{x_1x_2}=-8,\ z''_{x_2x_2}=-20,$$

所以，在点(0.75，1.25)处有

$$B^2-AC=(-8)^2-(-4)\times(-20)=-16<0,\ A=-4<0。$$

所以，函数 $z=f(x_1, x_2)$ 在(0.75，1.25)处有极大值。因极大值点唯一，故在点(0.75，1.25)处也取得最大值，即最优广告策略为：报纸广告费为 75 万元，电视广告费为 125 万元。

(2)如果广告费限定为 150 万元，则要求函数 $f(x_1, x_2)$ 在条件 $x_1+x_2=1.5$ 下的

条件极值。

构造拉格朗日函数

$$F(x_1, x_2, \lambda)=15+13x_1+31x_2-8x_1x_2-2x_1^2-10x_2^2+\lambda(x_1+x_2-1.5)。$$

由
$$\begin{cases}F'_{x_1}=-4x_1-8x_2+13+\lambda=0, \\ F'_{x_2}=-8x_1-20x_2+31+\lambda=0, \\ F'_{\lambda}=x_1+x_2-1.5=0,\end{cases}$$

得 $x_1=0$(百万元)，$x_2=1.5$(百万元)，由于(0，1.5)是唯一驻点，根据问题的实际意义存在最大值，故(0，1.5)也是最大值点，因此将广告费全部用于电视广告，可使净收入最大。

习　题　4.5

1. 求函数 $z=x^2-xy+y^2-2x+y$ 的极值。

2. 求函数 $z=x^3-3x^2-3y^2$ 的极值。

3. 某工厂要用钢板制作一个容积为 1000 cm^3 的有盖长方体容器，若不计钢板厚度，怎样制作用料最省？

4. 建造一个长方形无盖水池，其池底和池壁的总面积为 108 m^2，问水池的尺寸如何设计时，其容积最大？

5. 做一个容积为 $\frac{9}{2}$ m^3 的长方体箱子，箱子的盖及侧面的造价为 8 元/m^2，箱底的造价为 1 元/m^2，试求造价最低的箱子的尺寸。

4.6　二重积分的概念和性质

4.6.1　二重积分的概念

二重积分的概念和性质

【引例 1】 求曲顶柱体的体积。

设 D 是 xOy 平面上的一个有界闭区域，$z=f(x, y)$是在区域 D 上连续的二元函数，并且 $f(x, y)\geqslant 0$，$(x, y)\in D$。现以 D 为底面，曲面 $z=f(x, y)$为顶面，作一柱体，其侧面是以 D 的边界曲线为准线且母线平行于 z 轴的柱面，由于这个柱体的顶是曲面，我们称它为曲顶柱体(如图 4-16 所示)。下面我们求这个曲顶柱体的体积。

解　对于平顶柱体，其高是不变的，它的体积可以用公式

$$\text{体积}=\text{高}\times\text{底面积}$$

来定义和计算。对于曲顶柱体，当点(x, y)在区域 D 上变动时，高度 $f(x, y)$是个变量，它的体积不能用上式来定义和计算。现在我们仿照求曲边梯形面积的方法来求曲顶柱体

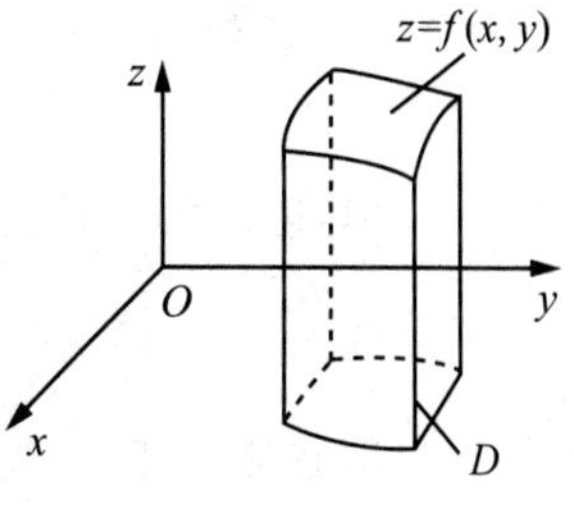

图 4-16

的体积。

(1)**分割** 将区域D任意分割成n个小区域$\Delta\sigma_1$，$\Delta\sigma_2$，…，$\Delta\sigma_n$，并以$\Delta\sigma_i$表示第i个小区域的面积。分别以这些小闭区域的边界曲线为准线，作母线平行于z轴的柱面，这些柱面把原来的曲顶柱体分为n个小曲顶柱体。

(2)**取近似** 在每个$\Delta\sigma_i$中任取一点(ξ_i, η_i)，以$f(\xi_i, \eta_i)$为高，$\Delta\sigma_i$为底的平面柱体(如图4-17所示)的体积为$f(\xi_i, \eta_i)\Delta\sigma_i$，用它近似代替第$i$个小曲顶柱体的体积，即$V_i \approx f(\xi_i, \eta_i)\Delta\sigma_i (i=1, 2, \cdots, n)$。

(3)**求和** 将这n个小平顶柱体的体积相加，得到曲顶柱体体积的近似值，即

$$V=\sum_{i=1}^{n} V_i \approx \sum_{i=1}^{n} f(\xi_i, \eta_i)\Delta\sigma_i。$$

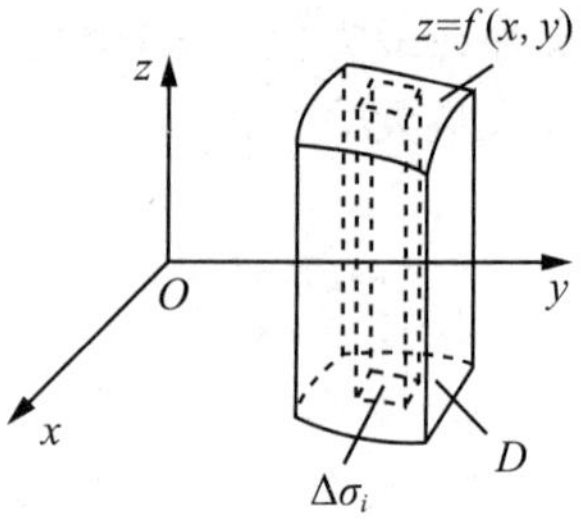

图 4-17

(4)**取极限** 为求得曲顶柱体体积的精确值，将分割加密，取极限，即有

$$V=\lim_{\lambda\to 0}\sum_{i=1}^{n} f(\xi_i, \eta_i)\Delta\sigma_i，$$

其中，λ是这n个小区域的最大直径，这里的"直径"是指该小区域中所有可能的两点之间距离的最大值。

这样，我们的问题就归结为求上式和式的极限了，如果这个极限存在，我们就把它定义为函数$f(x, y)$在区域D上的二重积分。

【引例2】 求非均匀平面薄片的质量。

设有一质量分布不均匀的平面薄片，占有xOy平面上的区域D(如图4-18所示)，它的面密度为D上的连续函数$\rho(x, y)$，求该平面薄片的质量。

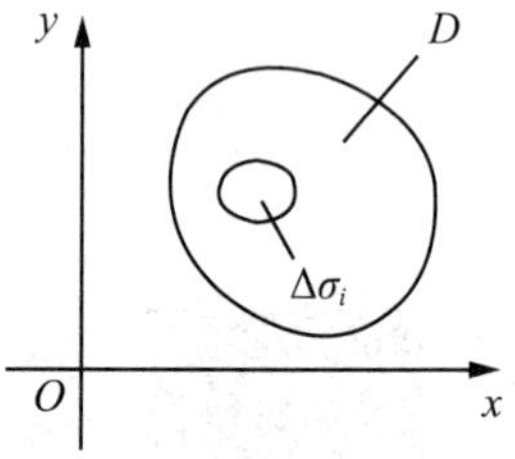

图 4-18

解 如果薄片是均匀的，即面密度是常数，那么薄片的质量可以用公式：质量＝面密度×面积来计算．现在面密度$\rho(x, y)$是变量，薄片的质量就不能直接用上式来计算，我们用与求曲顶柱体体积类似的方法解决这个问题．具体做法如下：

(1)**分割** 将薄片任意分成n个小闭区域$\Delta\sigma_1$, $\Delta\sigma_2$，…，$\Delta\sigma_n$，并以$\Delta\sigma_i$表示第i个小区域的面积。

(2)**取近似** 由于$\rho(x, y)$在D上连续，因此当σ_i的直径很小时，面密度的变化也很小，即其质量可以看成是均匀分布的，于是在σ_i上任取一点(ξ_i, η_i)，第i块小薄片的质量的近似值为

$$m_i \approx \rho(\xi_i, \eta_i)\Delta\sigma_i。$$

(3)**求和** 将这n个小薄片的质量相加，便得到整个薄片质量的近似值，即

$$M=\sum_{i=1}^{n} m_i \approx \sum_{i=1}^{n} \rho(\xi_i, \eta_i)\Delta\sigma_i。$$

(4)**取极限** 把区域无限细分，并使所有小区域的最大直径$\lambda\to 0$，求上述和式的极

限，就得到所求薄片的质量的精确值．由此得知非均匀平面薄片的质量也是一个和式的极限，即

$$M=\lim_{\lambda\to 0}\sum_{i=1}^{n}\rho(\xi_i,\ \eta_i)\Delta\sigma_i。$$

上面两个问题的实际意义虽然不同，但解决问题的数学方法是相同的，所求量都可归结为求同一结构的和式的极限．我们把它们数学量的共性加以抽象和概括，从而得到二重积分的概念。

1. 二重积分的定义

定义　设二元函数 $z=f(x,\ y)$ 在有界闭区域 D 上有定义，将区域 D 任意分割成 n 个小区域 $\Delta\sigma_i(i=1,\ 2,\ \cdots,\ n)$，并以 $\Delta\sigma_i$ 表示第 i 个小区域的面积，在 $\Delta\sigma_i$ 上任取一点 $(\xi_i,\ \eta_i)$，作和 $\sum\limits_{i=1}^{n}f(\xi_i,\ \eta_i)\Delta\sigma_i$。如果当各小闭区域的直径中的最大值 λ 趋于零时，此和式的极限存在，则称此极限为函数 $z=f(x,\ y)$ 在闭区域 D 上的**二重积分**，记为 $\iint\limits_D f(x,\ y)\,\mathrm{d}\sigma$，即

$$\iint\limits_D f(x,\ y)\,\mathrm{d}\sigma=\lim_{\lambda\to 0}\sum_{i=1}^{n}f(\xi_i,\ \eta_i)\Delta\sigma_i。$$

其中 $f(x,\ y)$ 称为**被积函数**，$f(x,\ y)\mathrm{d}\sigma$ 称为**被积表达式**，$\mathrm{d}\sigma$ 称为**面积微元**，x，y 称为**积分变量**，D 称为**积分区域**。

根据二重积分的定义，引例 1 中曲顶柱体的体积可表示为

$$V=\iint\limits_D f(x,\ y)\,\mathrm{d}\sigma,$$

引例 2 中非均匀平面薄片的质量可表示为 $M=\iint\limits_D\rho(x,\ y)\mathrm{d}\sigma$。

二重积分作为一个和式的极限，与区域的分割方法和点 $(\xi_i,\ \eta_i)$ 的取法无关，只与被积函数和积分区域有关，与字母也无关．这样在分割区域时我们采用平行于两坐标轴的直线分割区域 D，则每个小区域的面积为 $\Delta\sigma=\Delta x\cdot\Delta y$ 或 $\mathrm{d}\sigma=\mathrm{d}x\cdot\mathrm{d}y$，于是二重积分又可表示为 $\iint\limits_D f(x,\ y)\,\mathrm{d}x\mathrm{d}y$。

2. 二重积分的几何意义

当 $z=f(x,\ y)\geqslant 0$ 时，二重积分 $\iint\limits_D f(x,\ y)\,\mathrm{d}x\mathrm{d}y$ 的几何意义表示以曲面 $z=(x,\ y)$ 为顶面，以区域 D 为底，侧面为柱面的曲顶柱体的体积；当 $z=f(x,\ y)\leqslant 0$ 时，$\iint\limits_D f(x,\ y)\,\mathrm{d}x\mathrm{d}y$ 就是曲顶柱体的体积的负值．特别地，当 $f(x,\ y)\equiv 1$ 时，$\iint\limits_D 1\mathrm{d}\sigma=\iint\limits_D\mathrm{d}\sigma$ 等于高为 1，底为 D 的平顶柱体的体积，其数值为底面面积．即

$$\text{有界闭区域 } D \text{ 的面积}=\iint\limits_D\mathrm{d}\sigma。$$

4.6.2 二重积分的性质

性质 1 被积函数中的常数因子可以提到二重积分号的外面，即

$$\iint_D kf(x, y)\mathrm{d}\sigma = k\iint_D f(x, y)\mathrm{d}\sigma \quad (k\text{ 为常数})。$$

性质 2 函数代数和的二重积分等于各个函数的二重积分的代数和，即

$$\iint_D [f(x, y) \pm g(x, y)]\,\mathrm{d}\sigma = \iint_D f(x, y)\mathrm{d}\sigma \pm \iint_D g(x, y)\mathrm{d}\sigma。$$

性质 3(可加性) 如果闭区域 D 被有限条曲线分成若干部分，则在区域 D 上的二重积分等于各部分区域上二重积分之和．若 D 分为两个闭区域 D_1 与 D_2，则

$$\iint_D f(x, y)\mathrm{d}\sigma = \iint_{D_1} f(x, y)\mathrm{d}\sigma + \iint_{D_2} f(x, y)\mathrm{d}\sigma。$$

性质 4(保序性) 如果在 D 上 $f(x, y) \leqslant g(x, y)$，则

$$\iint_D f(x, y)\mathrm{d}\sigma \leqslant \iint_D g(x, y)\mathrm{d}\sigma。$$

性质 5(估值不等式) 如果 M，m 分别是函数 $f(x, y)$ 在闭区域 D 上的最大值和最小值，σ 为区域 D 的面积，则

$$m\sigma \leqslant \iint_D f(x, y)\mathrm{d}\sigma \leqslant M\sigma。$$

性质 6(二重积分的中值定理) 设函数 $f(x, y)$ 在有界闭区域 D 上连续，σ 为 D 的面积，则在 D 上至少存在一点 (ξ, η)，使得

$$\iint_D f(x, y)\mathrm{d}\sigma = f(\xi, \eta)\sigma。$$

习　题　4.6

1. 设 D：$x \geqslant 0$，$y \geqslant 0$，$x^2 + y^2 \leqslant 4$，利用二重积分的几何意义计算二重积分 $\iint_D \mathrm{d}\sigma$。

2. 比较下列积分值的大小。

(1) $\iint_D (x+y)^2\mathrm{d}\sigma$ 与 $\iint_D (x+y)^3\mathrm{d}\sigma$，$D$ 是由 x 轴、y 轴与直线 $x+y=1$ 围成的区域；

(2) $\iint_D \ln(x+y)\mathrm{d}\sigma$ 与 $\iint_D [\ln(x+y)]^2\mathrm{d}\sigma$，$D$ 是矩形区域 $3 \leqslant x \leqslant 5$，$0 \leqslant y \leqslant 1$。

4.7 直角坐标系下二重积分的计算

直角坐标系下二重积分的计算

一般来说，用二重积分的定义计算二重积分是很困难的，二重积分的计算通常可以转化为求两次定积分来实现。在直角坐标系下讨论二重积分的计算方法，其基本思想是将二重积分化为二次积分来计算，如何将二重积分化为二次积分，这要看积分区域的特点。

4.7.1 区域分类

X— 型区域 $\{(x, y) | a \leqslant x \leqslant b, \varphi_1(x) \leqslant y \leqslant \varphi_2(x)\}$. 其中函数 $\varphi_1(x)$，$\varphi_2(x)$ 在区间 $[a, b]$ 上连续. 这种区域的特点是：穿过区域且平行于 y 轴的直线与区域的边界相交不多于两个交点(如图 4-19 所示)。

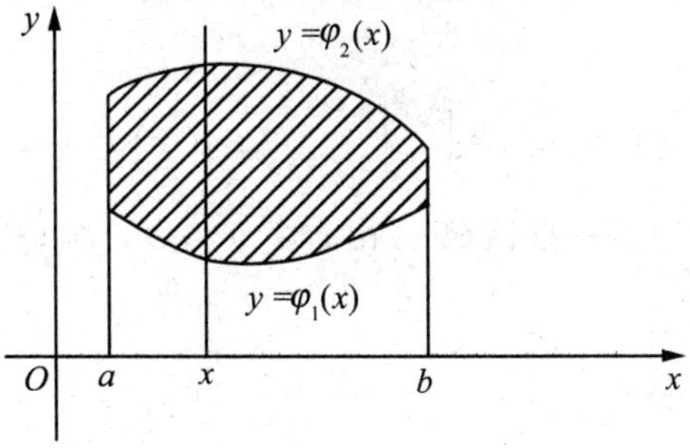

图 4-19

Y— 型区域 $\{(x, y) | c \leqslant y \leqslant \mathrm{d}, \psi_1(y) \leqslant x \leqslant \psi_2(y)\}$. 其中函数 $\psi_1(y)$，$\psi_2(y)$ 在区间 $[c, \mathrm{d}]$ 上连续. 这种区域的特点是：穿过区域且平行于 x 轴的直线与区域的边界相交不多于两个交点(如图 4-20 所示)。

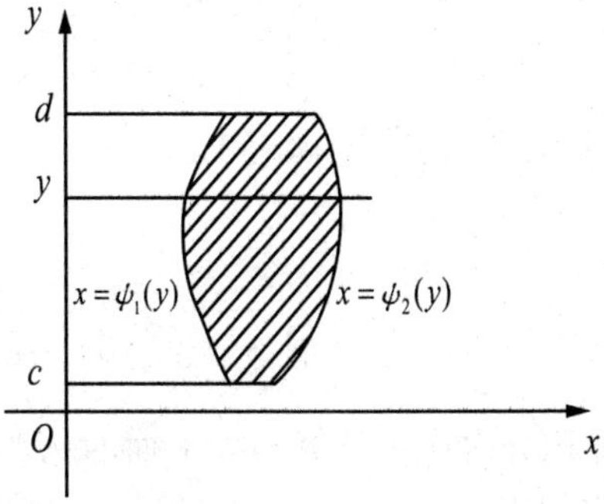

图 4-20

4.7.2 二重积分的计算

1. 若积分区域 D 是由 $a \leqslant x \leqslant b$，$c \leqslant y \leqslant d$ 确定，则可按下述方法计算二重积分：

$$\iint_D f(x, y)\mathrm{d}\sigma = \int_a^b \left[\int_c^d f(x, y)\mathrm{d}y\right]\mathrm{d}x = \int_c^d \left[\int_a^b f(x, y)\mathrm{d}x\right]\mathrm{d}y,$$

常简记为 $\iint_D f(x, y)\mathrm{d}\sigma = \int_a^b \mathrm{d}x\int_c^d f(x, y)\mathrm{d}y = \int_c^d \mathrm{d}y\int_a^b f(x, y)\mathrm{d}x$，其中后两式称为二次积分。

例 1 设 D：$0 \leqslant x \leqslant 1$，$0 \leqslant y \leqslant 1$，求 $\iint_D xy\,\mathrm{d}x\,\mathrm{d}y$。

解　积分区域 D 如图 4-21 所示。

$$\iint_D xy\,\mathrm{d}x\,\mathrm{d}y=\int_0^1\mathrm{d}x\int_0^1 xy\,\mathrm{d}y=\int_0^1 x\cdot\left(\frac{y^2}{2}\right)\Big|_0^1\mathrm{d}x=\int_0^1\frac{x}{2}\mathrm{d}x$$
$$=\frac{1}{4}x^2\Big|_0^1=\frac{1}{4}。$$

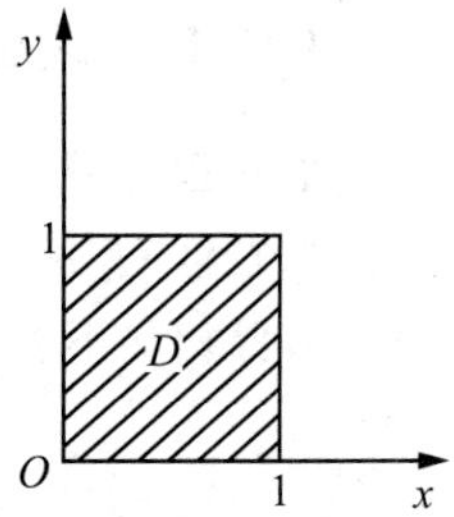

图 4-21

2. 如果积分区域 D 为 **X— 型区域**：由 $a\leqslant x\leqslant b$，$\varphi_1(x)\leqslant y\leqslant\varphi_2(x)$ 确定，则有

$$\iint_D xy\,\mathrm{d}\sigma=\int_a^b\mathrm{d}x\int_{\varphi_1(x)}^{\varphi_2(x)}f(x,\ y)\mathrm{d}y=\int_a^b\left[\int_{\varphi_1(x)}^{\varphi_2(x)}f(x,\ y)\mathrm{d}y\right]\mathrm{d}x。$$

3. 如果积分区域 D 为 **Y— 型区域**：由 $c\leqslant y\leqslant d$，$\psi_1(y)\leqslant x\leqslant\psi_2(y)$ 确定，则有

$$\iint_D xy\,\mathrm{d}\sigma=\int_c^d\mathrm{d}y\int_{\psi_1(y)}^{\psi_2(y)}f(x,\ y)\mathrm{d}x=\int_c^d\left[\int_{\psi_1(y)}^{\psi_2(y)}f(x,\ y)\mathrm{d}x\right]\mathrm{d}y。$$

例 2　计算 $\iint_D(x-y)\mathrm{d}x\,\mathrm{d}y$，其中 D 是由 x 轴、y 轴及直线 $x+y=1$ 围成的区域。

解　如图 4-22 所示，积分区域 D 可看成是 **X— 型区域**：$0\leqslant x\leqslant 1$，$0\leqslant y\leqslant 1-x$，故

$$\iint_D(x-y)\mathrm{d}x\,\mathrm{d}y=\int_0^1\mathrm{d}x\int_0^{1-x}(x-y)\mathrm{d}y$$
$$=\int_0^1\left[xy-\frac{y^2}{2}\right]\Big|_0^{1-x}\mathrm{d}x$$
$$=\frac{1}{2}\int_0^1(-1+4x-3x^2)\mathrm{d}x$$
$$=\frac{1}{2}(-x+2x^2-x^3)\Big|_0^1=0。$$

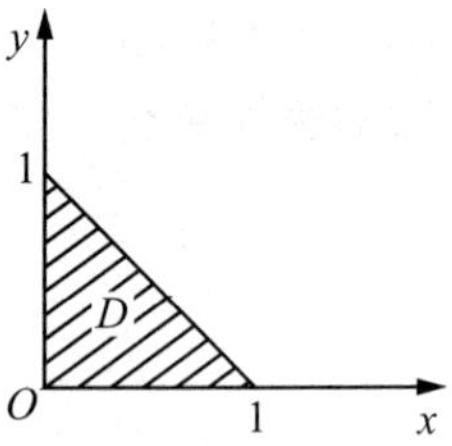

图 4-22

二重积分往往可用两种积分次序来计算，如上面的例 1、例 2 的解法都是先对 y 积分、后对 x 积分的，其实它们也都可以用先对 x 积分、后对 y 积分来计算(请同学们自己考虑)，但有时两种计算方法的繁简程度不一样，恰当选择积分次序可给计算带来方便。

例 3　计算 $\iint_D xy\,\mathrm{d}x\,\mathrm{d}y$，其中区域 D 由 $y=x-4$，$y^2=2x$ 所围成。

解　由方程组 $\begin{cases}y=x-4,\\ y^2=2x,\end{cases}$ 解得两交点 $(2,\ -2)$ 和 $(8,\ 4)$，画出积分区域如图 4-23 所示阴影部分，可以把 D 看成 **Y— 型区域**：$-2\leqslant y\leqslant 4$，$\frac{y^2}{2}\leqslant x\leqslant y+4$，先对 x 积分，即有

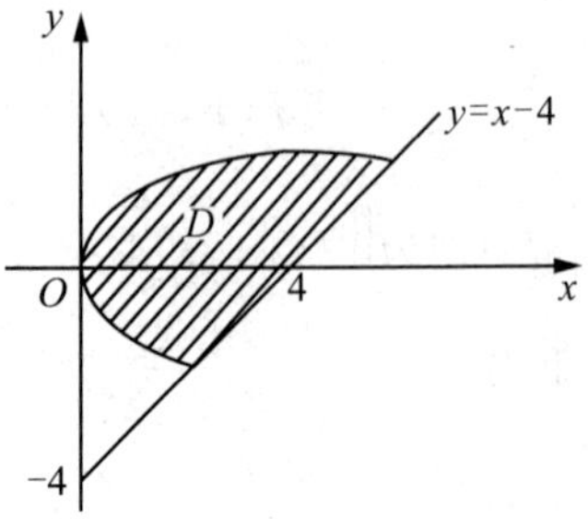

图 4-23

$$\iint\limits_D xy\,dx\,dy=\int_{-2}^{4}dy\int_{\frac{1}{2}y^2}^{y+4}xy\,dx=\int_{-2}^{4}y\cdot\frac{x^2}{2}\Bigg|_{\frac{1}{2}y^2}^{y+4}dy$$

$$=\frac{1}{2}\int_{-2}^{4}\left[y(y+4)^2-\frac{y^5}{4}\right]dy=90。$$

例 4 计算二重积分$\iint\limits_D \frac{x^2}{y^2}dx\,dy$，其中 D 是直线 $x=2$，$y=x$ 及曲线 $xy=1$ 所围成的区域。

解 如图 4-24 所示，直线 $y=x$ 与双曲线 $xy=1$ 在第一象限的交点为(1，1)，选择先对 y、后对 x 积分，则积分区域 D 可看成是 **X— 型区域**，

$$1\leqslant x\leqslant 2,\ \frac{1}{x}\leqslant y\leqslant x,$$

于是

$$\iint\limits_D \frac{x^2}{y^2}dx\,dy=\int_1^2 dx\int_{\frac{1}{x}}^{x}\frac{x^2}{y^2}dy=\int_1^2 x^2\left(-\frac{1}{y}\right)\Bigg|_{\frac{1}{x}}^{x}dx=\int_1^2(-x+x^3)dx$$

$$=\left(-\frac{x^2}{2}+\frac{x^4}{4}\right)\Bigg|_1^2=\frac{9}{4}。$$

当然，这个积分也可以选择另一种积分次序，即先对 x、后对 y 积分．即把积分区域 D 可看成是 **Y—型区域**，积分区域 D 可以表示成 $D=D_1+D_2$，其中

$$D_1:\ \frac{1}{2}\leqslant y\leqslant 1,\ \frac{1}{y}\leqslant x\leqslant 2;\ D_2:\ 1\leqslant y\leqslant 2,\ y\leqslant x\leqslant 2。$$

于是
$$\iint\limits_D \frac{x^2}{y^2}dx\,dy=\int_{\frac{1}{2}}^{1}dy\int_{\frac{1}{y}}^{2}\frac{x^2}{y^2}dx+\int_1^2 dy\int_y^2\frac{x^2}{y^2}dx=\frac{9}{4}。$$

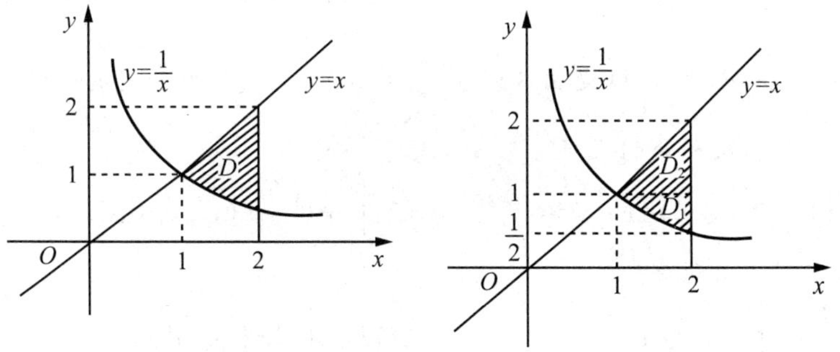

图 4-24

从以上这些例题看到计算二重积分关键是如何化为二次积分，而在化二重积分为二次积分的过程中又要注意积分次序的选择．由于二重积分化为二次积分时，有两种积分顺序，所以可以将已给的二重积分更换积分顺序，这种积分顺序的更换，有时可以简化问题的计算。

例 5 交换二重积分 $I=\int_0^1 dy\int_0^{\sqrt{1-y}}f(x,\ y)dx$ 的积分次序。

解 根据题意知，D 为**Y—型区域**，$0\leqslant y\leqslant 1$，$0\leqslant x\leqslant\sqrt{1-y}$，画出区域 D(如图4-25 所示)，

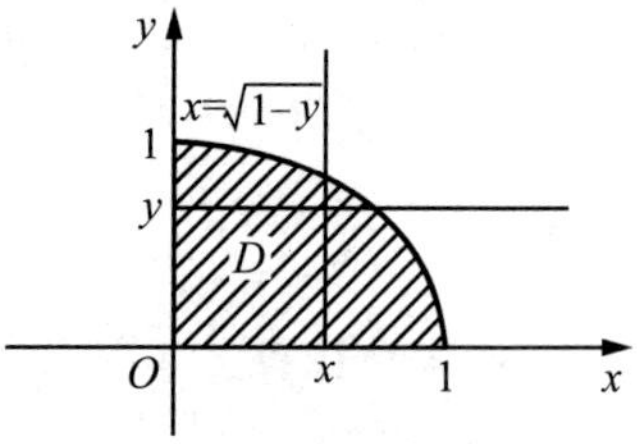

图 4-25

现将其化成先对 y、后对 x 的二次积分，此时 D 为**X— 型区域**，$0\leqslant x\leqslant 1$，$0\leqslant y\leqslant 1-x^2$. 即

$$I=\int_0^1\mathrm{d}x\int_0^{1-x^2}f(x,y)\mathrm{d}y。$$

例 6 通过交换积分次序计算二重积分$\int_1^3\mathrm{d}x\int_{x-1}^2\sin y^2\mathrm{d}y$。

解 因为 $\sin y^2$ 对 y 的积分原函数不是初等函数，所以应交换积分次序，化成先对 x 积分，后对 y 积分，此时 D 为**Y— 型区域**，$0\leqslant y\leqslant 2$，$1\leqslant x\leqslant 1+y$(如图 4-26 所示)。

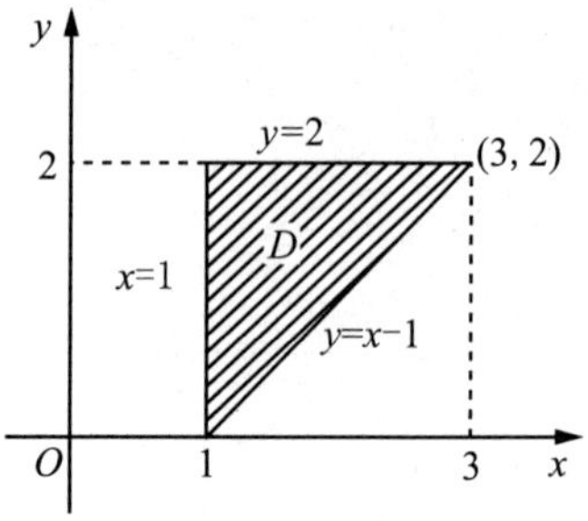

图 4-26

$$\begin{aligned}\int_1^3\mathrm{d}x\int_{x-1}^2\sin y^2\mathrm{d}y&=\int_0^2\mathrm{d}y\int_1^{1+y}\sin y^2\mathrm{d}x\\&=\int_0^2(\sin y^2)x\Big|_1^{1+y}\mathrm{d}y\\&=\int_0^2 y\sin y^2\mathrm{d}y=-\frac{1}{2}\cos y^2\Big|_0^2\\&=\frac{1}{2}(1-\cos 4)。\end{aligned}$$

习　题　4.7

1. 计算下列二重积分。

(1)$\iint\limits_D xy\mathrm{d}x\mathrm{d}y$，$D$ 是由 $0\leqslant x\leqslant 1$，$0\leqslant y\leqslant 1$ 所确定的正方形区域；

(2)$\iint\limits_D(y-2x)\mathrm{d}x\mathrm{d}y$，$D$ 是由 $3\leqslant x\leqslant 5$，$1\leqslant y\leqslant 2$ 所确定的长方形区域。

2. 改变下列二次积分的次序。

(1)$\int_0^2\mathrm{d}y\int_{y^2}^{3y}f(x,y)\mathrm{d}x$；　　(2)$\int_1^2\mathrm{d}x\int_{\frac{1}{x}}^{\sqrt{x}}f(x,y)\mathrm{d}y$。

3. 计算下列二次积分。

(1)$I=\int_0^1\mathrm{d}y\int_{\sqrt{y}}^1 e^{\frac{y}{x}}\mathrm{d}x$；　　(2)$I=\int_0^1\mathrm{d}x\int_x^1 e^{y^2}\mathrm{d}y$。

4. 计算下列二重积分。

(1) 计算 $I=\iint\limits_D e^{x+y}\mathrm{d}x\mathrm{d}y$，其中 D 是由直线 $x=0$，$x=\pi$，$y=0$，$y=\pi$ 围成的区域。

(2) 计算 $I=\iint\limits_D y\mathrm{d}\sigma$，其中 D 由直线 $y=2-x$ 和曲线 $y^2=x$ 所围成。

(3) 计算$\iint\limits_D\frac{x^2}{y}\mathrm{d}\sigma$，其中 D 是由直线 $y=2$，$y=x$ 和曲线 $xy=1$ 围成的区域。

(4) 计算 $\iint\limits_D \cos y^2 \mathrm{d}x\mathrm{d}y$，其中 D 是由 $x=1$，$y=2$ 和 $y=x-1$ 围成的区域。

4.8 二重积分的应用

在定积分的应用中，我们曾介绍过微元法，这种方法也可推广到二重积分的应用中。如果所求量 U 对于区域 D 可以通过分割、近似代替、求和、取极限求得，则可以用二重积分来计算，$\iint\limits_D f(x, y)\mathrm{d}\sigma$ 就是所求量 U。

二重积分的应用

4.8.1 几何应用

1. 求体积

由二重积分的定义可知，以区域 D 为底，$z=f(x, y)\geqslant 0$ 为顶的曲顶柱体的体积为

$$V=\iint\limits_D f(x, y)\mathrm{d}\sigma。$$

例 1 计算由平面 $x+y+z=2$ 及三个坐标平面围成的立体的体积。

解 如图 4-27 所示，此立体可以看成以平面 $z=2-x-y$ 为顶，以区域 D：$0\leqslant x\leqslant 2$，$0\leqslant y\leqslant 2-x$ 为底的曲顶柱体，所以

$$V=\iint\limits_D (2-x-y)\mathrm{d}x\mathrm{d}y=\int_0^2 \mathrm{d}x\int_0^{2-x}(2-x-y)\mathrm{d}y$$

$$=\int_0^2\left[2y-xy-\frac{1}{2}y^2\right]\Bigg|_0^{2-x}\mathrm{d}x=\frac{1}{2}\int_0^2(2-x)^2\mathrm{d}x=\frac{4}{3}。$$

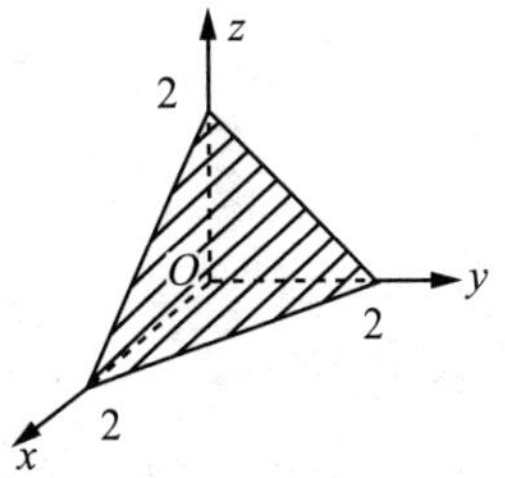

图 4-27

2. 求面积

由二重积分的性质可知，平面区域 D 的面积为 $A=\iint\limits_D \mathrm{d}\sigma$。

例 2 求在 xOy 坐标面上由 $y=x^2$ 与 $y=4x-x^2$ 所围成的区域 D 的面积 A。

解 解方程组 $\begin{cases}y=x^2,\\ y=4x-x^2,\end{cases}$ 得 $\begin{cases}x=0,\\ y=0\end{cases}$ 或 $\begin{cases}x=2,\\ y=4。\end{cases}$

据此画出区域 D 如图 4-28 所示，从而所求面积为

$$A=\iint\limits_D \mathrm{d}\sigma=\int_0^2\mathrm{d}x\int_{x^2}^{4x-x^2}\mathrm{d}y=\int_0^2(4x-2x^2)\mathrm{d}x$$

$$=\left(2x^2-\frac{2}{3}x^3\right)\Bigg|_0^2=\frac{8}{3}。$$

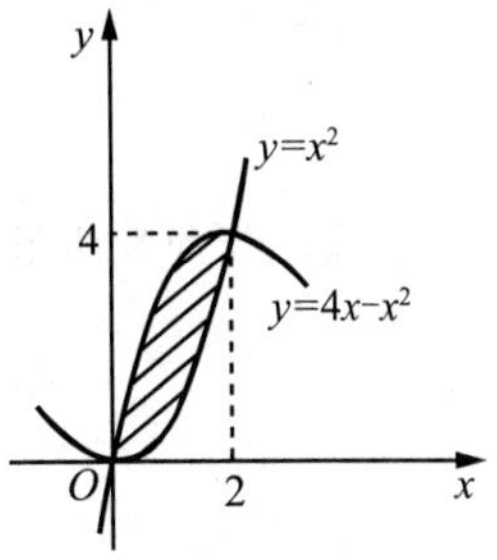

图 4-28

4.8.2 物理应用

1. 平面薄片的质量问题

设一平面薄片占有平面区域 D，面密度函数为 $\rho=\rho(x, y)$，则该薄片的质量为

$$M=\iint_D \rho(x, y)\mathrm{d}\sigma$$

例 3 设 xOy 平面上有一三角形薄片 D 是由直线 $y=x$，$x+y=2$ 及 x 轴围成，面密度为 $\rho=x+y$，求此薄片的质量 M。

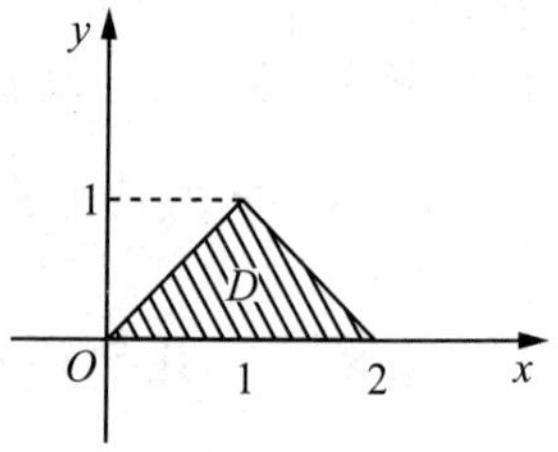

图 4-29

解 如图 4-29 所示，D 表示为 $0\leqslant y\leqslant 1$，$y\leqslant x\leqslant 2-y$，故

$$M=\iint_D (x+y)\mathrm{d}\sigma=\int_0^1 \mathrm{d}y\int_y^{2-y}(x+y)\mathrm{d}x=\int_0^1(2-2y^2)\mathrm{d}y$$
$$=\frac{4}{3}。$$

2. 平面薄片的重心坐标

设在 xOy 平面上有 n 个质点，它们分别位于点 (x_1, y_1)，(x_2, y_2)，…，(x_n, y_n) 处，质量分别为 m_1，m_2，…，m_n。由力学知，该质点系的重心坐标为

$$\bar{x}=\frac{M_y}{M}=\frac{\sum_{i=1}^{n} m_i x_i}{\sum_{i=1}^{n} m_i},\quad \bar{y}=\frac{M_x}{M}=\frac{\sum_{i=1}^{n} m_i y_i}{\sum_{i=1}^{n} m_i}。$$

其中 $M=\sum_{i=1}^{n} m_i$ 为该质点系的总质量，$M_y=\sum_{i=1}^{n} m_i x_i$，$M_x=\sum_{i=1}^{n} m_i y_i$ 分别为该质点系对 y 轴和 x 轴的静力矩.

设有一平面薄片占有平面区域 D、面密度函数为 $\rho(x, y)$，则其重心坐标 $(\bar{x}, \bar{y})$ 的公式为

$$\bar{x}=\frac{\iint_D x\rho(x, y)\mathrm{d}\sigma}{\iint_D \rho(x, y)\mathrm{d}\sigma},\quad \bar{y}=\frac{\iint_D y\rho(x, y)\mathrm{d}\sigma}{\iint_D \rho(x, y)\mathrm{d}\sigma}。$$

特别地，当薄片质量均匀分布时，即 $\rho(x, y)$ 为常数时，重心坐标计算公式可简化为

$$\bar{x}=\frac{\iint_D x\,\mathrm{d}\sigma}{\iint_D \mathrm{d}\sigma}=\frac{1}{A}\iint_D x\,\mathrm{d}\sigma,\quad \bar{y}=\frac{\iint_D y\,\mathrm{d}\sigma}{\iint_D \mathrm{d}\sigma}=\frac{1}{A}\iint_D y\,\mathrm{d}\sigma。$$

其中，A 表示薄片 D 的面积. 这时由于 $\bar{x}$，$\bar{y}$ 仅与区域 D 的几何形状有关，我们也称点 $(\bar{x}, \bar{y})$ 是平面薄片的形心。若薄片 D 关于 y 轴对称，则 $\bar{x}=0$，即重心在 y 轴上；若薄

片 D 关于 x 轴对称，则 $\bar{y}=0$，即重心在 x 轴上. 一般地，均匀薄片的重心一定在其对称轴上.

例 4 求质量均匀分布的半圆形平板的形心。

解 设半圆的圆心在原点、半径为 R(如图 4-30)，则半圆形区域 D 为

$$-R \leqslant x \leqslant R,\ 0 \leqslant y \leqslant \sqrt{R^2-x^2}。$$

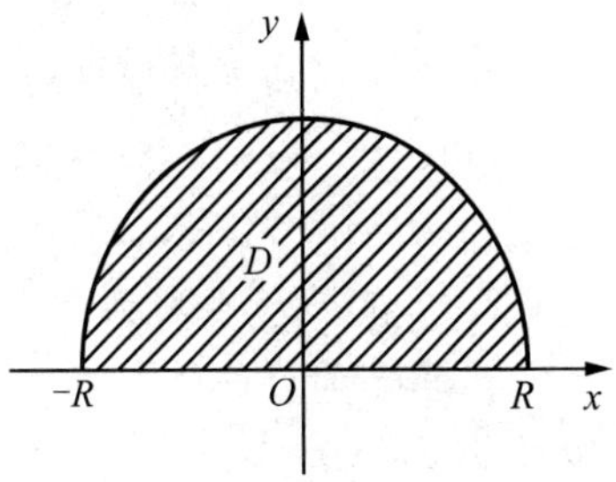

图 4-30

由于区域 D 关于 y 轴对称，所以 $\bar{x}=0$，只需计算 $\bar{y}$。

$$\bar{y}=\frac{1}{A}\iint\limits_D y\,\mathrm{d}\sigma=\frac{1}{\frac{1}{2}\pi R^2}\int_{-R}^{R}\mathrm{d}x\int_0^{\sqrt{R^2-x^2}} y\,\mathrm{d}y$$

$$=\frac{2}{\pi R^2}\int_{-R}^{R}\frac{R^2-x^2}{2}\mathrm{d}x=\frac{2}{\pi R^2}\cdot\frac{2}{3}R^3=\frac{4R}{3\pi}。$$

所以，此半圆形平板的形心为 $\left(0,\ \frac{4R}{3\pi}\right)$。

3. 平面薄片的转动惯量

转动惯量 J 是刚体在转动时惯性的度量. 平面薄片 D 绕 x 轴、y 轴及坐标原点 O 旋转的转动惯量 J_x，J_y，J_O 分别是

$$J_x=\iint\limits_D y^2\rho(x,\ y)\,\mathrm{d}\sigma,\ J_y=\iint\limits_D x^2\rho(x,\ y)\,\mathrm{d}\sigma,$$

$$J_O=\iint\limits_D (x^2+y^2)\rho(x,\ y)\,\mathrm{d}\sigma=J_x+J_y。$$

例 5 求由曲线 $y=\frac{x^2}{4}$、直线 $y=1$ 及 y 轴在第一象限所围成的面密度为 1 的均匀薄片分别绕 x 轴、y 轴及坐标原点 O 旋转的转动惯量。

解 如图 4-31 所示，

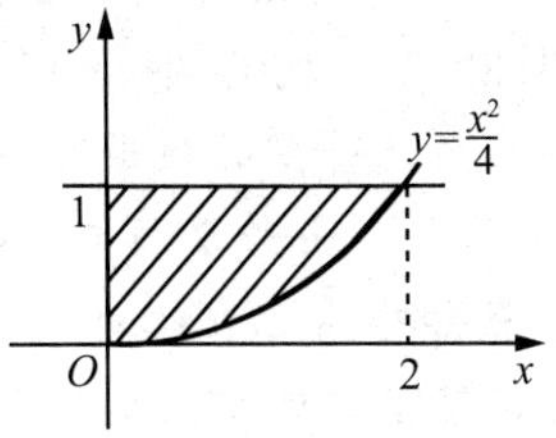

图 4-31

$$J_x=\iint\limits_D y^2\rho(x,\ y)\,\mathrm{d}\sigma=\int_0^2\mathrm{d}x\int_{\frac{1}{4}x^2}^{1} y^2\,\mathrm{d}y=\frac{1}{3}\int_0^2\left(1-\frac{x^6}{64}\right)\mathrm{d}x=\frac{4}{7};$$

$$J_y=\iint\limits_D x^2\rho(x,\ y)\,\mathrm{d}\sigma=\int_0^2\mathrm{d}x\int_{\frac{1}{4}x^2}^{1} x^2\,\mathrm{d}y=\int_0^2\left(x^2-\frac{x^4}{4}\right)\mathrm{d}x=\frac{16}{15};$$

$$J_O=\iint_D(x^2+y^2)\rho(x, y)\mathrm{d}\sigma=J_x+J_y=\frac{4}{7}+\frac{16}{15}=\frac{172}{105}。$$

习 题 4.8

1. 求下面曲面所围成的立体体积。

(1) $z=5-x-y$，$z=0$，$x=-1$，$x=1$，$y=-1$，$y=1$；

(2) $z=1+x+y$，$z=0$，$x+y=1$，$x=0$，$y=0$。

2. 求在 xOy 坐标面上由 $y=x^2$ 和 $x=y^2$ 所围成的区域 D 的面积。

3. 设平面薄片所占的闭区域 D 是由直线 $x+y=2$，$y=x$ 和 x 轴所围成，它的面密度 $\rho(x, y)=x^2+y^2$，求该薄片的质量。

4. 设平面薄片所占的区域 D 由抛物线 $y^2=2x$ 与直线 $x=4$ 和 x 轴所围成，它的面密度为 $\rho(x, y)=1$，求该薄片的重心。

5. 求由抛物线 $y^2=\frac{9}{2}x$ 与直线 $x=2$ 所围成的均匀薄片(面密度为常数 ρ)，对 x 轴及 y 轴的转动惯量。

【数学文化赏析】

无处不在的数学技术

数学不仅是一种缜密的思想方法，一种新技术手段，更是一门有着丰富内容和不断向前发展的知识体系。数学世界很精彩，它与现实世界、与人们的生活息息相关。正如我国著名数学家华罗庚所说“宇宙之大，粒子之微，火箭之速，化工之巧，地球之变，生物之谜，日用之繁，数学无处不在”。凡是与“量”和“形”有关的地方就少不了数学，数学与几乎所有的领域都有联系，下面仅就几个领域通过一些事例来说明数学技术的巨大作用。

1. 数学与天文学

哈雷彗星的发现。古时候人们认为彗星的出现是不祥之兆，并且直到 17 世纪，大多数科学家认为彗星的轨道是抛物线，光顾太阳系后将一去不复返。但英国天文学家哈雷着手计算彗星轨道，发现 1682 年、1607 年和 1531 年出现的彗星有类似的轨道。他判断这三颗彗星其实是同一颗彗星，彗星的轨道可能不是抛物线，而是很扁的椭圆，这样彗星就会返回太阳系。哈雷预言上述彗星将在 1758 年底或 1759 年初再次出现。1759 年，这颗彗星果然出现了。虽然哈雷已在此前的 1742 年逝世，但为了纪念他，这颗彗星被命名为“哈雷彗星”。哈雷彗星的回归周期为 76 年，最近一次的回归是在 1986 年，下一次回归是在 2062 年。

2. 数学与物理学

电磁波的发现。电磁波在现代的生产、生活中无处不在，是人们熟知的词汇，但很少有人知道电磁波的发现，本质上依赖于数学。英国物理学家麦克斯韦 1864 年概括了从实验中总结的电磁现象规律，用数学方程组的形式表述出来，由此推导出可能存在现在称为“电磁波”的物质，并且应该以光速传播。据此他提出了光的电磁理论，把光、电、磁三者统一起来。24年后，德国物理学家赫兹用实验证实了电磁波的存在，不久，意大利的马可尼和俄国人波波夫又在此基础上各自独立地发明了无线电报。从此，电磁波走进了千家万户。

3. 数学与化学

元素周期律的发现。1869年以前，人们对化学元素如氢、氧、钾、镁等的性质，已经有一定地认识，但这种认识是孤立的，只看到单个元素的个性，至于诸元素之间的联系，则缺乏研究，更谈不上对未知元素的预测了。那时，每出现一种新元素，就像突然来了一个不速之客一样，完全出人意料。俄国的门捷列夫发现周期律后，从根本上改变了这种情况。他把元素按照原子量的大小排成次序，随即发现每经过一定的间隔，就有化学性质相似的元素出现，或者说，相同的性质随着元素原子量增大的次序周期性地出现。根据周期性，他勇敢地预言了一些当时尚未发现的元素的存在，并预言了它们的性质。这些预言后来都以惊人的准确度被证实了。例如，1871年他预告有一种新的金属元素存在，它的原子量接近72，比重约5.5，果然，1886年人们发现了金属元素锗，原子量为72.6，比重为5.35。是什么引导着门捷列夫做出如此重大的发现呢？关键是他运用的正确的方法。门捷列夫的方法不同于前人，前人只追求把性质相似的元素归并在一起，这种分类法是静止的，只能对已知元素起整理归类作用，不能外推，不能预见新元素。而门捷列夫则把化学性质不同，但原子量相近的元素排在比邻，从而使互不相似的元素能彼此联系起来。这实际上是数学上的归纳法，是从特殊到一般的推理方法，这其中还有统计中的假设检验。恩格斯高度评价了元素周期律，说它是成功地分析和整理资料的典范，同时也是说明如何检验假设的很好的例子。

4. 数学与医学

CT扫描诊断。1979年的诺贝尔生理学或医学奖授予美国的科马克和英国的豪斯费尔德，奖励他们设计了CT扫描仪，开发了计算机辅助的断层扫描技术。CT是计算机断层扫描的简称，是计算机图像处理在医学领域中应用的成功范例。设计CT扫描的主要理论基础是数学上的拉东变换，1963年科马克把拉东变换首次应用到成像技术中，成功地利用不同方向上的X射线变换重构物体的密度函数，并发表了名为“函数的直线积分表示及其放射学应用”的开创性论文。CT是如何做到在不损伤病人的情况下获得病人体内横断层的图像的？人体内部不同的组织具有不同的X射线吸收率，所以如果能够知道人体内射线吸收率的分布，就可以重建体内组织的图像了，这正是CT所要做的。从数学的角度来看，一根直线上的X射线平均吸收率就相当于在该直线上对于吸收率函数的积分值，因此，如果能根据函数在直线上的积分值求出函数在各点的值，那么就可以实现CT的功能了，这正是科马克在那篇论文中所完成的工作。20世纪70年代初期，由于计算机的迅速发展，使得大规模运算成为可能，英国计算机工程师豪斯菲尔德制造出了第一台CT原型机，实现了CT扫描诊断。20世纪80年代初，CT发展到第五代，它已经不仅用于临床诊断，而且应用到放射治疗和剂量设计、心脏动态扫描、精密活体样本取样、癌变组织鉴别等方面。说到底，CT扫描技术乃是一种数学技术的实现。

5. 数学与生物学

孟德尔遗传定律。孟德尔是一个男修道院的院长。1854 年，他在修道院的花园里种了 34 个株系的豌豆，开始进行植物杂交育种的遗传研究，他同时进行自花授粉和杂交授粉的实验，下一代生长出来后，继续进行同样的实验，他用这种方法研究子代与亲本之间的遗传关系。1865 年，孟德尔发表了一篇文章，通过杂交实验提出了“遗传因子”的概念，对遗传提供了科学的解释，并发现了生物遗传的分离定律和自由组合定律。从概率论的角度来看，这是一个非常简单的实验，但却产生了一个非常了不起的理论，这个理论揭示了在人类活动中简单机会模型的巨大力量，并且在人类对生命的认识上引发了一场革命，这是概率论在生物学上的第一个卓有成效的应用。一个源于赌博的学科，居然产生了这样的伟大成果，真是出人意料，孟德尔因此被称为“遗传学之父”，他的伟大在于他深刻的洞察力和他敏锐的概率论头脑。

6. 数学与文学

《红楼梦》的作者。用数学方法对作品进行写作风格分析、词汇相关程度分析和句型频谱分析，属于语言统计学研究范畴。语言统计学就是根据作者的写作特点，规定一定范围的有效词语作为最高使用概率进行计算。《红楼梦》前 80 回与后 40 回的作者是否相同？过去对《红楼梦》的作者持有异议，多数是从人文和历史角度去分析和鉴定。1980 年 6 月在美国威斯康星大学召开的国际首届《红楼梦》研讨会上，来自威斯康星大学的华裔学者陈炳藻先生宣读了一篇《从词汇上的统计论〈红楼梦〉的作者问题》的博士论文，引起了国际红学界的关注和兴趣，它借助计算机从字词出现的频率进行统计，结果发现《红楼梦》前 80 回和后 40 回的词汇相关程度达到 78.57%，由此推断，《红楼梦》的作者为一个人的结论。这个结论是否被红学界所接受，还存在一定的争论，但是这种方法却给很多人留下了深刻的印象。

当今数学的许多高深理论与方法正广泛深入地渗透到各个领域，高科技往往在本质上是一种数学技术。一切高科技的高精度、高难度、高自动、高效率等特点，几乎都是通过数学模型和数学思想方法，并借助计算机的控制而实现的，在形形色色的技术背后，数学都扮演着十分重要的角色，常常成为解决问题的关键。

4.9 数学实验：MATLAB 中多元函数微积分的计算

1. 三维曲面图

MATLAB 提供的较常用的三维绘图命令有：

mesh(x, y, z)	绘制由矩阵 x，y，z 所确定的三维网格图
surf(x, y, z)	绘制由矩阵 x，y，z 所确定的三维曲面图
ezmesh(z(x, y), [a, b, c, d])	绘制函数 $z=z(x, y)$ 在 $a<x<b$，$c<y<d$ 的三维网格图

ezmesh(z(x, y), [a, b])　　绘制函数 $z=z(x, y)$ 在 $a<x, y<b$ 的三维网格图

ezmesh(x, y, z, [smin, smax, tmin, tmax])　　绘制参数方程的三维网格图

ezmeshc　　绘制带等高线的三维网格图

ezsurf(z(x, y), [a, b, c, d])　　绘制函数 $z=z(x, y)$ 在 $a<x<b, c<y<d$ 的三维曲面图

ezsurf(z(x, y), [a, b])　　绘制函数 $z=z(x, y)$ 在 $a<x, y<b$ 的三维曲面图

ezsurfc　　绘制带等高线的三维曲面图

例 1　描绘双曲抛物面 $z=-\dfrac{x^2}{2p}+\dfrac{y^2}{2q}$（$p$，$q$ 同号）的图形。

解　取 $p=q=2$。

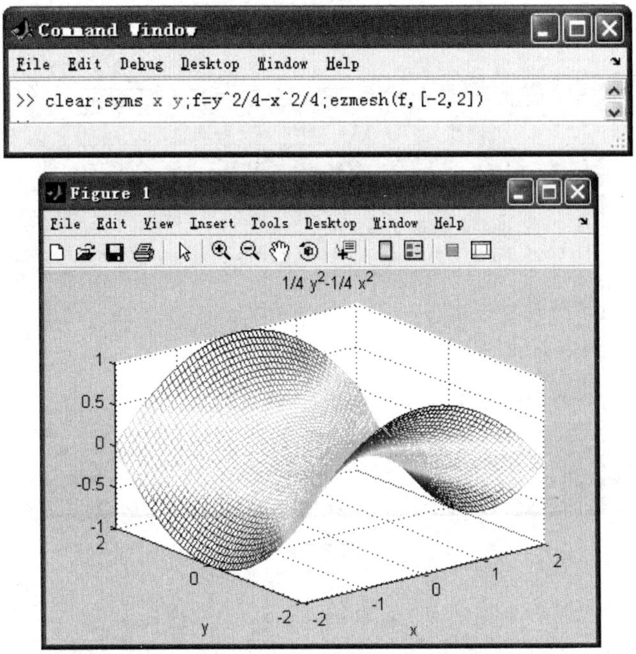

图 4-32

2. 多元函数微分

diff(f, t)	函数 f 对变量 t 求一阶偏导数
diff(f, t, n)	函数 f 对变量 t 求 n 阶偏导数
subs(f, x, a)	a 取代表达式 f 中的 x
solve('eq')	求方程 eq 关于默认变量的解
solve('eq', 't')	求方程 eq 关于指定变量 t 的解

例 2　设 $z=x\ln(x^2+y^2)$，求偏导数。

解

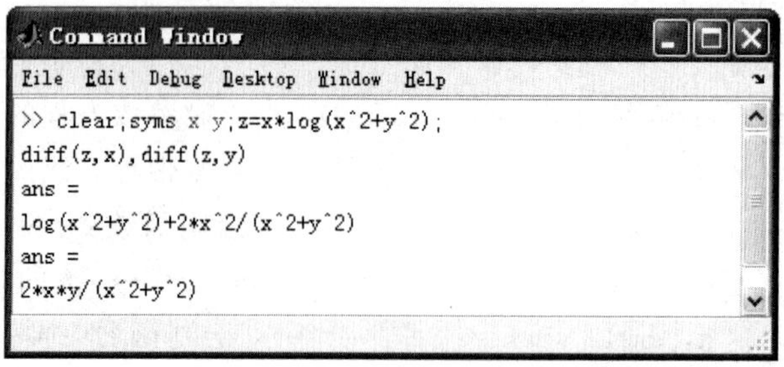

图 4-33

即 $$\frac{\partial z}{\partial x}=\ln(x^2+y^2)+\frac{2x^2}{x^2+y^2},\quad \frac{\partial z}{\partial y}=x\cdot\frac{2y}{x^2+y^2}=\frac{2xy}{x^2+y^2}。$$

例 3 求 $z=x^2\mathrm{e}^y$ 的二阶偏导数。

解 因为 $\frac{\partial z}{\partial x}=2x\mathrm{e}^y$，$\frac{\partial z}{\partial y}=x^2\mathrm{e}^y$，所以

$$\frac{\partial^2 z}{\partial x^2}=2\mathrm{e}^y；\quad \frac{\partial^2 z}{\partial y^2}=x^2\mathrm{e}^y；\quad \frac{\partial^2 z}{\partial x\,\partial y}=2x\mathrm{e}^y；\quad \frac{\partial^2 z}{\partial y\,\partial x}=2x\mathrm{e}^y。$$

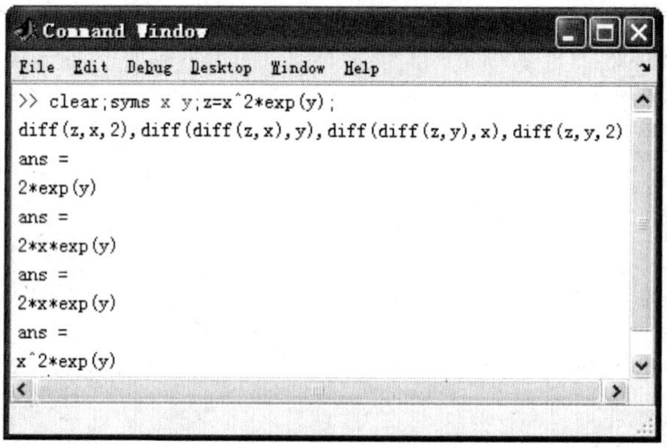

图 4-34

例 4 求函数 $z=x^3-3x^2-3y^2$ 的极值。

解

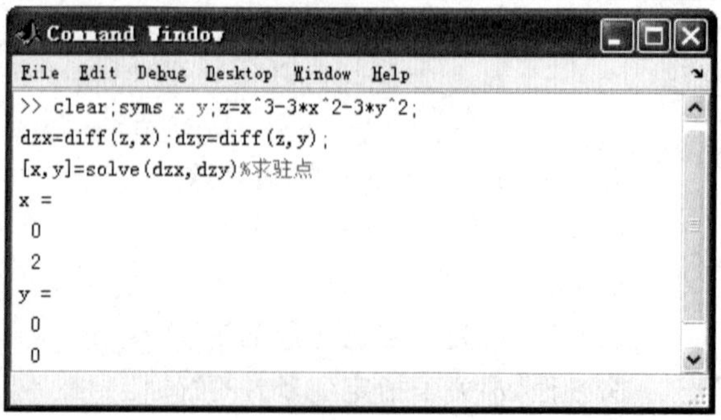

图 4-35

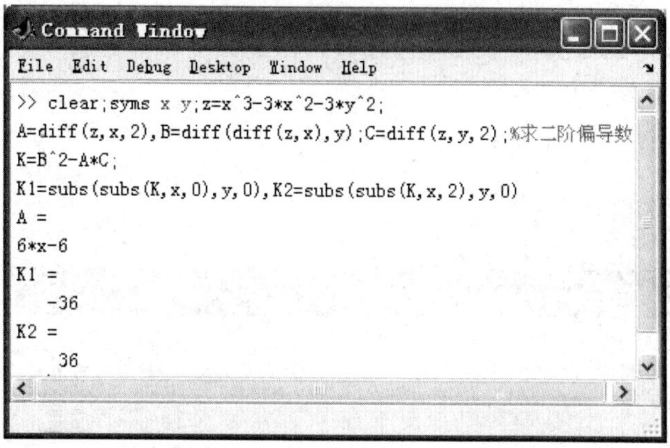

```
Command Window
File Edit Debug Desktop Window Help
>> clear;syms x y;z=x^3-3*x^2-3*y^2;
A=diff(z,x,2),B=diff(diff(z,x),y);C=diff(z,y,2);%求二阶偏导数
K=B^2-A*C;
K1=subs(subs(K,x,0),y,0),K2=subs(subs(K,x,2),y,0)
A =
6*x-6
K1 =
   -36
K2 =
    36
```

图 4-36

由上述运行结果知，函数在点(0，0)取得极大值 $z(0,0)=0$；点(2，0)不是极值点。

例 5 求目标函数 $V=xyz$ 在约束条件 $3xy+2yz+2zx=36$ 限制下的最大值。

解 构造拉格朗日函数

$$F(x,y,z,k)=xyz+k(3xy+2yz+2zx-36)。$$

解方程组

$$\begin{cases} F'_x=yz+k(3y+2z)=0, \\ F'_y=xz+k(3x+2z)=0, \\ F'_z=xy+k(2y+2x)=0, \\ F'_k=3xy+2yz+2zx-36=0, \end{cases}$$

得 $x=y=2$，$z=3$。

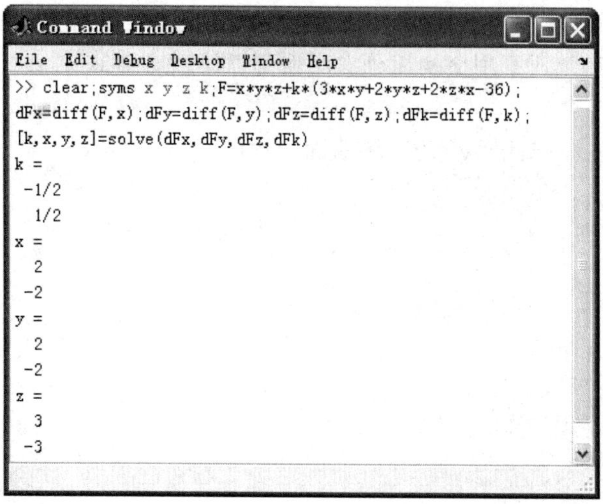

```
Command Window
File Edit Debug Desktop Window Help
>> clear;syms x y z k;F=x*y*z+k*(3*x*y+2*y*z+2*z*x-36);
dFx=diff(F,x);dFy=diff(F,y);dFz=diff(F,z);dFk=diff(F,k);
[k,x,y,z]=solve(dFx,dFy,dFz,dFk)
k =
 -1/2
  1/2
x =
  2
 -2
y =
  2
 -2
z =
  3
 -3
```

图 4-37

3. 二重积分

二重积分可以化成二次积分来进行计算，因此只要确定出积分区域，就可以反复使用 int 命令来计算二重积分：

int(f，t，a，b)　　求函数 f 对变量 t 从 a 到 b 的积分。

例 6　计算二次积分 $I=\int_0^1 \mathrm{d}x\int_x^{\sqrt[3]{x}} \mathrm{e}^{\frac{y^2}{2}}\mathrm{d}y$。

解

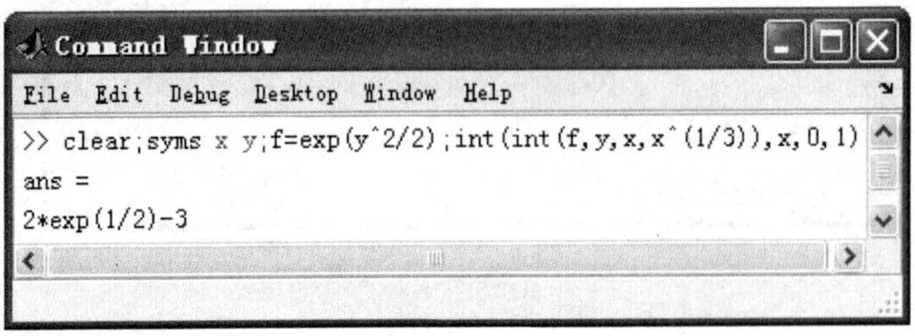

图 4-38

例 7　计算二重积分 $\int_1^3 \mathrm{d}x\int_{x-1}^{2} \sin y^2\mathrm{d}y$。

解

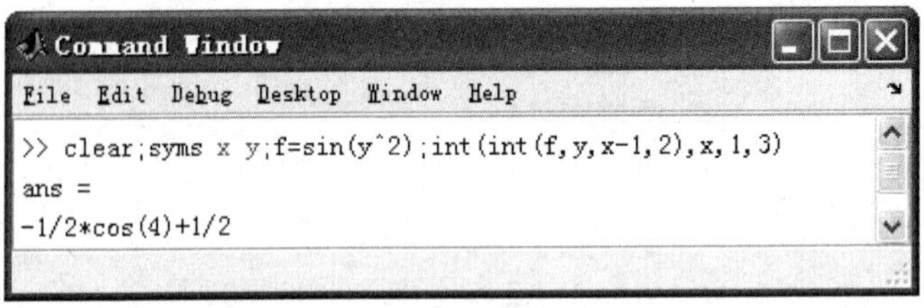

图 4-39

说明　手工计算时，$\sin y^2$ 对 y 的积分原函数不是初等函数，必须交换积分次序才能求解，而 MATLAB 不用交换积分次序就可以计算出结果。

【实验训练 4】

实验训练 4

1. 绘制 $z=x^4+y^4-4x^2y^2$ 的三维曲面图形($-10\leqslant x\leqslant 10$，$-10\leqslant y\leqslant 10$)。

2. 设 $z=\ln xy$，求 $\frac{\partial z}{\partial x}$，$\frac{\partial z}{\partial y}$。

3. 求 $z=\sin(2x+3y)$的二阶偏导数。

4. 计算下列二重积分。

(1) $\int_0^1 \mathrm{d}x\int_x^1 \mathrm{e}^{y^2}\mathrm{d}y$；　(2) $\int_1^2 \mathrm{d}y\int_{\frac{1}{y}}^{y} \frac{x^2}{y}\mathrm{d}x$。

4.10 数学建模案例：梯子的长度

1. 问题提出

一栋楼房的后面是一个很大的花园，在花园中紧靠着楼房有一个温室，温室伸入花园宽 2 m、高 3 m，温室正上方是楼房的窗台。清洁工打扫窗台周围，得用梯子越过温室，一头放在花园中，一头靠在楼房的墙上。因为温室是不能承受梯子的压力的，所以梯子太短是不行的。现清洁工只有一架长 7 m 的梯子，你认为它能达到要求吗？能满足要求的梯子的最小长度为多少？

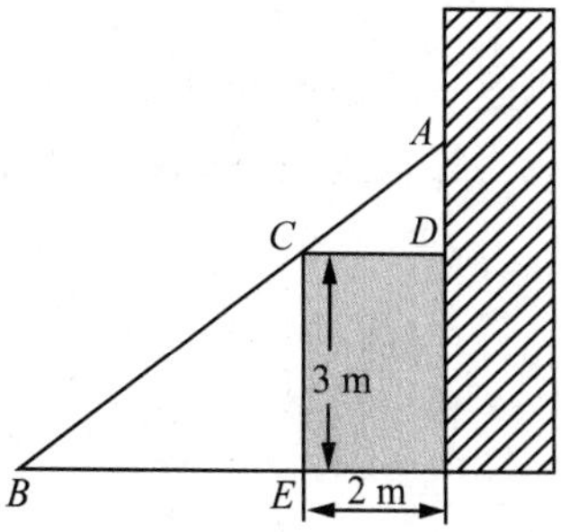

图 4-40

2. 假设说明

(1)梯子为直线状且不考虑梯子由于受到重力而产生弯曲；

(2)花园的截面为矩形，如图 4-40 所示。

3. 问题分析

如图 4-40 所示，设 AD 长为 x(m)，BE 长为 y(m)，能满足要求的梯子长度为 z(m)。则 $z=\sqrt{(3+x)^2+(2+y)^2}$，且需满足

$$\frac{CD}{BE}=\frac{AD}{CE}，或\frac{2}{y}=\frac{x}{3}。$$

这是一个二元函数 $z=\sqrt{(3+x)^2+(2+y)^2}$ 在约束条件 $xy=6$ 下的最值问题，可用拉格朗日乘数法解决条件极值问题。

因此，清洁工只有一架 7 m 的梯子能否达到要求，可转化为在约束条件 $xy=6$ 下，求 $z(x，y)$最小值问题，当 $z(x，y)\leqslant 7$，则梯子长度满足要求。

4. 模型建立和求解

根据以上分析可建立关于梯子长度的数学模型：

$$\begin{cases} z=\sqrt{(x+3)^2+(y+2)^2}, \\ xy=6。\end{cases} \tag{1}$$

构造拉格朗日函数

$$L(x，y，\lambda)=\sqrt{(x+3)^2+(y+2)^2}+\lambda(xy-6), \tag{2}$$

其中，λ 为拉格朗日乘数。

$$解联立方程组\begin{cases} L'_x=\dfrac{x+3}{\sqrt{(x+3)^2+(y+2)^2}}+\lambda y=0, \\ L'_y=\dfrac{y+2}{\sqrt{(x+3)^2+(y+2)^2}}+\lambda x=0, \\ L'_\lambda=xy-6=0, \end{cases} \tag{3}$$

由(2)(3)两式得
$$\frac{x+3}{y+2}=\frac{y}{x}, \tag{4}$$
即
$$x^2+3x=y^2+2y. \tag{5}$$
式(4)代入式(5)得
$$\frac{x^4+3x^3-6x-36}{x^2}=0, \tag{6}$$
式(6)等于零的充分必要条件是分子等于零，即
$$x^4+3x^3-6x-36=0. \tag{7}$$
求这一元四次方程(7)的根，可采用 MATLAB 软件计算。

在 MATLAB 窗口输入：

```
p=[1 3 0 -6 -36];
r=roots(p)
```

输出结果：

```
r=
  -3.3979
  2.1191
  -0.8606+2.0637i
  -0.8606-2.0637i
```

即得到唯一的实数解 $x=2.119\ 1$。

得到的唯一解也是方程(1)的唯一驻点，由于满足已知条件的梯子长度的最小值一定存在，所以 $x=2.119\ 1$ 是最小值的点。

当 $x=2.119\ 1$ 时，$y=\frac{6}{x}=\frac{6}{2.119\ 1}=2.831\ 4$，$z=\sqrt{(x+3)^2+(y+2)^2}=7.039\ 0>7$。

尽管梯子长度要求的最小值为 7.039 0 m，与清洁工的唯一一架 7 m 的梯子相差非常小，但还是不符合要求，因为还需要考虑清洁工使用梯子时有其体重对梯子产生的影响，梯子无法保持直线状，实际使用梯子长度必须超过 7.039 0 m。

本 章 小 结

【知识框图】

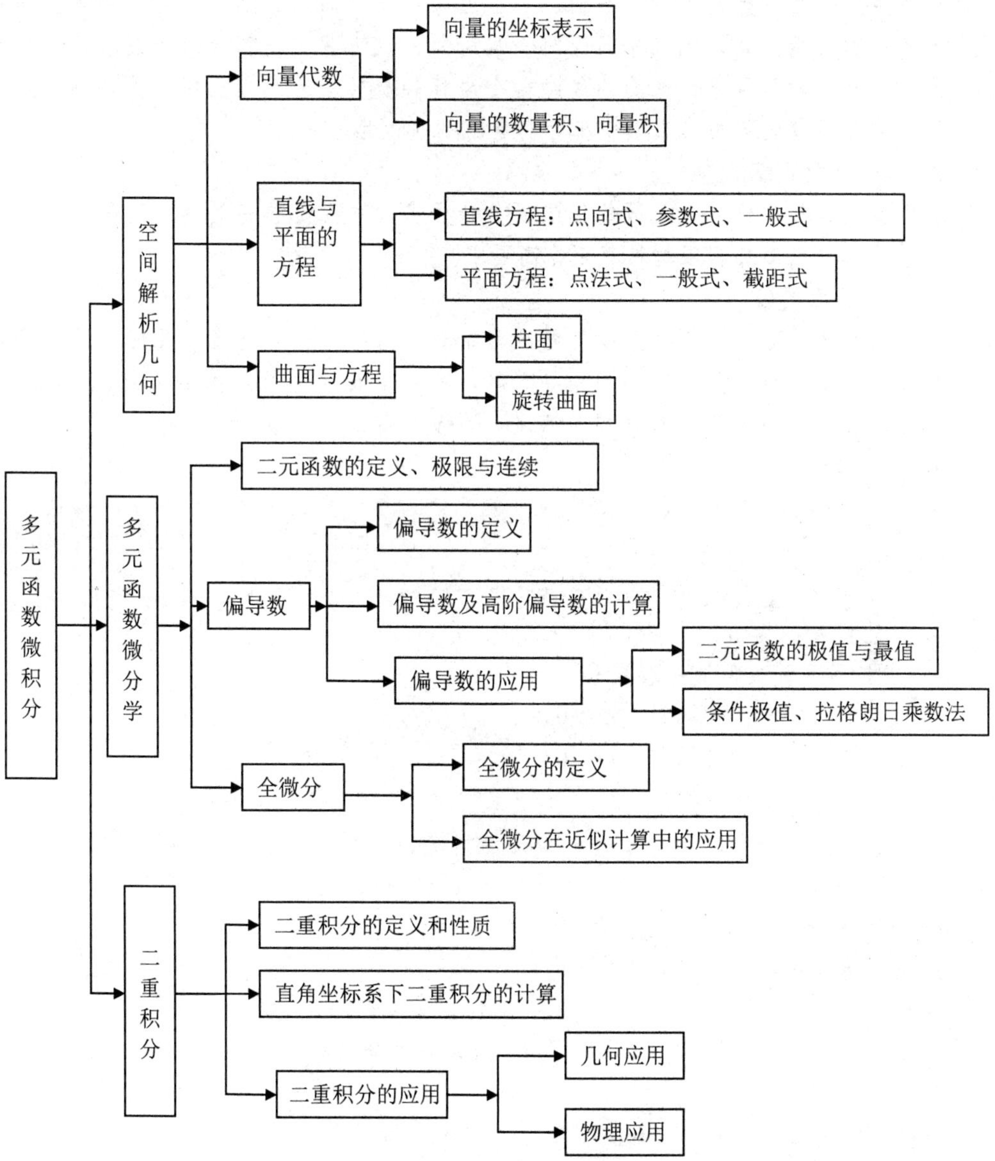
多元函数微积分
空间解析几何
向量代数
向量的坐标表示
向量的数量积、向量积
直线与平面的方程
直线方程：点向式、参数式、一般式
平面方程：点法式、一般式、截距式
曲面与方程
柱面
旋转曲面
多元函数微分学
二元函数的定义、极限与连续
偏导数
偏导数的定义
偏导数及高阶偏导数的计算
偏导数的应用
二元函数的极值与最值
条件极值、拉格朗日乘数法
全微分
全微分的定义
全微分在近似计算中的应用
二重积分
二重积分的定义和性质
直角坐标系下二重积分的计算
二重积分的应用
几何应用
物理应用

【重点难点解析】

1. 空间直角坐标系

空间直角坐标系的建立，使空间中的点与三元有序数组一一对应起来，从而使空间几何图形同解析表达式联系起来。平面与直线的关键是定点和定方向的问题，一个点与一个法向量唯一确定了一个平面，一个点与一个方向向量唯一确定了一条空间直线．柱面方程的特点是，母线平行于哪个坐标轴，其方程中就不含哪个变量；旋转曲面方程的特点是，坐标平面内的曲线绕哪个坐标轴旋转，曲线方程中就保持哪个变量不变，而将另一变量换成其余两个坐标变量的平方和的平方。

2. 二元函数的极限

二元函数的极限比一元函数的极限要复杂得多，主要是自变量变化过程在方式上较复杂，对二元函数的极限的计算不作高要求。

3. 多元函数的偏导数

多元函数的偏导数就是将其他变量视为常数，只有一个自变量变化时函数的变化率，因此在求 $z=f(x,y)$ 对 x 的偏导数时，可将 y 视为常数，对 x 求导；在求 $z=f(x,y)$ 对 y 的偏导数时，将 x 视为常数，对 y 求导。

4. 全微分

若 $z=f(x,y)$ 在点 (x,y) 处的两个偏导数连续，那么函数 $z=f(x,y)$ 的全微分为

$$\mathrm{d}z=f'_x(x,y)\mathrm{d}x+f'_y(x,y)\mathrm{d}y。$$

5. 二元函数的极值

(1)求二元函数极值的一般步骤：

第一步　由方程组 $\begin{cases}f'_x(x,y)=0,\\f'_y(x,y)=0\end{cases}$ 解出驻点 (a,b)；

第二步　求二阶偏导数；

第三步　由 B^2-AC 的符号确定极值的情况，其中 $A=f''_{xx}(a,b)$，$B=f''_{xy}(a,b)$，$C=f''_{yy}(a,b)$。

(2)条件极值：

用拉格朗日乘数法求解条件极值问题

$$\begin{cases}z=f(x,y)(\text{目标函数})\\\varphi(x,y)=0(\text{约束条件})\end{cases}$$

的具体步骤为：

第一步　构造拉格朗日函数

$$F(x,y,\lambda)=f(x,y)+\lambda\varphi(x,y);$$

第二步　解方程组 $\begin{cases}F'_x=f'_x(x,y)+\lambda\varphi'_x=0,\\F'_y=f'_y(x,y)+\lambda\varphi'_y=0,\\F'_\lambda=\varphi(x,y)=0;\end{cases}$

第三步　求出可能的极值点 (x_0,y_0,z_0)，若所讨论的问题有最大(小)值，且求

得的可能极值点只有一个，那么它就是所求极值点，也是取得最值的点。

(3)讨论多元函数极值问题时，如果函数在所讨论区域内有偏导数，则极值可能在驻点处取得，如果函数在个别点的偏导数不存在，那么这些点也可能是极值点。

6. 二重积分的思想方法

二重积分的思想方法是“分割取近似，求和取极限”，从定义上看，二重积分可表示为和式的极限，即 $\iint\limits_D f(x, y)\,d\sigma = \lim\limits_{\lambda\to 0}\sum\limits_{i=1}^{n} f(\xi_i, \eta_i)\Delta\sigma$，结果是一个数，这个数只与被积函数 $f(x, y)$ 和积分区域 D 有关，而与 D 的分法和点 (ξ_i, η_i) 的取法无关。

7. 二重积分与定积分的不同之处

定积分的被积函数是一元函数，积分域是区间；二重积分的被积函数是二元函数，积分域是平面区域。

8. 直角坐标系下二重积分的计算是将二重积分化为二次积分

(1) 矩形积分区域：$a \leqslant x \leqslant b$，$c \leqslant y \leqslant d$。

$$\iint\limits_D f(x, y)\,d\sigma = \int_a^b dx\int_c^d f(x, y)\,dy = \int_c^d dy\int_a^b f(x, y)\,dx。$$

(2)X— 型区域：$a \leqslant x \leqslant b$，$\varphi_1(x) \leqslant y \leqslant \varphi_2(x)$。

$$\iint\limits_D xy\,d\sigma = \int_a^b dx\int_{\varphi_1(x)}^{\varphi_2(x)} f(x, y)\,dy = \int_a^b \left[\int_{\varphi_1(x)}^{\varphi_2(x)} f(x, y)\,dy\right] dx。$$

(3)Y— 型区域：$c \leqslant y \leqslant \mathrm{d}$，$\psi_1(y) \leqslant x \leqslant \psi_2(y)$。

$$\iint\limits_D xy\,d\sigma = \int_c^d dy\int_{\psi_1(y)}^{\psi_2(y)} f(x, y)\,dx = \int_c^d \left[\int_{\psi_1(y)}^{\psi_2(y)} f(x, y)\,dx\right] dy。$$

9. 二重积分的应用

理解微元法的思想，找出所求量的微元素，能解决求面积、体积问题以及平面薄片的质量、重心、转动惯量等问题。

(1) 以区域 D 为底，$z=f(x, y)\geqslant 0$ 为顶的曲顶柱体的体积为 $V=\iint\limits_D f(x, y)\,d\sigma$。

(2) 平面区域 D 的面积为 $A=\iint\limits_D d\sigma$。

(3) 平面薄片的质量为 $M=\iint\limits_D \rho(x, y)\,d\sigma$。

(4) 平面薄片的重心坐标为 $\bar{x}=\dfrac{\iint\limits_D x\rho(x, y)\,dx\,dy}{\iint\limits_D \rho(x, y)\,dx\,dy}$，$\bar{y}=\dfrac{\iint\limits_D y\rho(x, y)\,dx\,dy}{\iint\limits_D \rho(x, y)\,dx\,dy}$。

(5)平面薄片的转动惯量：平面薄片 D 绕 x 轴、y 轴及坐标原点 O 旋转的转动惯量 J_x，J_y，J_O 分别是

$$J_x=\iint\limits_D y^2\rho(x, y)\,d\sigma，J_y=\iint\limits_D x^2\rho(x, y)\,d\sigma，J_O=\iint\limits_D (x^2+y^2)\rho(x, y)\,d\sigma=J_x+J_y。$$

复习题4

1. 设点 P 在 x 轴上，它到点 $P_1(0, \sqrt{2}, 3)$ 的距离为到点 $P_2(0, 1, -1)$ 的距离的两倍，求点 P 的坐标。

2. 设 $f(x, y)=\dfrac{2xy}{x^2+y^2}$，求 $f\left(1, \dfrac{y}{x}\right)$。

3. 求下列函数的定义域，并画出定义域的图形。

(1) $z=\sqrt{x-y}$；　　(2) $z=\sqrt{4-x^2-y^2}$；

(3) $z=x^2+y^2$；　　(4) $z=\dfrac{\ln(1-x^2-y^2)}{\sqrt{y-x^2}}$。

4. 求下列函数的偏导数。

(1) $z=x^3y-y^3x$；　　(2) $z=x\sin(x+y)$；

(3) $z=\mathrm{e}^{x^2+y^2}$；　　(4) $z=x^{2y}$；

(5) $z=\arctan\dfrac{y}{x}$；　　(6) $z=x\ln\sqrt{x^2+y^2}$。

5. 设 $f(x, y)=x+y-\sqrt{x^2+y^2}$，求 $f'_x(3, 4)$ 及 $f'_y(3, 4)$。

6. 求下列函数的二阶偏导数。

(1) $z=x^3+2x^2y-5xy^2$；　　(2) $f(x, y)=x\mathrm{e}^{xy}$；

(3) $z=xy+x\sin y+y\cos x$。

7. 求下列函数的全微分。

(1) $z=x^2y+y^2$；　　(2) $z=\ln(x^2+y^2)$。

8. 求函数 $z=\mathrm{e}^{xy}$ 当 $x=1$，$y=1$，$\Delta x=0.15$，$\Delta y=0.1$ 时的全微分值。

9. 计算下列各式的近似值。

(1) $1.02^{2.99}$；　　(2) $\sqrt{1.02^3+1.97^3}$。

10. 求下列函数的极值。

(1) $z=2xy-3x^2-2y^2$；　　(2) $z=\mathrm{e}^{2x}(x+y^2+2y)$。

11. 用钢板制作表面积为 4 m^2 的有盖长方体容器，其长、宽、高各是多少时，容器的容积最大(不计钢板的厚度)？

12. 化二重积分 $\iint\limits_D f(x, y)\mathrm{d}\sigma$ 为二次积分，其中积分区域 D 分别为：

(1) 由直线 $y=x$ 及抛物线 $y^2=x$ 所围成的区域；

(2) 由直线 $y=x$，$x=2$ 及双曲线 $xy=1(x>0)$ 所围成的区域。

13. 计算下列二重积分。

(1) $\iint\limits_D \dfrac{x}{1+xy}\mathrm{d}x\mathrm{d}y$，$D$ 由 $0\leqslant x\leqslant 1$ 且 $0\leqslant y\leqslant 1$ 确定；

(2) $\iint\limits_D x\sqrt{y}\,\mathrm{d}\sigma$，$D$ 是两条抛物线 $y=\sqrt{x}$，$y=x^2$；

(3) $\iint\limits_D (x^2+y^2-x)\mathrm{d}\sigma$，$D$ 由直线 $y=2$，$y=x$，$y=2x$ 围成。

14. 改变积分次序。

(1) $\int_1^{\mathrm{e}}\mathrm{d}x\int_0^{\ln x}f(x, y)\mathrm{d}y$；　　(2) $\int_1^2\mathrm{d}x\int_{\sqrt{x}}^3 f(x, y)\mathrm{d}y$。

15. 设 D 是由 $y=kx(k>0)$，$y=0$ 和 $x=1$ 所围成的三角形区域，且 $\iint\limits_D xy^2\mathrm{d}x\mathrm{d}y=\frac{1}{15}$，求 k 的值。

16. 设平面薄片所占的区域 D 由抛物线 $y^2=2x$ 与直线 $x=4$ 和 x 轴所围成，它的面密度为 $\rho(x, y)=1$，求该薄片的重心。

大作业：

1. 某生产企业拟建一长方体库房存放电子元件产品，对库房具体要求为：

(1)库房容积为 5 000 m^3(允许误差不超过 1%)；

(2)库房地面材料用 500 mm×500 mm 或 600 mm×600 mm 防静电地板(地面需用标准尺寸防静电地板)，侧面用高级防潮涂料，屋顶用一般防水材料．且知侧面、地面、屋顶单位面积造价比为 3∶2∶1。

请给出两种以上拟建库房总造价较低的方案供企业选择。

2. 太空船(航天飞机)里的水箱的外形是由半径为 r 的球放在一个正圆锥上形成的，形如通常吃的冰激凌的样子(其中心纵断面的图形如图 4-41 所示)．圆锥体的底部直径等于球体的半径，如果球体的半径限定正好为 6 m，设计的水箱表面积为 460 m^2，试确定球拱高和圆锥体高的尺寸，使得水箱容积最大．请用数学软件试试，体会数学软件的优势．

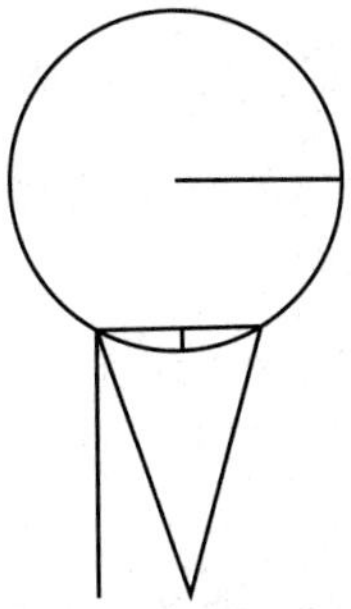

图 4-41

第 5 章　常微分方程

常微分方程

寻找函数关系对解决工程问题具有重要作用，然而许多时候常常不能直接得出函数关系式，仅能得到含有未知函数的导数或微分的关系式。这种关系式就是本章所要讨论的微分方程．微分方程是建立数学模型的重要方法，它在物理学、医学、经济学以及工程技术等诸多领域里都有着广泛的应用，如牛顿运动三定律、人口发展规律、传染病的传播规律等，对这些规律的研究都可以归结为对相应的微分方程的描述和分析。

本章将主要介绍微分方程的基本概念和常见的几种类型的微分方程的解法，以及微分方程在实际中的应用。

5.1　微分方程的基本概念

微分方程的基本概念

我们先通过两个实例来说明微分方程的基本概念。

【引例 1】 已知一曲线通过点(1，2)，且曲线上任一点处的切线斜率等于该点的横坐标的 2 倍，求此曲线的方程。

解　设所求曲线方程是 $y=f(x)$，由导数的几何意义及已知条件得

$$\begin{cases} \dfrac{dy}{dx}=2x, \\ f(1)=2. \end{cases}$$

由 $y'=\dfrac{dy}{dx}=2x$，得 $y=\int 2x\,dx=x^2+C$　(C 为任意常数)。

$y=x^2+C$ 代表一簇曲线，簇中每一条曲线在点 x 处的切线斜率均为 $2x$，再利用已知条件 $y(1)=2$，可求出 $C=1$，则

$$y=x^2+1$$

为所求曲线的方程。

【引例 2】（自由落体运动的规律）

自由落体运动是指物体在仅受到地球引力的作用下，初速度为零的运动．根据经典力学的牛顿第二定律：物体随时间变化的动量变化率和所受外力之和成正比，其方向与外力的方向一致。于是自由落体运动定律能表达成

$$\frac{d}{dt}(mv)=mg，或 m\frac{dv}{dt}=mg。$$

这里 g 表示重力加速度，其大小一般取为：$g=9.8\ m/s^2$。又 $v=\dfrac{ds}{dt}$，其中 s 表示自由落体运动的路程。

所以，自由落体运动的规律为 $\begin{cases}\dfrac{d^2s}{dt^2}=g,\\ s|_{t=0}=0,\\ \left.\dfrac{ds}{dt}\right|_{t=0}=v|_{t=0}=0.\end{cases}$

以上两例所得关系式中均含有未知函数的导数或微分，像这样的方程称为微分方程。

1. 微分方程的基本概念

定义 1 含有未知函数的导数或微分的方程称为**微分方程**。如果微分方程中未知函数是一元函数，称为**常微分方程**。

定义 2 微分方程中出现的未知函数的导数的最高阶数，称为**微分方程的阶**。

如引例 1 中的$\dfrac{dy}{dx}=2x$ 是一阶常微分方程，而引例 2 中的$\dfrac{d^2s}{dt^2}=g$ 是二阶常微分方程。

定义 3 如果将某个函数及其导数代入微分方程后，方程两端恒等，则称此函数为该**微分方程的解**。

从上述两例中可以看到微分方程的解有两种形式：一种不含有任意常数；另一种含有任意常数。如果微分方程的解中所含独立任意常数的个数等于微分方程的阶数，则此解称为**微分方程的通解**。相应地，不含任意常数的解为微分方程的特解。

例如，$y=x^2+C$ 是微分方程 $y'=2x$ 的通解，而 $y=x^2+2$，$y=x^2-1$ 都是 $y'=2x$ 的特解。

定义 4 确定通解中任意常数的条件，称为**初始条件**。如引例 1 中的 $y(1)=2$ 是微分方程$\dfrac{dy}{dx}=2x$ 的初始条件。一般地，一阶微分方程的初始条件写成$y|_{x=x_0}=y_0$ 或 $y(x_0)=y_0$。由初始条件确定了通解中任意常数的值后所得到的解，称为微分方程的**特解**。求微分方程满足初始条件的特解的问题，称为**初值问题**。

例 1 验证函数 $y=C_1e^{2x}+C_2e^{-2x}$(C_1，C_2 为任意常数)是二阶微分方程 $y''-4y=0$ 的通解，并求满足初始条件$y|_{x=0}=0$，$y'|_{x=0}=1$ 的特解。

解 $y=C_1e^{2x}+C_2e^{-2x}$，$y'=2C_1e^{2x}-2C_2e^{-2x}$，$y''=4C_1e^{2x}+4C_2e^{-2x}$。

将 y，y''代入方程 $y''-4y=0$ 的左端，得

$$\text{左端}=y''-4y=4C_1e^{2x}+4C_2e^{-2x}-4(C_1e^{2x}+C_2e^{-2x})=0=\text{右端},$$

所以，函数 $y=C_1e^{2x}+C_2e^{-2x}$ 是所给微分方程的解。又因为此解中含有两个独立的任意常数，与方程的阶数相同，所以它是方程的通解。

将初始条件$y|_{x=0}=0$，$y'|_{x=0}=1$ 分别代入 y 及 y'中，得

$$\begin{cases}C_1+C_2=0,\\ 2C_1-2C_2=1。\end{cases}$$

解得 $C_1=\dfrac{1}{4}$，$C_2=-\dfrac{1}{4}$。于是，所求特解为

$$y=\frac{1}{4}(e^{2x}-e^{-2x})。$$

可以证明函数 $y=C_1e^{2x}+2C_2e^{2x}$ 也满足方程 $y''-4y=0$，是方程的解，但这里的 C_1，C_2 不是两个独立的任意常数。因为该函数能写成 $y=(C_1+2C_2)e^{2x}=Ce^{2x}$，这种能合并成一个的任意常数，只能算一个独立的任意常数。由于任意常数的个数与微分方程的阶数不相等，因此，$y=C_1e^{2x}+2C_2e^{2x}$ 不是微分方程 $y''-4y=0$ 的通解。

2. 简单微分方程的建立

利用微分方程寻求实际问题中未知函数的一般步骤是：

(1)分析问题，设所求未知函数，建立微分方程，并确定初始条件；

(2)求出微分方程的通解；

(3)由初始条件确定通解中的任意常数，求出微分方程的特解。

例 2 一辆以 20 m/s 的速度行驶的汽车，制动后做匀减速运动，制动时获得的加速度为 $-4\ \text{m/s}^2$，求从制动开始到车停下需要多少时间，以及汽车在这段时间行驶的路程。

解 设汽车在开始制动后 t s 行驶了 s m，汽车的运动规律为 $s=s(t)$，根据题意，有

$$\frac{d^2s}{dt^2}=-4。$$

初始条件：$s|_{t=0}=0$，$v|_{t=0}=20$。

将方程两端积分一次，得

$$v=\frac{ds}{dt}=\int -4dt=-4t+C_1,$$

再积分一次，得

$$s=-2t^2+C_1t+C_2 \quad (C_1，C_2\text{ 都为任意常数})。$$

将初始条件$s|_{t=0}=0$，$v|_{t=0}=20$ 代入上式，得 $C_1=20$，$C_2=0$。

所以，汽车的运动规律为

$$v=-4t+20,$$

$$s=-2t^2+20t。$$

当 $v=0$ 时，得到汽车从开始制动到完全停住所需的时间为

$$t=\frac{20}{4}=5(\text{s})。$$

将 $t=5$ 代入 $s=s(t)$，得到汽车在制动阶段行驶的路程为

$$s=-2\times5^2+20\times5=50(\text{m})。$$

习 题 5.1

1. 指出下列各给定函数是否为所给微分方程的解，是通解还是特解？

(1)$y''+y=0$，$y=C_1\cos x+C_2\sin x$；

(2)$xy'+y=e^x$，$y=\frac{e^x}{x}$；

(3)$y''=x$，$y=Cx+\dfrac{x^3}{6}$；

(4)$y''-y'=0$，$y=2\sin x-\cos x$。

2. 根据已给的初始条件，确定下列函数关系中的任意常数。

(1)$e^x+e^{-y}=C$，$y\big|_{x=1}=-1$；

(2)$y=(C_1+C_2x)e^{3x}$，$y\big|_{x=0}=0$，$y'\big|_{x=0}=1$。

3. 根据下列条件，建立微分方程。

(1)曲线在点(x, y)处的切线的斜率等于该点的纵坐标。

(2)放射性元素镭的衰变有如下规律：镭的衰变速度$\dfrac{\mathrm{d}R}{\mathrm{d}t}$与它的现存量$R$成正比，由经验资料得知，镭经过 1 600 年后，只剩下原始量R_0的一半。

5.2 一阶微分方程

一阶微分方程

5.2.1 可分离变量的微分方程

定义 1 形如

$$\frac{\mathrm{d}y}{\mathrm{d}x}=f(x)g(y)$$

或

$$M_1(x)N_1(y)\mathrm{d}x+M_2(x)N_2(y)\mathrm{d}y=0 \tag{5.1}$$

的一阶微分方程称为**可分离变量的微分方程**。

求解步骤如下。

(1)分离变量得

$$\frac{\mathrm{d}y}{g(y)}=f(x)\mathrm{d}x \qquad [g(y)\neq 0];$$

(2)两边积分，得

$$\int\frac{\mathrm{d}y}{g(y)}=\int f(x)\mathrm{d}x,$$

若$\dfrac{1}{g(y)}$和$f(x)$的一个原函数分别是$G(y)$和$F(x)$，则微分方程$\dfrac{\mathrm{d}y}{\mathrm{d}x}=f(x)g(y)$的（隐式）通解如下：

$$G(y)=F(x)+C \qquad (C\text{ 为任意常数})。$$

例 1 求微分方程$\dfrac{\mathrm{d}y}{\mathrm{d}x}=3x^2y$的通解。

解 此方程为可分离变量的微分方程，分离变量($y\neq 0$时)得

$$\frac{\mathrm{d}y}{y}=3x^2\mathrm{d}x,$$

两边积分

$$\int\frac{\mathrm{d}y}{y}=\int 3x^2\mathrm{d}x,$$

得 $$\ln|y|=x^3+C_1,$$

即 $$|y|=\mathrm{e}^{x^3+C_1}=\mathrm{e}^{C_1}\mathrm{e}^{x^3}。$$

所求通解为 $y=C\mathrm{e}^{x^3}$（其中 $C=\pm\mathrm{e}^{C_1}$ 为任意非零常数）。

$y=0$ 也是方程的解，当任意常数 C 取零时，此解含在通解中。

注意 为了书写方便，可以不必先取绝对值 $\ln|y|$，去掉绝对值后再令 $C=\pm\mathrm{e}^{C_1}$，而在积分时直接写成 $\ln y$，常数 C_1 写成 $\ln C$，这样可由 $\ln y=x^3+\ln C$ 即得到 $y=C\mathrm{e}^{x^3}$。但要记住，最后得到的常数 C 是(可正可负的) 任意常数，以后遇到类似的情况均可这样表示。

例 2 求微分方程 $y'=y^2$ 的通解。

解 此方程为可分离变量的一阶微分方程，当 $y\neq 0$ 时，分离变量得

$$\frac{\mathrm{d}y}{y^2}=\mathrm{d}x,$$

两边积分，有 $$\int\frac{\mathrm{d}y}{y^2}=\int\mathrm{d}x,$$

得通解为 $$-\frac{1}{y}=x+C \quad (C\text{ 为任意常数})。$$

显然 $y=0$ 也是上述方程的解，但它不包含在通解中。

如果求得的微分方程的解是一个显函数，那么这样的解称为**显式解**，如例 1 的通解；如果求得的微分方程的解是一个隐函数，那么这样的解称为**隐式解**，如例 2 的通解。

在求解微分方程时，由于方程的变形，常使某些特解不在所求得的通解中。这种解一般容易从方程直接观察出，有时适当扩大通解中任意常数的取值范围，就可以把这些特解包含进去(如例 1)。另外，实际问题中求解微分方程的主要目的是寻找满足初始条件的特解，这样的特解可以从通解中确定出或直接从方程得出，所以今后将不再指出这些不属于通解中的特解。

例 3 求微分方程 $xy'=y\ln y$ 满足初始条件 $y|_{x=1}=\mathrm{e}$ 的特解。

解 这是可分离变量的微分方程，分离变量得

$$\frac{1}{y\ln y}\mathrm{d}y=\frac{1}{x}\mathrm{d}x,$$

两边积分，有 $$\int\frac{1}{\ln y}\mathrm{d}(\ln y)=\int\frac{1}{x}\mathrm{d}x,$$

得 $$\ln\ln y=\ln x+\ln C,$$

去掉对数符号，通解可记作 $$y=\mathrm{e}^{Cx}。$$

代入初始条件 $y|_{x=1}=\mathrm{e}$，得 $\mathrm{e}=\mathrm{e}^{C}$，$C=1$，所以满足初始条件的特解为 $y=\mathrm{e}^{x}$。

例 4 求解微分方程 $(1+x^2)\mathrm{d}y+xy\mathrm{d}x=0$。

解 这是可分离变量的微分方程，分离变量得

$$\frac{1}{y}\mathrm{d}y=-\frac{x}{1+x^2}\mathrm{d}x,$$

两边积分，有

$$\int\frac{1}{y}\mathrm{d}y=-\int\frac{x}{1+x^2}\mathrm{d}x,$$

得

$$\ln y=-\frac{1}{2}\ln(1+x^2)+\ln C,$$

于是微分方程的通解是

$$y=\frac{C}{\sqrt{1+x^2}}。$$

5.2.2　一阶线性微分方程

定义 2　形如 $\frac{\mathrm{d}y}{\mathrm{d}x}+P(x)y=Q(x)$ 或 $y'+P(x)y=Q(x)$ 的方程称为**一阶线性微分方程**，简称**线性方程**。其中 $P(x)$，$Q(x)$ 为已知函数。一阶线性微分方程的特点是方程中 y 和 y' 都是一次的，且不含 yy' 这样的乘积项。

当 $Q(x)=0$ 时，有 $\frac{\mathrm{d}y}{\mathrm{d}x}+P(x)y=0$，称其为**一阶齐次线性微分方程**；

当 $Q(x)\neq 0$ 时，称方程 $\frac{\mathrm{d}y}{\mathrm{d}x}+P(x)y=Q(x)$ 为**一阶非齐次线性微分方程**。

1. 一阶齐次线性微分方程 $\frac{\mathrm{d}y}{\mathrm{d}x}+P(x)y=0$ 的通解

将此方程分离变量得

$$\frac{\mathrm{d}y}{y}=-P(x)\mathrm{d}x,$$

两边积分得

$$\ln y=-\int P(x)\mathrm{d}x+\ln C,$$

即

$$y=C\mathrm{e}^{-\int P(x)\mathrm{d}x}。\tag{5.2}$$

式(5.2)就是方程 $\frac{\mathrm{d}y}{\mathrm{d}x}+P(x)y=0$ 的通解[其中 $\int P(x)\mathrm{d}x$ 不带任意常数，代表 $P(x)$ 的一个具体的原函数]。

2. 一阶非齐次线性微分方程 $\frac{\mathrm{d}y}{\mathrm{d}x}+P(x)y=Q(x)$ 的通解

由于非齐次线性方程 $\frac{\mathrm{d}y}{\mathrm{d}x}+P(x)y=Q(x)$ 的右端是 x 的函数 $Q(x)$，考虑到非齐次线性方程与其对应的齐次线性方程左端相同，因此，可设想将齐次线性方程通解式中的常数 C 换成待定函数 $C(x)$ 后，有可能是非齐次线性方程的解。即令 $y=C(x)\mathrm{e}^{-\int P(x)\mathrm{d}x}$ 为非齐次线性方程的解，并将其代入非齐次线性方程，有

$$C'(x)\mathrm{e}^{-\int P(x)\mathrm{d}x}-C(x)P(x)\mathrm{e}^{-\int P(x)\mathrm{d}x}+C(x)P(x)\mathrm{e}^{-\int P(x)\mathrm{d}x}=Q(x),$$

得

$$C'(x)\mathrm{e}^{-\int P(x)\mathrm{d}x}=Q(x)，即\ C'(x)=Q(x)\mathrm{e}^{\int P(x)\mathrm{d}x},$$

两边积分得

$$C(x)=\int Q(x)\mathrm{e}^{\int P(x)\mathrm{d}x}\mathrm{d}x+C,$$

将 $C(x)$ 代入 $y=C(x)e^{-\int P(x)dx}$ 中，便得非齐次线性方程的通解公式

$$y=e^{-\int P(x)dx}\left[\int Q(x)e^{\int P(x)dx}dx+C\right]=e^{-\int P(x)dx}\int Q(x)e^{\int P(x)dx}dx+Ce^{-\int P(x)dx}。 \tag{5.3}$$

由通解公式(5.3)可以看出，一阶非齐次线性方程的通解等于它的一个特解加上对应的齐次线性方程的通解。

上述求解方法称为**常数变易法**。用常数变易法求一阶非齐次线性微分方程的通解的步骤为：

(1) 先求出非齐次线性方程所对应的齐次线性方程的通解式(5.2)；

(2) 根据所求出的齐次线性方程的通解设出非齐次线性方程的解，即把所求出的齐次线性方程的通解中的任意常数 C 改为待定函数 $C(x)$；

(3) 将所设解代入非齐次线性方程，解出 $C(x)$，并写出非齐次线性方程的通解公式(5.3)。

例 5 求微分方程$(1+x^2)\dfrac{dy}{dx}-2xy=(1+x^2)^2$ 的通解。

解 将原方程改写成

$$y'-\frac{2x}{1+x^2}y=1+x^2,$$

这是一阶非齐次线性微分方程。

解法一(常数变易法)：

(1) 先求出原方程对应的齐次线性方程 $y'-\dfrac{2x}{1+x^2}y=0$ 的通解，分离变量得

$$\frac{dy}{y}=\frac{2x}{1+x^2}dx,$$

两边积分
$$\int\frac{dy}{y}=\int\frac{2x}{1+x^2}dx,$$

得
$$\ln y=\ln(1+x^2)+\ln C。$$

所以齐次线性方程的通解为 $y=C(1+x^2)$。

(2) 令 $y=C(x)(1+x^2)$ 为原方程的解，将其代入原方程得

$$(1+x^2)[C'(x)(1+x^2)+2xC(x)]-2xC(x)(1+x^2)=(1+x^2)^2,$$

$$C'(x)(1+x^2)+2xC(x)-2xC(x)=(1+x^2),$$

得
$$C'(x)=1,\ C(x)=x+C。$$

故原方程的通解为 $y=(1+x^2)(x+C)$。

解法二(公式法)：

该方程中 $P(x)=\dfrac{-2x}{1+x^2}$，$Q(x)=1+x^2$。

将其代入一阶非齐次线性微分方程的通解公式(5.3)，得

$$y = e^{-\int P(x)dx}\left[\int Q(x)e^{\int P(x)dx}dx + C\right] = e^{\int \frac{2x}{1+x^2}dx}\left[\int (1+x^2)e^{-\int \frac{2x}{1+x^2}dx}dx + C\right]$$

$$= e^{\ln(1+x^2)}\left[\int \frac{1+x^2}{1+x^2}dx + C\right] = (1+x^2)(x+C)。$$

故原方程的通解为 $y=(1+x^2)(x+C)$。

与解法一结果相同，可以看出解法二简单些，但必须熟记公式，而解法一只要知道常数变易法的思路即可求出解，在实际做题时用两种方法中的哪一种都可以。

例 6 求方程 $xy'+y=\sin x$ 满足初始条件 $y|_{x=\pi}=0$ 的特解。

解 原方程变形为 $y'+\frac{1}{x}y=\frac{\sin x}{x}$，是一阶非齐次线性微分方程，其中 $P(x)=\frac{1}{x}$，$Q(x)=\frac{\sin x}{x}$，由通解公式(5.3)得

$$y = e^{-\int \frac{1}{x}dx}\left(\int \frac{\sin x}{x}e^{\int \frac{1}{x}dx}dx + C\right) = e^{-\ln x}\left(\int \frac{\sin x}{x}e^{\ln x}dx + C\right)$$

$$= \frac{1}{x}\left(\int \sin x\,dx + C\right) = \frac{1}{x}(-\cos x + C)。$$

代入初始条件 $y|_{x=\pi}=0$ 后，得 $C=-1$，故满足初始条件的特解

$$y = \frac{-1}{x}(\cos x + 1)。$$

习 题 5.2

1. 求 $y'=2xy$ 的通解。
2. 求 $dx+2xydy=y^2dx+2ydy$ 满足初始条件 $y|_{x=0}=2$ 的特解。
3. 求下列微分方程的通解。

(1) $3x^2+5x-5y'=0$；　　(2) $2xy'+y\ln y=0$。

4. 求 $y'-y=2e^x$ 的通解。
5. 求下列微分方程的通解或特解。

(1) $\frac{dy}{dx}+y=e^{-x}$；　　(2) $\frac{dy}{dx}+2xy=xe^{-x^2}$；

(3) $y'+y=2x$，$y|_{x=0}=1$；　　(4) $y'+y\cos x=e^{-\sin x}$，$y|_{x=0}=0$。

5.3 一阶微分方程应用举例

微分方程在各个领域中都有着广泛的应用，用微分方程解决应用问题的方法是：

(1) 分析题意，建立表达题意的微分方程及相应的初始条件，这是最关键的一步；

(2) 求解微分方程，依问题要求，求出通解或满足初始条件的特解；

一阶微分方程应用举例

(3) 依据问题的需要，用所求得的解对实际问题做出解释。

1. 人口预测模型

由于资源的有限性，当今世界各国都注意有计划地控制人口的增长，为了得到人口预测模型，必须首先搞清影响人口增长的因素，而影响人口增长的因素很多，如人口的自然出生率、人口的自然死亡率、人口的迁移、自然灾害、战争等诸多因素，如果一开始就把所有因素都考虑进去，则无从下手。因此，先把问题简化，建立比较粗糙的模型，再逐步修改，从而得到较完善的模型。

例 1[**马尔萨斯(Malthus)模型**]　英国人口统计学家马尔萨斯(1766—1834)在担任牧师期间，查看了教堂 100 多年人口出生统计资料，发现人口出生率是一个常数，于 1789 年在《人口原理》一书中提出了闻名于世的马尔萨斯人口模型，他的基本假设是：在人口自然增长过程中，净相对增长(出生率与死亡率之差)是常数，即单位时间内人口的增长量与人口成正比，比例系数设为 r，在此假设下，推导并求解人口随时间变化的数学模型。

解　设时刻 t 的人口为 $N(t)$，并设 $t=t_0$ 时刻的人口为 N_0，根据马尔萨斯的假设，得到方程

$$\begin{cases}\dfrac{\mathrm{d}N}{\mathrm{d}t}=rN,\\ N(t_0)=N_0.\end{cases}$$

人口预测模型

这就是马尔萨斯人口模型，用分离变量法易求出其解为

$$N(t)=N_0\mathrm{e}^{r(t-t_0)}。$$

此式表明人口以指数规律随时间无限增长。

用马尔萨斯模型作为人口的短期预报与实际吻合得较好，但是，在用此模型预测较遥远的未来地球人口总数时，却与实际有很大的差异，这主要是因为地球上的各种资源只能供一定数量的人生活，随着人口的增加，自然资源、环境条件等因素对人口继续增长的阻滞作用越来越显著. 如果当人口较少时(相对于资源而言)人口增长率还可以看作常数的话，那么当人口增加到一定数量后，增长率就会随着人口的继续增加而逐渐减少。

2. 逻辑斯蒂(Logistic)方程

逻辑斯蒂方程是一种在许多领域有着广泛应用的数学模型，下面我们借助树的增长来建立该模型。

例 2　一棵小树刚栽下去的时候长得比较慢，渐渐地，小树长高了而且长得越来越快，几年不见，绿荫底下已经可乘凉了；但长到某一高度后，它的生长速度趋于稳定，然后再慢慢降下来。这一现象很具有普遍性。根据树的生长特点，我们假定它的生长速度既与目前的高度成正比，又与最大高度与目前高度之差成正比。

解　设树生长的最大高度为 H(m)，在 t(年)时的高度为 $h(t)$，则有

$$\frac{\mathrm{d}h(t)}{\mathrm{d}t}=kh(t)[H-h(t)]。$$

其中，$k>0$ 是比例常数。这个方程为 Logistic 方程。它是可分离变量的一阶微分方程。

分离变量得

$$\frac{\mathrm{d}h}{h(H-h)}=k\,\mathrm{d}t,$$

两边积分，得
$$\int\frac{\mathrm{d}h}{h(H-h)}=\int k\,\mathrm{d}t,$$

即
$$\frac{1}{H}[\ln h-\ln(H-h)]=kt+C_1,$$

或
$$\frac{h}{H-h}=\mathrm{e}^{kHt+C_1H}=C_2\mathrm{e}^{kHt},$$

逻辑斯蒂(Logistic)方程

故所求通解为

$$h(t)=\frac{C_2H\mathrm{e}^{kHt}}{1+C_2\mathrm{e}^{kHt}}=\frac{H}{1+C\mathrm{e}^{-kHt}},$$

其中，$C\left(C=\frac{1}{C_2}=\mathrm{e}^{-C_1H}>0\right)$是正常数。

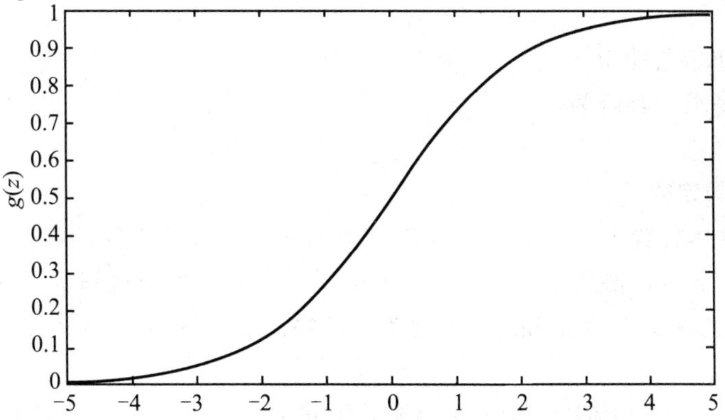

图 5-1

函数 $h(t)$ 的图像称为 Logistic 曲线。图 5-1 所示的是一条典型的 Logistic 曲线，由于它的形状，一般也称为 S 曲线。可以看到，它基本符合我们描述的树的生长情形。另外还可以计算出

$$\lim_{t\to+\infty}h(t)=H。$$

这说明树的生长有一个限制，因此也称为限制性增长模式。

注意 Logistic 的中文意思是“逻辑的”。“逻辑”在字典中的解释是“客观事物发展的规律性”，因此许多现象本质上都符合这种 S 规律。除了生物种群的繁殖外，还有信息的传播、新技术的推广、传染病的扩散以及某些商品的销售等。如流感的传染、在任其自然发展(如初期未引起人们注意)的阶段，可以设想它的速度既正比于得病的人数又正比于未传染到的人数。开始时患病的人不多因而传染速度较慢；但随着健康人与患者接触，受传染的人越来越多，传染的速度也越来越快；最后，传染速度自然而然地渐渐降低，因为已经没有多少人可被传染了。

3. 放射性元素的衰变

例 3 放射性元素铀由于不断地有原子放射出微粒子而变成其他元素，铀的含量就不断减少，这种现象叫作衰变．由原子物理学知道，铀的衰变速度与当时未衰变的原子的含量 M 成正比．已知 $t=0$ 时铀的含量为 M_0，求在衰变过程中铀含量 $M(t)$ 随时间 t 变化的规律。

放射性元素的衰变

解 铀的衰变速度就是 $M(t)$ 对时间 t 的导数 $\frac{dM}{dt}$，由于铀的衰变速度与其含量成正比，故得微分方程

$$\frac{dM}{dt}=-\lambda M,$$

其中，$\lambda(\lambda>0)$ 是常数，叫作衰变系数．λ 前置符号是由于当 t 增加时 M 单调减少，即 $\frac{dM}{dt}<0$ 的缘故。

按题意，初始条件为 $$M\big|_{t=0}=M_0。$$

用分离变量法易求出其解为

$$M(t)=M_0e^{-\lambda t}。$$

4. 牛顿冷却定律

例 4 将物体放置于空气中，在时刻 $t=0$ min 时，测得其温度为 $u_0=150$ ℃，10 min 后测得温度为 $u_1=100$ ℃，假定空气的温度恒为 $u_a=24$ ℃，求物体的温度 u 和时间 t 的关系，并计算 20 min 后物体的温度。

牛顿冷却定律

解 我们知道，物体冷却时热量从温度高的物体向温度低的物体传导，在一定的温度范围内，物体的温度变化速度与该物体的温度和周围介质的温度之差成正比(牛顿冷却定律)。

设物体在时刻 t 的温度为 $u=u(t)$，由于热量从温度高的物体传向温度低的物体，所以温度的变化速度为 $\frac{du}{dt}$(恒为负值)，而温差为 $u-u_a$(恒为正值)，于是建立微分方程

$$\begin{cases}\frac{du}{dt}=-k(u-u_a),\\ u(0)=u_0。\end{cases}$$

其中 k 为比例系数。

分离变量得 $$\frac{du}{u-u_0}=-k\,dt,$$

两边积分得 $$\ln(u-u_a)=-kt+\ln C,$$

即微分方程的通解为 $$u=u_a+Ce^{-kt}。$$

将初始条件 $u(0)=u_0$ 代入通解，得 $C=u_0-u_a$，于是微分方程的解为

$$u = u_a + (u_0 - u_a)e^{-kt}。$$

当 $t = 10$ min 时，$u = u_1 = 100$ ℃，$u_a = 24$ ℃，$u_0 = 150$ ℃ 求得

$$k = \frac{1}{10}\ln\frac{u_0 - u_a}{u_1 - u_a} = \frac{1}{10}\ln\frac{150 - 24}{100 - 24} \approx 0.051。$$

所以，该物体冷却时温度随时间的变化规律是

$$u = 24 + 126e^{-0.051t}(℃)。$$

把 $t = 20$ min 代入上式，得 $u_2 \approx 64$(℃)。

习　题　5.3

1. 已知物体冷却的速度正比于物体的温度与周围环境温度之差(牛顿冷却定律)。求：(1) 温度为 Q 的物体放到保持 Q_a ℃ 的环境中(设物体初始温度为 Q_0 ℃，$Q_0 > Q_a$)，物体的温度 Q 与时间 t 的函数关系。

(2) 室温为 20 ℃ 时，一物体由 100 ℃ 冷却到 60 ℃ 需经过 20 min，问：从 100 ℃ 冷却到 30 ℃ 需经过多少分钟?

2. 设跳伞员和降落伞以及所带物品总质量为 m，下落过程中所受阻力与速度 v 成正比，规定 $t = 0$ 时 $v = 0$，求速度 $v(t)$(设 k 为比例系数)。

5.4　二阶常系数线性微分方程

二阶常系数线性微分方程

【引例】 火车沿水平轨道运动，火车的重量是 P，机车牵引力为 f_1，运动阻力 $f_2 = a + bv$，其中 a，b 都是常数，v 是火车的速度。假设 $s(0) = s'(0) = 0$，求火车的运动规律。

解　火车运动所受的力满足牛顿定律 $F = ma$。因为

$$F = f_1 - f_2 = f_1 - (a + bv) = f_1 - a - b\frac{ds}{dt},$$

所以

$$\frac{P}{g}\frac{d^2s}{dt^2} = f_1 - a - b\frac{ds}{dt},$$

即火车的运动规律可表示为

$$\begin{cases} s''(t) + \dfrac{gb}{P}s'(t) = \dfrac{g}{P}(f_1 - a), \\ s(0) = s'(0) = 0. \end{cases}$$

这是一个二阶常系数线性微分方程。

形如

$$y'' + py' + qy = f(x) \tag{5.4}$$

的方程称为**二阶常系数线性微分方程**，其中 p，q 均为常数，y''，y'，y 均为一次的(线性的)。

当 $f(x) = 0$ 时，方程

$$y'' + py' + qy = 0 \tag{5.5}$$

称为**二阶常系数齐次线性微分方程**，$f(x)\neq 0$ 时，方程(5.4) 称为**二阶常系数非齐次线性微分方程**。

5.4.1 二阶常系数线性微分方程通解的结构

定理1(齐次线性微分方程解的叠加原理) 若函数 $y_1(x)$ 与 $y_2(x)$ 都是二阶常系数齐次线性微分方程(5.5) 的解，则 $y_1(x)$ 与 $y_2(x)$ 的线性组合 $y=C_1y_1(x)+C_2y_2(x)$ 也是该方程的解(C_1，C_2 为任意常数)。

那么，函数 $y=C_1y_1(x)+C_2y_2(x)$ 是否为方程(5.5) 的通解呢？这要看 $y_1(x)$ 与 $y_2(x)$ 的关系。如果 $y_1(x)=ky_2(x)$，则 $y=C_1y_1(x)+C_2y_2(x)=(C_1k+C_2)y_2(x)$ 只含有一个任意常数，所以不是方程(5.5) 的通解。只有当 $y_1(x)\neq ky_2(x)$ 时，$C_1y_1(x)+C_2y_2(x)$ 中的两个任意常数不能合并成一个常数，$C_1y_1(x)+C_2y_2(x)$ 才是方程(5.5) 的通解。

定义 如果 $\dfrac{y_2(x)}{y_1(x)}=k$[k 为常数，$y_1(x)\neq 0$]，那么称函数 $y_1(x)$ 与 $y_2(x)$ 线性相关；若 $\dfrac{y_2(x)}{y_1(x)}\neq k$，则称函数 $y_1(x)$ 与 $y_2(x)$ 线性无关。

例如：e^{2x} 与 $3e^{5x}$ 线性无关，$2x$ 与 $5x$ 线性相关。

定理2(齐次线性微分方程通解的结构) 若函数 $y_1(x)$ 与 $y_2(x)$ 是方程(5.5) 的两个线性无关的特解，则函数 $y=C_1y_1(x)+C_2y_2(x)$(C_1，C_2 为任意常数) 是方程(5.5) 的通解。

例如：$y_1=\cos\omega x$，$y_2=\sin\omega x$ 是方程 $y''+\omega^2y=0$ 的两个特解，且 $\dfrac{y_2}{y_1}=\dfrac{\sin\omega x}{\cos\omega x}=\tan\omega x\neq$ 常数，即 y_1 与 y_2 线性无关，因此 $y=C_1\cos\omega x+C_2\sin\omega x$ 是方程的通解。

定理3(非齐次线性微分方程通解的结构) 设 $y^*(x)$ 是二阶常系数非齐次线性微分方程(5.4) 的一个特解，$Y(x)=C_1y_1(x)+C_2y_2(x)$ 是其对应的齐次线性微分方程(5.5) 的通解，则 $y=Y(x)+y^*(x)$ 是方程(5.4) 的通解。

5.4.2 二阶常系数齐次线性方程的解法

二阶齐次线性微分方程解的叠加原理说明，要求方程 $y''+py'+qy=0$ 的通解，只要求出它的两个线性无关的特解即可。由于齐次线性微分方程左端是未知函数的常数倍、未知函数的一阶导数的常数倍与二阶导数的代数和且等于0，适于方程的函数 y 必须与其一阶导数、二阶导数只能相差一个常数因子，可以猜想方程具有 $y=e^{rx}$ 形式的解。

把函数 $y=e^{rx}$(r 是常数) 代入方程 $y''+py'+qy=0$，则有 $e^{rx}(r^2+pr+q)=0$。

由于 $e^{rx}\neq 0$，所以有

$$r^2+pr+q=0。\tag{5.6}$$

由此可见，只要 r 满足代数方程 $r^2+pr+q=0$，函数 $y=e^{rx}$ 就是微分方程 $y''+py'+qy=0$ 的解，此代数方程(5.6)叫作微分方程 $y''+py'+qy=0$ 的特征方程，特征方程的根称为微分方程 $y''+py'+qy=0$ 的特征根。

求二阶常系数齐次线性微分方程

$$y''+py'+qy=0$$

的通解的步骤可归纳如下：

第一步　写出微分方程 $y''+py'+qy=0$ 的特征方程 $r^2+pr+q=0$；

第二步　求出特征方程 $r^2+pr+q=0$ 的两个根 r_1 和 r_2；

第三步　根据特征方程的两个根的不同情形，依次写出微分方程的通解(如表 5-1 所示)。

表 5-1

特征方程的根	通解形式(C_1，C_2 为任意常数)
两个不等的实根 $r_1\neq r_2$	$y=C_1e^{r_1x}+C_2e^{r_2x}$
两个相等的实根 $r_1=r_2=r$	$y=(C_1+C_2x)e^{rx}$
一对共轭复根 $r_{1,2}=\alpha\pm i\beta$	$y=e^{\alpha x}(C_1\cos\beta x+C_2\sin\beta x)$

例 1　求下列微分方程的通解。

(1) $y''-2y'-3y=0$；(2) $y''-4y'+4y=0$；(3) $y''+4y'+13y=0$。

解　(1) 该方程的特征方程为 $r^2-2r-3=0$，即 $(r+1)(r-3)=0$，其特征根为 $r_1=-1$，$r_2=3$。故方程的通解为 $y=C_1e^{-x}+C_2e^{3x}$；

(2) 该方程的特征方程为 $r^2-4r+4=0$，即 $(r-2)^2=0$，特征根为 $r_1=r_2=2$。故方程的通解为 $y=(C_1+C_2x)e^{2x}$；

(3) 该方程的特征方程为 $r^2+4r+13=0$，它有一对共轭复根，特征根为 $r_{1,2}=-2\pm 3i$。方程的通解为 $y=e^{-2x}(C_1\cos 3x+C_2\sin 3x)$。

例 2　求方程 $y''+9y=0$ 满足条件 $y|_{x=0}=2$，$y'|_{x=0}=3$ 的特解。

解　该方程的特征方程为 $r^2+9=0$，特征根为 $r_{1,2}=\pm 3i$，方程的通解为

$$y=C_1\cos 3x+C_2\sin 3x。$$

代入初始条件 $y|_{x=0}=2$，$y'|_{x=0}=3$，有

$$y|_{x=0}=C_1=2。$$

由 $y'=-3C_1\sin 3x+3C_2\cos 3x$，$y'|_{x=0}=3C_2=3$，得 $C_2=1$。

故所求特解为　$y=2\cos 3x+\sin 3x$。

5.4.3　二阶常系数非齐次线性微分方程的解法

由二阶常系数非齐次线性微分方程解的结构定理可知，求二阶常系数非齐次线性微分方程(5.4)的通解，可先求出其对应的齐次方程 $y''+py'+qy=0$ 的通解 Y，再设

法求出非齐次线性微分方程的某个特解 y^*，二者之和就是方程 $y''+py'+qy=f(x)$ 的通解。关于二阶常系数齐次线性微分方程的通解的求法前面已解决。在此主要讨论非齐次线性微分方程的特解 y^* 的求法。这里只讨论 $f(x)$ 为多项式与指数函数 $e^{\lambda x}$ 的乘积的情况。

设 $f(x)=e^{\lambda x}P_m(x)$[其中 λ 是常数，$P_m(x)$ 是 x 的一个 m 次多项式]，这时方程(5.4)成为

$$y''+py'+qy=e^{\lambda x}P_m(x)。\tag{5.7}$$

因为多项式与指数函数乘积的导数仍然是多项式与指数函数的乘积，所以从方程(5.7)的结构可以推断出它应该有多项式与指数函数乘积型的特解，且特解形式如表 5-2 所示[其中 $Q(x)$ 是与 $P_m(x)$ 同次的待定多项式]。

表 5-2

$f(x)$ 的形式	条　件	特解 y^* 形式
$f(x)=e^{\lambda x}P_m(x)$	λ 不是特征根	$y^*=Q_m(x)e^{\lambda x}$
	λ 是特征单根	$y^*=xQ_m(x)e^{\lambda x}$
	λ 是特征重根	$y^*=x^2Q_m(x)e^{\lambda x}$

例 3　求微分方程 $y''+y'=2x^2-3$ 的一个特解。

解　$f(x)=2x^2-3$，$m=2$，$\lambda=0$。因为 $\lambda=0$ 是特征方程 $r^2+r=0$ 的单根，故设特解

$$y^*=xQ_2(x)e^{0x}=x(Ax^2+Bx+C)。$$

求 y^* 的导数，得

$$y^{*\prime}=3Ax^2+2Bx+C,\quad y^{*\prime\prime}=6Ax+2B,$$

代入原方程，得

$$3Ax^2+(6A+2B)x+(2B+C)=2x^2-3。$$

比较两端 x 的同次幂的系数，得

$$\begin{cases}3A=2,\\6A+2B=0,\\2B+C=-3.\end{cases}$$

解得

$$A=\frac{2}{3},\ B=-2,\ C=1。$$

由此求得一个特解为

$$y^*=\frac{2}{3}x^3-2x^2+x。$$

例 4　求微分方程 $y''-2y'-3y=xe^{2x}$ 的通解。

解　特征方程为 $r^2-2r-3=0$，特征根是 $r_1=-1$，$r_2=3$，所以对应齐次方程的

通解为

$$Y=C_1\mathrm{e}^{-x}+C_2\mathrm{e}^{3x}。$$

因为 $f(x)=x\mathrm{e}^{2x}$，$m=1$，而 $\lambda=2$ 不是特征根，故设特解为

$$y^*=Q_1(x)\mathrm{e}^{2x}=(Ax+B)\mathrm{e}^{2x}。$$

求 y^* 的导数，得

$$y^{*\prime}=(A+2Ax+2B)\mathrm{e}^{2x}，\ y^{*\prime\prime}=(4A+4Ax+4B)\mathrm{e}^{2x}。$$

将 y^*，$y^{*\prime}$，$y^{*\prime\prime}$ 代入原方程，得

$$-3Ax+2A-3B=x。$$

比较两端 x 的同次幂的系数，得

$$\begin{cases}-3A=1,\\ 2A-3B=0.\end{cases}$$

解得 $A=-\dfrac{1}{3}$，$B=-\dfrac{2}{9}$。由此求得一个特解为

$$y^*=\left(-\frac{1}{3}x-\frac{2}{9}\right)\mathrm{e}^{2x}。$$

所以，原方程的通解为

$$y=C_1\mathrm{e}^{-x}+C_2\mathrm{e}^{3x}-\frac{1}{3}\left(x+\frac{2}{3}\right)\mathrm{e}^{2x}。$$

例 5　求解本节引例：$\begin{cases}s''(t)+\dfrac{gb}{P}s'(t)=\dfrac{g}{P}(f_1-a),\\ s(0)=s'(0)=0.\end{cases}$

解　特征方程为 $r^2+\dfrac{gb}{P}r=0$，特征根是 $r_1=0$，$r_2=-\dfrac{gb}{P}$，所以对应齐次方程的通解为

$$s=C_1+C_2\mathrm{e}^{-\frac{gb}{P}t}。$$

设方程的特解为

$$s^*=At,$$

将 $s^{*\prime}$，$s^{*\prime\prime}$ 代入原方程，得　$A=\dfrac{f_1-a}{b}$。

故原方程的通解为

$$s=C_1+C_2\mathrm{e}^{-\frac{gb}{P}t}+\frac{f_1-a}{b}t。$$

将初始条件代入通解中，得 $C_1=\dfrac{P(a-f_1)}{gb^2}$，$C_2=\dfrac{P(f_1-a)}{gb^2}$。

所以，火车的运动规律为

$$s=\frac{P(a-f_1)}{gb^2}(1-\mathrm{e}^{-\frac{gb}{P}t})+\frac{f_1-a}{b}t。$$

习　题　5.4

1. 下列各组函数中，哪些是线性相关的，哪些是线性无关的？

(1)e^x 与 $2e^x$；(2)e^{-x} 与 e^x；(3)$\sin 2x$ 与 $\sin x\cos x$。

2. 已知二阶常系数齐次线性微分方程的特征方程，试写出对应的齐次线性微分方程。

(1)$9r^2-6r+1=0$；(2)$r^2+3r+2=0$；(3)$r^2+\sqrt{3}r=0$。

3. 求下列各微分方程的通解或在给定条件下的特解。

(1)$3y''-2y'-8y=0$；(2)$y''+2y'+y=0$；(3)$4y''-8y'+5y=0$；

(4)$y''-4y'+3y=0$，$y|_{x=0}=6$，$y'|_{x=0}=10$；

(5)$y''=4y$，$y|_{x=0}=1$，$y'|_{x=0}=2$；

(6)$y''-2y'+y=0$，$y|_{x=2}=1$，$y'|_{x=2}=-2$。

4. 求下列微分方程的通解。

(1)$y''+2y'+y=-2$；　　(2)$y''+4y'+4y=2e^{-2x}$；

(3)$y''+3y'=3e^{-3x}$；　　(4)$y''-5y'+6y=xe^{3x}$。

【数学文化赏析】

数学家"笔尖上的发现"—— 海王星

海王星的发现是人类智慧的结晶，它体现了数学演绎法的强大威力，体现了微分方程的巨大作用，通常被看作牛顿力学和微积分应用的巨大成就！

1781年前，人们已经逐渐发现太阳系的六大行星。1781年3月13日，威廉·赫歇尔又发现了天王星，人们将这七颗行星按开普勒的轨道一一摆开，倒也转得服服帖帖。但到了1821年，法国人布瓦德将1781年以来40年的天王星资料进行细细推算，发现天王星进不了开普勒的轨道，再将1781年以前的资料算一算，变成了另一个轨道。1830年，有人将天王星的轨道再一算，却又变成第三种样子，平静了二百年的天文界掀起了轩然大波！于是有人怀疑，万有引力定律的正确性，但也有人认为，这可能是受另外一颗尚未发现的行星吸引所致。人们推测新星的存在，19世纪40年代，几乎全世界的天文学家都在找这颗星，然而天王星距离太阳28亿千米，绕太阳一周要84年，它轨道外再有一颗星，找起来真是大海捞针啊！

1846年9月23日，德国柏林天文台助理员加勒(1812—1910)收到法国寄来的一封信，读完信不觉大吃一惊。信中说："今日晚上，在摩羯座δ星之东约$5°$的地方，你会发现一颗新星，它就是你日夜寻找的那颗未知行星，周面直径约3角秒，运动速度每天后退69角秒……"等到天黑，加勒和助手将望远镜对准那个星区，果然发现一个亮点，和信上所说位置相差不到1度，一个小时后，这颗星果然后退了3角秒，和信上预言的几乎不差！加勒和助手兴奋极了，大海里的针终于捞到了，几天后他们向全世界宣布，又一颗新行星发现了，取名为海王星。

一个月后加勒赶往巴黎，见到了法国青年勒维耶(1811—1877)。加勒说："你太伟大了，请让我参观一下你的仪器设备好吗？”勒维耶说：“我是用笔算出来的。”这位青年人并没有任何仪器，而是根据木星、土星、天王星轨道的半径差不多后一个都是前一个的 2 倍，于是设新星轨道半径也是天王星的 2 倍，列出微分方程进行计算，然后不断地修正、计算、再修正、再计算，经过好多年，一直算到误差小于1 角秒。加勒仔细地审查了这堆稿纸，共 33 个方程，真可谓是“笔尖上的发现”！

柏林天文台发现海王星的消息传到英国皇家天文台，他们才发现一年前有个叫亚当斯(1819—1892) 的英国青年已计算出新星的位置，并报告给台长艾里，台长瞧不起这位刚从剑桥大学毕业的 26 岁的无名小卒，没有理睬，以至于让法国人和德国人捷足先登，后来在科学史上承认勒维耶和亚当斯同为海王星的发现者。

海王星是唯一利用数学预测而非有计划的观测发现的第一颗行星，在海王星的发现过程中常微分方程扮演着非常重要的角色，海王星的发现也使哥白尼、开普勒的学说站稳了脚跟，至此，天文学进入了一个新阶段。

5.5 数学实验：MATLAB 中常微分方程的计算

MATLAB 提供了 dsolve 命令可以用于对符号常微分方程进行求解。

dsolve(‘eq’，‘con’，‘v’)	求微分方程 eq 满足初始条件 con 的特解
dsolve(‘eq1，eq2，…’，‘con1，con2，…’，‘v1，v2，…’)	求微分方程组 eq1，eq2，…在初始条件 con1，con2，…下的特解

说明：

(1)‘con’省略时则求通解，‘v’为指定自由变量，省略时则默认 t 为自由变量。

(2) 当 y 是因变量时，微分方程‘eq’的表述规定为：y 的一阶导数 $\frac{\mathrm{d}y}{\mathrm{d}x}$ 或 $\frac{\mathrm{d}y}{\mathrm{d}t}$ 表示为 Dy，y 的 n 阶导数 $\frac{\mathrm{d}^n y}{\mathrm{d}x^n}$ 或 $\frac{\mathrm{d}^n y}{\mathrm{d}t^n}$ 表示为 Dny。

(3) 初始条件‘con’应写成‘y(a)＝b，Dy(c)＝d’的格式。

例 1 求方程 $xy'+y=\sin x$ 满足初始条件 $y|_{x=\pi}=0$ 的特解。

解

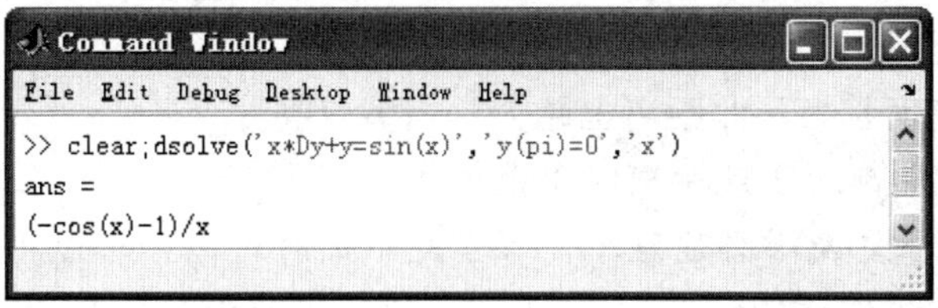

图 5-2

即满足初始条件的特解为

$$y=\frac{-1}{x}(\cos x+1)。$$

例 2　求微分方程 $y''-2y'-3y=xe^{2x}$ 的通解。

解

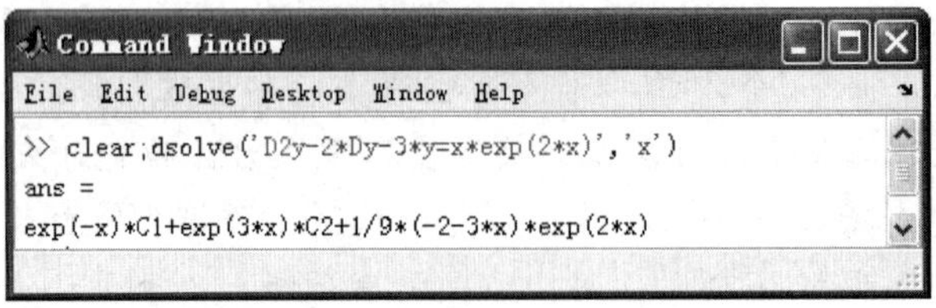

图 5-3

即原方程的通解为

$$y=C_1e^{-x}+C_2e^{3x}-\left(\frac{1}{3}x+\frac{2}{9}\right)e^{2x}。$$

【实验训练 5】

1. 求微分方程 $y'+y\cos x=e^{-\sin x}$ 满足初始条件 $y|_{x=0}=0$ 的特解。
2. 求微分方程 $y''+3y'-4y=0$ 的通解。

实验训练 5

5.6　数学建模案例：交通管理中的黄灯问题

1. 问题提出

在十字路口的交通管理中，亮红灯之前，要亮一段时间的黄灯，这是为了让那些正行驶在十字路口的人注意，告诉他们红灯即将亮起，假如你能够停住，应当马上刹车，以免冲红灯违反交通规则．这里我们不妨想一下：黄灯应当亮多久才比较合适？

2. 建立模型

现在，让我们来分析一下这个问题．在十字路口行驶的车辆中，交警主要考虑的是机动车辆，因为只要机动车辆能停住，那么非机动车辆自然也应当能停住。驶近交叉路口的驾驶员在看到黄色信号灯后要立即作出决定：是停车还是通过路口。如果他决定停车，必须有足够的距离能让他停得住车。也就是说，在街道上存在着一条无形的线(如图 5-4 所示)，从这条线到街口的距离与此街道的法定速度有关，法定速度越大，此距离也越大。当黄灯亮起时车子到路口的距离小于此距离时不能停车，否则会冲出路口。大于此距离时必须停车，等于此距离时可以停车也可以通过路口。对于那些已经过线而无法停住的车辆，黄灯又必须留下足够的时间使它们能顺利地通过路口。

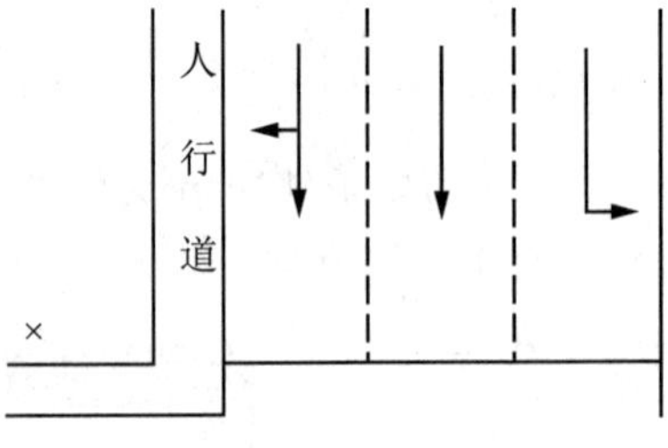

图 5-4

根据上述分析，我们确定了求解这一问题的步骤如下：

第一步　根据该街道的法定速度 v_0 求出停车线位置(即停车线到街口的距离)；

第二步　根据停车线位置及法定速度确定黄灯该亮多久。

(停车线的确定)

要确定停车线位置应当考虑到两点：(1) 驾驶员看到黄灯并决定停车需要一段反应时间 t_1，在这段时间里，驾驶员尚未刹车．(2) 驾驶员刹车后，车还需要继续行驶一段距离，我们把这段距离称为刹车距离。

驾驶员的反应时间(实际为平均反应时间)t_1 较易得到，可以根据经验或者统计数据求出，交通部门对驾驶员也有一个统一的要求(在考驾照时都必须经过测试)．例如，不失一般性，我们可以假设它为 1 s(反应时间的长短并不影响到计算方法)。

停车时，驾驶员踩动刹车踏板产生一种摩擦力，该摩擦力使汽车减速并最终停下．设汽车质量为 m，刹车摩擦系数为 f，$x(t)$ 为刹车后在 t 时刻内行驶的距离，根据刹车规律，可假设刹车制动力为 fmg(g 为重力加速度)．由牛顿第二定律，刹车过程中车辆应满足下列运动方程

$$\begin{cases} m\dfrac{\mathrm{d}^2x}{\mathrm{d}t^2}=-fmg, \\ x(0)=0, \\ \left.\dfrac{\mathrm{d}x}{\mathrm{d}t}\right|_{t=0}=v_0。\end{cases} \tag{1}$$

3. 模型求解

在方程(1) 两边同除以 m 并积分一次，并注意到当 $t=0$ 时 $\dfrac{\mathrm{d}x}{\mathrm{d}t}=v_0$，得到

$$\frac{\mathrm{d}x}{\mathrm{d}t}=-fgt+v_0。 \tag{2}$$

刹车时间 t_2 可这样求得，当 $t=t_2$ 时，$\dfrac{\mathrm{d}x}{\mathrm{d}t}=0$，故

$$t_2=\frac{v_0}{fg}。$$

将式(2) 再积分一次，得

$$x(t)=-\frac{1}{2}fgt^2+v_0t。$$

将 $t_2=\dfrac{v_0}{fg}$ 代入，即可求得停车距离为

$$x(t_2)=\frac{1}{2}\frac{v_0^2}{fg}。$$

据此可知，停车线到路口的距离应为

$$L=v_0t_1+\frac{1}{2}\frac{v_0^2}{fg}。$$

等式右边的第一项为反应时间里驶过的路程，第二项为刹车距离。

（黄灯时间的计算）

现在我们可以来确定黄灯究竟应当亮多久了．在黄灯转为红灯的这段时间里，应当能保证已经过线的车辆顺利地通过街口．记街道的宽度为D（D很容易测得），平均车身长度为l，这些车辆应通过的路程最长可达到$L+D+l$，因而，为保证过线的车辆全部顺利通过，黄灯持续时间至少应当为

$$T=\frac{L+D+l}{v_0}。$$

4. 模型评价

即使给了充分的停车时间，仍有许多驾驶员企图加速想抢在红灯亮之前冲过交叉路口．但驾驶员们并不知道什么时候红绿灯转为红灯．有一种“倒数”型的红绿灯可以部分地解决这个问题，在黄灯亮的最后几秒钟内，黄灯上显示出一串倒着数的数字，它们准确地警告驾驶员红绿灯何时将变为红色．这种系统在我国的部分城市正使用着，它成功地降低了事故发生率。

本章小结

【知识框图】

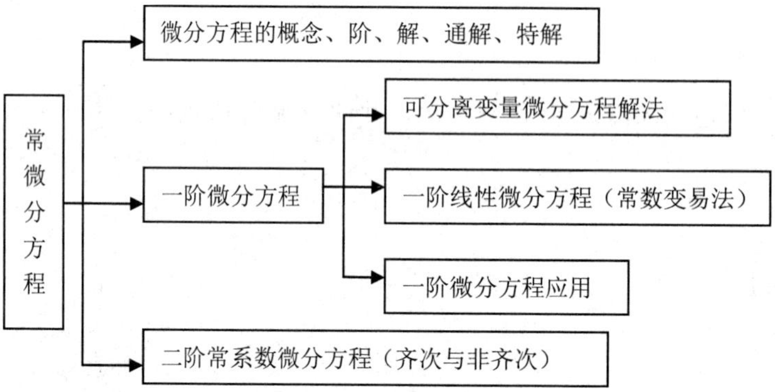

【重点难点解析】

1. 微分方程的概念、阶、解、通解、特解

微分方程的通解中有时不能包含全部解，一般是由于变形使方程丢解，注意全部解与通解的区别，平时所求的解是通解。

求微分方程的通解要注意独立的任意常数的个数与微分方程的阶数相同，不能像求不定积分那样，最后加任意常数，而是在两边求出积分时加上适当形式的任意常数。

2. 可分离变量的微分方程

$$\frac{dy}{dx}=f(x)g(y)。$$

解法：

(1) 分离变量$\dfrac{\mathrm{d}y}{g(y)}=f(x)\mathrm{d}x$；

(2) 两边积分$\int\dfrac{\mathrm{d}y}{g(y)}=\int f(x)\mathrm{d}x+C$。

3. 一阶线性微分方程

$$\frac{\mathrm{d}y}{\mathrm{d}x}+P(x)y=Q(x)。$$

解法一： 常数变易法

(1) 求出$\dfrac{\mathrm{d}y}{\mathrm{d}x}+P(x)y=0$的通解$y=C\mathrm{e}^{-\int P(x)\mathrm{d}x}$；

(2) 令$y=C(x)\mathrm{e}^{-\int P(x)\mathrm{d}x}$为$\dfrac{\mathrm{d}y}{\mathrm{d}x}+P(x)y=Q(x)$的通解，得

$$C(x)=\int Q(x)\mathrm{e}^{\int P(x)\mathrm{d}x}\mathrm{d}x+C;$$

(3) 一阶线性微分方程的通解为$y=\mathrm{e}^{-\int P(x)\mathrm{d}x}\left[\int Q(x)\mathrm{e}^{\int P(x)\mathrm{d}x}\mathrm{d}x+C\right]$。

解法二： 公式法

直接利用一阶线性微分方程的通解公式$y=\mathrm{e}^{-\int P(x)\mathrm{d}x}\left[\int Q(x)\mathrm{e}^{\int P(x)\mathrm{d}x}\mathrm{d}x+C\right]$。

4. 一阶微分方程的应用

利用一阶微分方程解决某些实际问题的一般步骤为：

(1) 根据实际问题所给的条件建立微分方程，这是问题的关键。应注意到题设中的关键词，如变化率、速率、切线的斜率等，这些实际上都是未知函数的变化率，即未知函数的一阶导数；

(2) 识别微分方程的类型，求出通解；

(3) 依问题要求，求出满足初始条件的特解；

(4) 依据问题的需要，用所得的解对实际问题做出解释。

5. 二阶常系数齐次微分方程

形如$y''+py'+qy=0$的微分方程称为二阶常系数齐次微分方程。通解形式与微分方程对应的特征方程的特征根的情况如表5-3所示。

表 5-3

特征方程	特征方程的根	通解形式(C_1，C_2为任意常数)
$r^2+pr+q=0$	两个不等的实根$r_1\neq r_2$	$y=C_1\mathrm{e}^{r_1x}+C_2\mathrm{e}^{r_2x}$
	两个相等的实根$r_1=r_2=r$	$y=(C_1+C_2x)\mathrm{e}^{rx}$
	一对共轭复根$r_{1,2}=\alpha\pm\mathrm{i}\beta$	$y=\mathrm{e}^{\alpha x}(C_1\cos\beta x+C_2\sin\beta x)$

6. 二阶常系数非齐次微分方程

形如 $y''+py'+qy=f(x)[f(x)\neq 0]$ 的微分方程称为**二阶常系数非齐次线性微分方程**，通解 $y=Y+y^*$，其中 Y 为方程对应的齐次方程的通解，y^* 为方程的一个特解，其形式如表 5-4 所示。

表 5-4

$f(x)$ 的形式	条件	特解 y^* 形式
$f(x)=e^{\lambda x}P_m(x)$	λ 不是特征根	$y^*=Q_m(x)e^{\lambda x}$
	λ 是特征单根	$y^*=xQ_m(x)e^{\lambda x}$
	λ 是特征重根	$y^*=x^2Q_m(x)e^{\lambda x}$

>>> 复习题5

1. 判别下列给定函数是否是所给微分方程的通解或特解。

(1) $y''-x^2-y^2=0$，$y=\dfrac{1}{x}$；

(2) $y''-2y'+y=0$，(a) $y=xe^x$；(b) $y=e^x$；

(3) $y'=-\dfrac{x}{y}$，$x^2+y^2=C$。

2. 求下列各微分方程的通解。

(1) $y'=\dfrac{\cos x}{3y^2+e^y}$；　　(2) $x^2y'=(x-1)y$；

(3) $y'=e^{2x-y}$；　　(4) $(e^{x+y}-e^x)dx+(e^{x+y}+e^y)dy=0$。

3. 求下列微分方程满足初始条件的特解。

(1) $\dfrac{dx}{y}+\dfrac{dy}{x}=0$，$y|_{x=3}=4$；　　(2) $y'\sec x=y$，$y|_{x=0}=1$。

4. 求下列微分方程的通解或特解。

(1) $xy'+y=3$，$y|_{x=1}=0$；　　(2) $y'-\dfrac{2}{x}y=x^2e^x$，$y|_{x=1}=0$；

(3) $y'-2xy=e^{x^2}\cos x$；　　(4) $y'+\dfrac{y}{x}=\sin x$。

5. 某林区现有木材 10 万 m^3，如果在每一时刻木材的变化率与当时木材数成正比，假设 10 年内这林区能有木材 20 万 m^3，试确定木材数 P 与时间 t 的关系。

6. 在某池塘内养鱼，该池塘最多能养鱼 1 000 尾。在时刻 t，鱼数 y 是时间 t 的函数 $y=y(t)$，其变化率与鱼数 y 及 $1\,000-y$ 的乘积成正比。已知在池塘内养鱼 100 尾，3 个月后池塘内有鱼 250 尾，求放养 t 月后池塘内鱼数 $y(t)$ 的公式。

7. 求下列微分方程的通解或特解。

(1) $y''-9y=0$；　　(2) $y''-2y'=0$；

(3) $y''+6y'+10y=0$；　　(4) $y''-3y'-10y=0$；

(5) $y''-6y'+9y=0$，$y'|_{x=0}=2$，$y|_{x=0}=0$；

(6) $y''+3y'+2y=0$，$y'|_{x=0}=1$，$y|_{x=0}=1$。

8. 求下列微分方程的通解。

(1) $y''+6y'+9y=5x\mathrm{e}^{-3x}$；　　(2) $y''+3y'-4y=5\mathrm{e}^{x}$；

(3) $y''+9y'=x-4$；　　(4) $4y''+4y'+y=\mathrm{e}^{\frac{x}{2}}$。

大作业：

1. 有一段时间美国原子能委员会是这样处理浓缩放射性废物的，他们把废物装入密封性能很好的圆桶中，然后扔到深 90 m 的海里，他们向公众保证圆桶很坚固，不会破漏. 但实验证明，当圆桶下降速度达到 12 m/s 时，碰撞到石头会发生破裂.

已知装满废物的圆桶质量为 $m=240$ kg，在海水中受到的浮力为 $B=2\ 089$ N，圆桶受到海水阻力 D 与下降速度 v 成正比，比例系数 $k=1.17$. 试问：把圆桶扔到 90 m 深的海里时，速度能否达到 12 m/s(此时圆桶碰撞到石头会发生破裂)?

2. 试设计一圆桥墩，要求所用材料最省。

第 6 章　无穷级数

无穷级数是研究函数性质以及进行数值计算的一个重要工具．在自然科学与工程技术中往往需要用解析的形式来逼近函数，一般就是利用比较简单的函数形式，逼近比较复杂的函数，最为简单的逼近途径就是通过加法，即通过加法运算来决定逼近的程度，这就是无穷级数思想的出发点．在电学、力学等学科中傅里叶级数的各项都由三角函数组成，在研究具有周期性的实际问题中有着广泛的应用.

无穷级数

本章将从圆面积的近似计算问题引出常数项级数的概念和性质，讨论级数的收敛与发散，并在此基础上进一步研究幂级数和傅里叶级数.

6.1　数项级数的概念与基本性质

6.1.1　数项级数的基本概念

数项级数的概念与基本性质

【案例】　圆内接多边形逼近圆的面积

我国三国时期的数学家刘徽曾利用圆的内接正多边形的面积来计算圆的面积. 具体做法是：在半径为 1 的单位圆内作一内接正六边形，把它的面积记为A_1，它是圆面积A的一个粗糙的近似值．为了比较准确地计算出A的值，以这个正六边形的每一边为底分别在小弓形内作一个顶点在圆周上的等腰三角形(图 6-1)，算出这六个等腰三角形的面积之和A_2，那么A_1+A_2(即圆内接正十二边形的面积)就是A的一个较好的近似值．同样的，在这正十二边形的每一边上分别作一个顶点在圆周上的等腰三角形，算出这十二个等腰三角形的面积之和A_3，那么$A_1+A_2+A_3$(即圆内接正二十四边形的面积)就是A的一个更好的近似值．如此继续下去，可以得到一系列圆面积的近似值：

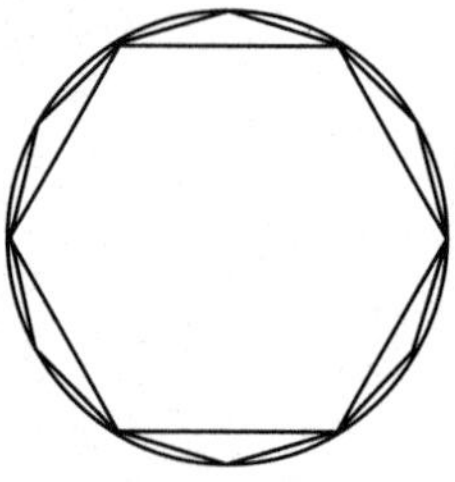

图 6-1

$$A \approx A_1,\ A \approx A_1+A_2,\ A \approx A_1+A_2+A_3,\ \cdots,\ A \approx A_1+A_2+\cdots+A_n+\cdots$$

如果圆内接正多边形的边数无限增多，即n无限增大时，我们就得到一个由无穷多个数相加的式子$A_1+A_2+\cdots+A_n+\cdots$，这样的式子就称为常数项级数，

例 1　在《庄子·天下篇》中有“一尺之棰，日取其半，万世不竭”之说，即把每天截下那部分的长度“加”起来，就是

$$\frac{1}{2}+\frac{1}{2^2}+\frac{1}{2^3}+\cdots+\frac{1}{2^n}+\cdots$$

这个式子也是一个常数项级数，根据极限的理论，当$n\to\infty$时，其结果为 1.

定义 1　若给定一个无穷数列 u_1，u_2，…，u_n，…，则和式

$$\sum_{n=1}^{\infty} u_n = u_1 + u_2 + u_3 + \cdots + u_n + \cdots \tag{6.1}$$

称为**数项级数**或**无穷级数**(简称为**级数**)，其中 u_1，u_2，u_3，…，u_n，… 分别称为第一项，第二项，……，第 n 项，……，第 n 项 u_n 称为数项级数的**一般项**或**通项**。

可见，级数是一个用加号把无穷多个数加起来的"式子"，有限个数相加得到的是一个确定的数，那么无穷多个数相加，结果会怎样呢?

例 2　对下列无限个数相加：

$$1+(-1)+1+(-1)+\cdots$$

若写成：$(1-1)+(1-1)+(1-1)+\cdots=0+0+0\cdots$ 则结果是 0；

若写成：$1+[(-1)+1]+[(-1)+1]+\cdots=1+0+0+\cdots$ 则结果是 1。

上例提出一个问题，"无穷多个数相加"是否有意义呢? 无穷多个数求和是一个未知的新概念，这需要以极限的观点给出规定。

一般地，我们把式(6.1) 的前 n 项的和

$$S_n = \sum_{i=1}^{n} u_i = u_1 + u_2 + u_3 + \cdots + u_n$$

称为数项级数 $\sum\limits_{n=1}^{\infty} u_n$ 的**前 n 项部分和**，简称**部分和**。

当 n 依次取 1，2，3，… 时，所有部分和构成一个新的数列 $\{S_n\}$：

$S_1 = u_1$，$S_2 = u_1 + u_2$，…，$S_n = u_1 + u_2 + \cdots + u_n$，…

根据这个数列极限是否存在，我们引进无穷级数式(6.1) 收敛与发散的概念。

定义 2　若数项级数 $\sum\limits_{n=1}^{\infty} u_n$ 的部分和数列 $\{S_n\}$ 的极限存在，即

$$\lim_{n\to\infty} S_n = S,$$

则称数项级数 $\sum\limits_{n=1}^{\infty} u_n$ **收敛**，称 S 为数项**级数** $\sum\limits_{n=1}^{\infty} u_n$ **的和**，并记为

$$S = \sum_{n=1}^{\infty} u_n = u_1 + u_2 + \cdots + u_n + \cdots$$

如果部分和数列 $\{S_n\}$ 的极限不存在，则称数项级数 $\sum\limits_{n=1}^{\infty} u_n$ **发散**。发散的级数没有和。

由定义可以看出，所谓级数 $\sum\limits_{n=1}^{\infty} u_n$ 收敛，就是它的部分和数列有极限。于是判断级数的敛散性就转化为判断它的部分和数列的极限是否存在。

例 3　判断级数

$$\sum_{n=1}^{+\infty} \frac{1}{n(n+1)} = \frac{1}{1\times 2} + \frac{1}{2\times 3} + \cdots + \frac{1}{n(n+1)} + \cdots$$

的敛散性。

解　由于 $\dfrac{1}{n(n+1)} = \dfrac{1}{n} - \dfrac{1}{n+1}$，所以，部分和

$$S_n=\frac{1}{1\cdot 2}+\frac{1}{2\cdot 3}+\cdots+\frac{1}{n(n+1)}=\left(1-\frac{1}{2}\right)+\left(\frac{1}{2}-\frac{1}{3}\right)+\cdots+\left(\frac{1}{n}-\frac{1}{n+1}\right)$$
$$=1-\frac{1}{n+1},$$

因为

$$\lim_{n\to\infty}S_n=\lim_{n\to\infty}(1-\frac{1}{n+1})=1,$$

所以，该级数收敛，其和为1。

例4 讨论几何级数(等比级数)

$$\sum_{n=1}^{\infty}aq^{n-1}=a+aq+aq^2+\cdots+aq^{n-1}+\cdots$$

的敛散性，其中 $a\neq 0$，q 是公比。

解 先求部分和：

$$S_n=a+aq+aq^2+\cdots+aq^{n-1}=\begin{cases}\dfrac{a-aq^n}{1-q}, & q\neq 1,\\ na, & q=1.\end{cases}$$

(1) 当 $|q|<1$ 时，$\lim\limits_{n\to\infty}S_n=\lim\limits_{n\to\infty}\dfrac{a-aq^n}{1-q}=\dfrac{a}{1-q}$，级数收敛，其和是$\dfrac{a}{1-q}$。

(2) 当 $|q|>1$ 时，$\lim\limits_{n\to\infty}S_n=\lim\limits_{n\to\infty}\dfrac{a-aq^n}{1-q}=\infty$，级数发散。

(3) 当 $q=1$ 时，$\lim\limits_{n\to\infty}S_n=\lim\limits_{n\to\infty}na=\infty$，级数发散。

(4) 当 $q=-1$ 时，$S_n=\dfrac{a[1-(-1)^n]}{2}=\begin{cases}0, & n\text{ 是偶数},\\ a, & n\text{ 是奇数},\end{cases}$ $\lim\limits_{n\to\infty}S_n$ 不存在，级数发散。

综上所述，对于几何级数$\sum\limits_{n=1}^{\infty}aq^{n-1}$，当$|q|<1$时收敛，其和是$\dfrac{a}{1-q}$；当$|q|\geqslant 1$时发散。

例5 判断级数

$$\sum_{n=1}^{+\infty}n=1+2+3+\cdots+n+\cdots$$

的敛散性。

解 部分和

$$S_n=1+2+3+\cdots+n=\frac{n(n+1)}{2},$$

并且$\lim\limits_{n\to\infty}S_n=\lim\limits_{n\to\infty}\dfrac{n(n+1)}{2}=\infty$，所以此级数发散。

6.1.2 数项级数的基本性质

根据数项级数收敛、发散的定义和数列极限的性质，可以得出关于数项级数敛散性的一些基本性质。

性质 1 设 C 为任意非零常数，则级数 $\sum\limits_{n=1}^{\infty} u_n$ 和级数 $\sum\limits_{n=1}^{\infty} Cu_n$ 敛散性相同，且当收敛时，有

$$\sum_{n=1}^{\infty} Cu_n = C\sum_{n=1}^{\infty} u_n。$$

性质 2 若级数 $\sum\limits_{n=1}^{\infty} u_n$ 与 $\sum\limits_{n=1}^{\infty} v_n$ 都收敛，其和分别为 S 与 T，则级数 $\sum\limits_{n=1}^{\infty}(u_n \pm v_n)$ 也收敛，且其和为 $S \pm T$。

性质 3 在级数中增加、去掉或改变有限项，级数的敛散性不变。

性质 4 若一个级数收敛，则任意加括号后所得的级数

$$(u_1 + \cdots + u_{n_1}) + (u_{n_1+1} + \cdots + u_{n_2}) + \cdots + (u_{n_{k-1}+1} + \cdots + u_{n_k}) + \cdots$$

也收敛，且其和不变。

注意

(1) 若加括号后所得的级数发散，则原级数也发散；

(2) 若加括号后所得的级数收敛，则不能断定原级数也收敛．发散级数加括号后所得的级数可能收敛．例如，级数 $(1-1)+(1-1)+\cdots$ 收敛于零，但级数 $1-1+1-1+\cdots$ 却是发散的。

性质 5(级数收敛的必要条件) 若级数 $\sum\limits_{n=1}^{\infty} u_n$ 收敛，则 $\lim\limits_{n\to\infty} u_n = 0$。

它的逆否命题是：**若级数一般项不趋向于零，则该级数必定发散**．这给出了判断级数发散的一个方法。

例 6 判定级数 $\sum\limits_{n=1}^{\infty} \dfrac{n}{n+1}$ 的敛散性。

解 此级数的一般项为 $u_n = \dfrac{n}{n+1}$，且 $\lim\limits_{n\to\infty} u_n = \lim\limits_{n\to\infty} \dfrac{n}{n+1} = 1 \neq 0$，所以原级数发散。

注意 $\lim\limits_{n\to\infty} u_n = 0$ 是数项级数收敛的必要而非充分条件。有的级数一般项的极限为零，但却是发散的，比如**调和级数** $\sum\limits_{n=1}^{\infty} \dfrac{1}{n}$，$\lim\limits_{n\to\infty} \dfrac{1}{n} = 0$。

例 7 证明：调和级数 $\sum\limits_{n=1}^{\infty} \dfrac{1}{n} = 1 + \dfrac{1}{2} + \dfrac{1}{3} + \cdots + \dfrac{1}{n} + \cdots$ 是发散的。

证明 假设级数 $\sum\limits_{n=1}^{\infty} \dfrac{1}{n}$ 收敛，设它的部分和为 S_n，且 $\lim\limits_{n\to\infty} S_n = S$. 显然 $\lim\limits_{n\to\infty} S_{2n} = S$，于是

$$\lim_{n\to\infty}(S_{2n} - S_n) = S - S = 0。$$

另外，

$$S_{2n} - S_n = \frac{1}{n+1} + \frac{1}{n+2} + \cdots + \frac{1}{2n} > \underbrace{\frac{1}{2n} + \frac{1}{2n} + \cdots + \frac{1}{2n}}_{n\text{项}} = \frac{1}{2},$$

故
$$\lim_{n\to\infty}(S_{2n}-S_n)\neq 0,$$
与前述矛盾，说明级数$\sum_{n=1}^{\infty}\frac{1}{n}$必定发散。

习　题　6.1

1. 写出下列级数的前三项。

(1) $\sum_{n=1}^{\infty}\frac{n}{1+n^3}$；　　(2) $\sum_{n=1}^{\infty}\frac{\sin nx}{1+n}$；

(3) $\sum_{n=1}^{\infty}\frac{(-1)^{n+1}}{6^n}$；　　(4) $\sum_{n=1}^{\infty}\frac{n!}{n^n}$。

2. 判别下列级数的敛散性。

(1) $\sum_{n=1}^{\infty}(\sqrt{n+1}-\sqrt{n})$；

(2) $\frac{1}{1\times 3}+\frac{1}{3\times 5}+\frac{1}{5\times 7}+\cdots+\frac{1}{(2n-1)(2n+1)}+\cdots$

(3) $\frac{1}{3}+\frac{1}{6}+\frac{1}{9}+\cdots+\frac{1}{3n}+\cdots$

(4) $\sum_{n=1}^{\infty}\ln\left(1+\frac{1}{n}\right)$；

(5) $\left(\frac{1}{2}+\frac{1}{3}\right)+\left(\frac{1}{2^2}+\frac{1}{3^2}\right)+\left(\frac{1}{2^3}+\frac{1}{3^3}\right)+\cdots+\left(\frac{1}{2^n}+\frac{1}{3^n}\right)+\cdots$

(6) $\sin\frac{\pi}{6}+\sin\frac{2\pi}{6}+\sin\frac{3\pi}{6}+\cdots+\sin\frac{n\pi}{6}+\cdots$

6.2　数项级数的判别法

根据级数收敛的定义可以判断级数的敛散性，但是在绝大多数情况下，求级数的部分和的表达式并求出其极限是十分困难的，因此我们希望从级数的一般项来判断其敛散性。虽然在大多数情况下，并不能求出其和，但是只要知道某个级数收敛，就可以用其部分和作为其和的近似值，这对实际问题已经足够了。

数项级数的判别法

6.2.1　正项级数及其判别法

定义 1　如果数项级数$\sum_{n=1}^{\infty}u_n$的一般项$u_n\geqslant 0(n=1, 2, \cdots)$，那么称级数$\sum_{n=1}^{\infty}u_n$为**正项级数**。

正项级数是一类非常重要的数项级数，在研究其他类型的级数时，常常要归结为正项级数的收敛性问题。

定理 1　正项级数 $\sum\limits_{n=1}^{\infty} u_n$ 收敛的充要条件是它的部分和数列 $\{S_n\}$ 有界。

注意　对于正项级数，由于 $u_n \geqslant 0$，因而 $S_{n+1} = S_n + u_{n+1} \geqslant S_n$，所以正项级数 $\sum\limits_{n=1}^{\infty} u_n$ 的部分和数列 $\{S_n\}$ 必为单调增加数列，即

$$S_1 \leqslant S_2 \leqslant \cdots \leqslant S_{n-1} \leqslant S_n \leqslant \cdots$$

如果部分和数列 $\{S_n\}$ 有上界，则由单调有界数列必有极限的准则知，$\lim\limits_{x\to\infty} S_n$ 必存在，即 $\lim\limits_{x\to\infty} S_n = S$，此时正项级数收敛；反之，若数列 $\{S_n\}$ 无上界，那么 $\{S_n\}$ 无极限，从而正项级数发散，根据定理 1，可得关于正项级数的一个基本的审敛法。

定理 2(比较审敛法)　设 $\sum\limits_{n=1}^{\infty} u_n$ 和 $\sum\limits_{n=1}^{\infty} v_n$ 都是正项级数，且 $u_n \leqslant v_n (n = 1, 2, \cdots)$。

(1) 若级数 $\sum\limits_{n=1}^{\infty} v_n$ 收敛，则级数 $\sum\limits_{n=1}^{\infty} u_n$ 也收敛；

(2) 若级数 $\sum\limits_{n=1}^{\infty} u_n$ 发散，则级数 $\sum\limits_{n=1}^{\infty} v_n$ 也发散。

注意　因为级数的敛散性与它前面的有限项无关，所以定理 2 中的不定式 $u_n \leqslant v_n$ 可放宽到 n 大于某一自然数 **N** 以后成立即可。

例 1　讨论 p－级数 $\sum\limits_{n=1}^{\infty} \frac{1}{n^p} = 1 + \frac{1}{2^p} + \frac{1}{3^p} + \cdots + \frac{1}{n^p} + \cdots\ (p > 0)$ 的敛散性。

解　(1) 当 $p \leqslant 1$ 时，因为 $\frac{1}{n^p} \geqslant \frac{1}{n}$，而调和级数 $\sum\limits_{n=1}^{\infty} \frac{1}{n}$ 发散，所以级数 $\sum\limits_{n=1}^{\infty} \frac{1}{n^p}$ 发散；

(2) 当 $p > 1$ 时，

$$\sum_{n=1}^{\infty} \frac{1}{n^p} = 1 + \left(\frac{1}{2^p} + \frac{1}{3^p}\right) + \left(\frac{1}{4^p} + \frac{1}{5^p} + \frac{1}{6^p} + \frac{1}{7^p}\right) + \left(\frac{1}{8^p} + \cdots + \frac{1}{15^p}\right) + \cdots$$

它的各项均小于级数

$$1 + \left(\frac{1}{2^p} + \frac{1}{2^p}\right) + \left(\frac{1}{4^p} + \frac{1}{4^p} + \frac{1}{4^p} + \frac{1}{4^p}\right) + \left(\frac{1}{8^p} + \cdots + \frac{1}{8^p}\right) + \cdots$$

的对应项，而后一级数是几何级数，公比 $q = \frac{1}{2^{p-1}} < 1$，收敛，由比较审敛法知，级数 $\sum\limits_{n=1}^{\infty} \frac{1}{n^p}$ 收敛；

综上可知，p－级数 $\sum\limits_{n=1}^{\infty} \frac{1}{n^p}$，当 $p > 1$ 时收敛，当 $p \leqslant 1$ 时发散。

例 2　证明级数 $\sum\limits_{n=1}^{\infty} \frac{1}{\sqrt{n(n-1)}}$ 是发散的。

证明　因为对 $n \geqslant 2$ 总有 $n(n-1) < n^2$，所以 $\frac{1}{\sqrt{n(n-1)}} > \frac{1}{n}$，而调和级数

$\sum_{n=1}^{\infty}\frac{1}{n}$ 是发散的. 根据比较审敛法知，级数 $\sum_{n=1}^{\infty}\frac{1}{\sqrt{n(n-1)}}$ 也是发散的。

根据比较审敛法判断正项级数的敛散性必须要找到一个比较标准，在实际应用中，最常用的比较级数是几何级数 $\sum_{n=1}^{\infty}aq^n$、p - 级数 $\sum_{n=1}^{\infty}\frac{1}{n^p}$ 和调和级数 $\sum_{n=1}^{\infty}\frac{1}{n}$。

为应用上的方便，下面我们给出比较审敛法的极限形式。

定理 3(比较审敛法的极限形式) 设 $\sum_{n=1}^{\infty}u_n$ 和 $\sum_{n=1}^{\infty}v_n$ 都是正项级数，如果 $\lim_{n\to\infty}\frac{u_n}{v_n}=l$，那么

(1) 当 $0<l<+\infty$ 时，级数 $\sum_{n=1}^{\infty}u_n$ 和 $\sum_{n=1}^{\infty}v_n$ 同时收敛或同时发散；

(2) 当 $l=0$ 时且 $\sum_{n=1}^{\infty}v_n$ 收敛，则 $\sum_{n=1}^{\infty}u_n$ 也收敛；

(3) 当 $l=+\infty$ 时且 $\sum_{n=1}^{\infty}v_n$ 发散，则 $\sum_{n=1}^{\infty}u_n$ 也发散。

注意 因为一般项趋于零是级数收敛的必要条件，所以我们只对一般项是无穷小的情况讨论级数的敛散性。此定理说明如果两个正项级数是同阶无穷小，则这两个级数敛散性相同。

例 3 判定级数 $\sum_{n=1}^{\infty}\sin\frac{1}{n^2}$ 的敛散性。

解 级数 $\sum_{n=1}^{\infty}\sin\frac{1}{n^2}$ 是正项级数。因为 $\lim_{n\to\infty}\frac{\sin\frac{1}{n^2}}{\frac{1}{n^2}}=1$，而级数 $\sum_{n=1}^{\infty}\frac{1}{n^2}$ 收敛，由定理 3 知级数 $\sum_{n=1}^{\infty}\sin\frac{1}{n^2}$ 收敛。

比较判别法在实际运用中需要找一个已知敛散性的级数与给定的级数相比较，但这一点通常很难做到。因而在实际应用中，这种方法用得较少。用得较多的是比值审敛法与根值审敛法，它们的优点是不需要其他级数，而仅仅由所判别级数本身来断定其敛散性。

定理 4(比值审敛法，也称达朗贝尔判别法) 设 $\sum_{n=1}^{\infty}u_n$ 为正项级数，如果 $\lim_{n\to\infty}\frac{u_{n+1}}{u_n}=\rho$，那么

(1) 当 $\rho<1$ 时，级数 $\sum_{n=1}^{\infty}u_n$ 收敛；

(2) 当 $\rho>1$ 或 $\rho=\infty$ 时，级数 $\sum_{n=1}^{\infty}u_n$ 发散；

(3) 当 $\rho=1$ 时，此审敛法失效，即级数 $\sum_{n=1}^{\infty}u_n$ 可能收敛也可能发散。

例 4 判断级数$\sum\limits_{n=1}^{\infty}\dfrac{1}{n!}$的敛散性。

解 因为$\lim\limits_{n\to\infty}\dfrac{u_{n+1}}{u_n}=\lim\limits_{n\to\infty}\dfrac{\dfrac{1}{(n+1)!}}{\dfrac{1}{n!}}=\lim\limits_{n\to\infty}\dfrac{1}{n+1}=0$，由比值审敛法知，级数$\sum\limits_{n=1}^{\infty}\dfrac{1}{n!}$收敛。

例 5 判断级数$\sum\limits_{n=1}^{\infty}\dfrac{5^n}{n^5}$的敛散性。

解 因为$\lim\limits_{n\to\infty}\dfrac{u_{n+1}}{u_n}=\lim\limits_{n\to\infty}\dfrac{\dfrac{5^{n+1}}{(n+1)^5}}{\dfrac{5^n}{n^5}}=\lim\limits_{n\to\infty}5\cdot\left(\dfrac{n}{n+1}\right)^5=5>1$，所以该级数发散。

定理 5(根值审敛法，也称柯西判别法) 设$\sum\limits_{n=1}^{\infty}u_n$为正项级数，若$\lim\limits_{n\to\infty}\sqrt[n]{u_n}=\rho$，则

(1) 当$\rho<1$时，级数$\sum\limits_{n=1}^{\infty}u_n$收敛；

(2) 当$\rho>1$或$\rho=+\infty$时，级数$\sum\limits_{n=1}^{\infty}u_n$发散；

(3) 当$\rho=1$时，此审敛法失效，即级数$\sum\limits_{n=1}^{\infty}u_n$可能收敛也可能发散。

例 6 判断级数$\sum\limits_{n=1}^{\infty}\left(\dfrac{n}{2n+1}\right)^n$的敛散性。

解 因为$\lim\limits_{n\to\infty}\sqrt[n]{u_n}=\lim\limits_{n\to\infty}\dfrac{n}{2n+1}=\dfrac{1}{2}<1$，所以由根值审敛法知所给级数收敛。

6.2.2 交错级数及其审敛法

定义 2 如果级数的各项是正负相间的，则称为**交错级数**，其形式如

$$\sum_{n=1}^{\infty}(-1)^{n-1}u_n=u_1-u_2+u_3-u_4+\cdots$$

或者

$$\sum_{n=1}^{\infty}(-1)^{n}u_n=-u_1+u_2-u_3+u_4-\cdots$$

其中，u_1，u_2，… 都是正数。此两交错级数的敛散性相同。

定理 6(莱布尼茨审敛法) 设交错级数$\sum\limits_{n=1}^{\infty}(-1)^{n-1}u_n$满足条件：

(1) 数列$\{u_n\}$单调递减，即$u_n\geqslant u_{n+1}(n=1,2,\cdots)$；

(2) $\lim\limits_{n\to\infty}u_n=0$。

则交错级数$\sum\limits_{n=1}^{\infty}(-1)^{n-1}u_n$收敛，且其和$S\leqslant u_1$。

例 7 判断交错级数 $1-\frac{1}{2}+\frac{1}{3}-\frac{1}{4}+\cdots+(-1)^{n-1}\frac{1}{n}+\cdots$ 的敛散性。

解 此交错级数 $u_n=\frac{1}{n}$，$u_{n+1}=\frac{1}{n+1}$，满足：

$$u_n > u_{n+1} \text{ 和} \lim_{n\to\infty} u_n = \lim_{n\to\infty}\frac{1}{n}=0,$$

根据莱布尼茨审敛法知，此交错级数是收敛的，且其和 $S\leqslant 1$。

6.2.3 绝对收敛与条件收敛

对于任意项级数 $\sum_{n=1}^{\infty} u_n = u_1+u_2+\cdots+u_n+\cdots$，$u_n$ 可以取正，也可以取负。我们可以考虑其各项的绝对值组成的级数，利用正项级数讨论它们的敛散性。

定义 3 若级数 $\sum_{n=1}^{\infty}|u_n|$ 收敛，则称级数 $\sum_{n=1}^{\infty}u_n$ 绝对收敛；若级数 $\sum_{n=1}^{\infty}u_n$ 收敛，而级数 $\sum_{n=1}^{\infty}|u_n|$ 发散，则称级数 $\sum_{n=1}^{\infty}u_n$ 条件收敛。

定理 7 若级数 $\sum_{n=1}^{\infty}u_n$ 绝对收敛，则级数 $\sum_{n=1}^{\infty}u_n$ 必定收敛。

例 8 判断级数 $\sum_{n=1}^{\infty}\frac{\sin na}{n^2}$ 的收敛性。

解 因为 $\left|\frac{\sin na}{n^2}\right|\leqslant\frac{1}{n^2}$，而级数 $\sum_{n=1}^{\infty}\frac{1}{n^2}$ 收敛，所以级数 $\sum_{n=1}^{\infty}\left|\frac{\sin na}{n^2}\right|$ 也收敛．故级数 $\sum_{n=1}^{\infty}\frac{\sin na}{n^2}$ 绝对收敛．由定理 7 知，级数 $\sum_{n=1}^{\infty}\frac{\sin na}{n^2}$ 收敛。

习　题　6.2

1. 用比较审敛法判断下列级数的敛散性。

(1) $\sum_{n=1}^{\infty}\frac{1}{2n-1}$；　(2) $\sum_{n=1}^{\infty}\frac{1}{n^2+2n+1}$；　(3) $\sum_{n=1}^{\infty}\sin\frac{\pi}{2^n}$；

(4) $\sum_{n=1}^{\infty}\frac{n}{1+n^2}$；　(5) $\sum_{n=1}^{\infty}\ln\left(1+\frac{1}{n^2}\right)$；　(6) $\sum_{n=1}^{\infty}\frac{1}{1+a^n}(a>0)$。

2. 用比值审敛法或根值审敛法判断下列级数的敛散性。

(1) $\sum_{n=1}^{\infty}\frac{n+2}{2^n}$；　(2) $\sum_{n=1}^{\infty}\frac{3^n\cdot n!}{n^n}$；　(3) $\sum_{n=1}^{\infty}\frac{1}{(2n-1)!}$；

(4) $\sum_{n=1}^{\infty}\left(\frac{n}{4n-1}\right)^n$；　(5) $\sum_{n=1}^{\infty}\frac{1}{[\ln(n+1)]^n}$；　(6) $\sum_{n-1}^{\infty}\left(\frac{n}{3n-1}\right)^{2n}$。

3. 判断下列级数的敛散性，若收敛指出是条件收敛还是绝对收敛。

(1) $\sum\limits_{n=1}^{\infty}(-1)^n\dfrac{1}{\sqrt{n}}$；　(2) $\sum\limits_{n=1}^{\infty}(-1)^{n+1}\dfrac{n+1}{n}$；

(3) $\sum\limits_{n=1}^{\infty}(-1)^n\dfrac{n!}{n^n}$；　(4) $\sum\limits_{n=3}^{\infty}(-1)^n\dfrac{1}{\ln n}$。

6.3　幂级数

6.3.1　幂级数的概念及其收敛域

幂级数

1. 函数项级数的概念

定义 1　若 $u_1(x)$，$u_2(x)$，…，$u_n(x)$，… 是定义在区间 I 上的函数序列，则表达式

$$\sum_{n=1}^{\infty}u_n(x)=u_1(x)+u_2(x)+\cdots+u_n(x)+\cdots \tag{6.2}$$

称为定义在区间 I 上的**函数项级数**. $u_n(x)$ 称为**一般项或通项**。

对于函数项级数

$$u_1(x)+u_2(x)+\cdots+u_n(x)+\cdots$$

当 x 在区间 I 上取某个特定值 x_0 时，级数式(6.2) 成为一个数项级数

$$u_1(x_0)+u_2(x_0)+\cdots+u_n(x_0)+\cdots$$

这个级数可能收敛，也可能发散. 如果这个数项级数收敛，则称 x_0 为级数式(6.2) 的**收敛点**； 如果发散，则称 x_0 为级数式(6.2) 的**发散点**. 函数项级数的所有收敛点的集合称为它的**收敛域**，所有发散点组成的集合称为它的**发散域**。

对于收敛域内的任意一点 x，函数项级数成为一个收敛的数项级数，因此有一个确定的和 S，这样在收敛域上，函数项级数的和是 x 的函数 $S(x)$，通常把 $S(x)$ 称为函数项级数的**和函数**，记作

$$S(x)=u_1(x)+u_2(x)+\cdots+u_n(x)+\cdots$$

我们将函数项级数的前 n 项部分和记作 $S_n(x)$，则在收敛域上有 $\lim\limits_{n\to\infty}S_n(x)=S(x)$。

在函数项级数中比较常用的是幂级数和三角级数，下面首先讨论幂级数。

2. 幂级数的概念

定义 2　形如

$$\sum_{n=0}^{\infty}a_n(x-x_0)^n=a_0+a_1(x-x_0)+a_2(x-x_0)^2+\cdots+a_n(x-x_0)^n+\cdots \tag{6.3}$$

的函数项级数，称为 $x-x_0$ 的**幂级数**，其中常数 a_0，a_1，a_2，…，a_n，… 称为幂级数的**系数**。

当 $x_0=0$ 时，式(6.3) 变为

$$\sum_{n=0}^{\infty}a_nx^n=a_0+a_1x+a_2x^2+\cdots+a_nx^n+\cdots \tag{6.4}$$

称为 x 的**幂级数**. 如果做变换 $y=x-x_0$，则幂级数式(6.3) 变为幂级数式(6.4) 的形式。因此，下面只讨论形如式(6.4) 的幂级数。

对于幂级数 $\sum\limits_{n=0}^{\infty}a_nx^n$，取 $a_n=1$，$x=\frac{1}{2}$，得到的常数项级数 $\sum\limits_{n=0}^{\infty}\left(\frac{1}{2}\right)^n$ 收敛；取 $a_n=1$，$x=2$，得到的常数项级数 $\sum\limits_{n=0}^{\infty}2^n$ 发散. 可见，不能笼统地判断一个幂级数的敛散性，而应该考虑 x 在哪个范围内幂级数收敛，这就引出了收敛半径、收敛区间、收敛域等概念. 对于给定的幂级数，如何确定它的收敛半径、收敛区间、收敛域？为此，我们先介绍下面的定理。

定理 1(阿贝尔定理) 如果级数 $\sum\limits_{n=0}^{\infty}a_nx^n$ 在 $x=x_0(x_0\neq 0)$ 点收敛，则对于一切满足不定式 $|x|<|x_0|$ 的 x，都有该幂级数在 x 点绝对收敛；反之，如果级数 $\sum\limits_{n=0}^{\infty}a_nx^n$ 在 $x=x_0(x_0\neq 0)$ 发散，则对于一切满足不定式 $|x|>|x_0|$ 的 x，都有该幂级数在 x 点发散。

定理 1 说明，如果幂级数在 $x=x_0$ 处收敛，则对于开区间 $(-|x_0|, |x_0|)$ 内的 x，幂级数都绝对收敛；如果幂级数在 $x=x_0$ 处发散，则对于闭区间 $[-|x_0|, |x_0|]$ 外的任何 x，幂级数都发散。于是对于幂级数必然存在一个确定的正数 R，使得

(1) 当 $|x|<R$ 时，幂级数绝对收敛；

(2) 当 $|x|>R$ 时，幂级数发散；

(3) 当 $x=R$ 与 $x=-R$ 时，幂级数可能收敛也可能发散。

正数 R 称为幂级数(6.4) 的**收敛半径**，开区间 $(-R, R)$ 叫作幂级数(6.4) 的**收敛区间**。

再由幂级数在 $x=\pm R$ 处的收敛性就可以决定它的**收敛域**是 $(-R, R)$，$[-R, R)$，$(-R, R]$ 或 $[-R, R]$ 这四个区间之一。

若幂级数 $\sum\limits_{n=0}^{\infty}a_nx^n$ 仅在 $x=0$ 一点收敛，则规定它的收敛半径 $R=0$；若幂级数 $\sum\limits_{n=0}^{\infty}a_nx^n$ 对于一切实数 x 都绝对收敛，则规定它的收敛半径 $R=+\infty$，这时收敛域是 $(-\infty, +\infty)$。

可见要求幂级数的收敛域，关键是求出幂级数的收敛半径和收敛区间。关于幂级数的收敛半径求法，有下面的定理。

定理 2 如果 $\lim\limits_{n\to\infty}\left|\frac{a_{n+1}}{a_n}\right|=\rho$，其中 a_n，a_{n+1} 是幂级数 $\sum\limits_{n=0}^{\infty}a_nx^n$ 的相邻两项的系数，

则该幂级数的收敛半径

$$R=\begin{cases}\dfrac{1}{\rho}, & \rho\neq 0,\\ +\infty, & \rho=0,\\ 0, & \rho=+\infty。\end{cases}$$

例 1 求幂级数$\sum\limits_{n=1}^{\infty}\dfrac{1}{n^2}x^n$的收敛半径、收敛区间和收敛域。

解 因为$a_n=\dfrac{1}{n^2}$，$\lim\limits_{n\to\infty}\left|\dfrac{a_{n+1}}{a_n}\right|=\lim\limits_{n\to\infty}\left(\dfrac{n}{n+1}\right)^2=1$，所以收敛半径为$R=1$，其收敛区间为$(-1, 1)$。

当$x=1$时，$\sum\limits_{n=1}^{\infty}\dfrac{1}{n^2}x^n=\sum\limits_{n=1}^{\infty}\dfrac{1}{n^2}$，收敛；

当$x=-1$时，

$$\sum_{n=1}^{\infty}\frac{1}{n^2}x^n=\sum_{n=1}^{\infty}(-1)^n\frac{1}{n^2}=-1+\frac{1}{2^2}-\frac{1}{3^2}+\frac{1}{4^2}-\cdots+(-1)^n\frac{1}{n^2}-\cdots$$

该级数为交错级数，由莱布尼茨判别法知，该级数收敛。

因此幂级数的收敛域为$[-1, 1]$。

例 2 求幂级数$1+x+\dfrac{1}{2!}x^2+\dfrac{1}{3}x^3+\cdots+\dfrac{1}{n!}x^n+\cdots$的收敛半径和收敛域。

解 因为$\rho=\lim\limits_{n\to\infty}\left|\dfrac{a_{n+1}}{a_n}\right|=\lim\limits_{n\to\infty}\dfrac{\dfrac{1}{(n+1)!}}{\dfrac{1}{n!}}=\lim\limits_{n\to\infty}\dfrac{1}{n+1}=0$，所以收敛半径$R=+\infty$，从而收敛域是$(-\infty, +\infty)$。

例 3 求幂级数$1+2x+(3x)^2+\cdots+(nx)^{n-1}+\cdots$的收敛半径。

解 因为$\rho=\lim\limits_{n\to\infty}\left|\dfrac{a_{n+1}}{a_n}\right|=\lim\limits_{n\to\infty}\dfrac{(n+1)^n}{n^{n-1}}=+\infty$，所以收敛半径$R=0$，即级数仅在$x=0$处收敛。

例 4 求级数$\sum\limits_{n=0}^{\infty}\dfrac{2n+1}{2^n}x^{2n}$的收敛半径、收敛区间和收敛域。

解 级数缺少奇次幂的项，不是幂级数的标准形式，定理 2 不能直接应用。我们根据比值审敛法来求收敛半径. 因为

$$\lim_{n\to\infty}\left|\frac{\dfrac{2n+3}{2^{n+1}}x^{2(n+1)}}{\dfrac{2n+1}{2^n}x^{2n}}\right|=\frac{1}{2}|x|^2,$$

故当$\dfrac{1}{2}|x|^2<1$，即$|x|<\sqrt{2}$时级数收敛，当$\dfrac{1}{2}|x|^2>1$，即$|x|>\sqrt{2}$时级数发散，所以收敛半径$R=\sqrt{2}$，其收敛区间为$(-\sqrt{2}, \sqrt{2})$。

当 $x=\pm\sqrt{2}$ 时，$\sum\limits_{n=0}^{\infty}\dfrac{2n+1}{2^n}x^{2n}=\sum\limits_{n=0}^{\infty}(2n+1)$，级数发散。所以级数 $\sum\limits_{n=0}^{\infty}\dfrac{2n+1}{2^n}x^{2n}$ 的收敛域为 $(-\sqrt{2},\sqrt{2})$。

例 5 求幂级数 $\sum\limits_{n=1}^{\infty}\dfrac{(x-1)^n}{2^n\cdot n}$ 的收敛域。

解 令 $t=x-1$，上述级数变为 $\sum\limits_{n=1}^{\infty}\dfrac{t^n}{2^n\cdot n}$. 因为 $\rho=\lim\limits_{n\to\infty}\left|\dfrac{a_{n+1}}{a_n}\right|=\lim\limits_{n\to\infty}\dfrac{2^n\cdot n}{2^{n+1}(n+1)}=\dfrac{1}{2}$，所以收敛半径 $R=2$。收敛区间为 $|t|<2$，即 $-1<x<3$。

当 $x=-1$ 时，级数成为 $\sum\limits_{n=1}^{\infty}\dfrac{(-1)^n}{n}$，此级数收敛；当 $x=3$ 时，级数成为 $\sum\limits_{n=1}^{\infty}\dfrac{1}{n}$，此级数发散．因此，级数 $\sum\limits_{n=1}^{\infty}\dfrac{(x-2)^n}{2^n\cdot n}$ 的收敛域为 $[-1,3)$。

6.3.2 幂级数的运算性质

在解决某些实际问题时，经常要对幂级数进行加、减、乘以及求导、求积分的运算，这就需要了解幂级数的运算法则和基本性质。

设幂级数 $\sum\limits_{n=0}^{\infty}a_nx^n=f(x)$，$\sum\limits_{n=0}^{\infty}b_nx^n=g(x)$ 分别在区间 $(-R_1,R_1)$ 及 $(-R_2,R_2)$ 内收敛，记 $R=\min(R_1,R_2)$，则 $(-R,R)$ 内有如下运算法则：

性质 1(加法运算) $\sum\limits_{n=0}^{\infty}a_nx^n\pm\sum\limits_{n=0}^{\infty}b_nx^n=\sum\limits_{n=0}^{\infty}(a_n\pm b_n)x^n=f(x)\pm g(x)$。

性质 2(乘法运算)

$$\left(\sum_{n=0}^{\infty}a_nx^n\right)\cdot\left(\sum_{n=0}^{\infty}b_nx^n\right)=a_0b_0+(a_0b_1+a_1b_0)x+(a_0b_2+a_1b_1+a_2b_0)x^2+\cdots+(a_0b_n+a_1b_{n-1}+\cdots+a_nb_0)x^n+\cdots$$
$$=f(x)g(x)。$$

性质 3(逐项求导) 设幂级数 $\sum\limits_{n=0}^{\infty}a_nx^n$ 收敛半径为 R，则在 $(-R,R)$ 内其和函数 $S(x)$ 可导；对任意 $x\in(-R,R)$，有逐项求导公式

$$S'(x)=\left(\sum_{n=0}^{\infty}a_nx^n\right)'=\sum_{n=0}^{\infty}(a_nx^n)'=\sum_{n=1}^{\infty}na_nx^{n-1},$$

且逐项求导后所得的幂级数 $\sum\limits_{n=1}^{\infty}na_nx^{n-1}$ 的收敛半径仍然为 R。

性质 4(逐项积分) 设幂级数 $\sum\limits_{n=0}^{\infty}a_nx^n$，收敛半径为 R，则在 $(-R,R)$ 内其和函数 $S(x)$ 可积；对任意 $x\in(-R,R)$，有逐项积分公式

$$\int_0^x S(x)\mathrm{d}x=\int_0^x\left(\sum_{n=0}^{\infty}a_nx^n\right)\mathrm{d}x=\sum_{n=0}^{\infty}\int_0^x a_nx^n\mathrm{d}x=\sum_{n=0}^{\infty}\frac{a_n}{n+1}x^{n+1},$$

且逐项积分得到的幂级数$\sum\limits_{n=0}^{\infty}\dfrac{a_n}{n+1}x^{n+1}$的收敛半径仍然为 R。

例 6 在区间$(-1,1)$内，求幂级数$\sum\limits_{n=1}^{\infty}\dfrac{1}{n}x^n$的和函数。

解 设所求和函数为 $S(x)$，即 $S(x)=\sum\limits_{n=1}^{\infty}\dfrac{1}{n}x^n$，逐项求导，得

$$S'(x)=\sum_{n=1}^{\infty}x^{n-1}=\frac{1}{1-x},\ x\in(-1,1)。$$

对上式从 0 到 x 积分，得

$$S(x)=\int_0^x\frac{1}{1-x}\mathrm{d}x=-\ln(1-x)\Big|_0^x=-\ln(1-x),\ x\in(-1,1)。$$

例 7 在区间$(-1,1)$内，求幂级数$\sum\limits_{n=0}^{\infty}(n+1)x^n$的和函数。

解 设和函数为 $S(x)$，即

$$S(x)=\sum_{n=0}^{\infty}(n+1)x^n=1+2x+3x^2+\cdots+(n+1)x^n+\cdots,\ x\in(-1,1)。$$

在$(-1,1)$内逐项积分，得

$$\int_0^x S(x)\mathrm{d}x=\int_0^x\mathrm{d}x+\int_0^x 2x\,\mathrm{d}x+\int_0^x 3x^2\mathrm{d}x+\cdots+\int_0^x(n+1)x^n\mathrm{d}x+\cdots$$

$$=x+x^2+x^3+\cdots+x^{n+1}+\cdots=\frac{x}{1-x},\ x\in(-1,1)。$$

两边对 x 求导，得

$$S(x)=\left(\frac{x}{1-x}\right)'=\frac{1}{(1-x)^2},\ 即\sum_{n=0}^{\infty}(n+1)x^n=\frac{1}{(1-x)^2},\ x\in(-1,1)。$$

小结 幂级数求和的步骤：

(1) 对所给幂级数逐项求导或逐项积分；

(2) 求出(1) 中所得幂级数的和函数(必须是容易求得的)；

(3) 对(2) 中所得的幂级数和函数进行积分或求导，即可得到所求幂级数的和函数。

6.3.3 函数展开成幂级数

前面讨论了幂级数在收敛域内求和函数的问题，但在实际应用中往往会提出相反的问题，对于已知函数 $f(x)$，能否用幂级数表示？设 $f(x)$ 是一个给定的函数，如果能找到这样一个幂级数，它在某区间内收敛，且其和恰好就是给定的函数 $f(x)$，我们就说函数 $f(x)$ 在该区间内能展开成幂级数。

1. 泰勒公式

定理 3 如果函数 $f(x)$ 在 x_0 的某一邻域内有直至 $n+1$ 阶导数，则对此邻域内的任一点 x，有

$$f(x)=f(x_0)+\frac{f'(x_0)}{1!}(x-x_0)+\frac{f''(x_0)}{2!}(x-x_0)^2+\cdots+\frac{f^{(n)}(x_0)}{n!}(x-x_0)^n+R_n(x)$$

成立。此式称为 $f(x)$ 的**泰勒展开式或泰勒公式**．其中

$$R_n(x)=\frac{f^{(n+1)}(\xi)}{(n+1)!}(x-x_0)^{n+1}(\xi\text{ 在 }x_0\text{ 与 }x\text{ 之间}),$$

称为 $f(x)$ 的 ***n* 阶泰勒余项**。

当 $x_0=0$ 时，则有麦克劳林公式

$$f(x)=f(0)+\frac{f'(0)}{1!}x+\frac{f''(0)}{2!}x^2+\cdots+\frac{f^{(n)}(0)}{n!}x^n+R_n(x)。$$

定义 3　若函数 $f(x)$ 在点 x_0 的某邻域内具有各阶导数，则称幂级数

$$f(x_0)+\frac{f'(x_0)}{1!}(x-x_0)+\frac{f''(x_0)}{2!}(x-x_0)^2+\cdots+\frac{f^{(n)}(x_0)}{n!}(x-x_0)^n+\cdots \tag{6.5}$$

为 $f(x)$ 在 x_0 点的**泰勒级数**，称 $a_n=\frac{f^{(n)}(x_0)}{n!}(n=0，1，2，\cdots)$ 为 $f(x)$ 在 x_0 点的**泰勒系数**。

特别地，当 $x_0=0$ 时，称幂级数

$$f(0)+\frac{f'(0)}{1!}x+\frac{f''(0)}{2!}x^2+\cdots+\frac{f^{(n)}(0)}{n!}x^n+\cdots$$

为 $f(x)$ 的**麦克劳林级数**，称 $a_n=\frac{f^{(n)}(0)}{n!}(n=0，1，2，\cdots)$ 为 $f(x)$ 在 x_0 点的**麦克劳林系数**。

显然，当 $x=x_0$ 时，$f(x)$ 的泰勒级数(6.5)收敛，且收敛于 $f(x_0)$．那么除了 x_0 外，对 x_0 邻域内其他点 x，$f(x)$ 的泰勒级数(6.5)是否收敛于 $f(x)$ 呢？有如下定理：

定理 4　设函数 $f(x)$ 在点 x_0 的某邻域内有任意阶导数，则 $f(x)$ 在该邻域内能展开成泰勒级数的充分必要条件是 $f(x)$ 的泰勒公式中的余项 $R_n(x)\to 0(n\to\infty)$。

如果函数能展开成关于 x 的幂级数，则这个幂级数一定就是函数的麦克劳林级数，即函数的幂级数展开式是由 $f(x)$ 在点 $x=0$ 的函数值和各阶导数值唯一确定的。

2. 函数展开成幂级数

(1) 直接展开法。

利用麦克劳林公式将函数 $f(x)$ 展开成 x 的幂级数的方法称为直接展开法，其一般步骤如下。

① 求出 $f(x)$ 的各阶导数 $f'(x)$，$f''(x)$，…，$f^{(n)}(x)$，…，并计算函数及各阶导数在 $x=0$ 处的值 $f(0)$，$f'(0)$，$f''(0)$，…，$f^{(n)}(0)$，…。

② 写出幂级数 $f(0)+\frac{f'(0)}{1!}x+\frac{f''(0)}{2!}x^2+\cdots+\frac{f^{(n)}(0)}{n!}x^n+\cdots$，并求出收敛区间$(-R，R)$。

③ 在区间$(-R, R)$内验证$\lim\limits_{n\to\infty}R_n(x)=\lim\limits_{n\to\infty}\dfrac{f^{(n+1)}(\xi)}{(n+1)!}(x-x_0)^{n+1}=0$($\xi$ 在x_0与x之间)成立。

④ 写出$f(x)$的麦克劳林展开式

$$f(x)=\sum_{n=0}^{\infty}\frac{f^{(n)}(0)}{n!}x^n=f(0)+\frac{f'(0)}{1!}x+\frac{f''(0)}{2!}x^2+\cdots+\frac{f^{(n)}(0)}{n!}x^n+\cdots$$

$$x\in(-R, R)。$$

例 8 将函数$f(x)=e^x$展开成x的幂级数。

解 因为$f(x)=f'(x)=f''(x)=\cdots=f^{(n)}(x)=e^x$，所以

$$f(0)=f'(0)=f''(0)=\cdots=f^{(n)}(0)=e^0=1。$$

于是得级数$1+x+\dfrac{x^2}{2!}+\dfrac{x^3}{3!}+\cdots+\dfrac{x^n}{n!}+\cdots$，它的收敛半径$R=+\infty$。

对于任何有限的数x，ξ(ξ 在 0 与x之间)，余项满足

$$|R_n(x)|=\left|\frac{e^{\xi}}{(n+1)!}x^{n+1}\right|<e^{|x|}\cdot\frac{|x|^{n+1}}{(n+1)!}。$$

由比值审敛法知$\sum\limits_{n=0}^{\infty}\dfrac{|x|^{n+1}}{(n+1)!}$收敛，又因为$e^{|x|}$有限，故

$$\lim_{n\to\infty}e^{|x|}\cdot\frac{|x|^{n+1}}{(n+1)!}=0,$$

从而$\lim\limits_{x\to\infty}R_n(x)=0$. 于是得展开式

$$e^x=1+x+\frac{x^2}{2!}+\frac{x^3}{3!}+\cdots+\frac{x^n}{n!}+\cdots\quad(-\infty<x<+\infty)。$$

例 9 将函数$f(x)=\sin x$展开成x的幂级数。

解 正弦函数的各阶导数为$f^{(n)}(x)=\sin\left(x+n\cdot\dfrac{\pi}{2}\right)$ $(n=1, 2, \cdots)$，$f^{(n)}(0)$依次循环地取 0，1，0，-1，$\cdots(n=1, 2, \cdots)$，于是得级数

$$x-\frac{x^3}{3!}+\frac{x^5}{5!}-\cdots+(-1)^{n-1}\frac{x^{2n-1}}{(2n-1)!}+\cdots$$

它的收敛半径$R=+\infty$。

对于任何有限的数x，ξ(ξ 在 0 与x之间)，余项满足

$$|R_n(x)|=\left|\frac{\sin\left[\xi+\frac{(n+1)\pi}{2}\right]}{(n+1)!}x^{n+1}\right|\leqslant\frac{|x|^{n+1}}{(n+1)!}\to 0\quad(n\to\infty)。$$

因此得展开式

$$\sin x=x-\frac{x^3}{3!}+\frac{x^5}{5!}-\cdots+(-1)^{n-1}\frac{x^{2n-1}}{(2n-1)!}+\cdots\quad(-\infty<x<+\infty)。$$

直接展开法的缺点是讨论$\lim\limits_{n\to\infty}R_n$是否为零是一件很烦琐的事，而下面的方法就可以避开这一问题。

(2) 间接展开法。

间接展开法是指利用已知函数的幂级数展开式，运用幂级数的运算规则(逐项相加、逐项求导或逐项积分等)求得函数的幂级数展开式的方法。

例 10 将函数 $f(x)=\cos x$ 展开成 x 的幂级数。

解 因为

$$\sin x=x-\frac{x^3}{3!}+\frac{x^5}{5!}-\cdots+(-1)^{n-1}\frac{x^{2n-1}}{(2n-1)!}+\cdots \quad (-\infty<x<+\infty),$$

逐项求导得，$$\cos x=1-\frac{x^2}{2!}+\frac{x^4}{4!}-\cdots+(-1)^n\frac{x^{2n}}{(2n)!}+\cdots \quad (-\infty<x<+\infty)。$$

例 11 将函数 $f(x)=\ln(1+x)$ 展开成 x 的幂级数。

解 因为 $f'(x)=\frac{1}{1+x}$，而 $\frac{1}{1+x}$ 是收敛的等比级数 $\sum_{n=0}^{\infty}(-1)^n x^n$ 的和函数，即

$$f'(x)=\frac{1}{1+x}=1-x+x^2-x^3+\cdots+(-1)^n x^n+\cdots \quad (-1<x<1),$$

将上式从 0 到 x 逐项积分，得

$$\ln(1+x)=x-\frac{x^2}{2}+\frac{x^3}{3}+\cdots+(-1)^n\frac{x^{n+1}}{n+1}+\cdots \quad (-1<x<1)。$$

为了更好地利用已知函数的幂级数展开式来求未知函数的幂级数展开式，学习中必须记住以下七个常用函数的幂级数展开式：

$$e^x=1+x+\frac{x^2}{2!}+\frac{x^3}{3!}+\cdots+\frac{x^n}{n!}+\cdots \quad (-\infty<x<+\infty);$$

$$\sin x=x-\frac{x^3}{3!}+\frac{x^5}{5!}-\cdots+(-1)^{n-1}\frac{x^{2n-1}}{(2n-1)!}+\cdots \quad (-\infty<x<+\infty);$$

$$\cos x=1-\frac{x^2}{2!}+\frac{x^4}{4!}-\cdots+(-1)^n\frac{x^{2n}}{(2n)!}+\cdots \quad (-\infty<x<+\infty);$$

$$\frac{1}{1-x}=\sum_{n=0}^{\infty}x^n=1+x+x^2+\cdots+x^n+\cdots \quad (-1<x<1);$$

$$\frac{1}{1+x}=\sum_{n=0}^{\infty}(-1)^n x^n=1-x+x^2-\cdots+(-1)^n x^n+\cdots \quad (-1<x<1);$$

$$\ln(1+x)=x-\frac{x^2}{2}+\frac{x^3}{3}+\cdots+(-1)^n\frac{x^{n+1}}{n+1}+\cdots \quad (-1<x\leqslant 1);$$

$$(1+x)^m=1+mx+\frac{m(m-1)}{2!}x^2+\cdots+\frac{m(m-1)\cdots(m-n+1)}{n!}x^n+\cdots \quad (-1<x<1)。$$

利用这七个展开式以及幂级数的运算性质，可以求得一些函数的幂级数展开式。

例 12 将函数 $f(x)=\ln\frac{1+x}{1-x}$ 展开成 x 的幂级数。

解 因为 $f(x)=\ln\frac{1+x}{1-x}=\ln(1+x)-\ln(1-x)$，而

$$\ln(1+x)=x-\frac{x^2}{2}+\frac{x^3}{3}-\cdots+(-1)^n\frac{x^{n+1}}{n+1}+\cdots\quad(-1<x\leqslant 1),$$

把上式中 x 换成 $-x$，得

$$\ln(1-x)=-x-\frac{x^2}{2}-\frac{x^3}{3}-\cdots-\frac{x^n}{n}+\cdots\quad(-1\leqslant x<1),$$

因此，$\ln\dfrac{1+x}{1-x}=2\left(x+\dfrac{1}{3}x^3+\cdots+\dfrac{1}{2n-1}x^{2n-1}+\cdots\right)\quad(-1<x<1)$。

6.3.4 幂级数的应用

将函数展开成幂级数，从形式上看，好像把问题复杂化了，但是由于幂级数的前 n 项部分和是 x 的多项式，而多项式是最简单的函数之一，因此用幂级数代替某个函数，实际上为函数的多项式逼近创造了条件．正是由于这个原因，函数的幂级数展开式有着广泛的应用。

1. 函数值的近似计算

利用函数的幂级数展开式可以近似计算函数值，即在展开式的收敛区间上，用多项式近似地表示该函数，进而可以按精度要求计算函数值。

例 13 计算常数 e 的近似值，使误差小于 10^{-4}。

解 因为 $e^x=\sum\limits_{n=0}^{\infty}\dfrac{x^n}{n!}$，令 $x=1$，有

$$e=\sum_{n=0}^{\infty}\frac{1}{n!}=1+1+\frac{1}{2!}+\frac{1}{3!}+\cdots$$

为达到这个精确度，可观察余项

$$R_n=\frac{1}{n!}+\frac{1}{(n+1)!}+\cdots=\frac{1}{n!}\left(1+\frac{1}{n+1}+\frac{1}{(n+1)(n+2)}+\cdots\right)$$

$$<\frac{1}{n!}\left(1+\frac{1}{n}+\frac{1}{n^2}+\cdots\right)=\frac{1}{n!}\cdot\frac{1}{1-\frac{1}{n}}=\frac{1}{(n-1)(n-1)!}。$$

若取 $n=8$，则 $R_8=\dfrac{1}{7\cdot 7!}<\dfrac{1}{10^4}$，故计算出

$$e=1+1+\frac{1}{2!}+\frac{1}{3!}+\cdots+\frac{1}{8!}\approx 2.7183。$$

例 14 计算 $\sqrt[5]{245}$，精确到 0.0001。

解 $\sqrt[5]{245}=\sqrt[5]{243+2}=\sqrt[5]{3^5+2}=3\cdot\sqrt[5]{1+\dfrac{2}{3^5}}=3\left(1+\dfrac{2}{3^5}\right)^{\frac{1}{5}}$，

令 $x=\dfrac{2}{3^5}$，$m=\dfrac{1}{5}$，得出

$$\sqrt[5]{245}=3\left[1+\frac{1}{5}\times\frac{2}{3^5}-\frac{1}{2!}\times\frac{1}{5}\times\left(\frac{1}{5}-1\right)\times\frac{4}{3^{10}}+\cdots\right]。$$

由于这是一个交错级数，故其误差可利用 $|R_n| < u_{n+1}$ 确定．取 $n=2$，这时，

$$|R_2| < \frac{3\times 2^3}{5^2\times 3^{10}} < \frac{1}{2\times 10^4},$$

故得出

$$\sqrt[5]{245} \approx 3\left(1+\frac{1}{5}\times\frac{2}{3^5}\right) \approx 3.0049。$$

2. 定积分的近似计算

利用幂级数不仅可以计算一些函数的近似值，而且还可以计算一些定积分的近似值，具体地说，如果被积函数在积分区间上能展开成幂级数，那么把这个幂级数逐项积分，用积分后的级数就可计算出定积分的近似值。

例 15 计算 $\int_0^1 \frac{\sin x}{x}dx$，精确到 0.0001。

解 由于 $\lim\limits_{x\to 0}\frac{\sin x}{x}=1$，因此所给积分不是广义积分，如果定义 $\frac{\sin x}{x}$ 在 $x=0$ 处的值为 1，那么它在积分区间[0，1]上连续．由于 $\frac{\sin x}{x}$ 的原函数不能用初等函数表示，因此需要通过幂级数展开式来计算。

利用正弦函数的展开式 $\sin x = x-\frac{x^3}{3!}+\frac{x^5}{5!}-\cdots$，两边同除以 x，得到

$$\frac{\sin x}{x} = 1-\frac{x^2}{3!}+\frac{x^4}{5!}-\cdots$$

再逐项积分

$$\int_0^1 \frac{\sin x}{x}dx = \int_0^1 dx-\int_0^1\frac{x^2}{3!}dx+\int_0^1\frac{x^4}{5!}dx-\cdots = 1-\frac{1}{3\cdot 3!}+\frac{1}{5\cdot 5!}-\frac{1}{7\cdot 7!}+\cdots$$

这是收敛的交错级数，其误差 $|R_n| < u_{n+1}$，取 $n=3$，有 $R_3 < \frac{1}{7\cdot 7!} < \frac{1}{10^4}$，故

$$\int_0^1 \frac{\sin x}{x}dx \approx 1-\frac{1}{3\cdot 3!}+\frac{1}{5\cdot 5!} \approx 0.9461。$$

以上例题说明，幂级数在函数值及定积分的近似计算中有着广泛应用．对于用幂级数近似计算函数值，其思路和用微分近似公式或泰勒公式近似求值的思路相似．对于用幂级数近似计算定积分，特别是在某些被积函数的原函数不能用初等函数表示时，便显示出幂级数方法的优越性。

利用幂级数进行近似计算的重要一步是根据精确度要求确定展开式的项数 n．这可通过估计余项 R_n 的误差得到：一种方法是将余项式子的各项放大，使之成为几何级数，从而利用几何级数的和来确定 n 值；另一种方法是利用收敛的交错级数的特点：$|R_n| < u_{n+1}$，由此来确定 n 值。

习　题　6.3

1. 求下列幂级数的收敛域。

(1) $\sum\limits_{n=1}^{\infty}(-1)^{n-1}\dfrac{x^n}{3^n n}$； (2) $\sum\limits_{n=0}^{\infty}\dfrac{x^n}{n^n}$； (3) $\sum\limits_{n=1}^{\infty}\dfrac{(x-5)^n}{\sqrt{n}}$； (4) $\sum\limits_{n=0}^{\infty}\dfrac{(-1)^n x^{2n}}{(2n)!}$。

2. 在区间 $(-1, 1)$ 内，求下列级数的和函数。

(1) $\sum\limits_{n=1}^{\infty}nx^{n-1}$； (2) $\sum\limits_{n=0}^{\infty}\dfrac{1}{n+1}x^{n+1}$。

3. 将下列函数展开成 x 的幂级数，并求展开式成立的区间。

(1) $\dfrac{1}{1+x^2}$； (2) e^{2x}； (3) $\sin^2 x$。

4. 将函数 $f(x)=\sin x$ 展开成 $\left(x-\dfrac{\pi}{4}\right)$ 的幂级数。

5. 将函数 $f(x)=\dfrac{1}{x}$ 展开成 $(x-3)$ 的幂级数。

6. 将函数 $f(x)=\dfrac{1}{x^2+3x+2}$ 展开成 $(x-1)$ 的幂级数。

6.4　傅里叶级数

傅里叶与音乐之声

早在 18 世纪中叶，丹尼尔·贝努力在解决弦振动问题时就提出了这样的见解：任何复杂的振动都可以分解成一系列振动之和。这一事实用数学语言来描述即为：在一定的条件下，任何周期为 $T=\dfrac{2\pi}{\omega}$ 的函数 $f(t)$，都可以用一系列的以 T 为周期的正弦函数所组成的级数来表示，即

$$f(t)=A_0+\sum_{n=1}^{\infty}A_n\sin(n\omega t+\varphi_n), \tag{6.6}$$

其中，A_0，A_n，$\varphi_n(n=1, 2, \cdots)$ 都是常数。

19 世纪初，法国数学家傅里叶在研究偏微分方程的边值问题时提出：“任意”函数都可以展成三角级数。虽然他没有给出明确的条件和严格的证明，但是毕竟由此开创了“傅里叶分析”这一重要的数学分支，拓广了传统的函数概念。傅里叶的工作被认为是 19 世纪科学迈出的极为重要的第一大步，它对数学的发展产生的影响是他本人以及同时代的其他人都难以预料的。而且这种影响至今还在发展中。傅里叶级数曾极大地推动了偏微分方程的发展，在数学、物理以及工程中(如电路分析中的谐波分析的方法、离散信号与系统的频域分析等)都有重要的应用。

6.4.1 三角级数、三角函数系的正交性

1. 三角函数系

函数列

$$1,\ \cos x,\ \sin x,\ \cos 2x,\ \sin 2x,\ \cdots,\ \cos nx,\ \sin nx,\ \cdots$$

称为**三角函数系**。2π 是三角函数系中每个函数的周期。

三角函数系的正交性是指在三角函数系中每个函数的平方在 $[-\pi, \pi]$ 上的积分都大于零，而任何两个不同的函数的乘积在区间 $[-\pi, \pi]$ 上的积分等于零，即

$$\int_{-\pi}^{\pi} 1^2 \mathrm{d}x = 2\pi,$$

$$\int_{-\pi}^{\pi} \cos^2 nx \mathrm{d}x = \int_{-\pi}^{\pi} \frac{1+\cos 2nx}{2} \mathrm{d}x = \pi \quad (n=1, 2, 3, \cdots),$$

$$\int_{-\pi}^{\pi} \sin^2 nx \mathrm{d}x = \int_{-\pi}^{\pi} \frac{1-\cos 2nx}{2} \mathrm{d}x = \pi \quad (n=1, 2, 3, \cdots),$$

$$\int_{-\pi}^{\pi} \cos nx \mathrm{d}x = 0 \quad (n=1, 2, 3, \cdots),$$

$$\int_{-\pi}^{\pi} \sin nx \mathrm{d}x = 0 \quad (n=1, 2, 3, \cdots),$$

$$\int_{-\pi}^{\pi} \sin kx \cdot \cos nx \mathrm{d}x = 0 \quad (k, n=1, 2, 3, \cdots),$$

$$\int_{-\pi}^{\pi} \cos kx \cdot \cos nx \mathrm{d}x = 0 \quad (k, n=1, 2, 3, \cdots \quad k \neq n),$$

$$\int_{-\pi}^{\pi} \sin kx \cdot \sin nx \mathrm{d}x = 0 \quad (k, n=1, 2, 3, \cdots \quad k \neq n)。$$

以上等式，都可以通过计算定积分来验证。

2. 三角级数

我们将式(6.6)中的正弦型函数 $A_n \sin(n\omega t + \varphi_n)$ 按三角公式变形，得

$$A_n \sin(n\omega t + \varphi_n) = A_n \sin \varphi_n \cos n\omega t + A_n \cos \varphi_n \sin n\omega t,$$

并且令 $\frac{a_0}{2} = A_0$，$a_n = A_n \sin \varphi_n$，$b_n = A_n \cos \varphi_n$，$\omega t = x$，则式(6.6)右端的级数就可以改写为

$$\frac{a_0}{2} + \sum_{n=1}^{\infty} (a_n \cos nx + b_n \sin nx)。 \tag{6.7}$$

形如式(6.7)的级数称为**三角级数**，其中 a_0，a_n，$b_n (n=1, 2, 3, \cdots)$ 都是常数，称为**三角级数的系数**。

3. 傅里叶级数

若函数 $f(x)$ 在区间 $[-\pi, \pi]$ 可积，则称

$$a_0 = \frac{1}{\pi} \int_{-\pi}^{\pi} f(x) \mathrm{d}x, \tag{6.8}$$

$$a_n=\frac{1}{\pi}\int_{-\pi}^{\pi}f(x)\cos nx\,dx \quad (n=0,\ 1,\ 2,\ \cdots),\tag{6.9}$$

$$b_n=\frac{1}{\pi}\int_{-\pi}^{\pi}f(x)\sin nx\,dx \quad (n=1,\ 2,\ 3,\ \cdots),\tag{6.10}$$

是函数 $f(x)$ 的**傅里叶系数**。

以函数 $f(x)$ 的傅里叶系数为系数的三角级数

$$\frac{a_0}{2}+\sum_{n=1}^{\infty}(a_n\cos nx+b_n\sin nx),$$

称为**函数 $f(x)$ 的傅里叶级数**。

6.4.2 周期为 2π 的函数展开为傅里叶级数

一个在 $(-\infty,\ +\infty)$ 上以 2π 为周期的函数，只要在区间 $[-\pi,\ \pi]$ 上可积，就能用式(6.8)、式(6.9)、式(6.10) 确定它的傅里叶系数，从而确定它的傅里叶级数。问题是：一个周期函数 $f(x)$ 必须具备什么条件，它的傅里叶级数才能收敛于 $f(x)$？我们不加证明地给出下面的重要定理。

定理(收敛定理，狄利克雷收敛准则) 设 $f(x)$ 是周期为 2π 的周期函数，如果它满足：

(1) 在一个周期内连续或只有有限个第一类间断点，

(2) 在一个周期内至多只有有限个极值点，

则 $f(x)$ 的傅里叶级数在 $(-\infty,\ +\infty)$ 收敛，并且

当 x 是 $f(x)$ 的连续点时，级数收敛于 $f(x)$；

当 x 是 $f(x)$ 的间断点时，级数收敛于 $\frac{1}{2}[f(x+0)+f(x-0)]$。

根据上述收敛定理，对于一个周期为 2π 的函数 $f(x)$，只要函数在 $[-\pi,\ \pi]$ 上至多有有限个第一类间断点，并且不做无限次振动，函数的傅里叶级数在连续点处就收敛到该点的函数值，在间断点处收敛于该点左极限与右极限的算术平均值。可见函数展开成傅里叶级数的条件比展开成幂级数的条件低得多，这使得傅里叶级数得到广泛的应用。

例 1 设 $f(x)$ 是周期为 2π 的周期函数，它在 $[-\pi,\ \pi)$ 上的表达式为

$$f(x)=\begin{cases}0, & -\pi\leqslant x<0,\\ 1, & 0\leqslant x<\pi,\end{cases}$$

将 $f(x)$ 展开成傅里叶级数。

解 所给函数满足收敛定理的条件，它在点 $x=k\pi(k=0,\ \pm1,\ \pm2,\ \cdots)$ 处不连续，在其他点连续，从而由收敛定理知 $f(x)$ 的傅里叶级数收敛，并且当 $x=\pm\pi+2k\pi(k=0,\ \pm1,\ \pm2,\ \cdots)$ 时级数收敛于

$$\frac{1}{2}[f(-\pi+0)+f(\pi-0)]=\frac{1}{2}(0+1)=\frac{1}{2};$$

当 $x=2k\pi(k=0,\ \pm1,\ \pm2,\ \cdots)$ 时级数收敛于

$$\frac{1}{2}[f(0-0)+f(0+0)]=\frac{1}{2}(0+1)=\frac{1}{2};$$

当 $x \neq k\pi$ 时级数收敛于 $f(x)$。

和函数的图形如图 6-2 所示。

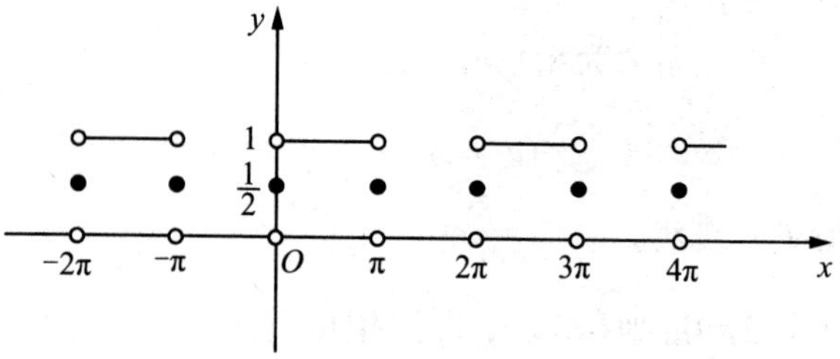

图 6-2

计算傅里叶系数如下：

$$a_0=\frac{1}{\pi}\int_{-\pi}^{\pi} f(x)\mathrm{d}x=\frac{1}{\pi}\int_0^{\pi}\mathrm{d}x=1;$$

$$a_n=\frac{1}{\pi}\int_{-\pi}^{\pi} f(x)\cos nx\,\mathrm{d}x=\frac{1}{\pi}\int_0^{\pi}\cos nx\,\mathrm{d}x=0 \quad (n=0,1,2,\cdots);$$

$$b_n=\frac{1}{\pi}\int_{-\pi}^{\pi} f(x)\sin nx\,\mathrm{d}x=\frac{1}{\pi}\int_0^{\pi}\sin nx\,\mathrm{d}x=-\frac{1}{n\pi}\cos nx\bigg|_0^{\pi}=-\frac{1}{n\pi}[\cos n\pi-1]$$

$$=-\frac{1}{n\pi}[(-1)^n-1]=\begin{cases}\dfrac{2}{(2k-1)\pi}, & n=2k-1,\\ 0, & n=2k。\end{cases} \quad (k=1,2,3,\cdots)$$

因此，$f(x)$ 的傅里叶级数展开式为

$$f(x)=\frac{1}{2}+\frac{2}{\pi}\left[\sin x+\frac{1}{3}\sin 3x+\cdots+\frac{1}{2k-1}\sin(2k-1)x+\cdots\right]$$

$$(-\infty<x<+\infty;\ x\neq k\pi,\ k\in\mathbf{Z})。$$

上例中的函数是矩形波的一种波形函数，由它的傅里叶展开式说明它是由常数 $\frac{1}{2}$ 和一系列正弦波叠加而成的，这些正弦波的频率依次为基波频率的奇数倍，它在通信中有重要的应用。

例 2 设 $f(x)$ 是周期为 2π 的周期函数，它在 $[-\pi,\pi)$ 上的表达式为

$$f(x)=\begin{cases}x, & -\pi\leqslant x<0,\\ 0, & 0\leqslant x<\pi,\end{cases}$$

将 $f(x)$ 展开成傅里叶级数。

解 所给函数满足收敛定理的条件，它在点 $x=(2k+1)\pi(k=0,\pm1,\pm2,\cdots)$ 处不连续。因此，$f(x)$ 的傅里叶级数在 $x=(2k+1)\pi$ 处收敛于

$$\frac{f(\pi-0)+f(-\pi+0)}{2}=\frac{0-\pi}{2}=-\frac{\pi}{2};$$

在连续点 $x \neq (2k+1)\pi$ 处收敛于 $f(x)$。

和函数的图形如图 6-3 所示。

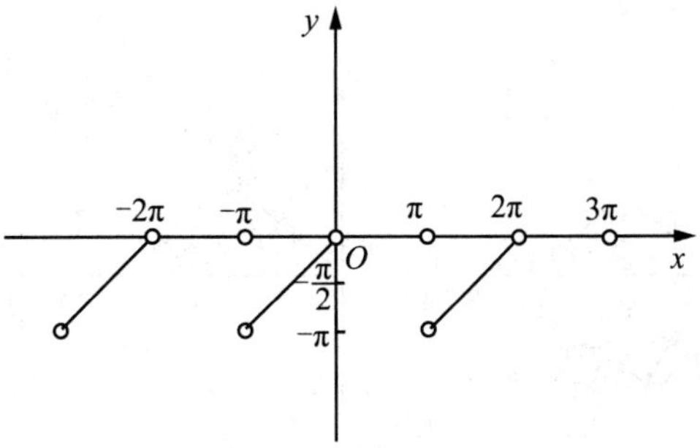

图 6-3

计算傅里叶系数如下。

$$a_0 = \frac{1}{\pi}\int_{-\pi}^{\pi} f(x)\,\mathrm{d}x = \frac{1}{\pi}\int_{-\pi}^{0} x\,\mathrm{d}x = \frac{1}{\pi}\cdot\frac{x^2}{2}\bigg|_{-\pi}^{0} = -\frac{\pi}{2};$$

$$a_n = \frac{1}{\pi}\int_{-\pi}^{\pi} f(x)\cos nx\,\mathrm{d}x = \frac{1}{\pi}\int_{-\pi}^{0} x\cos nx\,\mathrm{d}x = \frac{1}{\pi}\left[\frac{x\sin nx}{n} + \frac{\cos nx}{n^2}\right]\bigg|_{-\pi}^{0}$$

$$= \frac{1}{n^2\pi}(1-\cos n\pi) = \begin{cases} \dfrac{2}{n^2\pi}, & n = 1, 3, 5, \cdots \\ 0, & n = 2, 4, 6, \cdots \end{cases}$$

$$b_n = \frac{1}{\pi}\int_{-\pi}^{\pi} f(x)\sin nx\,\mathrm{d}x = \frac{1}{\pi}\int_{-\pi}^{0} x\sin nx\,\mathrm{d}x$$

$$= \frac{1}{\pi}\left[-\frac{x\cos nx}{n} + \frac{\sin nx}{n^2}\right]\bigg|_{-\pi}^{0} = -\frac{\cos n\pi}{n} = \frac{(-1)^{n+1}}{n},$$

所以，$f(x)$ 的傅里叶级数展开式为

$$f(x) = -\frac{\pi}{4} + \left(\frac{2}{\pi}\cos x + \sin x\right) - \frac{1}{2}\sin 2x + \left(\frac{2}{3^2\pi}\cos 3x + \frac{1}{3}\sin 3x\right)$$

$$-\frac{1}{4}\sin 4x + \left(\frac{2}{5^2}\cos 5x + \frac{1}{5}\sin 5\right) - \cdots$$

$$(-\infty < x < +\infty;\quad x \neq (2k+1)\pi,\ k \in \mathbf{Z})。$$

如果函数 $f(x)$ 只在 $[-\pi, \pi]$ 上有定义，并且满足收敛定理的条件，那么 $f(x)$ 也可以展开成傅里叶级数。事实上，我们可在 $[-\pi, \pi)$ 或 $(-\pi, \pi]$ 外补充函数 $f(x)$ 的定义，使它延拓成周期为 2π 的周期函数 $F(x)$，这称作对 $f(x)$ 作周期延拓。再将 $F(x)$ 展开成傅里叶级数，最后限制 x 在 $(-\pi, \pi)$ 内，此时 $F(x) = f(x)$，这样便得到 $f(x)$ 的傅里叶级数展开式。根据收敛定理，级数在区间端点 $x = \pm\pi$ 处收敛于

$$\frac{[f(\pi - 0) + f(-\pi + 0)]}{2}。$$

例 3 将函数 $f(x) = \begin{cases} -x, & -\pi \leqslant x < 0, \\ x, & 0 \leqslant x \leqslant \pi \end{cases}$ 展开成傅里叶级数。

解　所给函数仅在 $[-\pi, \pi]$ 上有定义，将其延拓成 $(-\infty, +\infty)$ 上以 2π 为周期的周期函数，它在每一点 x 处都连续(如图 6-4 所示)，因此延拓后的函数的傅里叶级数在 $[-\pi, \pi]$ 上收敛于 $f(x)$。

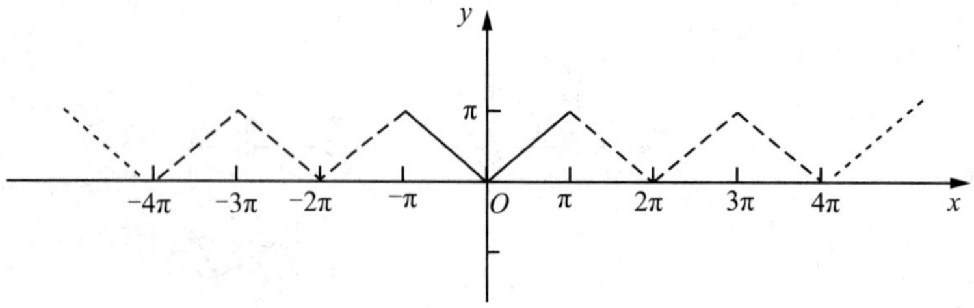

图 6-4

下面计算傅里叶系数。

因为 $f(x)$ 为偶函数，故

$$b_n = 0 (n = 1, 2, 3, \cdots);$$

$$a_0 = \frac{1}{\pi}\int_{-\pi}^{\pi} f(x)\mathrm{d}x = \frac{2}{\pi}\int_0^{\pi} x\,\mathrm{d}x = \frac{2}{\pi}\cdot\frac{x^2}{2}\Big|_0^{\pi} = \pi;$$

$$\begin{aligned}a_n &= \frac{1}{\pi}\int_{-\pi}^{\pi} f(x)\cos nx\,\mathrm{d}x = \frac{1}{\pi}\int_{-\pi}^{0}(-x)\cos nx\,\mathrm{d}x + \frac{1}{\pi}\int_0^{\pi} x\cos nx\,\mathrm{d}x \\ &= -\frac{1}{\pi}\left[\frac{x\sin nx}{n} + \frac{\cos nx}{n^2}\right]\Big|_{-\pi}^{0} + \frac{1}{\pi}\left[\frac{x\sin nx}{n} + \frac{\cos nx}{n^2}\right]\Big|_0^{\pi} \\ &= \frac{2}{n^2\pi}(\cos n\pi - 1) = \begin{cases} -\dfrac{4}{n^2\pi}, & n = 1, 3, 5, \cdots \\ 0, & n = 2, 4, 6, \cdots \end{cases}\end{aligned}$$

所以，$f(x)$ 的傅里叶级数展开式为

$$f(x) = \frac{\pi}{2} - \frac{4}{\pi}\left[\cos x + \frac{1}{3^2}\cos 3x + \cdots + \frac{1}{(2k-1)^2}\cos(2k-1)x + \cdots\right] \quad (-\pi \leqslant x < \pi)。$$

特别是，当 $x = \pi$ 时，有

$$\frac{\pi^2}{8} = \sum_{n=1}^{\infty}\frac{1}{(2n-1)^2} = 1 + \frac{1}{3^2} + \frac{1}{5^2} + \frac{1}{7^2} + \cdots$$

例 4　函数 $f(x)$ 在 $[-\pi, \pi)$ 上的表达式为 $f(x) = x$，将 $f(x)$ 展开成傅里叶级数。

解　将所给函数延拓成 $(-\infty, +\infty)$ 上以 2π 为周期的周期函数，它在每一点 x 处都连续(如图 6-5 所示)，因此延拓后的函数的傅里叶级数在 $[-\pi, \pi]$ 上收敛于 $f(x)$。

因为函数 $f(x) = x$ 在 $[-\pi, \pi)$ 是奇函数，故有

$$a_n = 0。$$

$$b_n = \frac{2}{\pi}\int_0^{\pi} x\sin nx\,\mathrm{d}x = (-1)^{n+1}\frac{2}{n}。$$

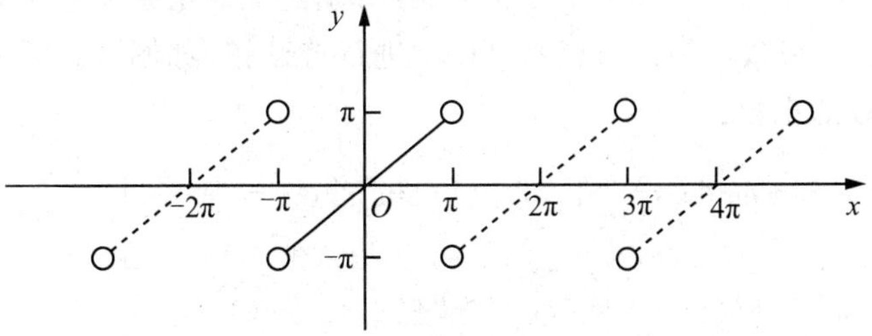

图 6-5

于是 $$x=2\left(\frac{\sin x}{1}-\frac{\sin 2x}{2}+\frac{\sin 3x}{3}-\cdots\right),\quad |x|<\pi。$$

特别是，当 $x=\frac{\pi}{2}$ 时，有

$$\frac{\pi}{4}=\sum_{n=1}^{\infty}\frac{(-1)^{n+1}}{2n-1}=1-\frac{1}{3}+\frac{1}{5}-\frac{1}{7}+\cdots$$

6.4.3 正弦级数和余弦级数

1. 正弦级数

若 $f(x)$ 是以 2π 为周期的奇函数，则 $f(x)\cos nx$ 也是奇函数，而 $f(x)\sin nx$ 是偶函数。于是，函数 $f(x)$ 的傅里叶系数

$$a_n=\frac{1}{\pi}\int_{-\pi}^{\pi}f(x)\cos nx\mathrm{d}x=0,\quad n=0,1,2,\cdots$$

$$b_n=\frac{1}{\pi}\int_{-\pi}^{\pi}f(x)\sin nx\mathrm{d}x=\frac{2}{\pi}\int_{0}^{\pi}f(x)\sin nx\mathrm{d}x,\quad n=1,2,3,\cdots$$

显然，奇函数的傅里叶级数只含有正弦函数的项，亦称正弦级数。如例 4。

2. 余弦级数

若 $f(x)$ 是以 2π 为周期的偶函数，则 $f(x)\cos nx$ 也是偶函数，而 $f(x)\sin nx$ 是奇函数。于是，函数 $f(x)$ 的傅里叶系数

$$a_n=\frac{1}{\pi}\int_{-\pi}^{\pi}f(x)\cos nx\mathrm{d}x=\frac{2}{\pi}\int_{0}^{\pi}f(x)\cos nx\mathrm{d}x,\quad n=0,1,2,\cdots$$

$$b_n=\frac{1}{\pi}\int_{-\pi}^{\pi}f(x)\sin nx\mathrm{d}x=0,\quad n=1,2,3,\cdots$$

显然，偶函数的傅里叶级数只含有余弦函数的项，亦称余弦级数。如例 3。

3. 函数的偶延拓或奇延拓

在实际应用中需要把定义在 $[0,\pi]$ 上的函数 $f(x)$ 展成傅里叶级数。我们的做法是对函数 $f(x)$ 进行偶延拓或奇延拓，即补充它在 $[-\pi,0)$ 上的定义，将函数 $f(x)$ 延拓到 $[-\pi,\pi]$，使其延拓的函数在区间 $[-\pi,\pi]$ 是偶函数或奇函数，再进行周期延拓，延拓后的函数进行傅里叶展开，将定义域限制在 $[0,\pi]$ 上就得到了 $f(x)$ 的傅里叶级数。

例 5 将函数 $f(x)=x+1(0\leqslant x\leqslant\pi)$ 分别展开成正弦级数和余弦级数。

解 先求正弦级数，为此对函数 $f(x)$ 进行奇延拓(如图 6-6 所示)，按公式计算 $f(x)$ 的正弦级数的系数：

$$b_n=\frac{2}{\pi}\int_0^{\pi}f(x)\sin nx\,\mathrm{d}x=\frac{2}{\pi}\int_0^{\pi}(x+1)\sin nx\,\mathrm{d}x=-\frac{2}{n\pi}\int_0^{\pi}(x+1)\,\mathrm{d}(\cos nx)$$

$$=-\frac{2}{n\pi}\left[(x+1)\cos nx\Big|_0^{\pi}-\int_0^{\pi}\cos nx\,\mathrm{d}x\right]$$

$$=-\frac{2}{n\pi}\left[(\pi+1)\cos n\pi-1-\frac{\sin nx}{n}\Big|_0^{\pi}\right]$$

$$=\frac{2}{n\pi}[1-(\pi+1)\cos n\pi]=\begin{cases}\dfrac{2}{\pi}\cdot\dfrac{\pi+2}{n}, & n=1,3,5,\cdots\\ -\dfrac{2}{n}, & n=0,2,4,6,\cdots\end{cases}$$

从而得到 $f(x)$ 正弦级数展开式为

$$f(x)=\frac{2}{\pi}\left[(\pi+2)\sin x-\frac{\pi}{2}\sin 2x+\frac{\pi+2}{3}\sin 3x-\frac{\pi}{4}\sin 4x+\cdots\right]\quad(0<x<\pi)。$$

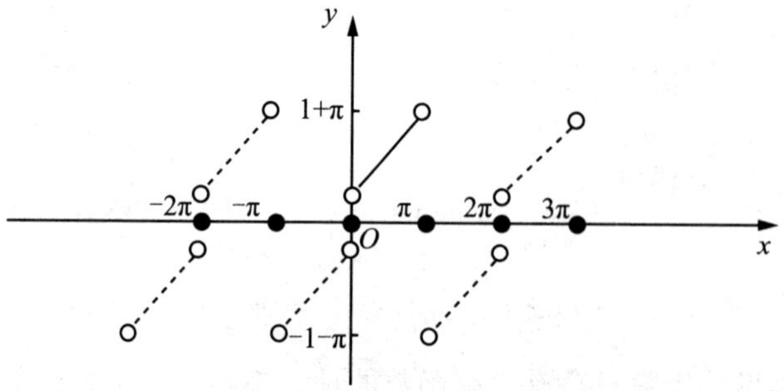

图 6-6

再求余弦级数，为此对 $f(x)$ 进行偶延拓(如图 6-7 所示)，按公式计算 $f(x)$ 的余弦级数的系数：

$$a_0=\frac{2}{\pi}\int_0^{\pi}(x+1)\,\mathrm{d}x=\frac{2}{\pi}\left(\frac{x^2}{2}+x\right)\Big|_0^{\pi}=\pi+2,$$

$$a_n=\frac{2}{\pi}\int_0^{\pi}f(x)\cos nx\,\mathrm{d}x=\frac{2}{\pi}\int_0^{\pi}(x+1)\cos nx\,\mathrm{d}x=\frac{2}{n\pi}\int_0^{\pi}(x+1)\,\mathrm{d}(\sin nx)$$

$$=\frac{2}{n\pi}\left[(x+1)\sin nx\Big|_0^{\pi}-\int_0^{\pi}\sin nx\,\mathrm{d}x\right]=\frac{2}{n^2\pi}(\cos n\pi-1)$$

$$=\begin{cases}-\dfrac{4}{n^2\pi}, & n=1,3,5,\cdots\\ 0, & n=2,4,6,\cdots\end{cases}$$

从而得到 $f(x)$ 余弦级数展开式为

$$f(x)=\frac{\pi}{2}+1-\frac{4}{\pi}\left(\cos x+\frac{1}{3^2}\cos 3x+\frac{1}{5^2}\cos 5x+\cdots\right)\quad (0\leqslant x\leqslant \pi)。$$

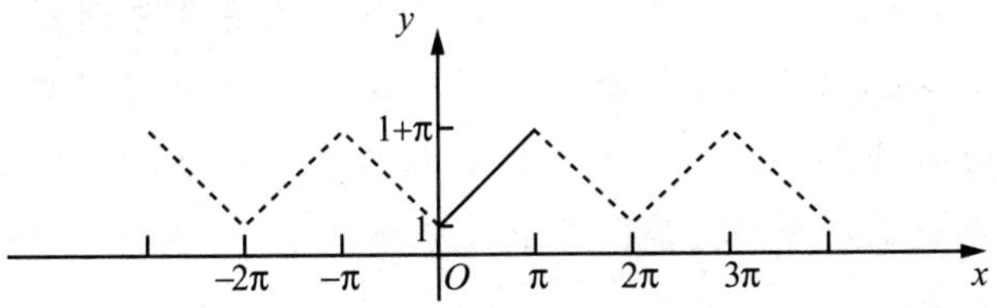

图 6-7

习 题 6.4

1. 将下列周期为 2π 的函数 $f(x)$ 展开为傅里叶级数。

(1) $f(x)=x+1(-\pi\leqslant x<\pi)$；

(2) $f(x)=\begin{cases}-1, & -\pi\leqslant x<0,\\ 1, & 0\leqslant x<\pi;\end{cases}$

(3) $f(x)=\begin{cases}0, & -\pi\leqslant x<0,\\ x, & 0\leqslant x<\pi;\end{cases}$

(4) $f(x)=x^2$，$-\pi\leqslant x<\pi$。

2. 将函数 $f(x)=x(0\leqslant x\leqslant \pi)$ 分别展开成正弦级数和余弦级数。

3. 将函数 $f(x)=\frac{\pi-x}{2}(0\leqslant x\leqslant \pi)$ 展开成正弦级数。

【数学文化赏析】

音乐中的数学

当你欣赏一首优美的乐曲时，你是否想过音乐中也有数学呢？弹三弦或拉二胡总是要手指在琴弦上有规律地上下移动，才能发出美妙的声音，假如手指胡乱地移动，便弹不成曲调了。那么，手指在琴弦上移动对发声有什么作用呢？

原来声音是否悦耳动听，与琴弦的长短有关，长度不同，发出的声音也不同。手指的上下移动，不断地改变琴弦的长度，发出的声音便高低起伏，抑扬顿挫。

相传，毕达哥拉斯一次路过一家铁匠铺，铿铿锵锵的打铁声吸引了他。那声音高高低低，富有节奏。他不禁止步不前，细心观察，原来那声音的高低变化是随着铁锤的大小和敲击的轻重而变化的。受此启发，回家后他进行了很多次试验，寻找使琴弦发声协调动听的办法。最后终于发现：乐器三弦发音的协调、和谐与否，与三弦的长度有关，而长度比为 3∶4∶6 为最佳。从此，人们便把 3、4、6 称作音乐数。毕达哥拉斯还发现，如果一根弦的长度是另一根弦长度的两倍，短弦将以长弦的两倍频率振动，那么产生的音符间隔为八度，2∶1 就对应八度音。

我们知道，振动物体对周围的空气发生作用，产生声波，声波沿各个方向传播出去，传到我们的耳朵，为我们所接受。但大部分声音，像说话或鸟叫都不是乐音。乐音通常是由弦的振动引起的，如小提琴、大提琴、吉他、钢琴等，或是由空气振动引起的，如管风琴、小号、长笛等。

音乐中使用的乐音在高度上不是任意定的，它们是按照严格的数学方法确定的，这就是“定律法”或“生律法”，具有特定高度标准和特定音高序列关系的音响，通常叫做“音律”或“乐律”，即乐音的规律。就是把一个音阶(一个八度的音，从 C 到 C^1)分成若干部分，每一部分称为一律，部分越小，音律越多，部分越大，音律越少。十二平均律的生律法是精确规定八度的比例，并把八度分成 12 个半音，使相邻两个半音的频率比是常数。设 C 的频率是 b，于是 C^1 的频率就是 $2b$，如果后、前两个相邻半音的频率之比是 a，那十二平均律，用数学公式写出来，各个半音的频率就分别是

$$b，ba，ba^2，ba^3，\cdots，ba^{12}=2b，$$

由最后一项，得 $a^{12}=2\Rightarrow a=\sqrt[12]{2}\approx 1.059463$。

考虑指数函数，设 $x=ba^t(0\leqslant t\leqslant 1)$，令 $t=\frac{1}{12}，\frac{2}{12}，\frac{3}{12}，\cdots，\frac{11}{12}$，就可以得到上面所有半音的频率，如果我们把音分得更细，仍然会得到指数函数。不知你注意到没有，钢琴的弦和风琴的管，外形轮廓都是指数曲线形(图 1)。其实，不管是弦乐器还是由空气柱发声的管乐器，它们的结构都呈指数曲线形状，原因就在于此。

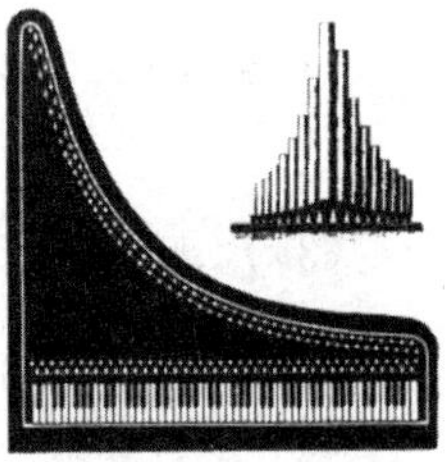

图 1　平台钢琴的弦与风琴的管

从毕达哥拉斯时代到 19 世纪，数学家和音乐家们都试图弄清音乐乐声的本质，探寻数学和音乐两者之间的联系。音阶体系和声学理论及旋律配合法得到了广泛细致的研究，并且建立了完备的体系。从数学的观点看，这一系列研究的最高成就与法国数学家傅里叶(Joseph Fourier，1768—1830)的工作分不开。他证明了，无论是噪音还是乐音，复杂的还是简单的，都可以用数学的语言给以完全的描述。

长笛、单簧管、小提琴、钢琴发出的声音各不相同，怎样从数学上给以说明呢？傅里叶的定理说，任何一个周期函数 $f(t)$ 都可以表示为形如 $A\sin(\omega t+\varphi)$ 的正弦函数之和，而且正弦函数的各项的圆频率是其中圆频率最低一项的圆频率的倍数。如果最低一项的圆频率是 ω，那么其他项的圆频率是 2ω，3ω，$\cdots$ 写成数学公式是

$$f(t)=\frac{a}{2}+\sum_{n=1}^{\infty}A_n\sin(n\omega t+\varphi_n)，$$

其中 a 是常数，这个级数叫傅里叶级数。一个周期函数可以表示成正弦函数的和，这是多么令人惊讶啊！自从有了傅里叶定理，世界上的声音一下子变得简单了，不管是雷鸣、鸟啼、人语还是钢琴的奏鸣，都可以归结为简单声音的组合。这些简单声音用数学表示就是正弦函数，人们终于认识到，世界上的声音是如此丰富，却又如此简单！

音阶的原形是频率，频率的单位是赫兹，国际标准协会于 1939 年在一次国际会议

上决定用频率为 440 赫兹的音高为标准音，这个音高被称为第一国际音高。钢琴每隔一段时间要调音，440 赫兹的音高的“*la*”(*A*) 音就成为标准音(图 2)，然后再调整其他音高。4 月 4 日是钢琴调音日，四月的英文是“April”，而 *A* 音正好又是钢琴 440 赫兹的音高，这两者不谋而合，这样一想，数字 440 仿佛都律动起来了！

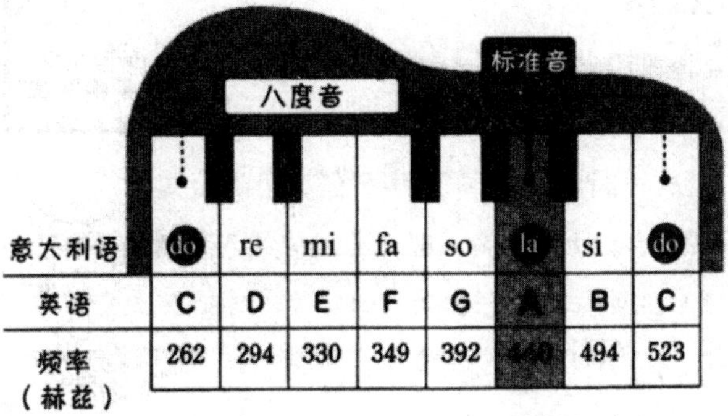

图 2　音阶(音高)与频率的关系

6.5　数学实验：MATLAB 中级数的计算

MATLAB 提供了求级数和将函数泰勒展开的命令：

symsum(s，v，a，b)　　计算表达式 s 的级数和

说明：s 为级数的通项，是一个符号表达式，v 是求和变量，v 省略时使用系统的默认变量，a 和 b 是求和的起始项和终止项。

taylor(f，n，v，a)　　将函数 f 在自变量 $v=a$ 处展开为泰勒级数，取前 n 项

说明：n 的默认值为 6，参数 a 的默认值是 0。

例 1　判断级数 $\sum\limits_{n=1}^{\infty}\dfrac{1}{(2n-1)!}$ 的敛散性。

解

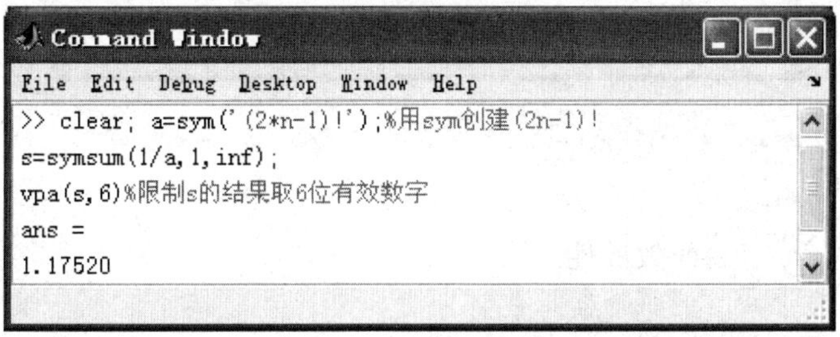

图 6-8

例 2　判断级数 $\sum\limits_{n=3}^{\infty}(-1)^n\dfrac{1}{\ln n}$ 绝对收敛还是条件收敛？

解

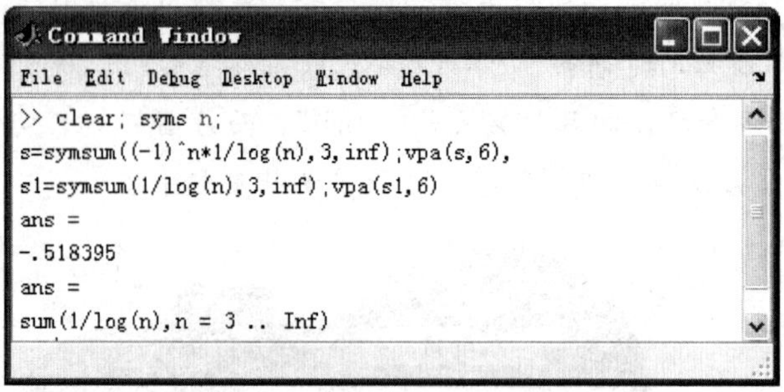

图 6-9

由上述运行结果知，级数 $\sum\limits_{n=3}^{\infty}(-1)^n\dfrac{1}{\ln n}$ 收敛，而级数 $\sum\limits_{n=3}^{\infty}\left|(-1)^n\dfrac{1}{\ln n}\right|$ 发散，所以级数 $\sum\limits_{n=3}^{\infty}(-1)^n\dfrac{1}{\ln n}$ 条件收敛。

例 3 在区间$(-1,1)$内，求幂级数 $\sum\limits_{n=0}^{\infty}(n+1)x^n$ 的和函数。

解

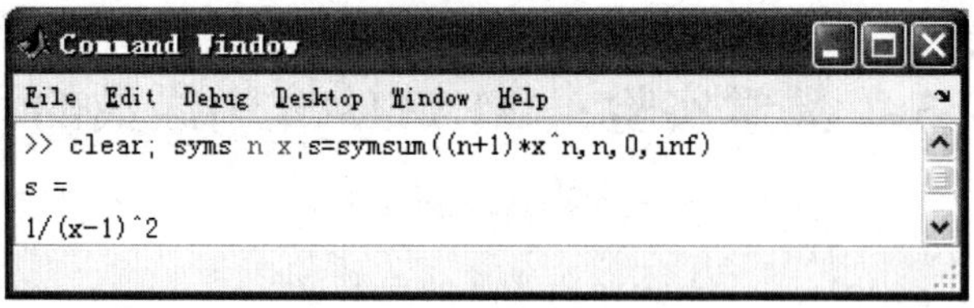

图 6-10

例 4 将函数 $f(x)=\ln\dfrac{1+x}{1-x}$ 展开成 x 的幂级数。

解

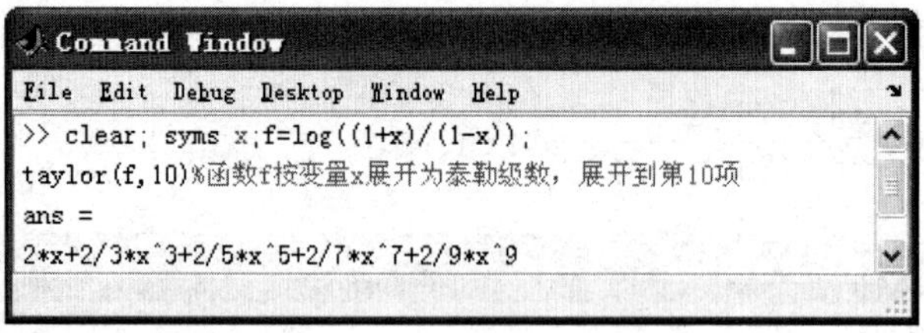

图 6-11

【实验训练 6】

1. 判断级数 $\sum\limits_{n=1}^{\infty}\dfrac{1}{n!}$ 的敛散性.

2. 求幂级数 $\sum\limits_{n=0}^{\infty}\dfrac{x^n}{n}$ 的和函数.

3. 将函数 $f(x)=e^x$ 展开成 x 的幂级数。

实验训练 6

6.6　数学建模案例：矩形脉冲谐波信号处理

1. 问题提出

在自然界、电学和工程技术中，往往会遇到各种周期函数，如 RLC 振荡电路的电压与电流、脉冲谐波信号、单摆振动、音叉振动、弹簧振动等。在研究脉冲谐波的传输、交流电对电路或周期力对机械等系统所产生的效应时，为了利用三角函数的某些性质，将各种周期函数表示成一系列三角函数的和的形式，即傅里叶级数。这样不仅能体现出周期函数的周期性，而且便于在技术上进行处理。

将电子学中的矩形脉冲谐波信号函数如图 6-12(a)

$$f(x)=\begin{cases}-1, & -\pi\leqslant x<0,\\ 1, & 0\leqslant x<\pi。\end{cases}$$

展开成傅里叶级数。

2. 建立模型

因为函数 $f(x)$ 是周期为 2π 的周期函数，它在 $[-\pi,\ \pi)$ 上的表达式为

$$f(x)=\begin{cases}-1, & -\pi\leqslant x<0,\\ 1, & 0\leqslant x<\pi。\end{cases}$$

设 $f(x)$ 能展成三角级数

$$f(x)=\frac{a_0}{2}+\sum_{n=1}^{\infty}(a_n\cos nx+b_n\sin nx),$$

对上述级数可以逐项积分。

3. 模型求解

因为 $f(x)$ 是周期为 2π 的奇函数，则

$$a_n=0(n=0,\ 1,\ 2,\ \cdots)$$

$$b_n=\frac{2}{\pi}\int_0^{\pi}f(x)\sin nx\,\mathrm{d}x=\frac{2}{\pi}\int_0^{\pi}\sin nx\,\mathrm{d}x=-\frac{2}{n\pi}\cos nx\Big|_0^{\pi}$$

$$=\frac{2}{n\pi}(1-\cos n\pi)=\begin{cases}\dfrac{4}{n\pi} & n=1,\ 3,\ 5,\ \cdots\\ 0 & n=2,\ 4,\ 6,\ \cdots\end{cases}$$

所以，$f(x)$ 的傅里叶级数展开式为

$$f(x)=\frac{4}{\pi}\left[\sin x+\frac{1}{3}\sin 3x+\frac{1}{5}\sin 5x+\cdots+\frac{1}{2n-1}\sin(2n-1)x+\cdots\right]$$

$$[x\in(-\infty,\quad+\infty),\quad x\neq k\pi,\ k\in\mathbf{Z}]。$$

所给函数在点 $x=k\pi$ 处不连续，其余点处连续，满足收敛定理条件，所以傅里叶级数收敛。当 $x=k\pi$ 时，级数收敛于 $\dfrac{f(-\pi+0)+f(\pi-0)}{2}=\dfrac{-1+1}{2}=0$，在其余

连续点收敛于 $f(x)$，其和函数如图 6-12(b)。

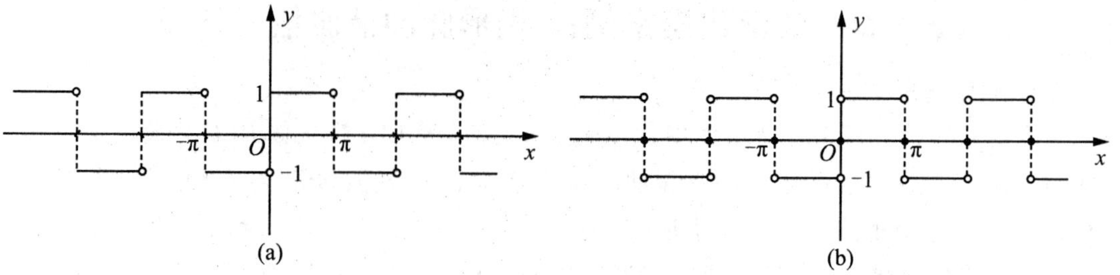

图 6-12

4. 模型评价

我们发现所求傅里叶级数和函数的图形[图 6-12(b)]和函数 $f(x)$ 图形[图 6-12(a)]在 $x=k\pi(k=0, \pm 1, \pm 2, \cdots)$ 各点处不同. 如果将矩形脉冲谐波信号函数用傅里叶级数表示，它可以用无穷个奇次谐波的和去替代。图 6-13(a)(b)(c)(d) 情形是非三角周期矩形脉冲谐波信号分别用一个、两个、三个和四个正弦波叠加的结果，即 $n=1$，$n=2$，$n=3$，$n=4$ 时，傅里叶级数部分和逼近和函数 $f(x)$ 的情形，当 n 充分大时，其误差为零。

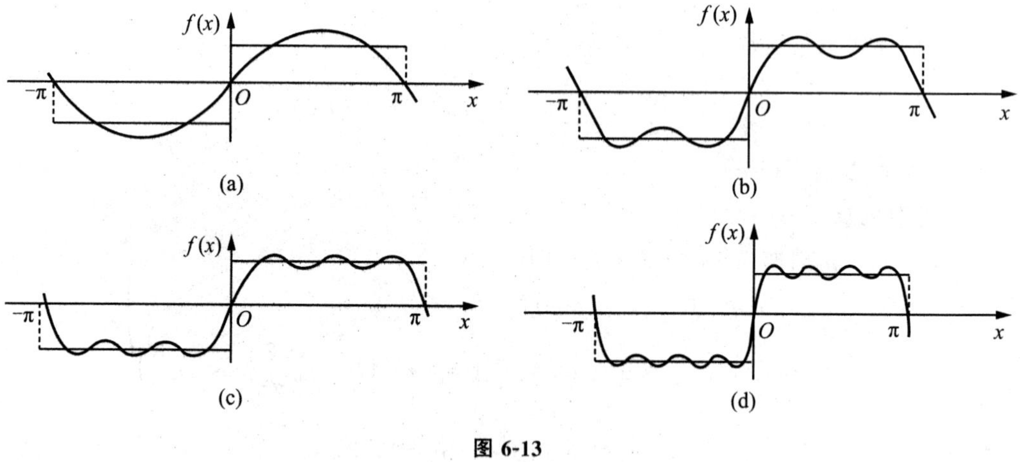

图 6-13

模型结果表明，当非三角周期矩形脉冲谐波信号分别用有限多个奇次正弦谐波信号叠加时，正弦谐波信号和非常逼近矩形脉冲谐波信号。

傅里叶级数不只局限于脉冲谐波上，而且在 RLC 振荡电路的电压与电流、简谐振动、周期力对机械等系统所产生的效应方面也有着广泛的应用价值。

本章小结

【知识框图】

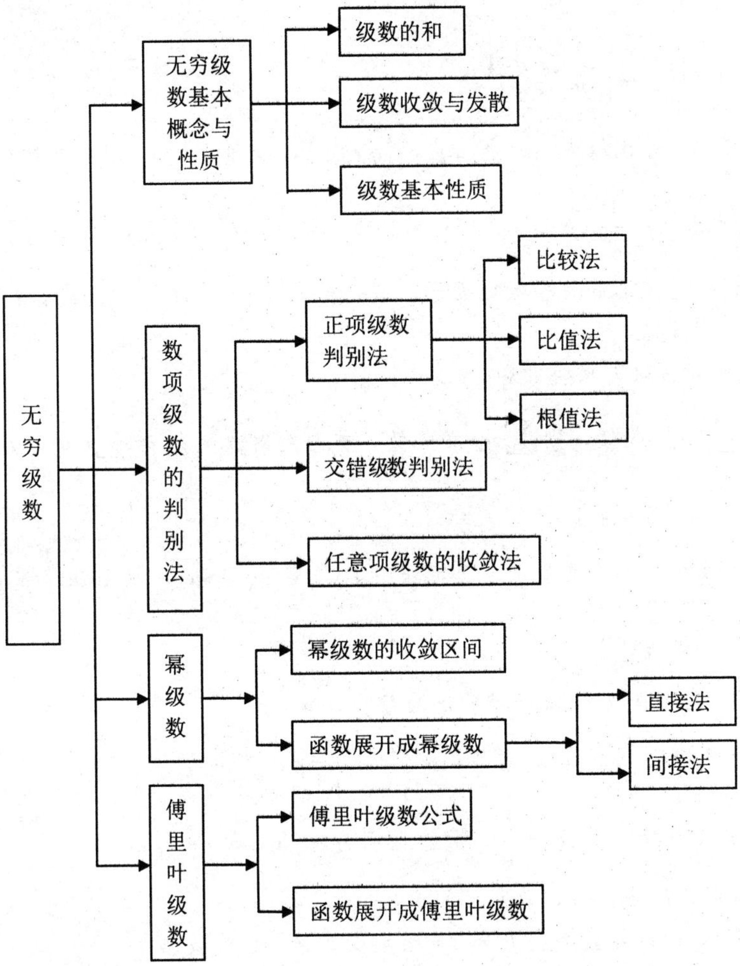

【重点难点解析】

1. 数项级数 $\sum\limits_{n=1}^{\infty} u_n$ 的部分和为 S_n，若 $\lim\limits_{n \to \infty} S_n = S$，则无穷级数收敛，$S$ 为级数的和，若 $\{S_n\}$ 无极限，则称无穷级数发散．级数收敛的必要条件是：若 $\sum\limits_{n=1}^{\infty} u_n$ 收敛，则 $\lim\limits_{n \to \infty} u_n = 0$。

2. 正项级数 $\sum\limits_{n=1}^{\infty} u_n$ 敛散性的判别

(1) 若 $\lim\limits_{n \to \infty} u_n \neq 0$，则级数 $\sum\limits_{n=1}^{\infty} u_n$ 必定发散；

(2) 如果 u_n 呈现分式，分子或分母中含有 $n!$，a^n，n^n 因子时，常用比值审敛法判别其敛散性；

(3) 如果u_n是分式，且为n的多项式的商、根式、三角函数、反三角函数等，常用比较审敛法判别其敛散性．用比较审敛法判定正项级数的敛散性时，要牢记以下级数：

① 调和级数：$\sum\limits_{n=1}^{\infty}\frac{1}{n}$，发散；

② 几何级数(等比级数)：$\sum\limits_{n=0}^{\infty}aq^n$，$|q|<1$，收敛，$|q|\geqslant 1$，发散；

③P— 级数$\sum\limits_{n=1}^{\infty}\frac{1}{n^p}(p>0)$，$p>1$时，收敛，$p\leqslant 1$时，发散。

(4) 如果u_n含有以n为指数的因子，或是形式为$[f(n)]^{g(n)}$的幂指函数，常用根值审敛法判别其敛散性。

3. 判定绝对收敛与条件收敛

(1) 若$\sum\limits_{n=1}^{\infty}|u_n|$收敛，则$\sum\limits_{n=1}^{\infty}u_n$必收敛，称为绝对收敛；若$\sum\limits_{n=1}^{\infty}|u_n|$发散，而$\sum\limits_{n=1}^{\infty}u_n$收敛，则称$\sum\limits_{n=1}^{\infty}u_n$条件收敛；

(2) 交错级数收敛性用莱布尼茨定理判定：若$u_n\geqslant u_{n+1}$且$\lim\limits_{n\to\infty}u_n=0$，则

$$\sum_{n=1}^{\infty}(-1)^{n-1}u_n\text{ 收敛。}$$

4. 求幂级数的收敛半径、收敛区间与收敛域

(1) 不缺项情形$\sum\limits_{n=0}^{\infty}a_nx^n$，若设$\lim\limits_{n\to\infty}\left|\frac{a_{n+1}}{a_n}\right|=\rho$，

当$0<\rho<+\infty$时，$R=\frac{1}{\rho}$，收敛区间为$(-R, R)$；

当$\rho=0$时，$R=+\infty$，收敛区间为$(-\infty, \infty)$；

当$\rho=+\infty$时，收敛半径$R=0$，级数仅在$x=0$收敛。

(2) 缺项情形，如$\sum\limits_{n=0}^{\infty}a_nx^{2n-1}$，只需将后项与前项绝对值相比，取极限，若设$\lim\limits_{n\to\infty}\left|\frac{u_{n+1}}{u_n}\right|=\lim\limits_{n\to\infty}\left|\frac{a_{n+1}x^{2n+1}}{a_nx^{2n-1}}\right|=\lim\limits_{n\to\infty}\left|\frac{a_{n+1}}{a_n}\right|x^2=\rho x^2$，则当$\rho x^2<1$时，原级数绝对收敛；当$\rho x^2>1$时，原级数发散。

当$0<\rho<+\infty$时，$R=\frac{1}{\sqrt{\rho}}$，收敛区间为$(-R, R)$；

当$\rho=0$时，$R=+\infty$，收敛区间为$(-\infty, +\infty)$；

当$\rho=+\infty$时，收敛半径$R=0$，级数仅在$x=0$处收敛。

5. 求幂级数的和函数

(1) 求出给定级数的收敛域；

(2) 通过逐项积分或微分将给定的幂级数化为常见函数展开式的形式，从而得到新级数的和函数。

6. 将函数展开为 x 或$(x-x_0)$ 的幂级数

通常采用间接展开法，需要记住 e^x，$\sin x$，$\cos x$，$\frac{1}{1-x}$，$\ln(1+x)$，$(1+x)^m$ 的展开式，以此作为公式使用，将所要展开的函数作恒等变形或求导、积分化为上述标准公式中的函数形式后间接展开。

7. 傅里叶级数

周期为 2π 的函数 $f(x)$ 展开为傅里叶级数

设 $f(x)$ 是周期为 2π 的函数，则 $f(x)$ 的傅里叶系数的公式为

$$a_0=\frac{1}{\pi}\int_{-\pi}^{\pi} f(x)\mathrm{d}x,$$

$$a_n=\frac{1}{\pi}\int_{-\pi}^{\pi} f(x)\cos nx\mathrm{d}x\,(n=0,1,2,3,\cdots),$$

$$b_n=\frac{1}{\pi}\int_{-\pi}^{\pi} f(x)\sin nx\mathrm{d}x\,(n=0,1,2,3,\cdots)。$$

由 $f(x)$ 的傅里叶系数所确定的三角级数 $\frac{a_0}{2}+\sum_{n=1}^{\infty}(a_n\cos nx+b_n\sin nx)$ 称为函数 $f(x)$ 的傅里叶级数。

8. 傅里叶级数与幂级数的关系

傅里叶级数的结构与幂级数不同，它的各项均为正弦级数或余弦级数，它们都是周期函数，因此，傅里叶级数能呈现出函数的周期性，而幂级数则不能。正因为这样傅里叶级数对振动和电子信号等周期性现象的研究具有非常重要的意义。

一个函数的傅里叶级数展开的条件要比幂级数展开的条件低得多，只需满足收敛定理的条件即可．但是它的收敛域比较复杂，逐项求导和逐项积分需要附加很强的条件。而幂级数的收敛域是区间，系数计算相对简单，最重要的是幂级数在收敛域内不仅可以进行加法、乘法运算还能进行微分、积分等运算。

>>> 复习题6

1. 判别下列级数的敛散性。

(1) $\sum_{n=1}^{\infty}\sin\frac{1}{n^2}$；　(2) $\sum_{n=1}^{\infty}\ln(1+\frac{1}{n})$；　(3) $\sum_{n=1}^{\infty}\frac{n!}{n^n}$；　(4) $\sum_{n=1}^{\infty}(\frac{2n+1}{3n-2})^{2n+1}$。

2. 判别下列级数是绝对收敛，条件收敛，还是发散。

(1) $1-\frac{1}{\sqrt{2}}+\frac{1}{\sqrt{3}}-\frac{1}{\sqrt{4}}+\cdots$

(2) $\sum_{n=1}^{\infty}(-1)^n\frac{n}{3^{n-1}}$；

(3) $\sum_{n=1}^{\infty}(-1)^n\frac{1}{3\cdot 2^n}$。

3. 求下列幂级数的收敛域。

(1) $\sum_{n=1}^{\infty}(-1)^n \frac{1}{2^n n!}x^n$；　　(2) $\sum_{n=0}^{\infty}\frac{(x-1)^n}{\sqrt{n}}$。

4. 在区间$(-1, 1)$内求幂级数 $\sum_{n=1}^{\infty}\frac{x^{n+1}}{n}$ 的和函数。

5. 将函数 $f(x)=\frac{1}{x^2+3x+2}$ 展开成$(x+4)$的幂级数。

6. 将 $f(x)=x^2$ 在 $[-\pi, \pi]$ 上展开为傅里叶级数，并由此推导等式

$$\sum_{n=1}^{\infty}(-1)^{n+1}\frac{1}{n^2}=\frac{\pi^2}{12}。$$

大作业： 讨论生活中的一个有趣的问题——“分针和时针何时重合”. 一个时钟的分针，在下午一点与两点之间的什么时候，恰好与时针重合?

习题参考答案

习　题　1.1

1. (1) 不相同；(2) 不相同；(3) 不相同；(4) 相同。

2. (1)$[0, 3]$；(2)$(5, 6)\cup(6, +\infty)$；(3)$(-2, -1)\cup(-1, 3]$；
(4)$[-1, 3]$。

3. 3，$\frac{a-1}{a+1}$，$\frac{1-a}{1+a}$，$\frac{a+h-1}{a+h+1}$。

4. (1) 偶函数；(2) 非奇非偶；(3) 奇函数。

5. (1)$y=u^3$，$u=2x-1$；(2)$y=2^u$，$u=v^3$，$v=\sin x$；
(3)$y=\lg u$，$u=\cos v$，$v=x^2-1$；(4)$y=u^{\frac{1}{2}}$，$u=\ln v$，$v=\ln w$，$w=x^{\frac{1}{2}}$。

6. $9x+14$。

7. 0。

8. $l=\frac{2A}{x}+x+\frac{\pi}{4}x$。

9. $y=l\tan \omega t$。

习　题　1.2

1. (1)0；(2)$-\infty$；(3)0；(4)0。

2. (1)0；(2)0；(3)1；(4)2。

3. 0，2，不存在。

习　题　1.3

1. 略。

2. (1)0；(2)0。

3. (1) $\frac{1}{2}$；(2) $\frac{3}{5}$。

4. 2。

习　题　1.4

1. (1)-5；(2)0；(3)2；(4)$-\frac{1}{2}$；(5)0；(6) $\frac{3}{5}$；(7)-2；(8)3。

2. $a=6$。

习　题　1.5

1. (1)3；(2)1；(3)1；(4)1；(5)e^{-2}；(6)e^3；(7)e^{-2}；(8)e。

2. $k=2$。

3. $k=-2$。

4. $A_1=100e^{0.08}\approx 108.327$(元)。

习　题　1.6

1. (1)$x=-1$，第二类间断点；(2)$x=0$，第一类跳跃间断点；
(3)$x=1$，第一类可去间断点；(4)$x=0$，第一类间断点。

2. 2。

3. (1) $\sqrt{6}$；(2)0；(3) $\frac{\pi}{4}$；(4)0。

4. 略。

复习题 1

1. (1) $[0, 1)$；(2)$\left(-\frac{\pi}{2}+2k\pi, \frac{\pi}{2}+2k\pi\right)$，$(k\in\mathbf{Z})$；(3)$(1, 5]$；(4)$[-1, 2]$。

2. $\{x \mid 2k\pi\leqslant x\leqslant(2k+1)\pi(k\in\mathbf{Z})\}$。

3. (1) 既非奇函数也非偶函数；(2) 奇函数。

4. (1)$f(x)=x^2+x+3$；(2)100，3。

5. (1)$y=\cos u$，$u=v^{-1}$，$v=x+1$；
(2)$y=2^u$，$u=\sin v$，$v=x^3$；
(3)$y=u^2$，$u=\lg v$，$v=\arccos\omega$，$\omega=x^5$；
(4)$y=\sqrt{u}$，$u=\ln v$，$v=\tan\omega$；$\omega=x^2$。

6. (1) 当 $x\to-2$，是无穷大；当 $x\to 3$，是无穷小；
(2) 当 $x\to 0^+$，是无穷大；当 $x\to 0^-$，是无穷小。

7. (1)2；(2)0；(3) $\sqrt{2}$；(4) -3；(5)e^3；(6)e^2；(7)e^4；(8)e^2；(9)e^{-3}；(10) $\frac{1}{6}$。

8. -2。

9. 0。

10. 不存在。

11. (1)$f(x)$ 在 $x=0$ 处连续；(2)$f(x)$ 在 $x=0$ 处连续。

12. (1)$k=2$；(2)$k=-1$。

13. $(-\infty, 0)\cup(0, +\infty)$。

14. (1)$x=\frac{\pi}{2}+k\pi(k\in\mathbf{Z})$，第二类间断点，$x=0$，第一类可去间断点；
(2)$x=0$，第一类跳跃间断点；
(3)$x=1$，第二类间断点，$x=2$，第一类可去间断点。

15. 略。

16. $a=1$，$k=2$。

17. 水费 y 与用水量 x 之间关系的数学模型为分段函数

$$y=\begin{cases}2.30x, & 0\leqslant x\leqslant 10,\\ 23+2.70(x-10), & 10<x\leqslant 60.\end{cases}\quad y\big|_{x=30}=77(\text{元})。$$

习　题　2.1

1. (1) $\frac{1}{2\sqrt{x}}$；　(2) -1。

2. $3x-y-2=0$，$x+3y-4=0$。

3. (1) $5x^4$；(2) $\frac{1}{3}x^{-\frac{2}{3}}$；(3) $-\frac{1}{3}x^{-\frac{4}{3}}$。

4. $\rho(x_0)=\lim\limits_{\Delta x\to 0}\frac{m(x_0+\Delta x)-m(x_0)}{\Delta x}=\frac{\mathrm{d}m}{\mathrm{d}x}\bigg|_{x=x_0}$。

习　题　2.2

1. (1) $y'=3-\frac{1}{x^2}$；　(2) $y'=3^x\ln 3+\frac{1}{x\ln 2}$；

(3) $y'=3x^2\cos x-x^3\sin x$；　(4) $y'=\mathrm{e}^x\ln x+\frac{\mathrm{e}^x}{x}$；

(5) $y'=\frac{2}{(x+1)^2}$；　(6) $y'=\frac{(1+x^2)\sec^2 x-2x\tan x}{(1+x^2)^2}$。

2. (1) -1；　(2) $\frac{8}{(2+\pi)^2}$。

3. (1) $y''=\frac{1}{x}$；　(2) $y''=2\left(\arctan x+\frac{x}{1+x^2}\right)$；

(3) $y''(1)=4+\frac{1}{\mathrm{e}}$；　(4) $f''(2)=2\ln 2+3$。

4. $v=3t^2+2$，$v|_{t=2}=14(\mathrm{m/s})$；　$a=6t$，$a|_{t=2}=12(\mathrm{m/s^2})$。

习　题　2.3

1. (1) $y'=8x+4$；　(2) $y'=\frac{3\ln^2 x}{x}$；

(3) $y'=-\frac{x}{\sqrt{1-x^2}}$；　(4) $y'=\sin 2x\,\mathrm{e}^{\sin^2 x}$；

(5) $y'=\frac{2\arcsin x}{\sqrt{1-x^2}}$；　(6) $y'=(2x+1)\mathrm{e}^{x^2+x+1}$；

(7) $y'=-\frac{2}{\sqrt{1-4x^2}}$；　(8) $y'=\frac{\cot x}{\ln 2}$。

2. 6 cm/h。

习　题　2.4

1. (1) $y'=\frac{y-x^2}{y^2-x}$；　(2) $y'=-\frac{y}{1+x+\mathrm{e}^y}$；

(3) $y'=-\sqrt{\frac{y}{x}}$；　(4) $y'=\frac{\mathrm{e}^y}{1-x\mathrm{e}^y}$。

2. (1) $y'=x^{\sin x}\left(\cos x\ln x+\frac{1}{x}\sin x\right)$；

(2) $y'=\frac{(2x+3)\sqrt[4]{x-6}}{\sqrt[3]{x+1}}\left[\frac{2}{2x+3}+\frac{1}{4(x-6)}-\frac{1}{3(x+1)}\right]$。

3. (1) $\frac{dy}{dx}=-\cot t$；　(2) $\frac{dy}{dx}=\frac{1}{2t}-\frac{3t}{2}$。

4. $4x+2y-3\sqrt{3}=0$。

习　题　2.5

1. (1) $dy=(\sin 2x+2x\cos 2x-\sin x)dx$；(2) $dy=3\cot(3x)dx$；

(3) $dy=\frac{dx}{4\sqrt{x}(1+x)}$；　(4) $dy=-e^{-x}(\cos x+\sin x)dx$；

(5) $dy=\frac{y^2-e^x}{\cos y-2xy}dx$；　(6) $dy=e^{-x}(-x^2+4x-7)dx$。

2. $30.301\ m^3$，$30\ m^3$。

3. $8\pi cm^3$。

习　题　2.6

1. (1) 不满足；　(2) 不满足；

(3) 不满足；　(4) 满足，$\xi=k\pi+\frac{\pi}{2}$，$k\in\mathbf{Z}$。

2. (1) 满足，$\xi=\frac{1}{\ln 2}-1$；　(2) 满足，$\xi=\frac{2\sqrt{3}}{3}$。

3. 证明略。

4. 证明略。

5. (1) $\frac{0}{0}$型；　8；　(2) $\frac{0}{0}$型；　∞；

(3) $\frac{\infty}{\infty}$型；　0；　(4) $\frac{\infty}{\infty}$型；　$+\infty$。

6. (1) $-\frac{1}{6}$；　(2) 1；　(3) 1；　(4) $\frac{1}{2}$；　(5) 1；　(6) 0。

习　题　2.7

1. (1) 单调减区间$\left(-\infty,\ \frac{5}{2}\right)$，单调增区间$\left(\frac{5}{2},\ +\infty\right)$；

(2) $(-\infty,\ 0)$，$\left(\frac{2}{5},\ +\infty\right)$是单调增区间，$\left(0,\ \frac{2}{5}\right)$是单调减区间；

(3) $\left(0,\ \frac{1}{2}\right)$是单调减区间，$\left(\frac{1}{2},\ +\infty\right)$是单调增区间；

(4) $(-2,\ 0)\cup(0,\ 2)$是单调减区间，$(-\infty,\ -2)$和$(2,\ +\infty)$是单调增区间。

2. (1) 上凹区间$(1,\ +\infty)$，下凹区间$(-\infty,\ 1)$，拐点$(1,\ -3)$；

(2) 上凹区间$(-\infty,\ 4)$，下凹区间$(4,\ +\infty)$，拐点$(4,\ 2)$。

3. 单调递减且上凹。

习　题　2.8

1. (1) 不正确；(2) 正确。

2. (1)$(-\infty, -1)$和$(3, +\infty)$是单调增区间，$(-1, 3)$是单调减区间，极大值$f(-1)=6$，极小值$f(3)=-26$，$(-\infty, 1)$下凹，$(1, +\infty)$上凹，拐点$(1, -10)$；
(2)$(1, +\infty)$是单调增区间，$(0, 1)$是单调减区间，极小值$f(1)=1$，上凹，无拐点。

3. (1) 最大值$f(-2)=35$，最小值$f\left(\frac{3}{2}\right)=\frac{21}{16}$；
(2) 最大值$f(3)=28$，最小值$f(-1)=0$；
(3) 最大值$f(4)=8$，最小值$f(0)=0$。

4. $a=4$。

5. 长 18 m，宽 12 m。

6. $\frac{a}{6}$。

习　题　2.9

1. (1) 水平渐近线$y=1$，铅垂渐近线$x=2$；
(2) 水平渐近线$y=0$；
(3) 水平渐近线$y=1$，铅垂渐近线$x=\pm 1$；
(4) 水平渐近线$y=-3$。

2. 略。

3. $K\big|_{x=0}\approx\frac{pl}{EI}$，$K\big|_{x=\frac{l}{2}}\approx\frac{pl}{2EI}$，$K\big|_{x=l}=0$。

复习题 2

1. $-2f'(x_0)$。

2. $\frac{1}{2}$。

3. $a=2$，$b=-1$。

4. 连续但不可导。

5. $x+2y-8=0$，$2x-y-1=0$。

6. $y=2$，$y=4x+5$。

7. (1)$y'=6\tan^2 2x\sec^2 2x$；　(2)$y'=-\frac{3x^2}{2(1-x^3)}$；

(3) $\frac{1+5x^3}{-2x\sqrt{x}}$；　(4) $\frac{7}{8\sqrt[8]{x}}$；

(5) $\frac{1}{2\sqrt{x}}\sin 2(1+\sqrt{x})$；　(6) $\frac{1}{x\ln x\ln\ln x}$；

(7) $\frac{-1}{\sqrt{2x-x^2}}$；　(8) $\frac{1}{x(1+\ln^2 x)}$；

(9) $\dfrac{\sqrt{2x+1}}{(x^2+1)^2 e^{\sqrt{x}}}\cdot\left(\dfrac{1}{2x+1}-\dfrac{4x}{x^2+1}-\dfrac{1}{2\sqrt{x}}\right)$；

(10) $(\sin x)^{\cos x}(-\sin x\ln\sin x+\cos x\cot x)$。

8. (1) $\dfrac{dy}{dx}=\dfrac{y+e^x}{e^y-x}$； (2) $y'=\dfrac{e^{x+y}-y}{x-e^{x+y}}$。

9. (1) $\dfrac{e^x}{f(e^x)}f'(e^x)$； (2) $f'(e^x\sin x)(e^x\sin x+e^x\cos x)$。

10. (1) $dy=(\sin 2x+2x\cos 2x)dx$； (2) $dy=\dfrac{(1-x^2)}{(1+x^2)^2}dx$；

(3) $dy=\dfrac{2\ln(1-x)}{x-1}dx$； (4) $dy=e^x(\cos x-\sin x)dx$；

(5) $dy=\dfrac{-y}{e^y+x}dx$； (6) $dy=\dfrac{y^2-e^x}{\cos y-2xy}dx$。

11. (1) $\dfrac{-2-2x^2}{(1-x^2)^2}$； (2) $f'''(0)=-8$； (3) $y^{(n)}=(-1)^{n-1}(n-1)!\ x^{-n}$。

12. $f(x)$ 在 $x=0$ 处不可导； $f(x)$ 在 $x=1$ 处可导且 $f'(1)=2$； $f(x)$ 在 $x=2$ 处不可导。

13. $f'(0)=u|_{x=0}=(0-1)(0-2)\cdots(0-99)=-99!$。

14. 10 cm^2/s。

15. $2\pi R_0 h$。

16. 略。

17. (1) 不满足； (2) $\xi=0$。

18. (1) $\xi=1$； (2) $\xi=e-1$。

19. 略。

20. (1)2； (2)∞； (3)0； (4)0； (5)4； (6) $\dfrac{1}{2}$； (7)0； (8)e^{-1}。

21. (1)1； (2) 否，不满足洛必达法则的条件。

22. (1)$(-\infty,\ -1)$，$(3,\ +\infty)$ 是单调增区间，$(-1,\ 3)$ 是单调减区间；

(2)$(-\infty,\ -2)$，$(2,\ +\infty)$ 是单调增区间，$(-2,\ 0)(0,\ 2)$ 是单调减区间。

23. (1) 上凹区间$\left(\dfrac{1}{3},\ +\infty\right)$； 下凹区间$\left(-\infty,\ \dfrac{1}{3}\right)$； 拐点$\left(\dfrac{1}{3},\ \dfrac{16}{27}\right)$；

(2) 上凹区间$(-1,\ 1)$； 下凹区间$(-\infty,\ -1)$，$(1,\ +\infty)$； 拐点$(1,\ \ln 2)$，$(-1,\ \ln 2)$。

24. (1) 水平渐近线 $y=0$，铅垂渐近线 $x=2$； (2) 水平渐近线 $y=0$；

(3) 水平渐近线 $y=0$，铅垂渐近线 $x=-1$； (4)$x=-1$。

25. (1) 极大值 $f\left(\dfrac{1}{2}\right)=2\dfrac{1}{4}$； (2) 极小值 $f(0)=0$。

26. $p=-8$。

27. $a=2$，$\sqrt{3}$。

28. $(-1, 1)$ 是单调增区间；$(-\infty, -1)$，$(1, +\infty)$ 是单调减区间；极大值 $f(1)=2$，极小值 $f(-1)=-2$；上凹区间 $(-\infty, 0)$；下凹区间 $(0, +\infty)$，拐点 $(0, 0)$。

29. $y=-x^3+3x$。

30. (1) 最大值 $f(10)=66$，最小值 $f(2)=2$；

(2) 最大值 $f\left(-\dfrac{1}{2}\right)=\dfrac{1}{2}$，最小值 $f(0)=0$；

(3) 最大值 $f(0)=0$，最小值 $f(-2)=-7\sqrt[3]{4}$。

31. $h=\dfrac{20}{\sqrt{3}}$。

32. 当半径 $x=\dfrac{l}{4}$ 时，面积最大，为 $\dfrac{l^2}{16}$。（提示：半径 x，弧长 $l-2x$，面积 $y=\dfrac{1}{2}x(l-2x)$）

33. $r=h=\sqrt[3]{\dfrac{V}{\pi}}$。

习　题　3.1

1. $A=\int_1^2 \ln x\,\mathrm{d}x$。

2. (1)1；(2) $\dfrac{1}{2}\pi a^2$；(3) $-\dfrac{1}{2}$；(4)0。

3. (1) $\geqslant$；(2) $=$；(3) $\geqslant$；(4) $\geqslant$。

4. $2\mathrm{e}^{-\frac{1}{4}}\leqslant\int_0^2 \mathrm{e}^{x^2-x}\,\mathrm{d}x\leqslant 2\mathrm{e}^2$

习　题　3.2

1. $\int f(x)\mathrm{d}x=x^3-\mathrm{e}^x+C$。

2. $y=\dfrac{1}{\ln 2}(2^x-1)$。

3. $\dfrac{1}{2x^2}+C$。

4. (1) $\dfrac{2}{3}\arctan x+\dfrac{4}{3}\arcsin x+C$；　(2) $\dfrac{6^x\mathrm{e}^{2x}}{2+\ln 6}+C$；　(3) $\sin x-\cos x+C$；

(4) $\tan x-\sec x+C$；　(5) $\mathrm{e}^x-\ln|x|+C$；　(6) $\dfrac{2^x}{\ln 2}+\dfrac{1}{3}x^3+C$；

(7) $x-\arctan x+C$；　(8) $\dfrac{1}{2}x-\dfrac{1}{2}\sin x+C$。

习　题　3.3

1. (1) $\ln 2+6$；(2) $\dfrac{\pi}{2}$；(3) $-\dfrac{2}{3}+\dfrac{\pi}{4}$；(4) $\dfrac{1}{3}a^{\frac{3}{2}}$。

2. (1) $\frac{11}{6}$； (2)$2(\sqrt{2}-1)$。

3. (1) $\frac{\sin\sqrt{x}}{2x}$； (2) $-\cos x - x^2 + 3x$ 。

4. (1)$2x+\frac{1}{x}$； (2)$2x\cos x^2$。

5. (1) $-\frac{1}{6}$； (2)e。

习　题　3.4

1. (1) $\frac{1}{57}(3x+1)^{19}+C$； (2) $\frac{1}{3}(1+x^2)^{\frac{3}{2}}+C$； (3)$\ln(2+e^x)+C$； (4)$2\sin\sqrt{x}+C$；

(5)$\arctan(\ln x)+C$； (6)$\tan\frac{x}{2}+C$； (7) $\frac{2}{\sqrt{\cos x}}+C$； (8) $\frac{1}{4}\arctan\frac{x}{4}+C$；

(9) $\frac{1}{2}e^{x^2}+C$； (10) $\frac{5}{24}$； (11) $\frac{1}{2}(1-\ln 2)$； (12)2。

2. (1) $\sqrt{2x}-\ln(1+\sqrt{2x})+C$； (2)$2\left[\sqrt{1+x}-\ln\left|\sqrt{1+x}+1\right|\right]+C$；

(3) $\frac{6}{7}x\sqrt[6]{x}-\frac{6}{5}\sqrt[6]{x^5}+2\sqrt{x}-6\sqrt[6]{x}+6\arctan(\sqrt[6]{x})+C$； (4) $\frac{1}{2}\ln\left|\frac{2-\sqrt{4-x^2}}{x}\right|+C$；

(5)$\ln\left|x+\sqrt{x^2-9}\right|-\frac{\sqrt{x^2-9}}{x}+C$； (6) $\frac{1}{2}\arctan x-\frac{1}{2}\cdot\frac{x}{1+x^2}+C$；

(7) $\frac{\sqrt{3}}{3}$； (8) $\frac{2}{375}(3\sqrt{3}-7)$； (9) $-\ln 3-2\ln(\sqrt{2}-1)$； (10) $\frac{\pi}{12}$。

习　题　3.5

1. (1) $\frac{1}{2}xe^{2x}-\frac{1}{4}e^{2x}+C$； (2)$2\sqrt{x}\ln x-4\sqrt{x}+C$；

(3)$x\arcsin x+\sqrt{(1-x^2)}+C$； (4)$x\ln(1+x^2)-2x+2\arctan x+C$；

(5) $-2\sqrt{x}\cos\sqrt{x}+2\sin\sqrt{x}+C$； (6) $\frac{1}{2}e^x(\sin x-\cos x)+C$。

2. (1)2； (2) $\frac{\sqrt{3}}{3}\pi-\ln 2$； (3) $\frac{\pi}{2}$； (4)$2-\frac{2}{e}$。

习　题　3.6

1. (1) $\frac{\pi}{4}$； (2)1； (3) $\frac{1}{2}$； (4)1。

2. 当 $k>1$ 时，此广义积分收敛； 当 $k\leqslant 1$ 时，此广义积分发散。

习　题　3.7

1. (1) $\frac{1}{3}$；(2) $\frac{9}{2}$；(3)2；(4)$4-\ln 3$；(5)18；(6) $\frac{9}{2}$。

2. $\frac{38}{15}\pi$。

3. $\frac{\pi^2}{2}$；$2\pi^2$。

4. $\int_0^{0.06} 200x\,dx = 0.36(\mathrm{J})$。

5. $\int_{-r}^{r} \rho g(h-y)\cdot 2\sqrt{r^2-y^2}\,dy = \rho g h(\pi r^2)$。

6. $\int_3^{30} 9.8\times 10^5 \pi x\,dx \approx 1.37\times 10^9(\mathrm{J})$。

复习题 3

1. $y=1+\ln x$。

2. 略。

3. (1) $\frac{1}{1+x^2}$；(2) $-e^{2x}\cdot\sin x$。

4. (1) $\frac{1}{3}x^3+\frac{1}{\ln 2}2^x-2\ln|x|+C$；(2) $2x^{\frac{1}{2}}-\frac{4}{3}x^{\frac{3}{2}}+\frac{2}{5}x^{\frac{5}{2}}+C$；

(3) $\tan x-x+C$；(4) $\tan x-\cot x+C$。

5. (1) $\frac{3}{8}$；(2) $-\frac{3}{2}$；(3) $\frac{\pi}{3}$；(4) $\frac{5}{2}$。

6. (1) $-\frac{1}{2(2x-3)}+C$；(2) $-2\cos\sqrt{x}+C$；(3) $\frac{1}{2}(\arcsin x)^2+C$；

(4) $3(1-e^{-\frac{1}{3}})$；(5) $\frac{1}{5}$；(6) -1。

7. (1) $-2[\sqrt{3-x}-\ln(1+\sqrt{3-x})]+C$；(2) $\sqrt{x^2-4}-2\arccos\frac{2}{x}+C$；

(3) $\frac{3}{2}+3\ln\frac{3}{2}$；(4) $\frac{\pi}{12}$。

8. (1) $x\cdot\arccos x-\sqrt{1-x^2}+C$；(2) $-x\cos x+\sin x+C$；

(3) $-\frac{x}{1+x}e^x+e^x+C$；(4) $\frac{e^2+1}{4}$；

(5) $5-5e^{-4}$；(6) $\frac{\pi}{4}-\frac{1}{2}\ln 2$。

9. (1) $\frac{4}{3}$；(2)1。

10. $\frac{3\pi}{10}$。

11. $\int_0^5 9.8\pi \cdot 3^2 \cdot x\,dx \approx 3462$(kJ)。

12. $\int_0^{20} r(t)\,dt = \int_0^{20} 161e^{0.07t}\,dt \approx 7027$(亿桶)。

习　题　4.1

1. $(x, y, -z)$，$(-x, -y, -z)$。

2. $2x - y - z = 0$。

3. $14x + 9y - z - 15 = 0$。

4. (1) 平面；(2) 圆柱面；(3) 双曲柱面；(4) 抛物柱面。

5. $z = x^2 + y^2$。

6. $z^2 = a^2(x^2 + y^2)$。

习　题　4.2

1. 1。

2. $xy + 2x + 4y$。

3. 7。

4. $\{(x, y) \mid 1 < x^2 + y^2 \leqslant 4\}$，图形略。

习　题　4.3

1. (1) $\frac{\partial z}{\partial x} = 10x$，$\frac{\partial z}{\partial y} = -3$；　(2) $\frac{\partial z}{\partial x} = -\frac{y}{x^2 + y^2}$，$\frac{\partial z}{\partial y} = \frac{x}{x^2 + y^2}$；

(3) $\frac{\partial z}{\partial x} = \frac{1}{x}$，$\frac{\partial z}{\partial y} = \frac{1}{y}$；　(4) $\frac{\partial u}{\partial x} = y + z$，$\frac{\partial u}{\partial y} = x + z$，$\frac{\partial u}{\partial z} = y + x$。

2. (1)18，16；(2)e，sin1；(3)1；(4) $\frac{1}{3}$，$\frac{2}{3}$。

3. (1)$z''_{xx} = 56x^6e^y$，$z''_{yy} = x^8e^y$，$z''_{xy} = z''_{yx} = 8x^7e^y$；

(2)$z''_{xx} = -4\sin(2x + 3y)$，$z''_{yy} = -9\sin(2x + 3y)$，$z''_{xy} = z''_{yx} = -6\sin(2x + 3y)$；

(3)$z''_{xx} = y^x \ln^2 y$，$z''_{yy} = x(x-1)y^{x-2}$，$z''_{xy} = z''_{yx} = y^{x-1}(1 + x\ln y)$；

(4)$z''_{xx} = 2y^3$，$z''_{yy} = 6yx^2$，$z''_{xy} = z''_{yx} = 6xy^2$。

习　题　4.4

1. (1)$dz = (3x^2y + y^3)dx + (x^3 + 3xy^2)dy$；　(2)$dz = \left(1 + \frac{1}{2}\cos\frac{x}{2}\right)dx + e^y dy$；

(3)$dz = (2xy^2 + 3x^2)dx + (2x^2y + 4y^3)dy$；　(4)$du = 2dx + 3dy + 4dz$。

2. (1)$dz|_{(1,e)} = 2dx + \frac{1}{e}dy$；　(2)$dz|_{(1,-1)} = -2dx + 2dy$。

3. -0.119，-0.125。

4. 约 0.96。

5. $-40\pi \text{cm}^3$。

习　题　4.5

1. 在点(1，0) 处取得极小值 -1。

2. 极大值 $z(0, 0)=0$；点(2，0)不是极值点。

3. 当长、宽、高都为 10 m 时用料最省。

4. 长和宽为 6 m，高为 3 m。

5. 长和宽为 2 m，高为 9/8 m。

习　题　4.6

1. π。

2. (1)$\iint\limits_D (x+y)^2 d\sigma \geqslant \iint\limits_D (x+y)^3 d\sigma$；

(2)$\iint\limits_D \ln(x+y) d\sigma \leqslant \iint\limits_D [\ln(x+y)]^2 d\sigma$。

习　题　4.7

1. (1) $\frac{1}{4}$；(2) -13。

2. (1)$\int_0^4 dx \int_{\frac{x}{3}}^{\sqrt{x}} f(x, y)dy + \int_4^6 dx \int_{\frac{x}{3}}^2 f(x, y)dy$；

(2)$\int_{\frac{1}{2}}^1 dy \int_{\frac{1}{y}}^2 f(x, y)dx + \int_1^{\sqrt{2}} dy \int_{y^2}^2 f(x, y)dx$。

3. (1) $\frac{1}{2}$；(2) $\frac{1}{2}(e-1)$。

4. (1)$(e^{\pi}-1)^2$；(2)$-\frac{9}{4}$；(3) $\frac{49}{72}$；(4) $\frac{1}{2}\sin 4$。

习　题　4.8

1. (1)20；(2) $\frac{5}{6}$。

2. $\frac{1}{3}$。

3. $\frac{4}{3}$。

4. $\bar{x}=\frac{12}{5}$，$\bar{y}=\frac{3}{4}\sqrt{2}$。

5. $I_x=\frac{72}{5}\rho$，$I_y=\frac{96}{7}\rho$。

复习题 4

1. (1，0，0)，(−1，0，0)。

2. $\frac{2xy}{x^2+y^2}$。

3. (1)$\{(x, y) | x \geqslant y\}$；

(2)$\{(x, y) | x^2+y^2 \leqslant 4\}$；

(3)$\{(x, y) | x \in \mathbf{R}, y \in \mathbf{R}\}$；

(4) $\{(x, y) \mid x^2+y^2<1, y>x^2\}$。

4. (1) $\frac{\partial z}{\partial x}=3x^2y-y^3$，$\frac{\partial z}{\partial y}=x^3-3y^2x$；

(2) $\frac{\partial z}{\partial x}=\sin(x+y)+x\cos(x+y)$，$\frac{\partial z}{\partial y}=x\cos(x+y)$；

(3) $\frac{\partial z}{\partial x}=2x\mathrm{e}^{x^2+y^2}$，$\frac{\partial z}{\partial y}=2y\mathrm{e}^{x^2+y^2}$；

(4) $\frac{\partial z}{\partial x}=2yx^{2y-1}$，$\frac{\partial z}{\partial y}=2x^{2y}\ln x$；

(5) $\frac{\partial z}{\partial x}=-\frac{y}{x^2+y^2}$，$\frac{\partial z}{\partial y}=\frac{x}{x^2+y^2}$；

(6) $\frac{\partial z}{\partial x}=\ln\sqrt{x^2+y^2}+\frac{x^2}{x^2+y^2}$，$\frac{\partial z}{\partial y}=\frac{xy}{x^2+y^2}$。

5. $f'_x(3, 4)=\frac{2}{5}$，$f'_y(3, 4)=\frac{1}{5}$。

6. (1) $\frac{\partial^2 z}{\partial x^2}=6x+4y$，$\frac{\partial^2 z}{\partial x\partial y}=\frac{\partial^2 z}{\partial y\partial x}=4x-10y$，$\frac{\partial^2 z}{\partial y^2}=-10x$；

(2) $f''_{xx}(x, y)=2y\mathrm{e}^{xy}+xy^2\mathrm{e}^{xy}$，$f''_{yy}(x, y)=x^3\mathrm{e}^{xy}$，

$f''_{xy}(x, y)=f''_{yx}(x, y)=2x\mathrm{e}^{xy}+x^2y\mathrm{e}^{xy}$；

(3) $\frac{\partial^2 z}{\partial x^2}=-y\cos x$，$\frac{\partial^2 z}{\partial y^2}=-x\sin y$，$\frac{\partial^2 z}{\partial x\partial y}=\frac{\partial^2 z}{\partial y\partial x}=1+\cos y-\sin x$。

7. (1) $\mathrm{d}z=2xy\mathrm{d}x+(x^2+2y)\mathrm{d}y$；　(2) $\mathrm{d}z=\frac{2x}{x^2+y^2}\mathrm{d}x+\frac{2y}{x^2+y^2}\mathrm{d}y$。

8. 0.25e。

9. (1) 约 1.06；(2) 约 2.95。

10. (1) 极大值 $z(0, 0)=0$；(2) 极小值 $z\left(\frac{1}{2}, -1\right)=-\frac{1}{2}\mathrm{e}$。

11. 长、宽、高分别为$\frac{\sqrt{6}}{3}$ m。

12. (1) $\int_0^1\mathrm{d}y\int_{y^2}^{y}f(x, y)\mathrm{d}x$；　(2) $\int_1^2\mathrm{d}x\int_{\frac{1}{x}}^{x}f(x, y)\mathrm{d}y$。

13. (1) $2\ln 2-1$；(2) $\frac{6}{55}$；(3) $\frac{13}{6}$。

14. (1) $\int_0^1\mathrm{d}y\int_{\mathrm{e}^y}^{\mathrm{e}}f(x, y)\mathrm{d}x$；　(2) $\int_1^{\sqrt{2}}\mathrm{d}y\int_1^{y^2}f(x, y)\mathrm{d}x+\int_{\sqrt{2}}^{3}\mathrm{d}y\int_1^2 f(x, y)\mathrm{d}x$。

15. 1。

16. $\bar{x}=\frac{12}{5}$；$\bar{y}=\frac{3}{4}\sqrt{2}$。

习　题　5.1

1. (1) 通解；(2) 特解；(3) 是解；(4) 不是解。

2. (1)$C=2\mathrm{e}$；(2)$C_1=0$，$C_2=1$。

3. (1)$y'=y$；　(2)$\begin{cases}\dfrac{\mathrm{d}R}{\mathrm{d}t}=-kR, \\ R\big|_{t=0}=R_0, \\ R\big|_{t=1600}=\dfrac{R_0}{2}。\end{cases}$

习　题　5.2

1. $y=C\mathrm{e}^{x^2}$。

2. $y=\sqrt{4-3x}$。

3. (1)$y=\dfrac{x^3}{5}+\dfrac{x^2}{2}+C$；　(2)$y=\mathrm{e}^{\frac{C}{\sqrt{x}}}$。

4. $y=\mathrm{e}^x(2x+C)$。

5. (1)$y=\mathrm{e}^{-x}(x+C)$；　(2)$y=\mathrm{e}^{-x^2}\left(\dfrac{x^2}{2}+C\right)$；

(3)$y=2x-2+3\mathrm{e}^{-x}$；　(4)$y=x\mathrm{e}^{-\sin x}$。

习　题　5.3

1. (1)$Q(t)=(Q_0-Q_a)\mathrm{e}^{-kt}+Q_a$；　(2)60 min。

2. $v=\dfrac{mg}{k}(1-\mathrm{e}^{-\frac{k}{m}t})$。

习　题　5.4

1. (1) 线性相关；(2) 线性无关；(3) 线性相关。

2. (1)$9y''-6y'+y=0$；(2)$y''+3y'+2y=0$；(3)$y''+\sqrt{3}y'=0$。

3. (1)$y=C_1\mathrm{e}^{2x}+C_2\mathrm{e}^{-\frac{4}{3}x}$；　(2)$y=(C_1+C_2x)\mathrm{e}^{-x}$；

(3)$y=\left(C_1\cos\dfrac{x}{2}+C_2\sin\dfrac{x}{2}\right)\mathrm{e}^x$；　(4)$y=4\mathrm{e}^x+2\mathrm{e}^{3x}$；

(5)$y=\mathrm{e}^{2x}$；　(6)$y=\left(\dfrac{7}{\mathrm{e}^2}-\dfrac{3x}{\mathrm{e}^2}\right)\mathrm{e}^x$。

4. (1)$y=(C_1+C_2x)\mathrm{e}^{-x}-2$；　(2)$y=(C_1+C_2x)\mathrm{e}^{-2x}+x^2\mathrm{e}^{-2x}$；

(3)$y=C_1+C_2\mathrm{e}^{-3x}-x\mathrm{e}^{-3x}$；　(4)$y=C_1\mathrm{e}^{2x}+C_2\mathrm{e}^{3x}+x\left(\dfrac{1}{2}x-1\right)\mathrm{e}^{3x}$。

复习题 5

1. (1) 不是解；(2)$(a)(b)$ 均是特解；(3) 通解。

2. (1)$y^3+\mathrm{e}^y=\sin x+C$；　(2)$y=Cx\mathrm{e}^{\frac{1}{x}}$；

(3)$y=\ln\left(\dfrac{1}{2}\mathrm{e}^{2x}+C\right)$；　(4)$\mathrm{e}^y=\dfrac{C}{\mathrm{e}^x+1}+1$。

3. (1)$x^2+y^2=25$； (2)$y=e^{\sin x}$。

4. (1)$y=3-\frac{3}{x}$； (2)$y=x^2(e^x-e)$；

(3)$y=e^{x^2}(\sin x+C)$； (4)$y=\frac{1}{x}(\sin x-x\cos x+C)$。

5. $P=10e^{\frac{\ln 2}{10}t}$(或 $P=10\times 2^{\frac{t}{10}}$)。

6. $y(t)=\frac{1000}{1+9e^{\frac{\ln 3}{3}t}}\left(或\ y(t)=\frac{1000\times 3^{\frac{t}{3}}}{9+3^{\frac{t}{3}}}\right)$。

7. (1)$y=C_1e^{3x}+C_2e^{-3x}$； (2)$y=C_1+C_2e^{2x}$；

(3)$y=(C_1\cos x+C_2\sin x)e^{-3x}$； (4)$y=C_1e^{5x}+C_2e^{-2x}$；

(5)$y=2xe^{3x}$； (6)$y=3e^{-x}-2e^{-2x}$。

8. (1)$y=\left(C_1+C_2x+\frac{5}{6}x^3\right)e^{-3x}$； (2)$y=C_1e^{-4x}+C_2e^x+xe^x$；

(3)$y=C_1+C_2e^{-9x}+x\left(\frac{1}{18}x-\frac{37}{81}\right)$； (4)$y=(C_1x+C_2)e^{-\frac{1}{2}x}+\frac{1}{4}e^{\frac{x}{2}}$。

习　题　6.1

1. (1) $\frac{1}{2}$，$\frac{2}{9}$，$\frac{3}{28}$； (2) $\frac{\sin x}{2}$，$\frac{\sin 2x}{3}$，$\frac{\sin 3x}{4}$； (3) $\frac{1}{6}$，$-\frac{1}{36}$，$\frac{1}{216}$；

(4)1，$\frac{1}{2}$，$\frac{2}{9}$。

2. (1) 发散； (2) 收敛； (3) 发散； (4) 发散； (5) 收敛； (6) 发散。

习　题　6.2

1. (1) 发散； (2) 收敛； (3) 收敛； (4) 发散； (5) 收敛；

(6)$0<a<1$ 时，发散，$a=1$ 时，发散，$a>1$ 时，收敛。

2. (1) 收敛； (2) 发散； (3) 收敛； (4) 收敛； (5) 收敛； (6) 收敛。

3. (1) 条件收敛； (2) 发散； (3) 绝对收敛； (4) 条件收敛。

习　题　6.3

1. (1)$(-3, 3]$； (2)$(-\infty, +\infty)$； (3)$[4, 6)$； (4)$(-\infty, +\infty)$。

2. (1) $\frac{1}{(1-x)^2}$； (2) $-\ln(1-x)$。

3. (1) $\sum_{n=0}^{\infty}(-1)^n x^{2n}$，$x\in(-1, 1]$； (2) $\sum_{n=0}^{\infty}\frac{2^n}{n!}x^n$，$x\in(-\infty, +\infty)$；

(3) $\sum_{n=0}^{\infty}(-1)^{n+1}\frac{2^{2n-1}}{(2n)!}x^{2n}$，$x\in(-\infty, +\infty)$。

4. $\sin x=\frac{1}{\sqrt{2}}+\frac{1}{\sqrt{2}}\sum_{n=0}^{\infty}\frac{(-1)^{n-1}}{n!}\left(x-\frac{\pi}{4}\right)^n$，$x\in(-\infty, +\infty)$。

5. $\frac{1}{3}\sum_{n=0}^{\infty}(-1)^n\left(\frac{x-3}{3}\right)^n$，$x\in(0,\ 6)$。

6. $\sum_{n=0}^{\infty}(-1)^n\left(\frac{1}{2^{n+1}}-\frac{1}{3^{n+1}}\right)(x-1)^n$，$x\in(-1,\ 3)$。

习　题　6.4

1. (1) $f(x)=1+\sum_{n=1}^{\infty}(-1)^{n+1}\frac{2}{n}\sin nx$，　$(x\neq\pi\pm2\pi,\ \pi\pm4\pi,\ \cdots)$；

(2) $f(x)=\sum_{n=1}^{\infty}\frac{4}{(2n-1)\pi}\sin(2n-1)x$　$(x\neq k\pi,\ k\in\mathbf{Z})$；

(3) $f(x)=\frac{\pi}{4}-\sum_{n=1}^{\infty}\left[\frac{2}{(2n-1)^2\pi}\cos(2n-1)x+\frac{(-1)^n}{n}\sin nx\right]$　$[x\neq(2k-1)\pi,\ k\in\mathbf{Z}]$；

(4) $f(x)=\frac{\pi^2}{3}+\sum_{n=1}^{\infty}(-1)^n\frac{4}{n^2}\cos nx$　$(-\pi\leqslant x<\pi)$。

2. 正弦级数：$f(x)=\sum_{n=1}^{\infty}(-1)^{n+1}\frac{2}{n}\sin nx$　$(0\leqslant x<\pi)$；

余弦级数：$f(x)=\frac{\pi}{2}-\sum_{n=1}^{\infty}\frac{4}{(2n-1)^2\pi}\cos(2n-1)x$　$(0\leqslant x\leqslant\pi)$。

3. $\frac{\pi-x}{2}=\sum_{n=1}^{\infty}\frac{1}{n}\sin nx$　$(0<x\leqslant\pi)$。

复习题 6

1. (1) 收敛；(2) 发散；(3) 收敛；(4) 收敛。

2. (1) 条件收敛；(2) 绝对收敛；(3) 绝对收敛。

3. (1) $(-\infty,\ \infty)$；(2) 收敛域 $[0,\ 2)$。

4. $\sum_{n=1}^{\infty}\frac{x^{n+1}}{n}=xs(x)=-x\ln(1-x)$　$(-1<x<1)$。

5. $f(x)=\frac{1}{x^2+3x+2}=-\frac{1}{2}\sum_{n=0}^{\infty}\left(\frac{x+4}{2}\right)^2+\sum_{n=0}^{\infty}(x+4)^n$。

6. $x^2=\frac{\pi^2}{3}+4\sum_{n=1}^{\infty}\frac{(-1)^n}{n^2}\cos nx$，$x\in[-\pi,\ \pi]$。

参考文献

[1]于桂萍. 高等数学. 北京：北京大学出版社，2005.
[2]刘书田. 高等数学. 北京：北京大学出版社，2004.
[3]侯风波. 高等数学. 北京：高等教育出版社，2007.
[4]王冬琳. 高等数学. 北京：北京师范大学出版社，2008.
[5]周玮. 经济数学. 北京：北京理工大学出版社，2008.
[6]马来换. 高等应用数学. 北京：机械工业出版社，2008.
[7]姜启源. 数学模型. 北京：高等教育出版社，2003.
[8]张顺燕. 数学的思想、方法和应用. 北京：北京大学出版社，2003.
[9]顾沛. 数学文化. 北京：高等教育出版社，2008.
[10]康永强. 应用数学与数学文化. 北京：高等教育出版社，2011.